生分解性プラスチックの環境配慮設計指針

Guidelines of Design for Environment of Biodegradable Plastics

監修：岩田忠久，阿部英喜
Supervisor：Tadahisa Iwata, Hideki Abe

JN225833

シーエムシー出版

まえがき

　20世紀に生み出された画期的な新素材であるプラスチックは，軽くて，丈夫で，長持ちし，様々な形に成形加工でき，大量生産が可能であることから，私たちの生活に欠かせない材料として，生活を豊かにしてきました。しかし現在，環境中で生分解されない，非生分解性プラスチックによる環境破壊および生態系への影響が，世界的な解決すべき課題として取り上げられています。その中でも近年，海洋マイクロプラスチック問題が特にクローズアップされ，世界レベルで早急に対策を検討しなければならない最重要課題として認識されています。

　海洋マイクロプラスチックを将来的に解決する手段の一つとして，海洋中の微生物が分泌する分解酵素によって二酸化炭素と水にまで完全に分解される「海洋生分解性プラスチック」の開発が望まれています。1980年代に今と同じようなプラスチックのごみ処理問題が大きな課題となり，多くの「生分解性プラスチック」が開発されるとともに，その土壌，川，湖などにおける環境分解性についても，産学官民が一体となり検討されてきました。国際標準化機構（ISO）による多くの生分解性試験法においても，1990年代にコンポスト，土壌，河川水などを想定して作られてきました。現在，海洋および深海を想定した生分解性試験法の確立が検討されています。

　本書は，これまで開発されてきた生分解性プラスチックの微生物学的手法あるいは化学的手法による合成，基礎物性，高性能部材化技術について詳細に解説しています。さらに，分解酵素による分解のメカニズムを分子レベルで解明することにより，今後の新規な海洋生分解性プラスチック創製に向けた酵素学的観点からの材料設計についても提案しています。海洋プラスチック問題は，各国の法的枠組みや循環型経済（サーキュラーエコノミー）も考慮し，研究開発を進めなければなりません。本書では，生分解性プラスチックの国際標準化，今後の生分解性プラスチックに求められることを整理し，世界的な取り組みについても紹介しています。

　本書は本分野の第一線で活躍する専門家および企業研究者の方々に執筆していただきました。今後生分解性プラスチックの研究開発に携わりたいと考えている多くの学生・企業研究者・アカデミア研究者のお役に立つことを願っています。

　最後に本書の刊行に多大なるご尽力を頂いた執筆者各位ならびに，シーエムシー出版編集部の渡邊翔氏に厚く御礼申し上げます。

2019年11月

東京大学　　岩田忠久
理化学研究所　阿部英喜

──────── 執筆者一覧（執筆順）────────

岩 田 忠 久　東京大学　大学院農学生命科学研究科　教授

阿 部 英 喜　理化学研究所　環境資源科学研究センター
　　　　　　バイオプラスチック研究チーム　チームリーダー

府 川 伊三郎　㈱旭リサーチセンター　シニアリサーチャー

新 井 喜 博　㈱旭リサーチセンター　取締役／主席研究員

藤 島 義 之　新エネルギー・産業技術総合開発機構　技術戦略センター
　　　　　　バイオエコノミーユニット　研究員

島 村 道 代　海洋研究開発機構　経営企画部　調査役

国 岡 正 雄　産業技術総合研究所　イノベーション推進本部　審議役

植 松 正 吾　植松技術事務所　代表

糸 賀 公 人　八幡物産㈱

水 野 匠 詞　東京工業大学　物質理工学院　材料系　特任助教

柘 植 丈 治　東京工業大学　物質理工学院　材料系　准教授

松 本 謙一郎　北海道大学　大学院工学研究院　応用化学部門　教授

田 口 精 一　東京農業大学　生命科学部　分子生命化学科　教授
　　　　　　（北海道大学名誉教授）

鈴 木 美 和　群馬大学　理工学部　理工学系技術部　機器分析部門　技術職員

橘 　 熊 野　群馬大学大学院　理工学府　分子科学部門　准教授／
　　　　　　食健康科学教育研究センター

粕 谷 健 一　群馬大学大学院　理工学府　分子科学部門　教授／
　　　　　　食健康科学教育研究センター　センター長／学長特別補佐

中 山 敦 好　産業技術総合研究所　バイオメディカル研究部門
　　　　　　　生体分子創製研究グループ／関西センター　主任研究員
大 倉 徹 雄　㈱カネカ　BDP 技術研究所　ポリマー基礎研究チーム　チームリーダー
辻 　 秀 人　豊橋技術科学大学　大学院工学研究科　応用化学・生命工学専攻　教授
中 山 祐 正　広島大学　大学院工学研究科　応用化学専攻　准教授
塩 野 　 毅　広島大学　大学院工学研究科　応用化学専攻　教授
金 子 達 雄　北陸先端科学技術大学院大学　先端科学技術研究科
　　　　　　　環境・エネルギー領域　教授
岡 島 麻衣子　北陸先端科学技術大学院大学　先端科学技術研究科
　　　　　　　環境・エネルギー領域　産学連携研究員
鈴 木 義 紀　㈱クレハ　中央研究所　高分子研究室　室長
熊 木 洋 介　㈱クラレ　ポバール樹脂事業部　グローバルオペレーショングループ
　　　　　　　主管
鈴 木 理 浩　㈱クラレ　研究開発本部　くらしき研究センター　構造・物性研究所
　　　　　　　研究員
寺 本 好 邦　京都大学　大学院農学研究科　森林科学専攻　准教授
西 田 治 男　九州工業大学　大学院生命体工学研究科　客員教授
久 野 玉 雄　理化学研究所　生命機能科学研究センター　専任研究員
中 島 敏 明　筑波大学　生命環境系　微生物サステイナビリティ研究センター
　　　　　　　（MiCS）　教授
平 石 知 裕　理化学研究所　開拓研究本部　前田バイオ工学研究室　専任研究員
吉 田 昭 介　奈良先端科学技術大学院大学　研究推進機構　研究推進部門／
　　　　　　　先端科学技術研究科　バイオサイエンス領域　特任准教授

目　　次

第 4 章 生分解性プラスチックの国内外の標準化動向　　国岡正雄

第 5 章 海水中における生分解性プラスチックの生分解度測定
植松正吾，糸賀公人

第 6 章 今，生分解性プラスチックに求められること　　岩田忠久

【第Ⅱ編　微生物産生ポリエステルの生合成と生分解性】

第1章　中鎖 PHA ホモポリマーの生合成と生分解性　　水野匠詞, 柘植丈治

第2章　非天然型ポリヒドロキシアルカン酸の分解性とその評価方法

松本謙一郎, 田口精一

第3章　高強度繊維の作製と生分解性　　岩田忠久

第4章　生分解性制御技術の開発　　　阿部英喜

第5章　PHA の菌体外生分解機構　　　鈴木美和，橘　熊野，粕谷健一

第6章　微生物産生ポリエステルの海水生分解　　　中山敦好

第7章　カネカ生分解性ポリマーPHBH の海水中における生分解性
大倉徹雄

【第Ⅴ編　プラスチックの分解酵素】

第Ⅰ編

生分解性プラスチックの現状と
国際標準化

第1章 マイクロプラスチックと プラスチックリサイクル

府川伊三郎[*1]，新井喜博[*2]

まえがき

　世界的に，海洋プラスチックごみ問題がグローバルな環境問題として大きく取り上げられている。またこれがトリガーとなって，プラスチック資源循環問題に拡大するとともに重点がそちらにシフトしている。国連のSDGsで言えば，SDG14の海洋環境の保全からSDG12の資源の有効利用（リサイクル）へのシフトである（図1）。

　SDG14とSDG12は別の問題であり問題解決のための対策も異なるが，一緒に議論されるため混乱がある。問題解決方法として，代替天然材料の開発，3R（特にマテリアルリサイクル）の推進，カーボンニュートラルなバイオマスプラスチックの導入，生分解性プラスチックの導入や従来の生分解性プラスチックを越えるスマート生分解性プラスチックの開発などが提案されているが，本当に海洋プラスチックごみ問題に有効であるか，プラスチック資源循環に有効であるかを個々に検証する必要がある。

　一方，海洋プラスチック問題については，マクロプラスチック（大きなプラスチックごみ）とマイクロプラスチック（5 mm以下）の両方について，海洋中での最終的行方（所在）がわかっておらず，まだ問題の全貌が見えていない。

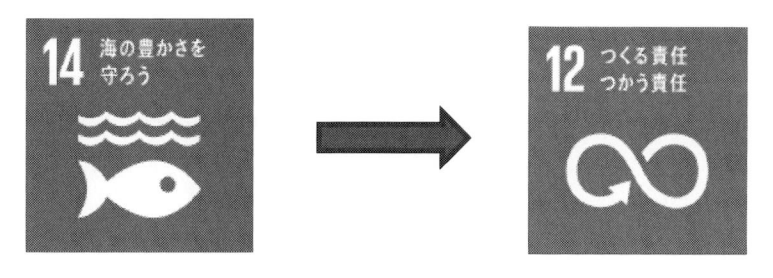

図1　SDG14からSDG12へのシフト

＊1　Isaburo Fukawa　㈱旭リサーチセンター　シニアリサーチャー

＊2　Yoshihiro Arai　㈱旭リサーチセンター　取締役／主席研究員

1　海洋プラスチックごみとマイクロプラスチック（MPs）[1,2]

1.1　ポリマー生産と海洋プラスチックごみの量

　世界で3億1,100万トンのプラスチック・合成繊維・合成ゴム・塗料・接着剤が生産され，毎年少なくとも800万トンが海に排出される（ダボス会議，2016.1）。このうち，中国，インドネシア，フィリピンなどアジアの排出量が過半を占める。

1.2　世界的に問題視され，規制が始まったシングルユース プラスチック製品

　容器包装などに短期間の1回使用で捨てられるものをシングルユース プラスチックという。化石資源を消費して，しかも焼却処分すると温室効果ガスの二酸化炭素（CO_2）を発生するため問題が多い。

　容器包装に使われているのは，密度の低いPE・PP・EPS（発泡PS）・PS製品や，空PETボトルである。これらは，河川や海洋を浮遊・漂流し，一部は海岸に漂着する。海岸漂着ごみの多くがシングルユースプラスチックである。また，PE・PP・EPS・PSは紫外線と酸素による光酸化反応で崩壊（degradation）・細片化（fragmentation）してMPsになる（海水中では浮遊MPsになる）。一方，PET自体は密度1.3で，海水中では沈む。PVC，合成ゴム加硫物，生分解性プラスチックなども海水中で沈む。

　代表的なシングルユースプラスチックの種類と特性を表1に示す。

1.3　海洋プラスチックごみの問題点と対策

　問題点の一例は，①放置された漁具：海底からの回収費用（日本は10年で100億円），②水産資源減少（ゴーストフィッシング，魚の漁網への絡まりなど），③沿岸・海岸の漂着ごみ：観光資源への悪影響，清掃費用（日本，年30億円），④サンゴ礁死滅など生態系への影響。UNEPは①と②で，2014年に世界で130億ドルの経済的損失が発生していると推定している。

　対策としては，①プラスチックごみを含めごみの管理体制の確立。日本は焼却（サーマルリサイクル）を中心とした立派な体制ができている。一方，インドネシアなどの東南アジア各国は，急激な容器包装のプラスチック化のため，ごみ処理設備が追いつかず危機的状況にある。先進国と発展途上国で状況は大きく異なる。②漏出（工場など），不法投棄やポイ捨てをなくすための方策やモラルアップ。③3R（Reduce，Reuse，Recycle）の推進。3Rはもともとも SDG12 の資源循環の方策で，海洋プラスチック問題解決と直接関係しているわけではなく，海洋プラスチック問題の解決策としては議論のあるところである。

1.4　マイクロプラスチック（MPs）

　5mm以下のプラスチックと定義されている。ペレット，マイクロビーズ，ファイバーは一次的MPs，プラスチック成型品（PE・PP・PS製）が紫外線と酸素による光酸化反応で崩壊・細

表1　代表的な海洋プラスチックの種類と特徴

プラスチック名	密度（g/cc）海水中で浮くかどうか	マイクロプラスチックになりやすさ	主用途	廃プラの樹脂別比率（2016 年）
低密度ポリエチレン（LDPE）	0.91〜0.93	なりやすい	包装材料（フィルム，シート），容器とボトル，農業フィルム	297 万トン 33.00％
線状低密度ポリエチレン（LLDPE）	0.91〜0.93		絶縁用電線被覆 雑貨	
高密度ポリエチレン（HDPE）	0.94〜0.965	なりやすい	容器とボトル，包装材料（F & S） パイプ，クレート，雑貨	
ポリプロピレン（PP）	0.90〜0.92	なりやすい	容器とボトル，包装材料（F & S） 自動車バンパー，自動車部品 電気製品，雑貨	201 万トン 22.40％
発泡ポリスチレン（EPS）	発泡体 0.01〜1.05	なりやすい	カップ麺容器，トレー，シート 魚箱，緩衝材，断熱材	109 万トン 12.20％（ABS，AS を含む）
ポリスチレン（PS）	1.04〜1.09（浮くかどうかの境界）	なりやすい	食品用などのトレー・シート，容器 電気製品	
ポリ塩化ビニル（PVC）	1.16〜1.30	なりにくい	建設・住宅（パイプ，雨どい，壁紙，タイル），電線被覆	69 万トン 7.70％
ポリエステル樹脂（PET）	1.34〜1.39	なりにくい	飲料水用 PET ボトル，シート・トレー，容器，各種ボトル	PET 133 万トン 15.00％ その他樹脂 89 万トン
備考	海水比重は 1.03 網掛けは浮く	紫外線と酸素による崩壊・細片化	網掛けはシングルユース	出所：プラスチック循環利用協会

（出典：旭リサーチセンター作成）

片化してできたものは二次的 MPs と呼ばれる。

1.5　マイクロプラスチック（MPs）の問題点の一例

　①経済的に回収できない（海岸や海上），②サイズが小さいので，海洋生物（プランクトン〜各種サイズの魚）が摂食するので，食用の魚の消化管系に MPs が存在，③ MPs が残留性有機汚染物質（POPs：PCB，PA など）を吸着したり，PBDE（難燃剤）を含んでいて，汚染化学物質のキャリアーになる。汚染 MPs をプランクトンや魚が摂食する。POPs や有害な化学物質の生物濃縮や食物連鎖による人間健康への影響が懸念される。

1. 6 マイクロプラスチック（MPs）の法規制

① スクラブ用マイクロビーズ（一次的 MPs）の法規制：マイクロビーズのサイズは数十〜数百 µm で，ポリエチレン製のものが多い。米国（2015 年），カナダ，ニュージーランド（2017 年），イギリス（2018 年）は，スクラブ用マイクロビーズの使用禁止を決めた。EU も規制の準備中である。スクラブ剤は天然物代替品があるので禁止しやすい。

② 新たに問題視される使用時に発生するマイクロプラスチック（繊維，タイヤ，塗料）が 2017 年頃より国連 UNEA3 や EU プラスチック戦略で取り上げられている。

  (a) 洗濯時に発生する繊維くず（マイクロファイバー）：特にフリースを洗濯すると膨大な繊維くずが発生する。欧州では洗濯時にマイクロファイバーの発生が多い。西欧・中国では，近海の食用の魚や二枚貝に多数のマイクロファイバーが検出される。

  (b) 走行時に発生するタイヤダスト（MPs：粉じん）：世界的に高速道路，一般道路，交差点周辺の大気中や河川中でタイヤダストの濃度・粒径が観測されている。粒経の一例は，4〜280 µm（平均 50 µm）である。まず，大気汚染と水質汚染が問題になる。魚などの海洋生物が摂食したとの報告は見当たらない。なお，タイヤダストは合成ゴム，シリカ，カーボンブラックからなり，全体が強固に架橋している。

1. 7 海洋を漂流するマイクロプラスチック（MPs）の海洋密度測定

　現在，海洋中の浮遊 MPs の測定は，網目 350 µm のニューストンネット（プランクトン捕集用）で行われている。このため，MPs の海洋密度の測定値は，捕集された 350 µm 以上の MPs をカウントしたもので，それ以下の微粒子は測れていない。

　図 2 に，環境省が測定した日本近海の MPs 密度分布を示す。

　日本列島を取り巻く海流には，対馬海流と黒潮がある。対馬海流は日本海を北九州から中国，北陸，東北を進み，津軽海峡付近で北海道に進むものと津軽海峡を越えて東北東部から関東まで下がるものとに分かれる。一方，黒潮は九州南部から四国や近畿や関東の南部に進む。図 2 に示すように，対馬海流の北陸と津軽海峡をはさむ東北地方（西部と東部）の沖合の MPs 濃度が顕著に高い。黒潮は，九州・四国南部で MPs 密度が高い。

　図 2 のすべての測定点（約 100 か所）を密度別にしたものを図 3 に示す。1 m³ 当たり 100 個以上の点が 7 地点あるが，85 か所は 1 m³ 当たり 0〜4 個と予想外に少ないことは注記すべきである。

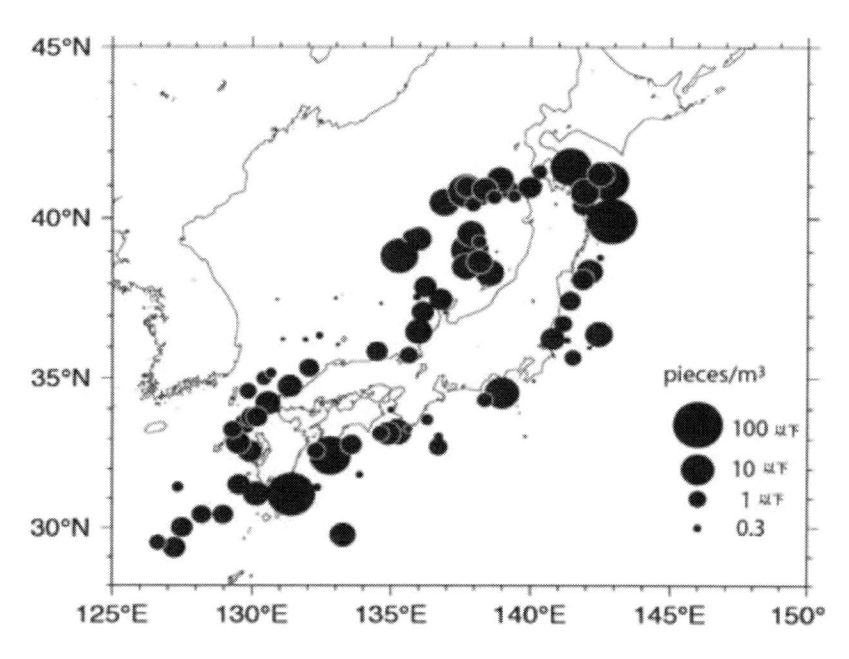

図2　マイクロプラスチックの密度分布（2014〜15年度）
（出典：環境省，海洋プラスチックごみ問題とプラスチック資源循環講演）

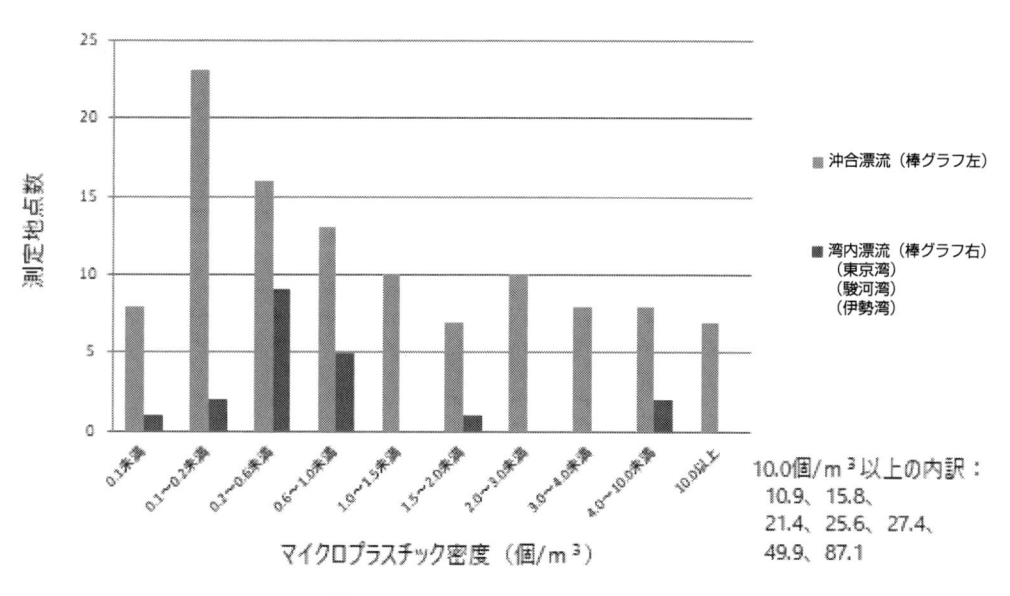

図3　マイクロプラスチックの密度別の測定地点数（2014〜15年度）
（出典：環境省データをもとに旭リサーチセンター作成）

2　マイクロプラスチック（MPs）の生成と行方[3]

　海洋，河川，湖沼，陸上に捨てられたプラスチックが最終的に海洋中でどうなっているかは実はよくわかっていない。ごみの半分以上を占める PE・PP・EPS については，紫外線と酸素で崩壊・細片化し MPs 化することや，海洋や河川中で浮遊することはわかっているが，その先の行方はよくわかっていない。

　そこで基礎的に，PE を紫外線暴露した時，暴露時間とともに分子量がどう変化するかを知ることが重要と考えた。今回，旭化成基盤技術研究所の池端久貴氏と内幸彦氏らは，短時間の紫外線照射実験データを基に，コンピュータを使って長期に暴露した場合をシミュレーションした。その結果を図 4 に示す。照射初期は分子量低下のスピードは大きいが，分子量が低くなるにつれて低下スピードは非常に小さくなることがわかる。

　UV 照射試験データを屋外暴露時間に換算した結果，次のことが明らかになった。

　市販品の PE（Mw 11 万）フィルムを，約 8〜10 か月屋外暴露すると，Mw は約 2 万まで低下する。文献によれば，Mw 2 万は PE が機械的強度を失う臨界分子量である。予想外に短い時間で PE は力学強度を失いボロボロになることは，注記すべきある。そして，PE が土壌中で生分解する可能性のある Mw 3,000 に到達するのには，暴露時間 5.5〜7.5 年が必要である。PE の土壌中での生分解性が確認されている Mw 500 に到達するには，実に 33〜45 年かかることが判明した（なお，Mw 500 はローソクの分子量と同じ程度である）。このことから，暴露による分子量低下で生分解の起こる可能性は少ないと考えた。

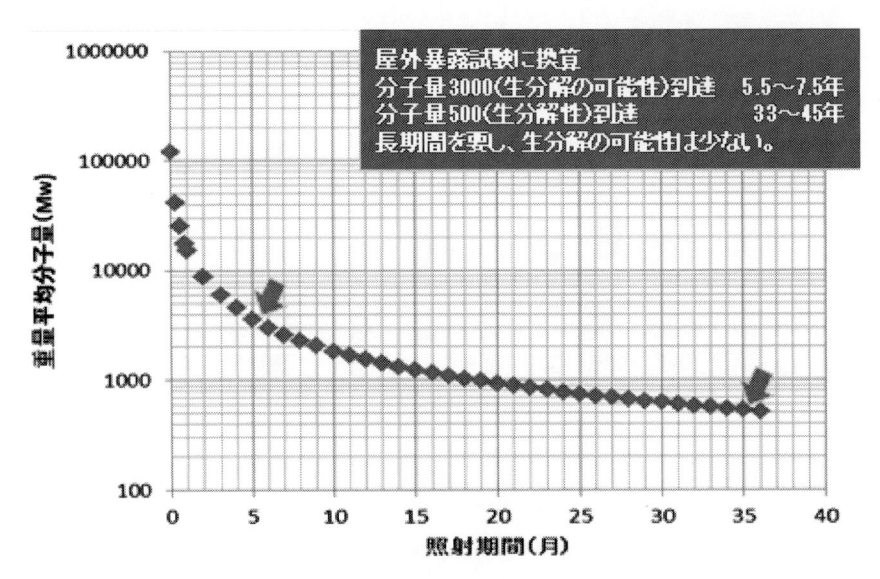

図 4　照射期間（月）と Mw の関係（シミュレーション）
（出典：旭化成基盤技術研究所作成）

　ただし，光酸化反応で生成した低分子量PEは末端に親水性官能基をもち微粒子化して表面積が多く，またプラスチック中の安定剤，紫外線吸収剤は水中で溶出するので，海洋環境下では別の挙動をする可能性がある。

　前述のように，海洋中の浮遊MPsの測定は網目350 μmのニューストンネット（プラントン捕集用）で行われているため，MPsの海洋密度は350 μm以上のMPsをカウントしたもので，それより小さい微粒子は測れていない。一方，臨界分子量Mw 2万以下のMPsは，海上の波動や砂浜で力が加わると微細化する。粒径350 μm以下でかつMw 2万以下のMPsの海洋中での微粒子化の挙動はわかっていない。

　図5に海洋中でのMPsの挙動のイメージ図を示す。限界分子量2万以下で350 μm以下の粒子は，強い力で容易に微粒子化すると推定した。

　また，粒径350 μm以下で分子量2万以下の微細・低分子量MPsが魚類にどんな生物学的影響を与えるかもわかっていない（現在，魚のMPs摂食による生物学的影響テストは，分子量の高い市販PEやPSで，粒径の異なるMPsを使用して実施されている）。

　一方，世界の漂流MPsの全体量が測定データをもとにシミュレーションした結果は約25万トンで，世界の排出プラスチックごみの約3％に過ぎないという同じような結果が3件の文献で発表された。また，世界の4か所で個別に定点観測した研究結果では10～30年にかけて漂流MPs密度は変わらないという。漂流MPsはどこに消えたのであろうか。MPsの行方についての5つの仮説が出されているが，まだ確証はない。①微粒子化（ナノ粒子化）説，②バイオファウリング（沈降）説，③捕食説（プランクトン–魚），④生分解説，⑤海岸への堆積（deposition）

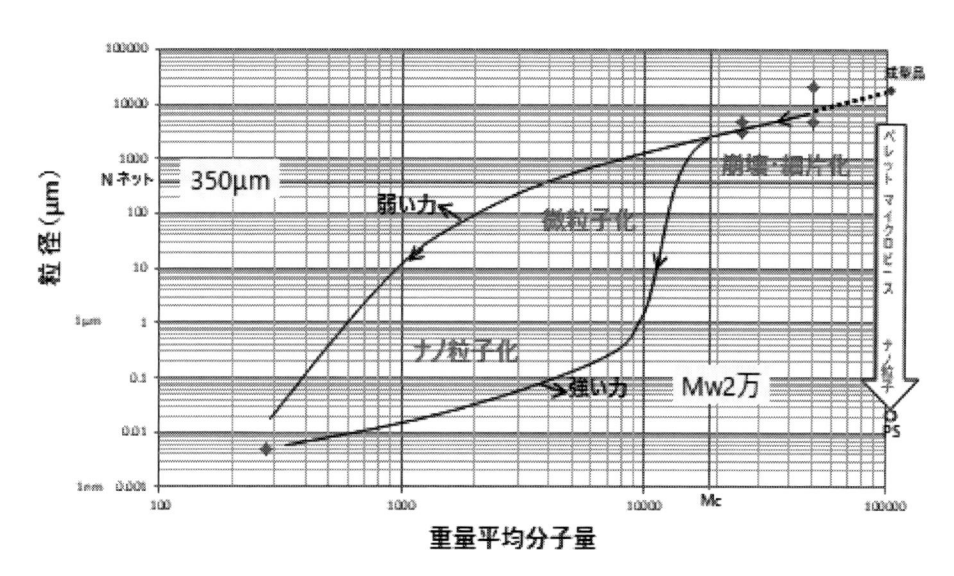

図5　Mw 2万以下で350 μm以下の領域は研究されていない空白地
海洋で強い力がかかると，どこまで微粒子化するか
（出典：旭リサーチセンター作成）

説である。

深い海底に堆積しているのではないかということで，各国の潜水艦（調査船）が太平洋の海溝調査を始めた。

MPs が海洋中で微粒子化し，最終的に生分解することを期待したい。

3 海洋プラスチック問題とプラスチック循環経済に関する活発な国際的動き[4]

(1) 中国の廃プラスチック輸入禁止（2017 年 12 月 31 日）とそのインパクト

2016 年に中国は 730 万トンを輸入（EU（200 万トン），米国（84 万トン），日本（77 万トン）が輸出）した。EU，米国，日本は中国の代わりにマレーシア・タイなど東南アジアに輸出しようとしているが，これらの国も輸入規制に動いているため輸出量は減少し，自国内での処理に迫られている。

(2) EU は EU プラスチック戦略を発表した（2018 年 1 月）

その基本思想は Circular Economy である。EU の危機感は，プラスチックの大量使用による①資源枯渇（石油などの資源供給リスク），②温室効果ガスの発生，③海洋プラスチック問題であり，また背景に①資源を中東，ロシア，米国に握られていること，②中東と米国の攻勢に直面する EU 石油化学の苦しい立場がある。この危機を克服し，使命を実現すべく，EU は Circular Economy への移行（transition）を加速する決心をした。そして，マテリアルリサイクルを根幹に据え，これを推進する戦略を構築した。具体的に，①プラスチックリサイクル設備の近代化と能力の 3 倍以上の拡大（2025 年までに再生材 1,000 万トン/年に），② EPR（拡大生産者責任）を財源として，優れたリサイクル技術（リサイクルに適した製品設計，選別技術など）への経済的インセンティブの供与の仕組み，③効果的分別収集方法の確立，④世界トップのリサイクル技術を発展させてその技術で世界市場の席捲，⑤法規制やプラスチック再生材の基準・規格（ISO など）で世界をリードすることなどをもくろんでいる。

法規制としては，①化粧品用などのマイクロビーズ禁止法令の検討，②廃棄物処理とリサイクルの新規則の法令化（2018 年 7 月），③ 10 のシングルユースプラスチック製品と漁具の使用規制案提案（同 5 月）と最終的規制案の議会決定（2019 年 3 月）がある。特定のシングルユースプラスチック品の禁止や，プラスチックボトルの回収率や再生材使用比率の目標が盛り込まれている。

(3) G7 シャルルボアサミット（カナダ）で海洋プラスチック憲章提案（2018 年 6 月）：EU，カナダ賛成署名，日米は署名せず。

(4) G20 大阪（2019 年 6 月 28，29 日）に向けて，政府（環境省）はプラスチック資源循環戦略を提案し（2018 年 10 月），2019 年 5 月に決定した。3R + Renewables が骨子で，数値目標の抜粋を以下に示す。

（リデュース）

- ・ 2030年までに，ワンウェイのプラスチック（容器包装等）を累積で25%排出抑制するよう目指します。

（リユース・リサイクル）

- ・ 2025年までに，プラスチック製容器包装・製品のデザインを，容器包装・製品の機能を確保することとの両立を図りつつ，技術的に分別容易かつリユース可能又はリサイクル可能なものとすることを目指します。
- ・ 2030年までにプラスチック製容器包装の6割をリサイクル又はリユースし，かつ，2035年までにすべての使用済プラスチックを熱回収も含め100%有効利用します。

（再生利用・バイオマスプラスチック）

- ・ 2030年までに，プラスチックの再生利用を倍増するよう目指します。
- ・ 2030年までに，バイオマスプラスチックを最大限（約200万トン）導入するよう目指します。

EUプラスチック戦略，シャルルボアの海洋プラスチック憲章，日本のプラスチック資源循環戦略に共通して，「2030年までに容器包装プラスチックの55〜60%をリユース・リサイクルすること」が目標になっている。

4　バイオポリマー（バイオマスプラスチックと生分解性プラスチック）[2,5]

表2に既存プラスチックとバイオマスプラスチック，生分解性プラスチックの関係を示す。バイオプラスチックとは，通常バイオマスプラスチックと生分解性プラスチックの総称である。

バイオマスを原料とするバイオマスプラスチックは，カーボンニュートラルなので石化製品を置き換えれば，温室効果ガスのCO_2の削減になる。表2に示すように，バイオマスプラスチックの例は，①バイオPE，バイオPET30などのドロップインプロダクト，②特殊ナイロン，PTT，特殊ポリカーボネートのような高付加価値製品，③生分解性プラスチック（ポリ乳酸

表2　バイオマスプラスチック，生分解性プラスチック，既存プラスチックの関係

	非生分解性		生分解性
化石資源ベース（枯渇資源）	既存汎用品	既存高付加価値品	例　PBAT，PCL，PGA，PBS
	例　PE，PP，PS，PET	例　エンプラ，特殊樹脂	世界生産能力20万トン
バイオマスプラスチック	ドロップインプロダクト	高付加価値品	例　PLA（ポリ乳酸），バイオPBS，PHA（PHBH，PHBV）
バイオ（マス）ベース（再生可能資源）	例　バイオPET30，バイオPE	例　バイオPA，PTT，特殊PC	
	世界生産能力100万トン	世界生産能力30万トン	世界生産能力30万トン

（出典：旭リサーチセンター作成）

（PLA），バイオ PBS，PHA）がある。①は CO_2 削減の対策として，今後量的に拡大することが予想される。②はバイオベースの固有の化学構造を有するモノマーを活用した高付加価値商品で，さらなる新商品の開発が期待される。なお，①と②は海洋プラスチック問題の解決には全くならない。

　生分解プラスチックは土壌中の生分解性が必要な用途（コンポストなど）に必要な製品である。代表的な生分解性プラスチックである PLA はコスト競争力と供給力をもつが，50℃のコンポスト中でないと分解しない。また海水中では分解しない。それで，海洋プラスチック問題の有効な解決策にならないと，UNEP は報告書で述べている。PHA，PCL は海水中で比較的早い速度で，PBS は比較的遅い速度で分解する。使用後どうしても海水中に排出されてしまう用途には有効である。例えば漁網である。残念ながら，現在の生分解性プラスチックは使用時に分解せず，海洋中ではすぐ分解するというような都合の良いスイッチ機能をもっていないことである。スイッチ機能をもつ生分解性プラスチックは夢のような話であるが，研究としては面白い。このような，現在の生分解性プラスチックを超える生分解性プラスチックの開発が期待される。

5　日本のプラスチック廃棄物のリサイクルと処理の現状[6]

5. 1　概要

　2017 年の日本のプラスチック廃棄物（廃プラと略す）は約 900 万トンで，内訳は産業系 500 万トン，一般系（自治体系）400 万トンである（図 6）。

　廃プラの処理方法としては，マテリアルリサイクル 23%，ケミカルリサイクル 4%，サーマルリサイクル 57% がメインで，3 つを合わせると 84% と高いリサイクル率である。サーマルリサイクルの比率が高いのが日本の特徴である。

　日本のサーマルリサイクルを中心とした廃プラスチック処理体制は優れており，また埋立比率も 8% と欧米に比べはるかに少なく，世界に誇れるところである。

　しかし，課題は，①マテリアルリサイクルのうちの 7 割は海外への輸出であり，国内のマテリアルリサイクルは 3 割に過ぎない。過半は PET ボトルのリサイクルであり，PE・PP・PS・PVC のリサイクルは推定 15 万トン程度で少ない。②中国が 2017 年 12 月に輸入禁止したことから，その分の廃プラスチックを国内で処理する必要に迫られている。③サーマルリサイクルの比率が高く，その中にはエネルギー回収率が約 10% と低いものもある。欧州はサーマルリサイクルをマテリアルリサイクルより価値を低く見ている。

　日本は PET ボトルのマテリアルリサイクルは欧米よりも進んでいるが，それ以外はサーマルリサイクルに依存した体制である。廃プラの処理体制としては優れているが，今後の資源循環社会への移行を考えた時もベストであるかどうかはわからない。前述のように，EU はマテリアルリサイクルを中心とした循環経済への移行を加速する戦略を進めているからである。

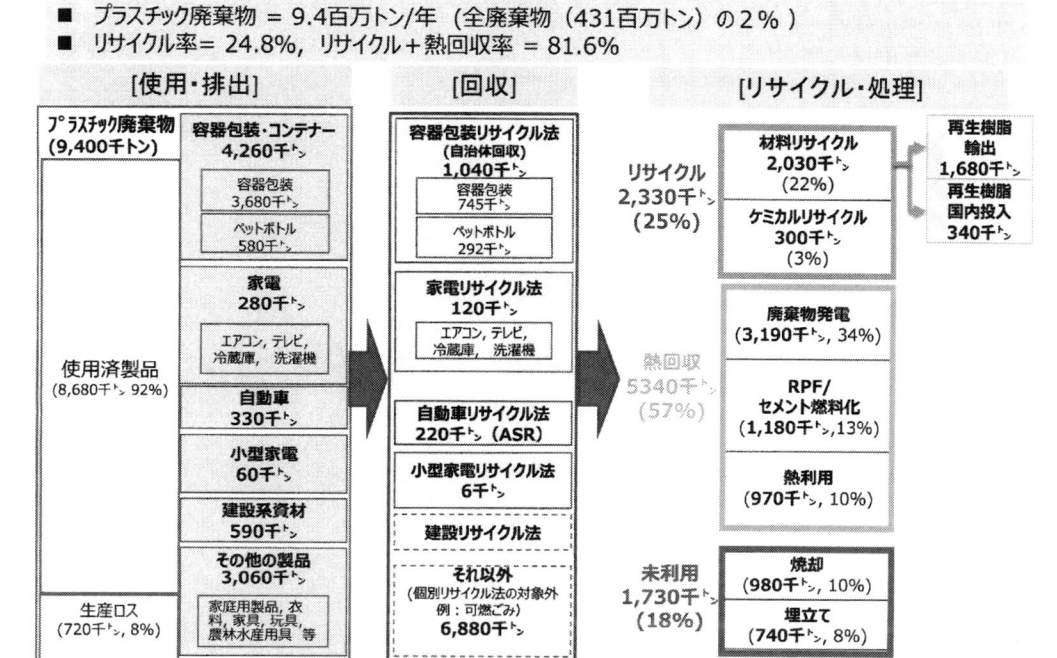

- プラスチック廃棄物 = 9.4百万トン/年（全廃棄物（431百万トン）の 2％）
- リサイクル率＝ 24.8％，リサイクル＋熱回収率 ＝ 81.6％

図6　我が国のプラスチックマテリアルフロー（2013 年）
（出典：環境省「マテリアルリサイクルによる天然資源消費量と
環境負荷の削減に向けて」（平成 28 年 5 月））

5. 2　求められるプラスチックのリサイクル率の大幅アップ

　日本は PET ボトルのリサイクル技術に優れ，世界トップのリサイクル率を達成している。ボトル to ボトルの水平リサイクル技術（協栄産業-サントリー），ボトル to シートのカスケードリサイクル（エフピコ）が実用化されている。この中には多くの技術ノウハウ（アルカリ洗浄技術，固相重合による分子量アップによる物性修復技術など）が含まれている。今後，PE・PP・PS・EPS 製品のリサイクル技術の改善・革新によるリサイクル率のアップが喫緊の課題である。これを達成できれば，日本はマテリアルリサイクルの世界のトップになれる。

文　　　　　献

1)　府川伊三郎，海洋プラスチックごみとマイクロプラスチック（上），ARC リポート，2017.11，https://arc.asahi-kasei.co.jp/report/arc_report/pdf/rs-1019.pdf
2)　府川伊三郎，海洋プラスチックごみとマイクロプラスチック（下），ARC リポート，

2017.12，https://arc.asahi-kasei.co.jp/report/arc_report/pdf/rs-1020.pdf

3) 府川伊三郎，浮遊する PE・PP マイクロプラスチックの生成と行方，ARC リポート，2018.7，https://arc.asahi-kasei.co.jp/report/arc_report/pdf/rs-1026.pdf

4) 府川伊三郎，シングルユース プラスチックとそれを取り巻く国際的動き，ARC リポート，2019.8，https://arc.asahi-kasei.co.jp/report/arc_report/pdf/RS-1037.pdf

5) 府川伊三郎，バイオマス化学，ARC リポート，2014.9，https://arc.asahi-kasei.co.jp/report/arc_report/pdf/rs-978.pdf

6) 府川伊三郎，日本のプラスチックリサイクルの現状と課題，ARC リポート，2019.9，https://arc.asahi-kasei.co.jp/report/arc_report/pdf/RS-1039.pdf

第2章　バイオエコノミーというトレンド，エコマテリアルとの重なり，日本のバイオ戦略

藤島義之*

はじめに

　バイオエコノミーという言葉は経済協力開発機構（OECD）が The Bioeconomy to 2030, Designing A Policy Agenda[1] を 2009 年に発表したのちに世界の政策の言葉として急速に広まり，2018 年 4 月のレポート Meeting Policy Challenge for a Sustainable Bioeconomy では 50 か国超の国でバイオエコノミー戦略が作られたとされている[2]。2009 年あるいは各国のレポートが出されはじめた 2012 年の頃，日本は 2008 年のリーマンショック，2009 年の政権交代，2011 年の東日本大震災，2012 年の政権交代などで政治，省庁，経済活動が大変混乱し，ゲームチェンジと思われる OECD のレポートや諸外国の政策動向に向けられていなかったのではないかと思われる。ここでは，バイオエコノミーの内容，成り立ちなどをレビューし，エコマテリアルとの重なりを解説する。最後に 2019 年 6 月に内閣府から発表されたバイオ戦略 2019 のエコマテリアル視点での解釈と今後の展望を述べる。

1　バイオエコノミーの定義

　言葉としては，Bioeconomy の他に欧州を中心に Biobased Economy というものも使われている。バイオエコノミーの定義で国際的に合意されたものはないが，古くは 2004 年に OECD のバイオテクノロジー会議の報告で "A biobased economy is defined as an economy that uses renewable bioresources, efficient bioprocesses and eco-industrial clusters to produce sustainable bioproducts, jobs and income"[3] と記載されている。これは，「再生可能な生物資源を効率的なバイオプロセス，エコな産業クラスターがバイオプロダクトを製造し，雇用と利益を生むこと」と訳せる。

　また，OECD の 2009 年のレポートでは，バイオエコノミーに関して "The application of biotechnology to primary production, health and industry could result in an emerging 'bioeconomy' where biotechnology contributes to a significant share of economic output"[1] と解説され，一次産業，健康，モノづくり産業においてバイオテクノロジーを用いて貢献する旨が

＊　Yoshiyuki Fujishima　新エネルギー・産業技術総合開発機構　技術戦略センター
バイオエコノミーユニット　研究員

述べられている。この報告書をベースに各国が自国の解釈で経済戦略，産業戦略，環境ニーズ，バイオマスの産出状況，技術レベルなどを加味して戦略を作っている。

各国の戦略で共通して，バイオマスとバイオテクノロジーの利用を行い，化石資源の使用抑制から国連の持続可能な開発目標（SDGs）や気候変動枠組条約国会議のパリ協定への貢献を目的として語る場合が多い。

2　バイオエコノミーの歴史

前記の通りバイオエコノミーが政策の言葉として広がったのは 2009 年の OECD のレポートをきっかけとするものであったが，それまでにも環境に配慮する意識は当然あった。1992 年にブラジルリオで行われた地球サミット，その後の国連の気候変動枠組国会議の 1998 年の京都議定書などをきっかけに経済活動をエビデンスベース，サステイナブル，バイオベースにしなければならないという流れが欧州を中心に広まった。2005 年に欧州委員会の科学技術コミッショナーがバイオエコノミーのコンセプトを Knowledge based bio-economy という言葉で打ち出した[4]。その意味として "finding ways to maximize the potential of biotechnology for the benefit of our economy, society and environment"（経済，社会，環境に貢献するためにバイオテクノロジーのポテンシャルを最大化する方法を求める）という言葉を用いた。これらの動きが 2009 年の OECD のレポートにつながり，2012 年の欧州および米国という大国のバイオエコノミー戦略発表，その後の欧州各国，アジア，アフリカなどの国々の戦略発表につながり今日に至っている[5]（表 1）。

表 1　バイオエコノミーに関する国内外の流れ

西暦	世界の動き	国内の動き	主な出来事
1973	第 1 次オイルショック		
1974		サンシャイン計画開始	
1978		ムーンライト計画開始	
1979	第 2 次オイルショック		
1980		NEDO の設立	
1992	国連環境開発会議（地球サミット）開催・リオ宣言	サンシャイン計画終了	
1993		ニューサンシャイン計画開始	
1995			阪神淡路大震災
1997	京都議定書が国連気候変動枠組条約締約国会議 COP-3 で採択	新エネルギー利用等の促進に関する特別措置法（新エネ法）施行	
2000		ニューサンシャイン計画終了	

（つづく）

表 1 バイオエコノミーに関する国内外の流れ（つづき）

年	国際	国内	その他
2002	EU の Cell Factory プログラムで新薬，食品，生分解素材，酵素等が研究開発対象に指定	バイオテクノロジー戦略大綱 バイオマス・ニッポン総合戦略	
2004	OECD が Biotechnology for Sustainable Growth and Development にて Biobased Economy を定義		
2005	EU 研究コミッショナーがバイオエコノミーのコンセプト発表 京都議定書発効	バイオマスタウン公表開始	京都議定書発効
2006		バイオマス・ニッポン見直し	
2007	ドイツが En Route to the Knowledge-Based Bio-Economy 報告		
2008	バイオテックカナダがバイオテクノロジー戦略発表	ドリーム BT ジャパン	リーマンショック
2009	OECD が The Bioeocnomy to 2030 発表	バイオマス活用基本法	政権交代
2010	ドイツでバイオエコノミー研究戦略発表	バイオマス活用基本計画作成	
2011	EU で Horizon2020 を発表	総務省がバイオマス利活用に関する政策評価書作成 バイオマスタウン 318 件到達	東日本大震災
2012	EU でバイオエコノミー戦略発表 米 国 で National Bioeconomy Blueprint 発表	固定価格買取（FIT）制度開始 バイオマス事業化戦略	政権交代
2013	ドイツ，オランダ，ブラジル，南アフリカ，マレーシア，スウェーデン，ベルギーが政策発表	バイオマス産業都市選定開始	
2014	フィンランド，スウェーデンが政策発表	再生医療承認制度	衆議院選挙
2015	持続可能な開発目標 SDGs が国連サミットで採択 第 1 回グローバルバイオエコノミーサミット開催 パリ協定が国連気候変動枠組条約締約国会議 COP-21 で採択 スペイン，インドネシアが政策発表	日本再興戦略 先駆け審査指定制度	
2016	インド，タイ，イタリア，ノルウェーが政策発表 米国が政策レビュー	JABEX がバイオビジョン作成・発表 地球温暖化対策計画 バイオマス活用基本計画変更 スマートセルプロジェクト開始	
2017	フランスが政策発表 欧州で政策レビュー	未来投資戦略にバイオ・マテリアル革命が記載	衆議院選挙
2018	第 2 回グローバルバイオエコノミーサミット開催 欧州が新戦略発表 英国が政策発表	統合イノベーション戦略にバイオに関する記載 SIP にてプロジェクト	自民党総裁選
2019	カナダが政策発表	バイオ戦略 2019 公開	参議院選挙
2020	第 3 回グローバルバイオエコノミーサミット開催		東京オリンピック，パラリンピック

注：日本のバイオマス・ニッポン総合戦略は，欧米には彼らの考えるバイオエコノミーと認識されている。

3 国際的議論と海外の特徴

バイオエコノミーをまとめる議論は大きく 2 つあると言える。1 つは先進国を中心とする OECD 加盟国が次世代型の持続可能な社会の実現をどのようにデザインするかの議論が行われている。OECD 加盟国の代表者の集まりで，バイオエコノミーの要素技術や課題がサイエンスベースで議論が進められている。もう 1 つはドイツのバイオエコノミーカウンシルが中心となってコーディネートされているグローバルバイオエコノミーサミットがある。こちらはバイオエコノミーに関心のある国がドイツの呼びかけで 2015 年，2018 年にベルリンにて 800 人ほどが集まる会合が行われている[6]。どちらにおいても産業のバイオ化は重要であり，G7/G20 などでも議論される海洋プラスチック問題も議論の対象となっている。

各国の政策についてであるが，OECD のレポートは政策の参考にするためのいわゆるガイドラインのような形で記載されていた。それを受け，各国が政策を作ったが，大まかな傾向として欧州は脱化石資源社会の実現を森林などの活用で，発電と熱利用はもとより化学産業，住居の木質化が顕著である。米国は膨大なバイオマスと強力なバイオテクノロジーを両輪として医療や食品をも含むバイオエコノミー政策を進めている。南米や ASEAN はバイオマスを活用したエネルギー産業，化学産業の活性化を語るが，国毎に技術レベルや国策としての投資が異なるため，取り組み方はさまざまである。アフリカについては，バイオエコノミーで貧困や飢餓対策をすることを欧州に協力を求める形となっている[5]。

2018 年 12 月に英国からバイオエコノミー戦略が発表された[7]。欧州国の戦略の発表としては遅い方であるが，そこでは他の戦略もさることながらバイオプラスチック，生分解性プラスチックでマイクロプラスチック問題に対して解決手段を生み出すことが目標として掲げられている。2 千万ポンドを研究開発に投じ，さらに産業育成のために企業とのマッチングファンドとして 6 千万ポンドを企業戦略ファンドとして用意し，バイオプラスチック市場でリーダーとなることが記載されている。海洋プラスチック問題がフォーカスされた近年に出された戦略であるのでプラスチック対策に目が行くが，2018 年にカナダで開催されたシャルルボワ G7 サミットの海洋プラスチック憲章（英国，フランス，ドイツ，イタリア，カナダ，EU が署名，米国と日本は署名せず），また，2019 年夏に軽井沢で行われた G20 環境大臣会合（日本が議長国で参加国が署名）などでも議論された海洋プラスチック問題が大きな議論となっている。今後の他国の戦略にもプラスチック対応が議論されることが予想される。

4 エコマテリアルとの接点

エコマテリアルは，エコマテリアル・フォーラムによって提唱されている概念で，「優れた特性・機能を持ちながら，より少ない環境負荷で製造・使用・リサイクルまたは廃棄でき，しかも人に優しい材料（または材料技術）」を指す[8]。考え方としてもバイオエコノミーによるモノづ

くりの考え方とほぼ同義と言っても過言ではないが，バイオエコノミーの基本的な考え方が生物由来の有機原料をベースに語れることが多いが，エコマテリアルには無機物も含まれることは差異であると考えられる。特に高分子化学におけるエコマテリアルについて考えると，原料の持続性を重視する際には，化石資源由来からバイオマス由来へとシフトすること，また最終的な廃棄などを考える際にフィルムなどの材料は生分解性を考慮することが該当すると理解できる。生分解しないエンプラや構造材料の場合はメーカーが責任を持ってマテリアルリサイクル，それが困難な場合はカーボンソースとしてのリサイクル，最悪でも熱回収を行うということがエコマテリアルとしての使命であると考えられる。単純に燃やして二酸化炭素を大気放出，分解しないのに埋め立てることはエコマテリアル的には不適当であると考えられる。

　日本はバイオプラスチック，生分解性プラスチック領域において，1990 年に当時の通産省が生分解性プラスチックの研究開発基本計画を策定し，その当時の財団法人バイオインダストリー協会が生分解性プラスチック試験強化法開発を受託して 1999 年まで調査を行った。また 2000年には環境省より循環型社会形成推進基本法と関連法が公布された。

　日本バイオプラスチック協会は 2007 年に改称して現在の活動になっているが，元々は 1989年に生分解性プラスチック研究会が任意団体として発足し，バイオマスプラスチックと生分解性プラスチックの普及促進を目指しこれまで活動してきている。

　日本の各メーカーも 1970 年代のオイルショック以降地道に研究開発を進め，さまざまなバイオプラスチック，生分解プラスチックを開発してきた。官民でエコマテリアルを加速推進する活動はあるものの，その普及は流通や加工メーカーの材料採用の可否に依存し，大きく伸びることはなかった。

　流通や加工メーカーは消費者メリットを考えた際には，少しでも安く，耐久性があるものの採用を考えたことと思われ，政府からの後押しがそれほどなかったことから日本での市場は伸びていない。

　一方欧州では，環境による意識の高まりが著しく，海洋生分解性プラスチックのニーズは高まっているとみられる。

5　バイオ戦略 2019 とこれからの展望

　日本も 2002 年にバイオテクノロジー戦略大綱やバイオマス・ニッポン総合戦略が作られ，実質的なバイオエコノミー的な活動は行っていた。

　言葉としてのバイオエコノミーに対する意識の高まりは 2015 年頃から業界団体を中心に高まり，日本バイオ産業人会議が 2016 年 3 月に作成した「2030 年を想定したバイオ産業の社会貢献ビジョン」[9]，その後，経済産業省の産業構造審議会商務流通情報分科会のバイオ小委員会にてまとめられた「バイオテクノロジーが生み出す新たな潮流（スマートセルインダストリー時代の幕開け）」という中間報告書は，その後の政府の議論のベースとなっている。2017 年の未来投

資戦略には7項の「ロボット革命／バイオ・マテリアル革命」[10]の一部に我が国のバイオ産業の新たな市場形成を目指した戦略を策定し，制度整備も含めた総合的な施策を推進する旨が記載された。

翌2018年には統合イノベーション戦略[11]にて重要項目の一つとしてバイオテクノロジーが挙げられ，目指すべき未来像として「農業，工業及び健康・医療分野で世界のバイオ産業市場の発展に見合った新たな市場（バイオエコノミー）や雇用を創出するとともに，新たな産業構造への転換，持続可能な社会の実現，健康長寿社会の形成，SDGs等の地球規模の課題解決に貢献」が述べられた。この記載が日本としてバイオエコノミーへの取り組みを決意したことと読み取れる。

以上を受け，2019年6月に内閣府よりバイオ戦略2019[12]が発表され，実質的な日本のバイオエコノミー戦略ができたものと解釈できる。基本的な考え方として，2030年に世界最先端のバイオエコノミー社会を実現することを，以下を通して実現するとしている。

① バイオファースト発想としてSociety 5.0の実現のためにバイオについての倫理的，法的，社会的問題についての議論する環境を作り，バイオでできることを考え，実行する。

② バイオコミュニティ形成を経営者から一般市民までバイオファースト発想を根付かせ，国際連携，分野融合，オープンイノベーションを基本とする国際的なコミュニティを作る。

③ バイオデータ駆動としてバイオとデジタルの融合により生物活動のデータ化を進めて活用，国際標準となる測定法や計測機器を生産に組み込み，世界一の生物活動をデータにできる国を作る。

また5つの基本方針として，過去のバイオ戦略の反省としてのシーズ偏重，投資対象の非特定，コミットの欠如，不十分なデータマネージメント，国際戦略の不足，倫理的・法的・社会的な課題対応の不足があるとしている。バイオ戦略を進める基本方針としては以下を述べている。

① 市場領域設定・バックキャスト・継続的なコミットとして目指すべき社会像を描き，市場領域を提示，現時点の社会課題をコストとせず，将来価値に変える発想とする。バックキャストによる取り組みを提示し，産学官が継続的にコミットする。

② バイオとデジタルの融合については，市場領域・科学の発展に必要なビッグデータ収集，バイオデータ基盤構築について方策を提示し，日本の匠の技をAI化目指す。人材を育成する。

③ 国際拠点化・地域ネットワーク化・投資促進については世界最高レベルの研究環境と海外投資も活用できる事業化支援を行い，拠点と地域をネットワーク化してヒトモノカネの好循環を促進。

④ 国際戦略の強化を精度，データなどの国際調和と通商政策を連携させて行う。日本モデルを国際展開して国際競争力を向上させる。

⑤ 倫理的・法的・社会的問題への対応をイノベーションとの両立の基盤都市，人文科学・社会科学系と自然科学系の共同の取り組みを行い，市民との対話を促進する。

　この戦略の位置づけ・迅速な対応を目指し推進に関わる部分については関連者の合意が得られた事項から順次対応を開始することとし，毎年更新する。少なくとも2030年まではフォローアップして継続することとし，統合イノベーション戦略の枠組みのもとのタスクフォースおよびバイオ戦略有識者会議の常設化を行うとしている。

　目指す社会像としては，すべての産業が連動した循環型社会，多様化するニーズを満たす持続的な一次生産が行われている社会，持続的な製造法で素材や資材のバイオ化している社会，医療とヘルスケアが連携した末永く社会参加できる社会を実現するものとしている。

　市場領域としては，日本に強みがあり，世界の潮流があること，成長性を考慮して投資が見込まれる9つの領域が設定された。高機能バイオ素材，バイオプラスチック，持続的一次生産システム，有機廃棄物・有機排水処理，生活習慣改善ヘルスケア・機能性食品・デジタルヘルス，バイオ生産システム，バイオ関連分析・測定・実験システム，木材活用大型建築・スマート林業が本年設定され，以上についてのバックキャスト検討，ロードマップ策定を行うとしている。

　政府のバイオ戦略は，とりあえずの枠組みができたものと考えられる。特に成長性を考慮した領域としてバイオプラスチックが記載されていることは高分子素材のエコマテリアル推進を考える際に追い風となっているものと思われる。

　エコマテリアルに関わるステークホルダーはより良いバイオ戦略のバージョンアップのために声を上げてもらいたい。

　バイオエコノミーの記載は政治の世界でも見られるようになっている。2019年の自民党の参議院選挙公約（いわゆるマニフェスト）[13]においても経済再生・成長戦略の一部として，「バイオ（合成生物学等）とデジタルの融合により，高付加価値製品（バイオ医薬・機能性食品・革新バイオ素材・燃料等）の創生を可能とする，バイオエコノミーを促進する」とある。

　産業界，官僚，政府のそれぞれのレベルでバイオエコノミーが意識され，G7/G20会議やOECD，グローバルバイオエコノミーサミットなどの場で具体的な内容が議論され始めている。

　化石資源に恵まれない日本は，1970年代のオイルショック以降，愚直に産業のバイオ由来へのシフトを試みてきている。しかしながら世界の技術レベルが日本に追い付いていないことから日本製品への理解が進まず，また化石資源産出国やオイルメジャーに対する巨額な補助金がバイオエコノミー全体としての拡大を抑え込んでいるものと考えられるため，バイオエコノミーへの変革は過去に想定されたほど進んでいない。化石資源に恵まれない日本は，資源を輸入に依存している。逆に考えるとバイオ由来素材へのシフトを進めることにより，他国に大きな経済的ダメージを与えることなく化石資源の使用量削減をすることが可能である。

　世界との協調は言うまでもないが，国内の好事例が国内にとどまることなく，世界にアピールされることにより日本の産業のさらなる発展を求めたい。

文　　献

1) http://www.oecd.org/futures/long-termtechnologicalsocietalchallenges/thebioeconomyto2030designingapolicyagenda.htm
2) http://www.oecd.org/sti/policy-challenges-facing-a-sustainable-bioeconomy-9789264292345-en.htm
3) http://www.oecd.org/sti/emerging-tech/33784888.PDF
4) https://europa.eu/rapid/press-release_SPEECH-05-513_en.htm
5) 藤島義之，五十嵐圭日子，アグリバイオ，**3**（2），133（2019）
6) https://gbs2018.com/home/，https://gbs2015.com/home/
7) https://www.gov.uk/government/publications/bioeconomy-strategy-2018-to-2030
8) https://ja.wikipedia.org/wiki/%E3%82%A8%E3%82%B3%E3%83%9E%E3%83%86%E3%83%AA%E3%82%A2%E3%83%AB
9) https://www.jba.or.jp/jabex/proposal.html
10) https://www.kantei.go.jp/jp/singi/keizaisaisei/pdf/miraitousi2017_t.pdf, p.75
11) https://www8.cao.go.jp/cstp/tougosenryaku/tougo_honbun.pdf, p.62
12) https://www.kantei.go.jp/jp/singi/tougou-innovation/pdf/biosenryaku2019.pdf
13) https://jimin.jp-east-2.storage.api.nifcloud.com/pdf/manifest/20190721_manifest.pdf?_ga=2.209422864.30675932.1568338054-697079569.1564005366, p.22

第3章 海洋プラスチック問題
—科学的事実と循環型社会—

島村道代*

1 はじめに

　近年，人類によって海洋へ排出されたプラスチックごみの問題が，広く一般にも認識されてきている。特に 5 mm 以下のマイクロプラスチック（以下，MP）と呼ばれるプラスチック片の，生態系，ひいては人間への影響が懸念されるに至り，欧州や米国の一部を皮切りとして，G20大阪首脳宣言においても本課題が言及され，世界各国で使い捨てプラスチックの削減や規制のムーブメントが広がっている。本章では，未来のプラスチックと社会のあり方を考えるため，この問題の科学的事実について整理した後，課題解決の鍵や循環型経済を含む，社会の現状についてまとめる。

2 海洋プラスチック問題：科学的事実

2.1 海にプラスチックごみがあることの，一体何が問題か。海辺のごみと深海のごみ

　海辺には様々な「ごみ」が落ちている。木片や海藻など自然のごみ，煙草の吸殻や空缶など人が出したごみなど，実に多様な「ごみ」があることは，一般にも広く知られる事実である。毎年9月の第3土曜日に世界中の海辺で一斉にごみを拾うイベント「国際海岸クリーンアップ」[1]の報告によれば，2017 年，人が出すごみのトップ 10 は全てプラスチック製品となった。そして2018 年もまた同じく，トップ 10 はプラスチック製品で占められた（表1）。しかもその全てのアイテムが，特殊な用途で用いられるものではなく，日常生活で使われるものだった。

　これら海辺で見つかる人が出したごみは，深海でも見つかっている。海洋研究開発機構（以下，JAMSTEC）は，2017 年 4 月「深海デブリデータベース」[2]を公開した。本データベースでは，JAMSTEC が保有する潜水調査船や無人探査機などによる潜行調査で撮影された映像や画像に写った，深海に沈む"ごみ"の情報を公開している。また，同定した海底ごみの種類による分類や情報リスト，映像や画像が撮影された潜行調査地点詳細など，深海に沈んだごみの内容をひとつひとつ詳しく確認することができる。つまり，人類の影響がすでに深海にまで及んでいることを視覚的にも知ることができるため，データベース公開後，約 1 年半の間に延べ 28 か国・180 回以上メディアで取り上げられ，社会に広く驚きを持って迎えられた。本データベースに

＊　Michiyo Shimamura　海洋研究開発機構　経営企画部　調査役

表1　過去 10 年間の「国際海岸クリーンアップ」によって世界中から集められたごみトップ 10 アイテム

	1 位	2 位	3 位	4 位	5 位	6 位	7 位	8 位	9 位	10 位
2018 年	煙草の吸殻	食品包装	ストロー・撹拌棒	フォーク・ナイフ・スプーン	飲料用ペットボトル	プラスチックボトルキャップ	コンビニ袋	ゴミ袋	プラスチック蓋	プラスチックカップ・皿
2017 年	煙草の吸殻	食品包装	飲料用ペットボトル	プラスチックボトルキャップ	コンビニ袋	他のプラスチック袋	ストロー・撹拌棒	プラスチック食品持ち帰り容器	プラスチック蓋	発泡プラスチック食品持ち帰り容器
2016 年	煙草の吸殻	飲料用ペットボトル	プラスチックボトルキャップ	食品包装	プラスチック袋	プラスチック蓋	ストロー・撹拌棒	飲料用ガラスボトル	他のプラスチック袋	発泡プラスチック食品持ち帰り容器
2015 年	煙草の吸殻	飲料用ペットボトル	食品包装	プラスチックボトルキャップ	ストロー・撹拌棒	他のプラスチック袋	飲料用ガラスボトル	プラスチック袋	金属ボトルキャップ	プラスチック蓋
2014 年	煙草の吸殻	食品包装	飲料用ペットボトル	プラスチックボトルキャップ	ストロー・撹拌棒	他のプラスチック袋	プラスチック袋	飲料用ガラスボトル	飲料用カン	プラスチックカップ・皿
2013 年	煙草の吸殻	食品包装	飲料用ペットボトル	プラスチックボトルキャップ	ストロー・撹拌棒	プラスチック袋	飲料用ガラスボトル	他のプラスチック袋	紙袋	飲料用カン
2012 年	煙草・煙草のフィルター	食品包装	飲料用ペットボトル	プラスチック袋	キャップ・蓋	プラスチックカップ・皿	ストロー・撹拌棒	飲料用ガラスボトル	飲料用カン	紙袋
2011 年	煙草・煙草のフィルター	キャップ・蓋	飲料用ペットボトル	プラスチック袋	食品包装容器	カップ・皿・フォーク・ナイフ・スプーン	飲料用ガラスボトル	ストロー・撹拌棒	飲料用カン	紙袋
2010 年	煙草・煙草のフィルター	飲料用ペットボトル	プラスチック袋	キャップ・蓋	食品包装容器	カップ・皿・フォーク・ナイフ・スプーン	飲料用ガラスボトル	ストロー・撹拌棒	飲料用カン	紙袋
2009 年	煙草・煙草のフィルター	プラスチック袋	食品包装容器	キャップ・蓋	飲料用ペットボトル	カップ・皿・フォーク・ナイフ・スプーン	飲料用ガラスボトル	飲料用カン	ストロー・撹拌棒	紙袋

（濃灰色はプラスチック製品，薄灰色はプラスチックを含む製品）

生分解性プラスチックの環境配慮設計指針

は，JAMSTEC が深海調査を開始した 1982 年からのデータが収蔵されているが，1983 年には
すでに，海底に沈むプラスチックごみの画像が確認できる（写真 1a）。また同データベースに収
蔵された最も深い地点で見つかったプラスチックごみは，マリアナ海溝のもので，水深1万
898 m の地点からポリ袋が見つかっている（写真 1b）。

　このようなプラスチックごみの問題，つまり海洋が「人類のごみ箱」となっていたことは，海
洋研究者の間では古くから知られた事実であった。戦後，石油を原材料とする合成樹脂，すなわ
ちプラスチックが日用品に広く採用されるようになったが，1972 年には海面に漂うプラスチッ
ク片について学術誌に報告されている[3]。また同論文では，将来的な海洋プラスチックの増加も
懸念されていた。

　しかしながら 2000 年代に入るまでは，大型プラスチックごみ（5 mm より大きいもの，マク
ロプラスチック）の浜辺漂着による景観や環境の悪化，回収・撤去費用問題や他国から流れ着い
た危険ごみなどによる越境汚染，漁具や船舶の破損による経済的影響，ウミガメ・海鳥・海生哺
乳類のプラスチックの誤摂食やゴーストフィッシングによる生態系への影響が，社会的問題意識

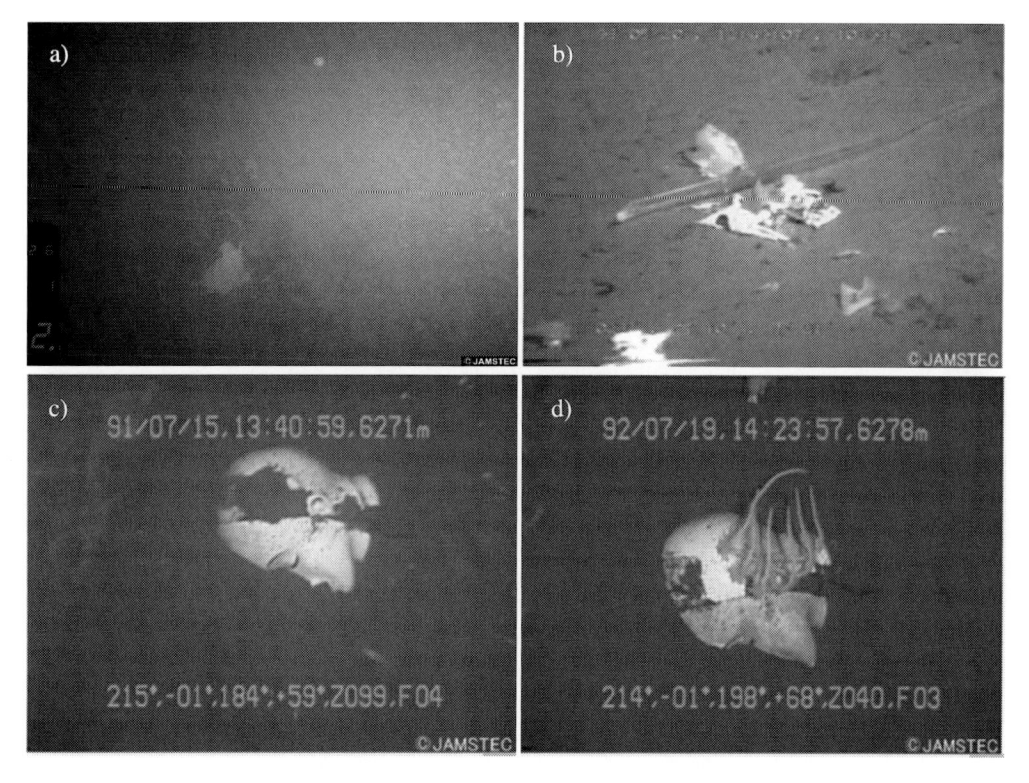

写真 1　a）1983 年・駿河湾・1,400 m にて撮影されたプラスチック袋，b）1998 年・マリアナ海
　　　溝・1万898 m にて撮影されたプラスチック片，c）1991 年・日本海溝・6,280 m にて
　　　撮影されたマネキンの頭部，d）同1年後

の多くを占めていた。これが 2000 年代に入り，「海洋マイクロプラスチック問題」として新たな局面を迎えることとなる[4]。

2. 2 海洋マイクロプラスチック問題

　石油を原材料とするプラスチックは，適切な廃棄物処理もしくはリサイクルに乗らず，環境中に放出された場合，基本的に物理的・化学的風化をほとんど受けず，破砕や摩耗によって細かくなるだけで分解しない。環境中に排出された 5 mm 以下のプラスチックは，科学定義上マイクロプラスチック（MP）と呼ばれる。MP は一般的に小さいサイズ，という意味で「マイクロ」プラスチックと呼ばれており，またサイズの下限値は決定されていない[5]。このため，ナノサイズのプラスチック片であっても MP に分類される。MP には 1 次 MP と 2 次 MP があり，1 次 MP は化粧品などに含まれるプラスチック・ビーズ，工業材料用ペレットなど，はじめから 5 mm 以下のサイズのものである[5]。一方の 2 次 MP は，環境中に排出された大型プラスチックの破砕でできる 2 次的な小型のプラスチック片で，その生成・運搬過程，起源や最終的にどこでどうなるのかも明確ではない[5]。

　環境中に排出された MP は，マクロプラスチック同様に雨に流され河川に入り，または風で飛ばされるなどして，最終的には地球の 7 割を占める海洋に運ばれると考えられている。2000 年代に入り，海洋プラスチック問題は次の 2 つの科学的事実を持って新しい局面に入る[4]。ひとつは MP が生物残留性有機汚染物質（POPs）を吸着し，有害物質の運び屋になるという事実[4]。そしてもうひとつは，MP が海水・海洋堆積物などあらゆる場所に存在し，プランクトンなどの海洋生物に取り込まれ，生態系に侵入する可能性が示された[4]ことである。つまり，有害物質を吸着した MP を体内に取り込んだ海生生物が，食物連鎖によって人類へ影響する可能性が示唆された。しかしながら現在の科学界では，その影響について科学的エビデンスの収集と議論の只中であり，科学的事実の確定に至るには相応の時間が必要であると言える。

　2015 年，米国科学誌“サイエンス”に，2010 年に陸域から海へ流れ出たプラスチックごみ発生量の，国別推計値が発表された[7]。これによれば，1 位：中国，2 位：インドネシア，3 位：フィリピン，4 位：ベトナム，5 位：スリランカ，6 位：タイ，7 位：エジプト，8 位：マレーシア，9 位：ナイジェイリア，10 位：バングラデシュとなっており，1〜6 位をアジアの国々が独占，またトップ 10 のうち実に 8 か国がアジアの国という結果となった。すなわちアジア地域は，プラスチックごみの排出源「ホットスポット」であると推定された。また，これら陸から海へ流れ出るプラスチックごみは，排出国での不適切なごみ処理が原因であることも指摘されている[8]。さらに海洋へ流れ出たプラスチックごみは，海流に乗って運ばれることにより，国境を超えてプラスチックごみ非排出国に被害をもたらす，すなわち越境汚染を引き起こす。つまり本問題は，遠い地域のローカルな問題ではなく，ひとつに繋がっている海洋を通じて地球上のどこへでも被害をもたらす，グローバルな問題であると言える。

　1950 年から 2015 年の間に生産されたプラスチック 83 億トンのうち，25 億トンが使用中，

49億トンが廃棄，8億トンが焼却されたとの試算がある[8]。廃棄されたプラスチックは，どこへ行ったのだろうか。そして最終的にどこへ行き着くのだろうか。2016年にエレン・マッカーサー財団から発表された報告書 "The New Plastics Economy: Rethinking the Future of Plastics" によれば，現在のペースでプラスチック生産量が増加した場合，2050年には2014年の約4倍の生産量となる。また原油消費に占めるプラスチックの割合も増加，当然カーボンバジェットに占めるプラスチック関連の二酸化炭素割合も増加する。また使用済みプラスチックが適切な処理を受けず，ごみとして現在のペースで海洋へ排出され続けると仮定した場合，2050年には海洋に存在する魚よりも，プラスチックの方が多くなると予想されている。

2.3　環境中へ排出されやすいプラスチックとされにくいプラスチック

　生産されたプラスチックは，どのような製品となり，どれくらいの期間使用され，最終的に廃棄されるのだろうか。製品種類ごとのライフタイムはプロダクトによって大きく異なり，最も短いパッケージングは平均で1年未満，最も長い建築材料では平均30年を越えると試算されている[8]。国連環境計画（UNEP）の報告書によれば，2015年に世界で作られたプラスチックのうち36%がシングルユース，すなわち一度しか使われず，また使用後ただちに廃棄される包装産業で使用されている[9]（図1）。

　またプロダクト毎に，原料となるプラスチックの種類も異なり，パッケージングにはポリエチレン・ポリプロピレン・PETなどがよく使われ，建築材料ではポリ塩化ビニルやポリスチレンなどがよく使われる[10]。またプラスチックは種類によって比重が異なり，ポリエチレン・ポリプ

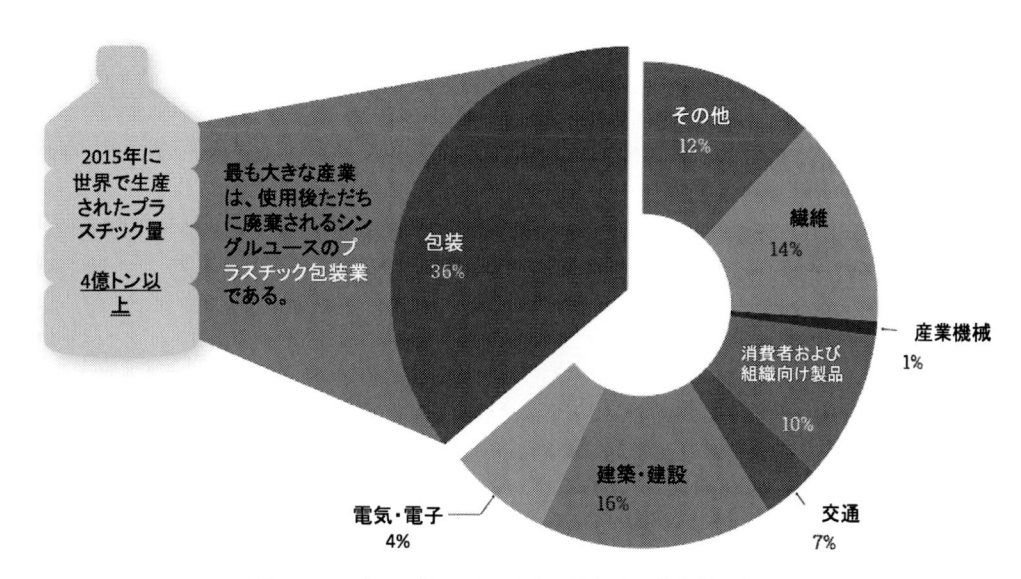

図1　2015年のプラスチック生産量とその産業利用内訳
（UNEP，2018を改変）

表2　プラスチック種類別の一般的用途と比重

プラスチック種類	よく使われる用途	比重	
ポリプロピレン	ロープ，ボトルキャップ，紐	0.90-0.92	
ポリエチレン	プラスチック袋，貯蔵容器	0.91-0.95	
発泡ポリスチレン（発泡スチロール）	クーラーボックス，浮き，カップ	0.01-1.05	
ポリスチレン	家庭用品，容器	1.04-1.09	↓　海で沈む
ポリアミド（ナイロン）	漁網，ロープ	1.13-1.15	
セルロースアセテート	煙草のフィルター	1.22-1.24	
ポリ塩化ビニル	フィルム，パイプ，容器	1.16-1.30	
ポリエステル樹脂＋ガラス繊維	衣類，ボート	＞1.35	
ポリエチレンテレフタレート（PET）	ボトル，紐	1.34-1.39	

（GESAMP, 2015 より改変）

ロピレンは比重が小さく，それ自体は水に浮く（表2）。一方で，これ以外のプラスチックは比重が大きく水に沈む（発泡性のスチレン＝発泡スチロールを除く）。

　つまり，製品ライフタイムが短く・使用量も多いパッケージングに使われるポリエチレン・ポリプロピレン・PET などは，環境中に排出される可能性がより高く，またポリエチレン・ポリプロピレンは水に浮くため，環境中に一旦排出されると，水に浮いて遠くまで移動しやすいと推定される。一方で，製品ライフタイムが長く・使用量が少ないプラスチックについては，環境への排出が多くないと考えられる。

2.4　生分解性プラスチックは MP 問題解決の鍵となるのか

　生分解性プラスチックは，通常の使用では一般のプラスチックと同様に使用でき，使用後には微生物の働きによって，最終的に二酸化炭素と水に分解される[6]。ところが，これら生分解性プラスチックは，土壌およびコンポスト・高温コンポストなど，陸上環境での微生物分解を想定されている場合が多い。一方で海洋においては，コンポストでの分解適温下限である 30℃を超える海域は極めて限られており，例えばサンゴ礁の表層水や海底の熱水噴出孔に極めて限定的に存在するに過ぎない。また海洋における単位体積あたりの微生物量も，土壌に比べると圧倒的に希薄である[11]。このため，2015 年に発行された国連の海洋環境保護の科学的事項に関する専門家合同グループ（GESAMP）の報告書[10]では，生分解性プラスチックは MP 問題の解決とはならない，とされている。しかし近年，陸上に比べ低温・低微生物量の海洋環境においても分解される生分解性プラスチックの学術的検証が報告[12]されており，従来の前提が覆されつつある。したがって，生分解性プラスチックの海洋分解性についてはさらなる検証が必要であると言え，一概に否定するのではなく，最新の学術の発展に伴う，科学的事実に基づいた議論が必須である。

3　問題を取り巻く社会の状況

3. 1　海洋における問題の特殊性

　2015 年，国連サミットにおいて SDGs（持続可能な開発のための 2030 アジェンダ）が採択された。SDGs で定められた 17 の目標のうち，14 番目に海洋資源の保全および持続可能な利用に関する目標（SDG14）が設定され，さらにこの中に海洋ごみなどによる海洋汚染の防止（14.1）が定められた。また 2017 年には，国連本部で初めての国連海洋会議が開催され，"Our Oceans, Our Future" と題して，海洋汚染問題を含む様々な課題について，実際の行動を起こすことに重点が置かれた宣言がなされ，同宣言は第 71 次国連総会で承認された。2020 年には 2 回目の国連海洋会議開催が予定されている。このように海洋における問題は，気候変動問題と同様，ひとつの国や地域で対応できるものでなく，全世界的かつ長期的取り組みが必要であるため，専門機関や専門会議ではなく国連総会の場で議論される。

3. 2　欧州の「予防原則」と「循環型経済」

　MP 海洋汚染による生態系への影響が科学的に懸念される中，これにいち早く反応したのが欧州（EU）である。2018 年，EU は「循環経済におけるプラスチックのための欧州戦略」を発表した。同戦略では，デザインと生産，再使用と修理，リサイクル性を反映したスマートで革新的かつ持続的なプラスチック産業と，それを通じた成長・雇用創出および温室効果ガス削減，化石燃料輸入依存の減少という大きなビジョンを掲げている[13]。

　EU プラスチック戦略では，導入に至る背景として①プラスチック需要増加と低い再生プラスチック需要，②プラスチックリサイクルによる二酸化炭素の便益，③海洋プラスチックごみとマイクロプラスチックを挙げ[13]，その上で，次の 2 つのビジョンを掲げている。Ⅰ）デザインと生産に再使用・修理・リサイクルの必要性を充分に反映したスマートで革新的かつ持続的なプラスチック産業は，欧州に成長と雇用の機会を生むと共に，EU の温室効果ガス削減や化石燃料輸入への依存を減らすことに貢献する，Ⅱ）市民・政府・産業がプラスチックのより持続的で安全な消費と生産パターンを支持し，社会革新と起業を促し，全欧州市民に富の機会をもたらす。つまり EU においては，従来型の "自然から資源を取得→製品製造→使用→廃棄" という一連のプロセスを経る「直線型経済」から，製品のリサイクルによって「プラスチックのループを閉じる（＝廃棄をやめる）」循環型経済への移行こそが鍵であり，新たな石油資源の投入量を減らすことで脱炭素化を進めるとしている。

　さらに導入背景③に関連する重要事項として，「予防原則」が挙げられる。予防原則は，1992 年の国連「環境と開発に関するリオ宣言」において，「深刻なまたは回復不可能な損害のおそれのある場合には，科学的な確定性が充分にないことをもって，環境の悪化を未然に防止するための費用対効果の高い措置を延期する理由としてはならない」としており，EU ではこの予防原則を，環境政策の原則として採用することをマーストリヒト条約で明確にしている[14]。この「予防

原則」と「循環型経済」が強力に結びつくことで,「環境と経済が一体化した未来戦略」[15]となっていることが本戦略の大きな特徴である。つまりこれによって新たな資源利用量を減少させ,環境負荷を軽減しながらも経済成長を促すデカップリング（資源利用と経済成長の分断）が可能となる。EU 各国の法的枠組みや各企業のキャンペーンは,基本的に本戦略を前提としており,また EU がプラスチック削減や規制のムーブメントをリードしているという現状を踏まえれば,デカップリングを理解することこそが,今後の世界的潮流を考える上での重要事項であると言える。

3.3　G20 と日本の状況「プラスチック資源循環戦略」

　2019 年 5 月に日本国政府（消費者庁・外務省・財務省・文部科学省・厚生労働省・農林水産省・経済産業省・国土交通省・環境省の連名）が発表した「プラスチック資源循環戦略」では,「3R+Renewable（リニューアブル：持続可能な資源)」を基本原則としている。従来施策である3R（リデュース・リユース・リサイクル）にリニューアブルが加わっているが,これが資源持続可能性を高めることを前提に,プラスチック製容器包装・製品の原料を再生材や紙,バイオマスプラスチックなどの再生可能資源に適切に切り替えることを意味し,特に利用目的から一義的に焼却せざるを得ない,例えばごみ袋のようなプラスチックについては,カーボンニュートラルを目指すものである。また海洋プラスチック対策も成長の誘因とし,経済活動の制約ではなくイノベーションが求められ,「海洋プラスチックゼロエミッション」を目指すとしている。特に海洋プラスチック対策に関しては,不法投棄撲滅や廃棄物適正処理に加えて,海洋生分解性プラスチックの開発・利用を含む代替イノベーションの推進がひとつの取り組みとして取り上げられており,マテリアル開発を通じた本課題解決への期待が伺える。

　また 2019 年 6 月には,G20 大阪首脳宣言の 39 項にて「海洋ごみ,特に海洋プラスチックごみ及びマイクロプラスチック」について言及されている。同項では,プラスチックごみおよびマイクロプラスチックの流出抑制・削減のための行動をとること,2050 年までに海洋プラスチックごみによる追加的な汚染をゼロにすることを目指す「大阪ブルー・オーシャン・ビジョン」を共有すること,「G20 海洋プラスチックごみ対策実施枠組」の支持が表明されている。

4　おわりに

　海洋に存在する魚よりもプラスチックの方が多くなる 2050 年を回避するために,各国で様々な施策が打ち出されている。従来,世界各国での廃棄物マネジメントの基本は,Reduce（リデュース：減らす)・Reuse（リユース：繰り返し使う)・Recycle（リサイクル：再資源化する）の 3R を基本としてきた。2011 年に米国・ハワイ州で開催された第 5 回国際海洋ごみ会議をUNEP とアメリカ海洋大気庁がサポートして発刊された "The Honolulu Strategy: A global Framework for Prevention and Management of Marine Debris（ホノルル戦略：海洋ごみの防止と管理のための世界枠組み)" では,「4Rs: 3R+Recover（リカバー：ごみ回収)」が提案され

ている。これは，環境に排出される前のごみ回収および排出された後のごみ回収を意味しており，現状改善のための一歩前進したアクションである。またホノルル戦略を発展させる形で，2016 年に UNEP から発刊された "Microplastics: Emerging Issues（マイクロプラスチック：新たな問題）" では，第 5 の R を追加して「5Rs: 3R+Recover and Redesign（リデザイン：再設計）」が提案されている。ここで言う再設計とは，例えば製品を再設計することでより持続可能な方向へイノベーションを促進することを意味している。また上述の通り日本では，Renewable（リニューアブル：持続可能な資源）を加えた，代替品による課題解決が提案されている。

　以上のように，色々な国・地域・組織において新たな「R」が模索され，海洋プラスチック問題に対する有効性・実効性の高いアクションに向けた動きが加速しているが，こういった持続可能な社会に向けた変革自体が最も重要なアクションではないだろうか。そしてこれに名前をつけるとすれば，"Reform（リフォーム：持続可能社会に向けた社会改革）"，つまり世界の転換が最も相応しいように思う。

文　　　献

1) Ocean Conservancy, The International Coastal Cleanup: Cleanup Reports（https://oceanconservancy.org/trash-free seas/international-coastal-cleanup/annual-data-release/）
　※　各報告書は，クリーンナップ実施の翌年に集計の上レポートとして発表される。つまり2019 年報告書は 2018 年の実施結果をまとめたものとなる。
2) 深海デブリデータベース（http://www.godac.jamstec.go.jp/catalog/dsdebris/j/index.html）
3) E. J. Carpenter *et al.*, *Science*, **175**（4027），1240（1972）
4) 高田秀重，山下麗，用水と廃水，**60**（1），29（2018）
5) J. Masura *et al.*, NOAA Technical Memorandum NOS-OR&R-48（2015）
6) 日本バイオプラスチック協会（http://www.jbpaweb.net/gp/gp.htm）
7) J. R. Jambeck *et al.*, *Science*, **347**（6223），768（2015）
8) R. Geyer *et al.*, *Sci. Adv.*, **3**（7），e1700782（2017）
9) UNEP, Single-use plastics: A Roadmap for Sustainability（2018）
10) GESAMP, Rep. Stud. GESAMP, No.90, p.96（2015）
11) W. B. Whitman *et al.*, *PNAS*, **95**（12），6578（1998）
12) 兼廣春之ほか，用水と廃水，**60**（1），65（2018）
13) 粟生木千佳，森田宜典，廃棄物資源循環学会誌，**29**（4），286（2018）
14) 藤岡典夫，日本 EU 学会年報，**36**，121（2016）
15) 細田衛士，廃棄物資源循環学会誌，**26**（4），253（2015）

第4章 生分解性プラスチックの国内外の標準化動向

国岡正雄*

1 標準化の意義

　バイオプラスチック製品の生分解する速度や生分解の度合いは，消費者やバリューチェーンの下流側の企業は容易には判別することはできない。バリューチェーンの上流側のプラスチック樹脂等の供給企業が製品に添付する仕様情報を信じるしか方法がない。特に，生分解の評価は時間がかかり，それなりのコストもかかってしまうので再確認をするのが非常に難しい。以前から付き合いのある企業や消費者に認知度の高い企業であれば，その情報を信じることができるかもしれないが，初めて取引する企業や外国企業である場合は，その企業が発信する情報をどの程度信じて良いのか，他の企業の情報と比較検討することができない。このような状況を改善するために，国際市場で統一された評価方法，例えばISO（International Organization for Standardization：国際標準化機構）国際標準に定義された評価法での評価結果や，その国際標準に基づいた認証制度が重要である。

　図1に生分解性プラスチック製品に関わるISO国際標準，JIS（Japanese Industrial Standard：日本産業規格）国内規格に定義されている評価法による認証制度活用のメリットを説明する。生分解性プラスチック製品製造メーカーは自社製品を販売する際に，単に生分解しますというのではなく，規格に定められた方法で生分解度を評価する。そうすることにより，統一的な方法で評価されているので，信頼性，再現性が向上するとともに，可能であれば外部分析機関が評価することにより，客観性が担保される。また，自社のみならず，他社との相互比較も可能になる。また，市場の求める生分解度を業界基準に則った要求事項にすることにより，明確な守るべき条件を示すことができる。これらの要求事項を満足する製品にマークを示すことにより，消費者に簡単に，要求事項を満足した製品であることを示すことができる。これらのマークを自社で自己宣言として表示することも可能であるが，より高い信頼性の確保のために，第三者認証機関による認証が重要である。認証企業や関連業界団体が客観的に判断し，要求事項に満足した製品のみにマークを表示することを許諾する。その許諾した製品は認証機関のホームページ等で確認できるので，認証を受けていない製品に勝手にマークを表示することはできない。これらの認証プラットフォームを運営するために，国際標準に定義された評価方法と要求事項が重要である。

　本章では，生分解度のISOに定義された評価方法と要求事項，それらの認証制度を紹介する。

＊　Masao Kunioka　産業技術総合研究所　イノベーション推進本部　審議役

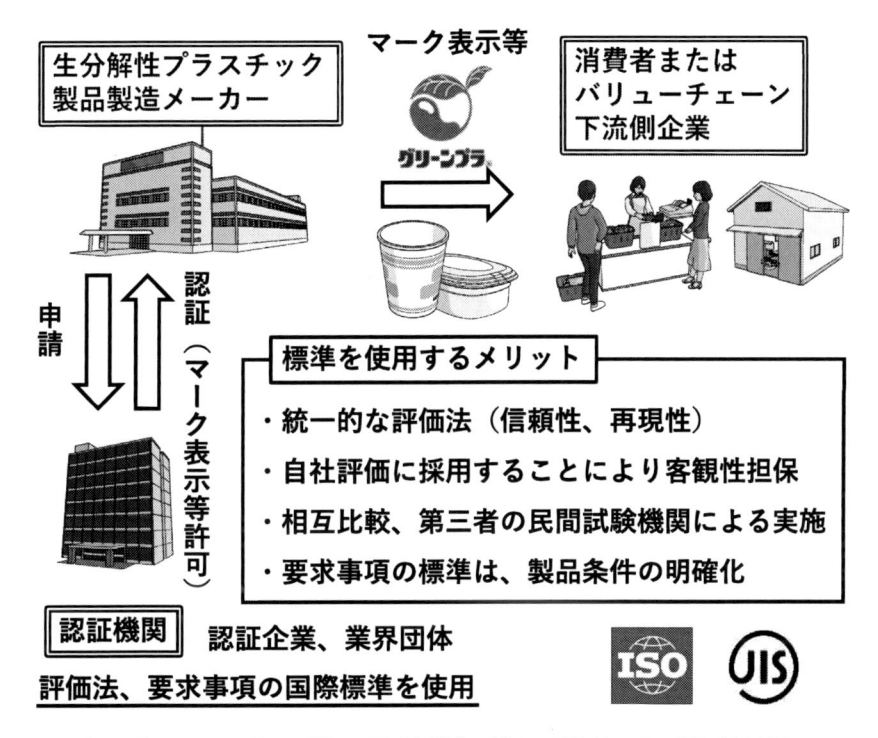

図1 生分解性プラスチック製品に関わる国際標準等に関わる評価法による認証制度活用のメリット

2 生分解に関わる ISO 国際標準化の国内・国際審議体制

評価法等の具体的な ISO 国際標準の説明をする前に，ISO 国際規格の制定手順について説明する。世界貿易機関（World Trade Organization：WTO）に加盟する国は，ISO の正会員となることができ，加盟国の政府関連機関がある程度の額の物品等を調達する場合，ISO に則った製品を購入しなければならない。2001 年に中国が加盟することにより，WTO の役割が増大している。日本の正会員は，日本産業標準調査会（JISC）で，1 国 1 票の議決権を有している。バイオプラスチックに関わる ISO 規格化の審議体制を図 2 に示す。ISO で標準化を審議する分野は多岐にわたり，それぞれの分野に対応した専門委員会（TC）で国際審議されている。プラスチックに関わる審議は，TC 61（プラスチック）で行われている。プラスチックの分野も広く，各分野毎に分科委員会（SC）が設置され，その中に作業グループ（WG）がそれぞれの規格を審議している。WG 2 が生分解度に関わる規格を審議しており，この議長（コンビーナ）を筆者が 4 年前から担当している。WG 3 でバイオベース高分子に関わる審議を行っている。実際の提案や後に説明する各規格の審議段階での投票やコメント提出は，JISC を通して，業界団体であるプラスチック工業連盟が行っている。日本の国内のコンセンサスや意向は，ミラーコミッ

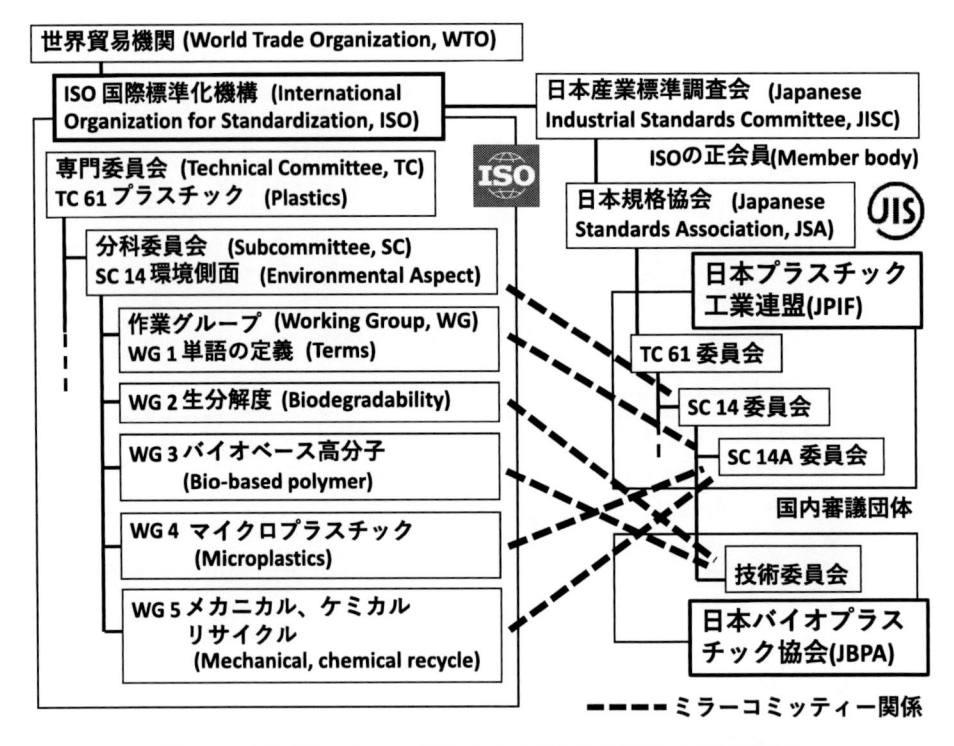

図2　バイオプラスチックに関わる ISO 規格化の国際，国内審議体制

ティー関係にある国内の委員会で審議を行っている。WG 2, 3 のバイオプラスチックに関わる国内審議は，バイオプラスチック製品の市場導入促進を掲げている日本バイオプラスチック協会（JBPA）の技術委員会で行われている。

今回は詳細に説明しないが，2年前からマイクロプラスチックに関わる定義や評価法に関わる審議が WG 4 で，本年（2019年）からリサイクルに関わる審議が WG 5 で始まった。

3　国際標準化の道筋

図3に ISO 国際規格ができるまでの提案から発行までの各段階を示す。標準化シーズが国内にあり，例えば，新しい生分解度の評価法が開発された場合，国内のミラーコミッティーでその必要性や正当性を審議し，国内コンセンサスを得る。そして，国内審議団体から JISC を通して，ISO の事務局に提案する。SC 14 の事務局はドイツ規格協会（DIN）が担当している。最初の新規提案が通るかどうかが規格の成立に対して，最もハードルが高い。新規提案がなされると国際投票にかけられる。各 SC には，投票権を有する P-メンバーが登録されている。2019年9月現在，SC 14 の P-メンバーの数は 20 か国である。1国1票で，2/3 以上の賛成票が必要である。これはそれほどハードルは高くない。あまり関心のない国も賛成票を入れることが多い。

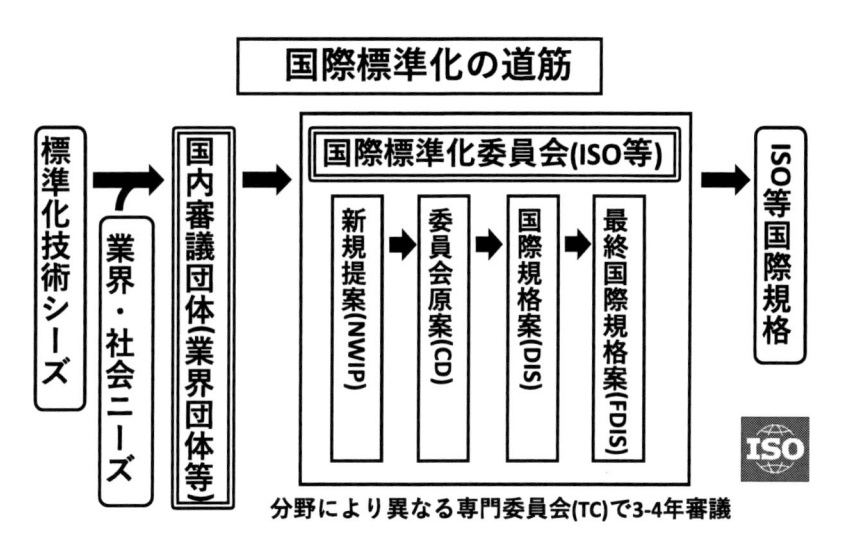

図 3　ISO 国際規格のできるまで

それに加えて，規格作りに自国の専門家を加えて積極的に参加する積極賛成国が，提案国も含めて 5 か国以上必要である。この積極賛成を集めるのが結構大変で，事前にロビー活動を行い提案に積極賛成するよう，一緒に規格作りを行うよう他国の WG 参加者を説得しなければならない。基本的には，あまり関係がないと判断されると，棄権票か単純賛成票となってしまう。積極賛成票が 5 か国以上集まると新規提案は認められ，国際審議が始まる。各段階で投票が行われ，成立条件を満たすと次の段階に進む。一般的には，投票の結果を踏まえて，1 年に 1 回開催される年次会議で国際審議を行い，次の段階に進んで良いかどうかを投票時に寄せられた各国のコメントを審議して決議する。3，4 年で発行段階まで到達する。規格成立，発行後，5 年毎に，そのまま継続するか，改正，廃止を審議する。

4　生分解に関わる ISO 国際標準

生分解度に関わる図 2 に示す WG 2 は，1993 年に日本提案で設立され，それ以来日本人がコンビーナを担当している。WG 2 で審議，発行した ISO 規格を表 1 に示す。多くの日本提案があり，この分野の規格化に日本の貢献が大きいことがわかる。また，最近の傾向として，14 番以降，海洋関係の生分解評価法の提案がヨーロッパの国から続いている。詳細は次章に記載がある。ISO 番号の下に JIS 番号があるものは，英語で記載された ISO 規格を翻訳 JIS 化したものであるが，ISO 最新版が翻訳されていない場合もあり，国内的には問題ないが，海外市場を視野に入れた場合，ISO 最新版の確認が必要である。

生分解度に関わり多くの規格が発行しているのは，図 4 に示す種々の環境条件下を模した実

表1 ISO TC 61「プラスチック」，SC 14「環境側面」，WG 2「生分解度」で発行，審議されている ISO 国際規格

	番号	規格名	状況	提案国
1	ISO 14851 JIS K6950	水系における酸素要求量による好気的生分解評価法	1999 年に発行	日本， ドイツ
2	ISO 14852 JIS K6951	水系における発生二酸化炭素量による好気的生分解評価法	1999 年に発行	米国
3	ISO 14855 JIS K6953	制御されたコンポスト中での好気的生分解評価法	1999 年に発行，パートへ分割された。	
4	ISO 16929 JIS K6952	パイロットスケールでの制御されたコンポスト中での崩壊度測定	2002 年に発行	米国
5	ISO 17556 JIS K6955	土壌中での生分解評価法	2003 年に発行	日本
6	ISO 20200 JIS K6954	実験室レベルでの制御されたコンポスト中での崩壊度評価法	2004 年に発行	米国
7	ISO 14853	水系における嫌気生分解評価法	2005 年に発行	ドイツ
8	ISO 15985 JIS K6950	高固形物濃度における嫌気生分解評価法	2004 年に発行	ベルギー
9	ISO 17088	コンポスト化可能なプラスチックの定義	2008 年に発行	米国
10	ISO 14855-1 JIS K6953-1	制御されたコンポスト中での好気的生分解評価法	2005 年に発行	ベルギー
11	ISO 14855-2 JIS K6953-2	制御されたコンポスト中での好気的生分解評価法 実験室レベルでの発生二酸化炭素吸収による測定法	2007 年に発行	日本
12	ISO 10210 JIS K6949	プラスチック製品の生分解評価におけるサンプル調製法	2012 年に発行	日本
13	ISO 13975 JIS K6961	スラリー条件での嫌気生分解評価法	2012 年に発行	日本
14	ISO 18830	海底砂泥面における非浮揚性プラスチック材料の酸素要求量による好気的生分解評価法	2016 年に発行	イタリア
15	ISO 19679	海底砂泥面における非浮揚性プラスチック材料の発生二酸化炭素量による好気的生分解評価法	2016 年に発行	イタリア
16	ISO/CD 22403	海の微生物による実験室中温条件での本来の好気的生分解度と環境安全の評価　試験方法と要求事項	2017 年に提案・審議中	イタリア
17	ISO/DIS 22404	海底砂泥中の発生二酸化炭素量による好気的生分解評価法	2017 年に提案・審議中	イタリア
18	ISO/DIS 22766	実海域中での崩壊度測定	2017 年に提案・審議中	ドイツ
19	ISO/AWI 23517	生分解性マルチフィルムの定義	2018 年に提案・審議中	ドイツ
20	ISO/AWI 23832	実験室における海洋環境中での分解速度の試験方法	2019 年に提案・可決	イタリア
21	ISO/NP 23977-1	海水中におけるプラスチック材料の好気的生分解評価法第一部　二酸化炭素量による方法	2019 年に提案・可決	ドイツ
22	ISO/NP 23977-2	海水中におけるプラスチック材料の好気的生分解評価法第二部　閉鎖呼吸計による酸素要求量による方法	2019 年に提案・可決	ドイツ

験室系の好気的，嫌気的生分解度の評価試験や実環境試験（コンポスト，海洋）が定義されているためである。また，コンポスト中での生分解の要求事項（ISO 17088，表1の9番）や海洋中での生分解の要求事項（ISO/DIS 22403審議中，表1の16番），生分解性マルチフィルムの要求事項（ISOAWI 23517審議中，表1の19番）等も定められている。

　ISOに定められている生分解度の評価において，実環境中のフィールド試験も重要であるが，正確に生分解度を見積もることが難しいので，実験室で対象とする環境（土壌，活性汚泥，コンポスト，消化汚泥，淡水，海水等）を模した実験系で評価することになっている。最も単純な生分解度の求め方は，ある環境中にサンプルを埋設し，ある期間ごとに取り出して，残存質量を測定することにより生分解度を求める方法である。ただし，この方法は2 mmのふるいで残存したサンプルを分け取るため，それ以下に断片化したものは，分解したとして見積もられてしまう。生分解初期や生分解度が50%以下の場合は，正確に求めることができるが，それ以上では難しい。このような方法で計算した生分解度をISO国際規格では，崩壊度（表2）と定めている。崩壊度では，サンプルが完全に二酸化炭素と水まで分解したかどうかを確認することができない。生分解性プラスチック製品が生分解するかどうかの性質は，全量が二酸化炭素に生分解することの確認が重要であり，表2に示す生分解度の計算法がISO国際規格に規定されている。図5にISO 14852（活性汚泥，25度），14855-1（コンポスト，58度）法に基づく生分解評価装置を模式的に示す。密閉された通気系で接続された恒温槽に入った反応容器に，実験室内の二酸化炭素を除いた空気を反応容器に通気する。呼吸や生分解により発生した二酸化炭素は，後半

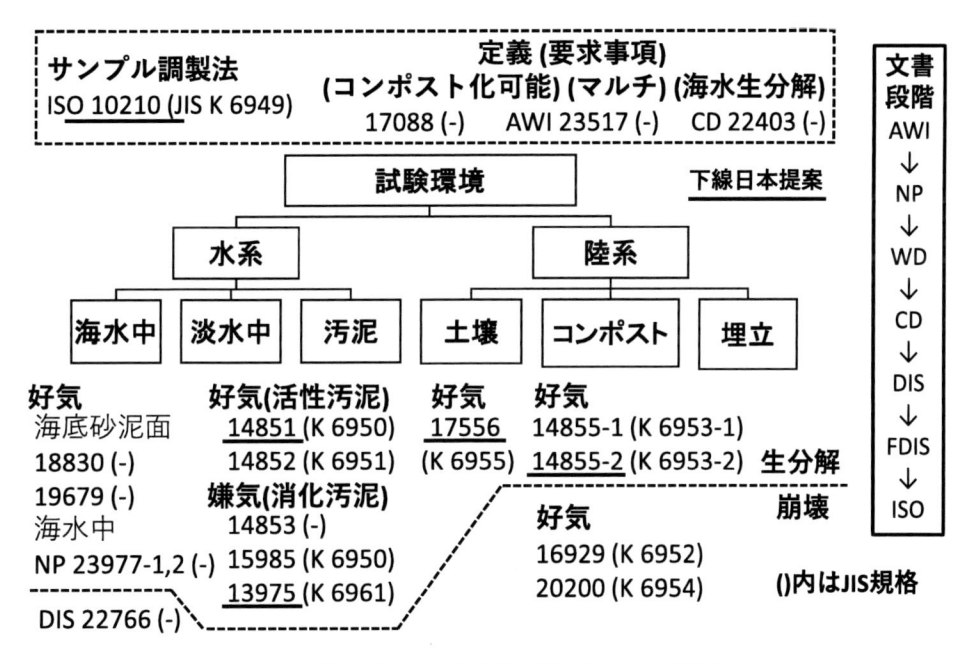

図4　各種環境中での生分解に関わるISO国際規格

表2　ISO に規定された生分解度と崩壊度の求め方

日本語名	英語名	規格	概要
生分解度 （BOD による）	Biodegradability （Biochemical oxygen demand）	ISO 14851 等	有機物（炭素）が，生分解する際に二酸化炭素に代謝するために，微生物が吸収する酸素の量で生分解度を計算する方法。ブランク（サンプルを含まない植種源）も呼吸して酸素を吸収しているので，ブランク分を差し引く必要あり。 理論酸素要求量（試験物質 1 mg 当たり）＝サンプル中の炭素量（mg）×（32/12）（mg）

$$\frac{\text{サンプルへの生物化学的酸素要求量（BOD）} - \text{ブランクへの BOD}}{\text{理論酸素要求量}} \times 100 \ (\%)$$

| 生分解度
（発生二酸化炭素量による） | Biodegradability
（evolved CO_2
amount） | ISO
14852 等 | 有機物（炭素）が，生分解する際に発生する二酸化炭素の量で生分解度を計算する方法。ブランク（サンプルを含まない植種源）も呼吸して二酸化炭素を発生しているので，ブランク分を差し引く必要あり。 |

$$\frac{\text{サンプルからの } CO_2 \text{ 発生量} - \text{ブランクからの } CO_2 \text{ 発生量}}{\text{発生 } CO_2 \text{ 最大理論量（サンプル量×炭素含率×（44/12））}} \times 100 \ (\%)$$

| 崩壊度 | Degree of
disintegration | ISO
16929,
20200,
22766 | 自然環境中や，大型コンポスト化実験施設等，密閉系が構築できず，発生二酸化炭素量等を正確に測定できない場合に，求める崩壊度の計算法。2 mm のふるいでサンプルを回収するので，2 mm 以下に分解した固体成分は分解したことになってしまう。 |

$$\frac{\text{分解前のサンプル質量} - \text{分解後のサンプル質量}}{\text{分解前のサンプル質量}} \times 100 \ (\%)$$

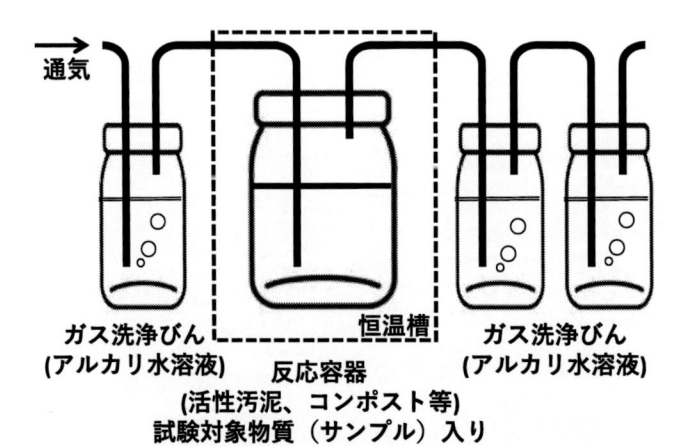

N=3, ブランク3セット、陽性対象物質3セット、試験対象物質3セット

図5　ISO 14852, 14855-1 法に基づく生分解度評価法

部分に接続されたガス洗浄瓶にトラップされる。その量は，滴定により測定することができる。サンプルを含まない植種源（活性汚泥またはコンポスト）からも，呼吸により二酸化炭素が発生するので，表2に示すように生分解度の計算の場合，ブランク（サンプルを含まない反応容器）からのBODや二酸化炭素発生量を差し引かなければならない。ブランクからの二酸化炭素発生量は，その植種源の活性を示すので，試験の成否を決める重要なファクターである。サンプルからの発生量が，サンプルからの理論量に対応する量（BOD量，発生二酸化炭素量）に達する量が得られた場合に，全量生分解が起こったことを確認することができる。ただし，100％を得るのは難しいため，90％以上の生分解度が得られた場合に，全量生分解したと見なすことにしている場合が多い。

5　その他の国際標準化動向

　バイオプラスチックに関わるISO国際規格以外の国際規格として，米国試験材料協会（American Society for Testing and Materials：ASTM）規格が多くの規格を発行している。ASTMの技術委員会D20（プラスチック），分科委員会D20.96（環境分解性プラスチックとバイオベース製品）で，ISO同様，約20件の規格が発行され，新規提案が審議されている。この分科委員会では，生分解性とバイオベース製品の両方の規格の審議を行っている。

　ヨーロッパ標準委員会（CEN）でも，いくつかのEN規格が発行されており，生分解性包装材料の要求事項を決めているEN 13427，13432が重要な規格となっている。この規格はCENの技術委員会TC 261（包装材料）で，審議・発行されている。生分解性の評価方法と要求事項は，TC 249（プラスチック）で審議・発行されている。また，TC 411（バイオベース製品）ではバイオベース度の計算方法等の規格を積極的に審議・発行している。

　バイオプラスチックの審議が開始された当初から，中国の研究者がISOのWG 2に参加し，新規提案はないものの，ほぼ全ての規格化の審議に参加してきた。それらのISO国際規格を積極的に中国国家標準GBに翻訳するとともに，多くの製品規格（生分解23件，バイオベース10件）も制定している。

6　生分解性プラスチック製品の認証制度

　本章の最初でも説明したが，生分解性製品を単にISO評価法で評価しただけでは，消費者やバリューチェーンの下流側に仕様情報を記載した文書等で伝えることができるが，その性質を明示的にアピールすることができない。そこで，マーク認証制度が重要になってくる。表3に各国の主要な生分解性プラスチック製品の認証制度を示す。コンポスト化可能（Compostable）は，全量生分解が予測され，有害物質や懸念物質の最低濃度が決められていて，これらの濃度を下回らなければならない。現在のところ，海洋中での生分解性製品を認証するのは，テュフ，

表3 生分解性プラスチック製品を認証する制度

制度名	Compostable Logo	Industrial compostable	OK Biodegradable	「グリーンプラ」マーク識別表示制度
マーク				
実施運営団体	米国 Biodegradable Products Institute	DIN CERTCO	TÜF Austria	日本バイオプラスチック協会（JBPA）
概要	米国試験材料規格 ASTM 規格（ISO 規格と同等のものあり）に則ったコンポスト中で生分解評価を行い規格に規定された期間に 60％以上生分解し，全量の生分解が予測され，種々の安全基準をクリアしたものを認証。	EN 13432 に基づく要求事項を満たしているコンポスト中で生分解される製品を認証。家庭用コンポスターでの生分解可能製品のカテゴリーあり。	種々の環境条件（土壌中，コンポスト中，海水中）別に認証し，それぞれにマークが存在。上記は，海水中で生分解を認証するマーク。国際規格の試験に基づき，認証条件を決めている。海洋生分解の要求事項は，廃止された ASTM D 7081 に基づいている。	ISO 規格（JIS 規格と同等のものあり）に則った水系，土壌中，コンポスト中で生分解評価を行い，規格に規定された期間に 60％以上生分解し，全量の生分解が予測され，種々の安全基準をクリアしたものを認証。

オーストリアのみで，その要求事項は廃止された ASTM D7081 を参照しており，現在 ISO/DIS 22403（表1，16番）が，イタリア提案で審議中である。日本バイオプラスチック協会（JBPA）の「グリーンプラ」マーク識別認証制度は，土壌，コンポスト中で生分解する製品の認証制度で，嫌気生分解（メタン発酵処理）や海洋生分解は対象としていない。現在，海洋生分解性の製品の重要性が高まっており，次節で説明するように精度の高い海洋生分解評価法の開発，認証プラットフォームの整備の検討を開始している。

7　海洋生分解評価方法の ISO 国際標準化

海洋プラスチックゴミ問題の関心の高まりにより，その解決策の一つとして，ワンウェイの使い捨てプラスチック製品（Single use plastics：SUP）の使用禁止や生分解性プラスチックの置き換えが盛んに議論，検討されている。海洋プラスチックゴミをなくすためには，ゴミ廃棄物全般の廃棄物処理のインフラ整備が最も重要な解決策であり，自然環境中にプラスチック廃棄物が漏出しないようなシステム，きちんと回収して処理するインフラを立ち上げなくてはならない。

そのような中でも，自然界に漏出する可能性のあるプラスチック製品は，生分解性にすることにより，期せずして漏出してしまっても分解することにより，環境負荷低減に貢献できる。そのために，海洋で生分解する材料開発が求められている。

　2019 年，大阪で開催された G20 サミットで，2050 年に新たな海洋ゴミゼロを目標とした「大阪ブルーオーシャンビジョン」が採択された。イノベーション（材料開発等）でこのビジョンを達成するために，経産省は「海洋生分解性プラスチック開発・導入普及ロードマップ」を策定し，そのイノベーションを支える海洋生分解をきちんと評価する方法の日本からの ISO 国際標準提案，材料開発，認証プラットフォームの構築を目指している。これらのイノベーション支援のために，NEDO（新エネルギー・産業技術総合開発機構）や環境省が多くのプロジェクト予算を提供している。

第5章 海水中における生分解性プラスチックの 生分解度測定

植松正吾[*1]，糸賀公人[*2]

1 生分解度の測定法

　環境中におけるプラスチックの生分解度の評価は，好気的生分解度または嫌気的生分解度を測定することで行われる[1~3]。これら好気的および嫌気的な生分解の過程は，下記の反応式で表される。好気的生分解では，酸素を利用する好気性微生物により，プラスチックが水と二酸化炭素に分解される。一方，嫌気的生分解では，酸素の存在しない条件下で生育する嫌気性微生物により，プラスチックは，メタンと二酸化炭素が混合したバイオガスに分解される。

好気的生分解：

$$C_cH_hO_oN_nS_s + (c + \frac{h}{4} - \frac{o}{2} + \frac{5n}{4} + \frac{3s}{2})O_2 \longrightarrow$$

$$cCO_2 + (\frac{h}{2} - \frac{n}{2} - s)H_2O + nHNO_3 + sH_2SO_4 \tag{1}$$

嫌気的生分解：

$$C_cH_hO_oN_nS_s + (c - \frac{h}{4} - \frac{o}{2} + \frac{3n}{4} - \frac{s}{2})H_2O \longrightarrow$$

$$(\frac{c}{2} + \frac{h}{8} - \frac{o}{4} + \frac{3n}{8} - \frac{s}{4})CH_4 + (\frac{c}{2} - \frac{h}{8} - \frac{o}{4} + \frac{3n}{8} + \frac{s}{4})CO_4 + nNH_3 + sH_2S \tag{2}$$

　海水中におけるプラスチックの好気的生分解測定法として，国際標準化機構の ISO 18830:2016，ISO 19679:2016 [4~6]，ASTM インターナショナルの ASTM D6691-17，ASTM D7991-15 [7,8] が出版されている。ISO 18830:2016 は，気密容器内に加えられた海水，堆積部（海砂）が形成する界面表面で，試料フィルムの生分解に必要な消費酸素量（生物化学的酸素消費量：BOD）を測定して，生分解度を評価する。ISO 19679:2016 は，ISO 18830:2016 と同じ試験混合物を使用して，生分解に伴って発生する二酸化炭素の量を測定する[3,4]。その測定法は，発生二酸化炭素をアルカリ溶液に吸収させ，中和滴定法で定量するヘッドスペース法である。その他，CO_2 センサーによるキャリアガスを分析する，非分散型赤外線吸収（NDIR）法も提案さ

＊1　Shogo Uematsu　植松技術事務所　代表

＊2　Kimihito Itoga　八幡物産㈱

れている。両試験法は，底生生物（benthos）が生息する底質（海洋の水底を構成している表層）におけるプラスチックの生分解性をシミュレーションする方法である。海水と堆積物から成る 2 相系の反応系で，海水より微生物活性の高い海水と堆積物の界面における生分解を測定する。

　また，海水中のプラスチックの生分解度を評価する試験法の起源となった ASTM D6691-01 は，植種源（inoculum）を添加した人工海水とプラスチックの混合系が消費する酸素を測定して，生分解度を評価する。植種源は，自然界から分離した 9 種類以上の海洋微生物の混合培養液から調製する。ASTM D6691-17 では，植種源として 10 種類以上の微生物の混合培養液に改定され，また植種源として自然海水を使用することも提案された。消費酸素量と発生二酸化炭素の測定法として，BOD 測定法，中和滴定法，NDIR 法が示されている[7]。ASTM D7991-15 は，海水堆積物中におけるプラスチックの生分解を測定する方法で，土壌中におけるプラスチックの生分解度試験法 ASTM D5988 の土壌を海水中の堆積物に置き換えたヘッドスペース試験法である。堆積物と試料の混合物をデシケーターの底に静置して，試験混合物から発生する二酸化炭素を水酸化バリウム溶液に吸収させ，中和滴定法で測定する。

　ISO と ASTM から提案されているプラスチックの生分解度の評価は，海水中の微生物によりプラスチックが生分解されて発生する二酸化炭素量と，プラスチックの炭素量から計算される理論的発生二酸化炭素量（$ThCO_2$）の比で示される[2, 3]。生分解によるプラスチックの発生二酸化炭素量は，海水とプラスチック試料の混合系（試験混合物）の発生二酸化炭素量と海水（空試験区：Blank）の発生二酸化炭素量の差から算出する。二酸化炭素量の測定は数日間隔で行うため，プラスチックの発生二酸化炭素量は，各測定時の発生二酸化炭素量の積算値の差から算出され，生分解度は下記の式にて計算する。

$$生分解度(\%) = \frac{積算 CO_2 \text{ 試験混合物} - 積算 CO_2 \text{ Blank}}{ThCO_2} \times 100 \tag{3}$$

　この方法を採れば，生分解度を比較的容易に計測，算出することができるが，試料中の炭素 14（^{14}C）の含有量から定量する方法と異なり，試験に関わる諸条件の変動によって生分解度が変動する。原因は微生物の生育に係る因子の変動である。微生物の生育に差が生じると，測定値が変動して，試験が成立しない場合がある。このため，海底堆積物の均一化，試料の量や形状，温度，試験容器内の酸素量などに配慮が必要となる。以下，生分解度に影響する主な要因と留意点について示す。

2　生分解性試験法と栄養塩

　プラスチックの生分解度は，試験法が定める生物学的な栄養と植種源（inoculum）の微生物活性により変動する。例えば，コンポスト条件下の生分解度測定 ISO 14855[9, 10]では，植種源と

して熟成堆肥が使用される。この試験の妥当性と生分解度は，植種源の履歴，植種源の揮発性固体（バイオマス量），植種源と試料量の比率，植種源の含水率，植種源の pH，供給酸素量などによって影響されるため，植種源の微生物活性を再現性良く均一に保つことが要求される。同様に海水中の生分解度も海水の栄養と微生物の活性により影響される。海洋の生態系を支える，一次生産者の植物プランクトンの主な栄養塩は，窒素とリンである。海水中の栄養塩の比率は，代表的な値としてレッドフィールドのモル比 C：N：P ＝ 106：16：1 で表される[11]。この値は，海洋の生態系が長年にわたり到達した平衡値として捉えられている。このため，海水を用いた生分解性試験では，pH（約 8.1），塩濃度（約 3.5％）の他に栄養塩の量を調節する必要がある。

　現在発行されている海水中の生分解度測定法，ASTM D6691-17 と ISO 19679:2016 の試験条件と栄養塩の比較を表 1 と表 2 に示す。ASTM D6991 は，人工または海水の培養液を使用する，液相系の試験法で，海底に沈むプラスチックを対象としている。酸素消費量の値から生分解

表 1　海水中の生分解度試験法の試験条件

試験法	ASTM 6691	ASTM 6691	ISO 19679
試料の形態	粉末，フィルム，切片，成形品，または水溶液		フィルム
測定法	酸素消費量または二酸化炭素発生量		二酸化炭素発生量
	圧力測定，赤外法		滴定法，赤外法
試験期間	10〜90 日		最長で 2 年
測定温度	30 ± 1℃		15〜25℃ ± 2℃，＜ 28℃
植種源	10 種類の細菌	自然海水	自然海水と堆積物
（Inoculums）			
試料量	20 mg/75 mL		150〜300 mg/L
	（人工海水または自然海水）		（自然海水と堆積物）
海水量	75 mL/ 容器		70〜2,000 mL/ 容器
堆積物量	—		30〜860 g/ 容器
容器体積	125 mL		250〜5,000 mL
対照物質	セルロース，キチン，クラフト紙		無灰定量ろ紙
試験の妥当性	対照物質の生分解度が		対照物質の生分解度が
	70％以上		180 日後 60％以上

表 2　試験法と栄養塩

試験法	ASTM 6691（人口海水）	ASTM 6691（海水）	ISO 19679
NH_4Cl	2.00 ± 0.05 g/L	0.5 g/L	0.26〜2.42 g/L [b]
Synthetic sea salt	17.50 ± 0.05 g/L	—	—
$MgSO_4 \cdot 7H_2O$	2.0 ± 0.05 g/L	—	—
KNO_3	0.5 ± 0.05 g/L	—	—
$K_2HPO_4 \cdot 3H_2O$	0.1 ± 0.05 g/L	—	—
$KH_2(PO_4)$	—	0.1 g/L	0.04〜0.38 g/L [b]
TOC (sediment) [a]	—	—	0.1〜0.9％

a)　ISO 19679 ラウンドロビン試験の報告，b) レッドフィールドのモル比 C：N：P ＝ 106：16：1 より算出

度を測定する，呼吸計による方法が主流である。微生物の培養液は，人工の海水または窒素とリンを補充した自然海水を使用する。ISO 19679 は，海水と堆積物の2相系で，堆積物は体積比で海水の1/5〜1/3量を含む。微生物の栄養源は，堆積物に含まれるバイオマスを利用する。発生する二酸化炭素は，滴定法または赤外法により定量する。試験容器は，ASTM D6691 では，呼吸計の規格により，75 mL と小さく，ISO 19679 では，発生二酸化炭素を測定する方法に依存して，70〜2,000 mL と幅広い。培養液あたりの試料の量は，20 mg/75 mL（ASTM）と40 mg/150 mL（ISO）[12]で，ほぼ同一である。試験温度は，通常の海水温より高い温度が使用されている。30℃は赤道直下の表面海水温，また27℃は夏の黒潮の表面海水温である。

　ASTM 6691 では，プラスチックの炭素と栄養塩の窒素とリンを利用して，生分解測定を行っている。ISO 19679 は，堆積物中に含まれるバイオマスを利用して，生分解測定を行う。このため，ASTM D6691 では，塩化アンモニウムとリン酸塩を加えた，人工海水また自然海水が使用される。ISO 19679 では，栄養塩を加えず，海水と堆積物の混合系となる。このため，ASTM D6691 試験法は，バイオマスの有機炭素を含む ISO 19679 試験法より空試験区（blank）の二酸化炭素発生量は少なく，生分解値の分散は小さい。ISO 19679 試験法のキーポイントは，堆積物に含まれるバイオマスの生分解を低く保つことである。しかし，微生物活性の高い海水と堆積物の界面を利用する ISO 19679 試験法は微生物種の多様性が高く，海底に沈む試料フィルムの生分解には有利な条件となる。表2に示す，ISO 19679 の栄養塩量は総有機炭素量（TOC）から，レッドフィールドのモル比 C：N：P = 106：16：1 から求めた値である。ただし，TOCの値は，ISO 19679 のラウンドロビン試験に参加した各国の値である。堆積部の TOC から算出した値は，ほぼ ASTM D6691 が使用する栄養塩の領域に一致する。

3　測定装置

　ISO と ASTM などの国際規格では，装置の製作は自由で，実験室の状況に合わせて試験者は装置を製作する。さらに，生分解性試験は，植種源を同じ試験条件に保つことが難しく，僅かな条件の変化により生分解度が変化する。このため，生分解性試験では，試験結果の妥当性を満たすことで，生分解度の再現性を確保する。装置作りで考慮すべき点は，バイオガスが安定に発生するための試験装置の大きさと使い勝手の良さである。試料を多くすることで，精度は高くなるが，使い勝手と試験装置の維持と管理に問題が発生する。このため，生分解測定装置の容器サイズは，試薬瓶サイズの 500 mL の容器が適当で，その他，温度制御なども容易になる。また，化学天秤の精度を考慮すると，試料量は 100 mg 以上が良いが，試験規模により試料量が規定されている。滴定法は，ビュレットサイズと炭酸ガス吸収溶液量を考慮すると 10〜25 mL が適当である。発生二酸化炭素を吸収する，水酸化ナトリウムまたは水酸化カリウム溶液を用いる方法より水酸化バリウム溶液を使用する方が，滴定操作が容易になり精度も高い。ただし，水酸化バリウム溶液は二酸化炭素吸収量が少ないので，吸収量に見合う試験サイズを設定する。滴定量は，

ビュレットのメニスカスを読むより，天秤を用い重量を測定する方が精度も高く，操作も早く読み取りミスも少ない。

　上記条件を満足する，製作しやすい装置を図1に示した。装置は，容器（7）：料理用の500 mL密閉容器，ストレーナー（1）：ステンレス製の茶こし器，水酸化バリウムの20 mL容器（2）：30 mL秤量瓶，試料押さえ（6）：目開き2 mmの虫よけネット，試料フィルム（4）：約40 mg，堆積物（5）：60 g，30 mL，海水（3）：120 mLで構成される。

　また，二酸化炭素濃度センサーのNDIR（非分散型赤外線吸収法）を使用する場合は，最大5,000 ppm濃度を測定できるセンサーが適当である。大気は，約0.04％の二酸化炭素を含み，炭酸ガス吸収剤中を通過することで約0.004％（40 ppm）とすることができる。本試験装置では，流速1 mL/minの空気を使用した場合，最大で数千ppmの二酸化炭素が発生する。容器の蓋に，ガラスドリルを用い6 mmの穴を2つ開け，外径6 mm長さの4 cmのガラス管をガラス用の接着剤で接着して導入口と排出口を作製するとよい。1 mL/min以下の流量は，最低12穴以上のマニホールドと毛細管を使用して，マニホールドに流量計で制御された空気を送ることで制御できる。反応容器と蓋の間に使用されるゴムパッキンにグリースを塗り気密性を保つ。

　その他の測定装置と測定法について検証したが，以下の問題が発生した。料理用の密封容器では，酸素消費量の測定値が変動して正確な値を測定することができなかった。また重量法では，操作と通気量の設定が難しく，重量変化が化学天秤の誤差範囲に入り，測定値が安定しない。

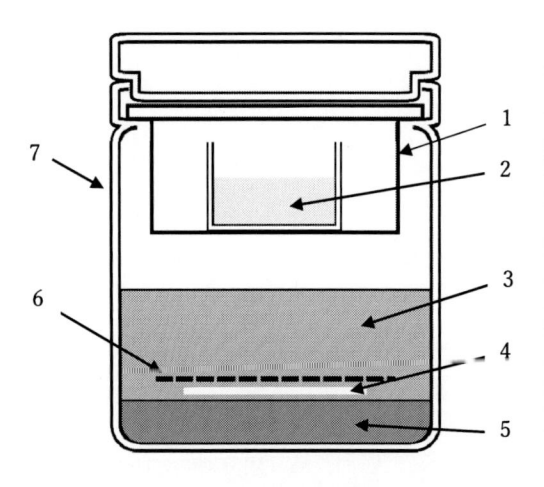

1: ステンレス製ストレーナー　　2: 0.0125 M Ba(OH)$_2$ 20 mL

3: 海水 120 mL (120 g)　　　　4: 試料フィルム約 40 mg

5: 堆積物 30 mL (60 g)　　　　　（全有機炭素 60 mg/L）

6: 試料押さえ用虫よけネット　　7: 試験容器 500 mL

図1　ヘッドスペース法を用いた発生二酸化炭素測定装置と試験容器の写真

4　海水と堆積物の採取

　ISO 19679 試験法では，堆積物中のバイオマスを植種源とするため，堆積物の調製方法が重要な因子となる。堆積物の採取場所と採取時期によりバイオマス量が変動して，陽性対照区（セルロース）の生分解度と空試験区（Blank）の二酸化炭素発生量の妥当性が満足されない。外洋に面した砂浜の堆積物は，バイオマス量が少なく，二酸化炭素発生量も少ない。海藻類と底生生物（benthos）が生息する場所の堆積物は，バイオマスと微生物活性も高く，二酸化炭素の発生量も高い。しかし，試験開始 6 か月後に Blank の二酸化炭素発生量が，湿潤堆積物 1 g あたり 3.5 mg 以下の試験条件を満足しない。このため，ISO 19679:2016 試験法では，堆積物に含まれる有機炭素量を 0.1% から 2% と規定している 。

　過剰な栄養源が試験結果に及ぼす影響を最小限に抑えるため，堆積物と海水の予調整も必要である。堆積物は，不要な栄養源（主にバイオマス）を除き，予培養によりバイオマスを生分解して調製する。まず不要なバイオマスは，堆積物の採取現場で除去するのが効果的である。一般的に日本の海岸，特に入江は肥沃であるため，堆積物に海藻や小動植物などのバイオマスが混入しやすい。これらを堆積物から除くため，目開き 2 mm，直径 40 cm の料理用のステンレス篩を使用して，海面中で穏やかな海流を利用しながら堆積物をステンレス製のボールに受けて選別する。この操作で微細な有機物や粘土質は海水中に流れ出て，大きな海藻類は篩に残る。この操作を 5 回程度繰り返すと大きな海藻類も浮遊除去され堆積物のサイズが揃い，空試験区（Blank）の発生二酸化炭素量が減少し安定する。さらに試験に適した堆積物とするために，堆積物を好気的に予培養する。すなわちあらかじめ試験に必要量の海水と選別した堆積物の混合物を十分に攪拌し，海水で数回洗浄した後，室温，暗所で好気的に保存し，発生二酸化炭素量を適宜測定しながら，規定値以下の発生二酸化炭素量が予想できる堆積物に調製する。この予培養の期間は，通常 1 か月程度である。また試験に使用する海水は，季節により，海水中に藻が浮遊するため，ろ紙でろ過して使用する。

5　海水の温度

　海水温度は季節や水深によってさまざまに変化する。たとえば日本の東海地方の太平洋沿岸の 2018 年 7 月 10 日時点では，海水表面で 27℃，深度 50 m で 25℃，200 m で 10℃ と計測された。網走オホーツク海の年間海水の表面温度は，平均温度：7.1℃，最低温度：－1.8℃，最高温度：18.8℃ であった。生分解度と生分解速度は温度に依存するので，生分解試験の精度と試験期間のバランスを取り，測定条件は一般的な微生物の生育温度範囲内の高い温度域が選ばれている。ISO 19679:2016 では 15～25±2℃（ただし 28℃ を超えない），ASTM D6691-17 では 30± 2℃ としている。

6 海水のpH

　海洋では，二酸化炭素が海水中に溶け込んで，炭酸カルシウム（貝殻，サンゴの死骸）を溶解し，炭酸カルシウムが加水分解される系が形成されている。このため海水は緩衝作用を持ち，その表面海水中のpHは8.1程度の値を保つ（北西太平洋，2018年，気象庁）。pHはプラスチックの加水分解や生分解に影響を及ぼす要因の一つである。生分解に伴って発生する二酸化炭素が海水のpHを低下させ，生分解への影響が考えられるが，通気ガス中の二酸化炭素測定法とヘッドスペース法による二酸化炭素測定法の測定結果は通常一致する。海水を使用する1相系のASTM D6691-17では，人工海水の培養液は緩衝液が使用されている。海水と堆積物を使用する2相系のISO19679:2016では，堆積物の緩衝効果によって，2年後のpHは約8と変動が少ない。

7 生分解度測定の実際

7. 1 材料および方法

7. 1. 1 試料の準備

　試料は，生分解性プラスチックとして3-ヒドロキシブチレート-*co*-3-ヒドロキシヘキサノエート重合体（PHBH，カネカ），ポリブチレンサクシネートアジペート（PBSA，三菱ケミカル），およびL-ポリ乳酸（PLA，大神薬化）を，陽性対照区としてセルロース（Whatmanろ紙），陰性対照区として低密度ポリエチレン（LDPE），および空試験区（Blank）を準備した。プラスチック試料についてはフィルム状に成形して供試し，嫌気状態の発生を避けるため，ポンチを使用して各試料に直径2 mmの穴を多数開けた。試料名，炭素含有量，使用量，および繰り返し試験数を表3に，試料写真を図2に示す。

7. 1. 2 海水と堆積物の準備

　海水および堆積物は，4の堆積物の採取方法に準じた方法で静岡市清水区三保（内海）および同県御前崎市浜岡（外海）にて採取，準備した。2地点の堆積物を三保：浜岡が2：1の比率に

表3　試料名および使用量

試料名 （フィルム）	会社名	炭素含量	試料重量	繰り返し数 （n）
PHBH	KANEKA corporation	56.38%	34 mg	4
PBSA	MITSUBISHI CHEMICAL	58.06%	35 mg	4
PLA	Daishin Pharma-Chem Co., Ltd.	50.00%	41 mg	4
Cellulose	Watman filter paper no.42	44.44%	45 mg	4
LDPE	—	85.71%	30 mg	2
Blank	—	—	—	4

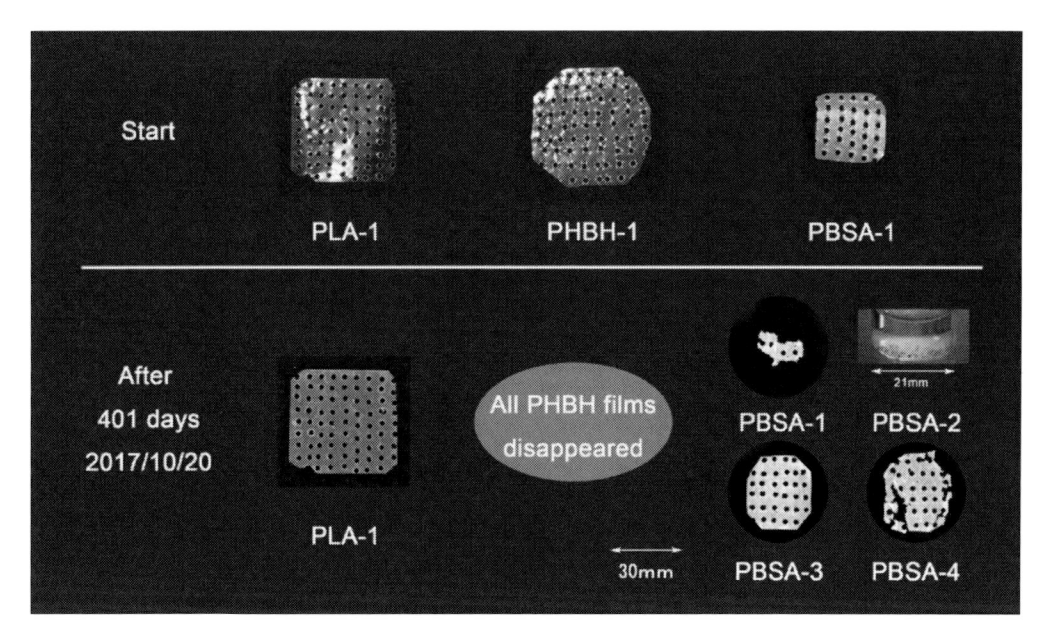

図 2　海水で生分解されたフィルム試料の写真

ISO 19679 に則った，生分解性プラスチックフィルムの生分解度測定。堆積物 35 mL と海水 120 mL の 2 相から成る反応系の堆積物表面に試料 40 mg を静置して，pH 8.1，温度 27℃の条件で 401 日，発生する二酸化炭素を滴定法によって測定した。PHBH フィルムと濾紙は生分解して，完全に消失した。PBSA フィルムは 1 mm 以下の微粒子から未分解のフィルムと生分解に差がある。PLA フィルムの生分解は測定できなかったが，フィルム表面の光沢が消失した。

混合し，好気条件下で約 1 か月間の予培養を施した。海水と堆積物の比率は 121 g：65 g に調製した。海水の比重は 1.01 g/mL なので 121 g は 120 mL に，また堆積物の見かけ比重は約 1.85 g/mL なので 65 g は約 35 mL に相当する。このように海水と堆積物の体積比を 3.5：1 に調製し，ISO 19679:2016 で規定する体積比 3：1〜5：1 の範囲内とした。

7. 1. 3　測定装置の準備と試験期間中の操作

　準備した海水と堆積物を 500 mL 容量の密閉容器に入れ静置し，図 1 のように 2 相を形成した。次に底質を模す堆積物の表面に試料を設置し，ポリプロピレン製の防虫網で試料フィルムの堆積物への接地を確保した。装置上部には所定量の水酸化バリウム溶液を加えた容器を，海水相との通気を配慮して設置した。なお試験期間中は各相間の気体の移動，拡散を促すため，測定装置を数日に 1 回緩やかに振盪した。

7. 1. 4　発生二酸化炭素の測定

　本試験では，試料の分解に伴って発生する二酸化炭素は，水酸化バリウムに捕獲され個体状の炭酸バリウムとなる。未反応の水酸化バリウムを塩酸で逆滴定することで，発生二酸化炭素量を測定した。その過程を，下記の反応式で示す。測定は試験開始当初は 1 日間隔で行い，その結果から発生速度を予測し，以後の測定間隔を決定した。

$$Ba(OH)_2 + CO_2 \longrightarrow BaCO_3\downarrow + H_2O \qquad (4)$$

$$Ba(OH)_2 + 2HCl \longrightarrow BaCl_2 + H_2O \qquad (5)$$

7. 2 結果および考察

ISO 19679:2016 に則り，27 ± 0.4℃の温度条件下で 2016 年 9 月 14 日から 2017 年 10 月 20 日の 401 日間実施した試験 1（Run-1）の結果を図 3 および図 4 に示す。生分解度は，ISO 19679:2016 に規定されている定常期（plateau）の値を採用した。また，定常期が観察されなかった試験区の生分解度は，401 日後の結果を用いた。

ISO 19679:2016 では，試料の生分解度は，繰り返し数 $n = 3$ の測定結果の平均値で評価すると規定されている。本試験の生分解性プラスチック試料は $n = 4$，陰性対照区の LDPE は $n = 2$ をそれぞれ適用し，同一試料間の生分解度の偏差を考慮したうえで生分解度を評価した。ただし陽性対照区（セルロース）と空試験区（Blank）については，異常値と判断した実験区を除外した $n = 3$ とした。

以下，試験の妥当性，生分解性プラスチックの生分解結果および考察，試験の運用に関する課題について示す。試験は，2 回繰り返し，フィルム試料の写真に示される結果は実験 1（Run-1），比較のために示した結果は実験 2（Run-2）として示した。

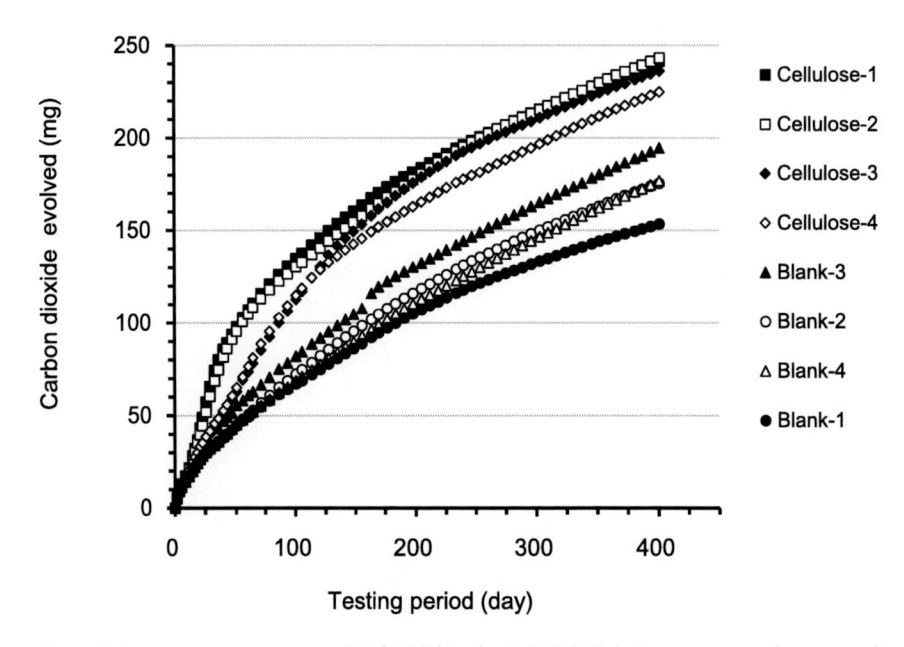

図 3　海水におけるセルロースの生分解度測定（二酸化炭素発生量，401 日，27℃，Run-1）

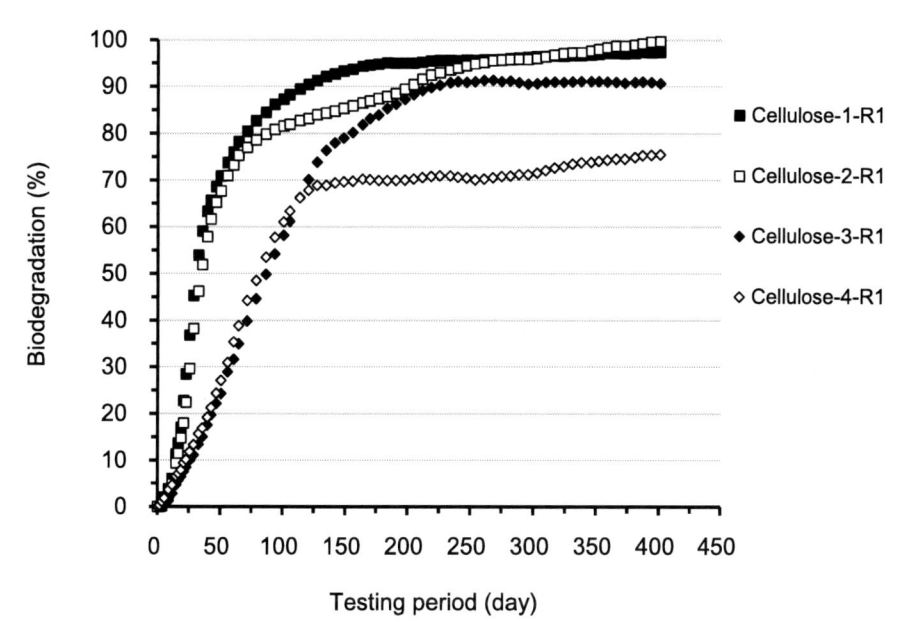

図 4　海水におけるセルロースの生分解度（401 日，27℃，Run-1）

7. 2. 1　試験の妥当性（Run-1）

- **陽性対照区（セルロース）の生分解度**

規定値：試験開始から 180 日後の生分解度が 60％以上であること。

結果：対応する生分解度は，図 4 より，177 日で 88.7％を示し，規定を満たす。

- **堆積物の二酸化炭素発生量**

規定値：6 か月後の堆積物 1 g あたりの二酸化炭素発生量が 3.5 mg を越えないこと。

結果：空試験区（Blank）において堆積物 1 g あたりの二酸化炭素発生量は，図 3 より，184
日で 1.6 mg/g（105 mg/65 g）であり規定を満たす。

- **空試験区（Blank）の試験終了時の発生二酸化炭素**

規定値：平均値との差が平均値の 20％以下。

結果：明らかに異常な測定値と判断した Blank-3 を除外し，$n = 3$ として処理した。3 試料
の二酸化炭素発生量は，図 3 に示したとおり，153.3 mg，175.3 mg，176.7 mg とな
り，平均値は 168.4 mg となった。これらの平均値の 20％は 33.7 mg（168.4×0.2）と
なる。それぞれの測定値と平均値の差は各々15.1 mg，6.8 mg，8.2 mg となり，規定
値の 33.7 mg を下回り，規定を満たす。

- **陽性対照区（セルロース）の試験終了時の生分解度の容器間偏差**

規定値：平均値の 20％以下。

結果：明らかに異常な測定値と判断した cellulose-4 を除外し，$n = 3$ とした（図 4）。試験終
了時の 3 試料の生分解度は，それぞれ 97.4％，99.7％，90.6％となり，平均値は

95.9%であった。その平均値の20%は19.2%（95.9×0.2）となった。最大の偏差値は9.1%（99.7 − 90.6）であり，規定値の19.2%を下回り，規定を満たす。

これらの結果から，本試験はISO 19679:2016に準じたものとして妥当と判断される。

7.2.2 セルロースの生分解

ISO 19679の試験1（Run-1）と海水と堆積物の採取時期が異なる，試験2（Run-2）の二酸化炭素発生量の結果および陽性対照区（セルロース）の生分解度の結果を，図5〜7に示した。陽性対照区（セルロース）の生分解度が10%に到達する誘導期は，Run-1では14日と23日，Run-2では22日となった。空試験区（Blank）の二酸化炭素発生量は，167 mg/401日（Run-1）と95 mg/400日（Run-2）である。Run-1のセルロースの生分解度は，34日で50%，79日で50%と2つの生分解過程が測定され，その対数期の分解速度は2.7% / 日と0.65% / 日を示し，4倍近い生分解速度である。Run-2では，55日で50%に到達し，繰り返し（$n = 4$）の生分解度は一致し，対数期の分解速度は全て同じ1.6% / 日（$n = 4$）である。プラトーに到達する時期は，各々150〜200日（Run-1）と120〜150日（Run-2），試験終了時の生分解度は，95% /401日（Run-1）と100% /400日（Run-2）である。セルロースの生分解度は，微生物活性が低く発生する二酸化炭素も低いRun-2の方が，生分解度と分解速度が高く，バラツキも小さい。しかし，微生物活性の高いRun-1では，セルロースの分解速度が異なる分解過程が現れ，堆積物の持つ微生物の多様性として留意すべき結果である。セルロースの試験終了時（400日）の生分解度は，96%（Run-1）と100%（Run-2）で高い一致が得られ，本試験法の再現性は高い。

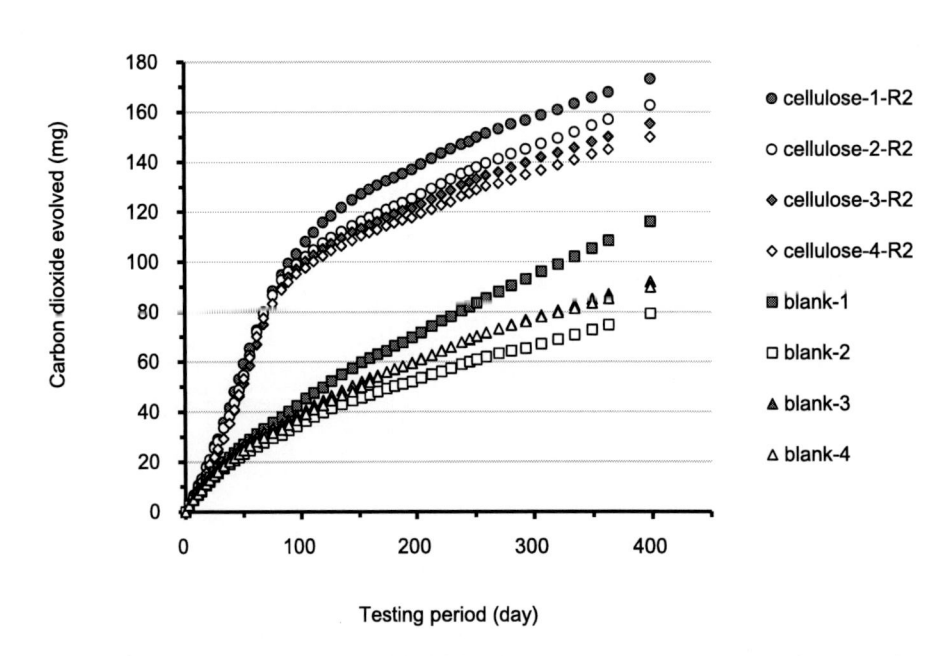

図5　海水におけるセルロースの生分解度測定（二酸化炭素発生量，400日，27℃，Run-2）

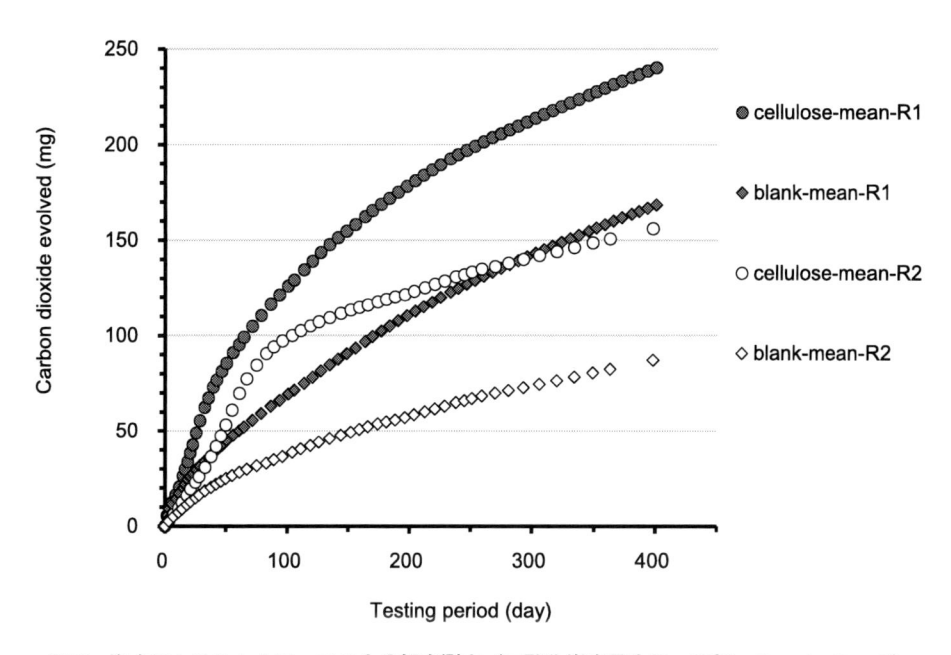

図 6　海水におけるセルロースの生分解度測定（二酸化炭素発生量，27℃，Run-1，Run-2）

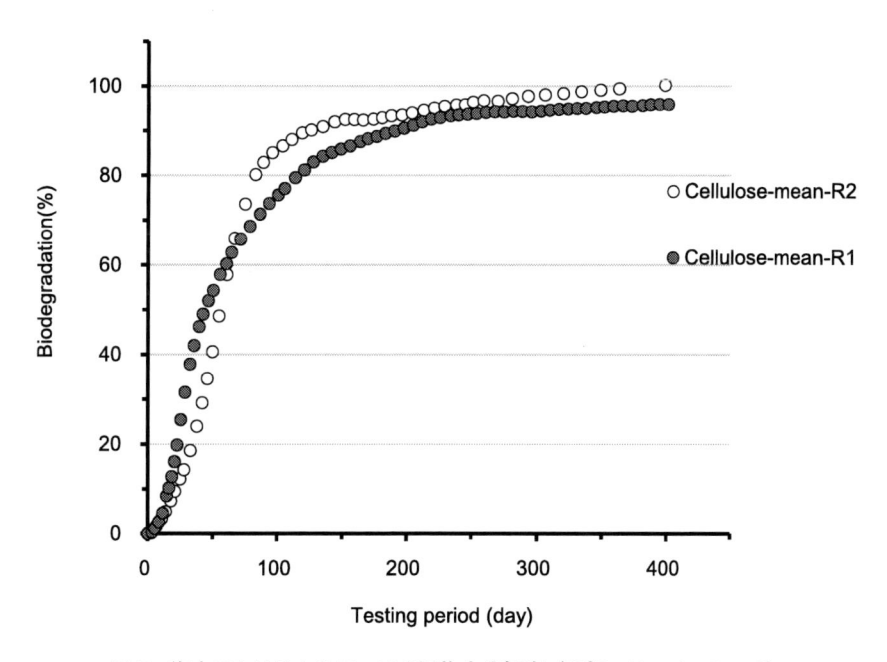

図 7　海水におけるセルロースの平均生分解度（27℃，Run-1，Run-2）

7．2．3　生分解性プラスチック PHBH の生分解

　PHBH の生分解性は，セルロースの生分解に比べ，試験条件により異なる（図 8）。空試験区（Blank）の，二酸化炭素発生量が少ない場合と多い場合で，生分解速度と生分解度に差が現れる。空試験区（Blank）の二酸化炭素発生量は，107 mg / 190 日（Run-1）と 54 mg / 187 日（Run-2）で，実験 1 の微生物活性は，実験 2 の 2 倍である。PHBH の生分解度が 10％に到達する，誘導期は各実験で同じ値を示し約 8 日であった。これはセルロースの平均値 20 日より10 日早い。生分解度 50％における，対数期の生分解速度は，3.6％ / 日（Run-1）と最も高く，セルロースの最大値の 2.7％ / 日（Run-1）より分解速度は高い。しかし，空試験区（Blank）の発生二酸化炭素量の少ない実験 2 では，対数期の分解速度は 0.71％ / 日とセルロースと同じ0.75％ / 日を示した。最大の生分解度は，81％ / 110 日（Run-1，フィルム）および103％ / 187 日（Run-2，粉末）を示し，20％の差が現れた。実験 1 の PHBH の生分解は，110日で最大値 81％を示し，その後，400 日で平均値は 70％に下降し，実験 2 に比べて 30％も低い生分解度である。しかしその対数期の生分解速度は最も高い 3.6％ / 日を示した。この結果は，コンポスト中の生分解度試験において，頻繁に観られるプライミング効果として捉えられる[13~15]。すなわち，コンポストの微生物活性が高い場合，微生物の栄養源として試料も分解され，急速に微生物が増加して，栄養不足となり，コンポスト中のバイオマスを通常より多く消費

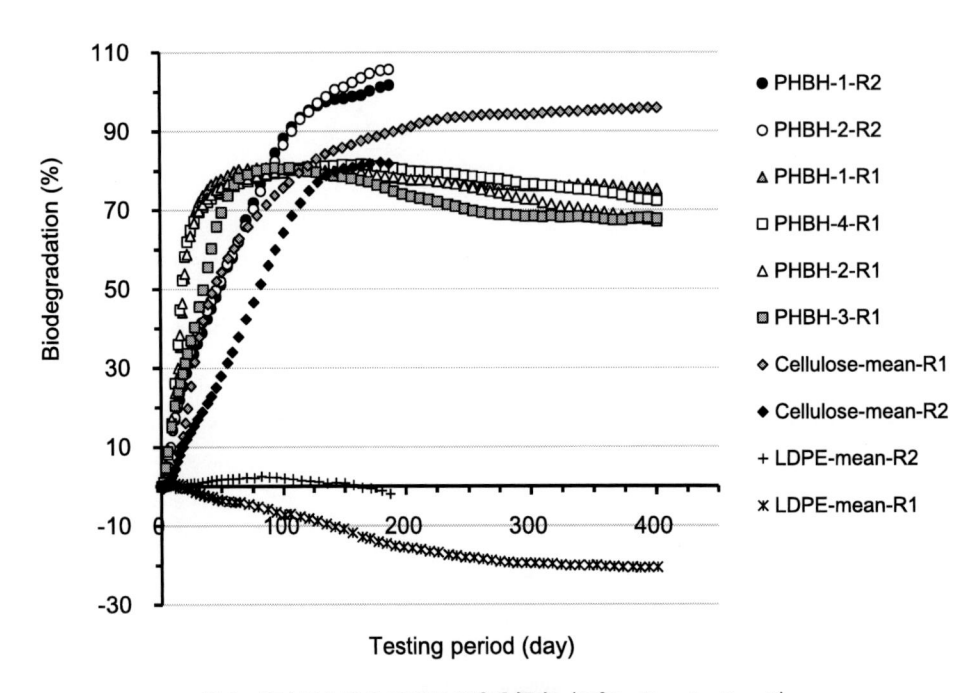

図 8　海水における PHBH の生分解度（27℃，Run-1，Run-2）
試験期間：401 日（Run-1），187 日（Run-2），空試験区（Blank）の試験終了時の平均発生二酸化炭素：168 mg / 401 日（Run-1），54 mg / 187 日（Run-2）

する。プライミング効果が表れる場合，通常生分解度が 100％を超し，その後徐々に，100％を下降する。また，同化作用により試料が微生物内に取り込まれる場合，生分解度は 100％にならない。例えば，コンポスト条件下では，セルロースの生分解度は 45 日で 85％程度である。PHBH の生分解は，微生物活性が高い場合，同様に同化作用とプライミング効果が現れ，生分解度が低くなり，極大値を持つ生分解度曲線が現れる。

　また，陰性対照区（低密度ポリエチレン：LDPE）の生分解度は，二酸化炭素発生量が高い実験 1（Run-1）では，約 − 20％となり，二酸化炭素発生量が低い実験 2（Run-2）では，約 0％となった。堆積物からの二酸化炭素発生量が多い場合，僅かな試験条件の変動が，二酸化炭素発生量に影響する。

7. 2. 4　生分解性プラスチック PBSA の生分解

　PBSA は，生分解度の単純平均では 24％，負の数値を示した PBSA-3，4 の測定値を除いた平均は 56％となった。PBSA の生分解には，以下の 2 つの特徴が見られた。試験開始から生分解速度が上がり始め定常期に至るまでに誘導期（lag phase）のような期間が存在したこと，また試料ごとに生分解速度が大きく異なったことである（図 9）。前者に関連して，PBSA-1 は試験終了時に定常期に達しておらず，さらに生分解が進む可能性があった。後者については，生分解度が 45％と 67％を示す 2 つの試料（PBSA-1，2）と，生分解を示さない負の値の試料（PBSA-3，4）に分かれた。また他社の PBSA の生分解性も同様に，生分解する試料としない試料のグループに分かれた。陽性対照区（セルロース）でも試料ごとに分解速度の差が観察されたことも考え合わせると，本試験の条件のいずれかが，特定の材料で試料間の差を生じやすい原因になっていると考えられる。また誘導期が 200 日近く掛かるので，栄養源であるバイオマス

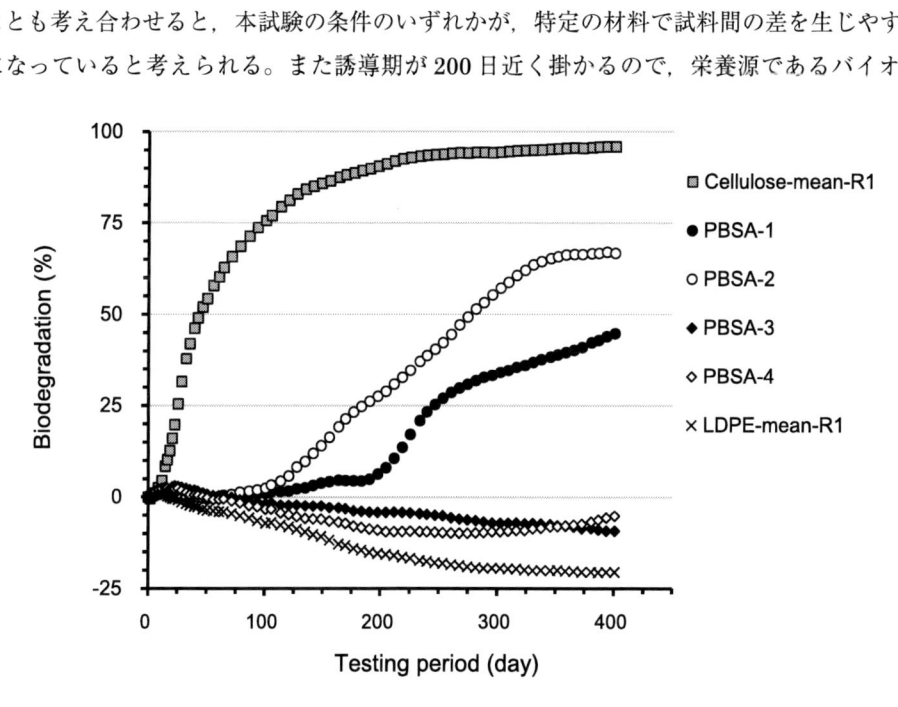

図 9　海水における PBSA の生分解度（27℃，Run-1）

が消費され試験混合物の栄養不足と菌数減少が考えられる。海水の炭素：窒素：リン比率に基づいた，栄養塩の添加による，植種源の再接種も考えられる。

7. 2. 5 生分解性プラスチック PLA の生分解

生分解性プラスチックの PLA は，27℃の温度では容易に生分解されないため，2 年に及ぶ生分解度試験を実施し，試験法の問題点も検証した。ISO 19679:2016 に則り，前回の試験（Run-1）を，さらに 1 年延長し，814 日の測定を実施した。PLA フィルムの写真を図 10 および二酸

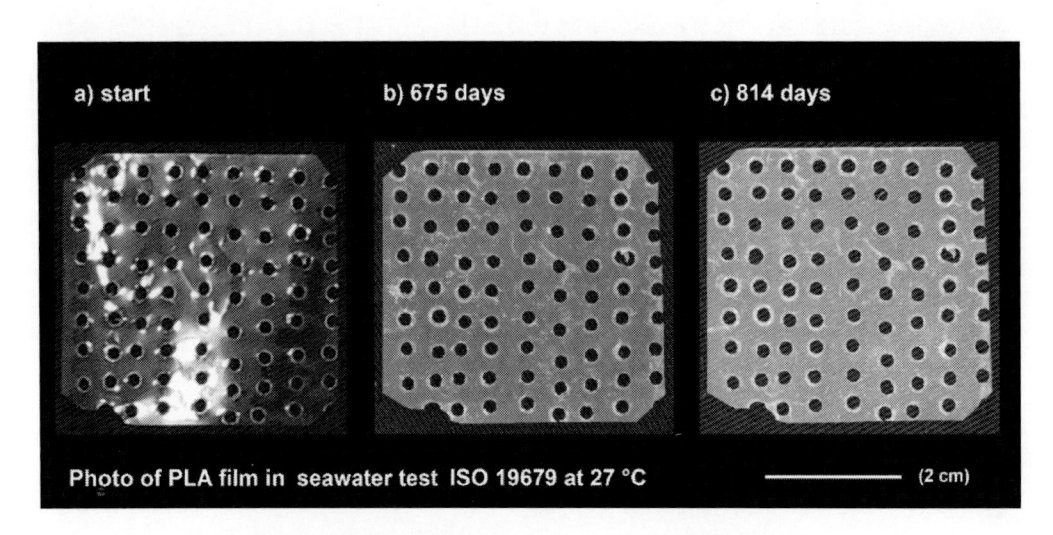

図 10　海水中で生分解された PLA フィルムの写真（Run-1）

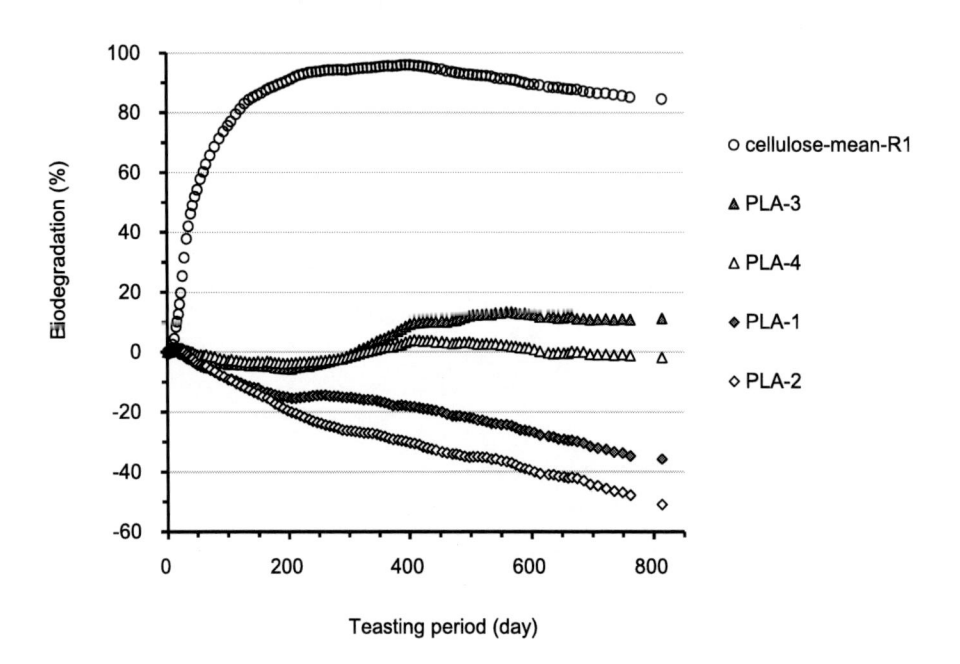

図 11　ISO 19679 試験法による PLA フィルムの生分解度（27℃，Run-1）

化炭素発生量からの生分解度の結果を図 11 に示した。PLA フィルムの重量は，平均で 42.67 mg から 38.31 mg に減り，その減少は 4.36 mg で，10.21 ± 0.04％崩壊度である。フィルムの写真の結果は，崩壊は見られないが，光沢が消えて，不透明になっている。海水での PLA 生分解の誘導期は，約 2 年掛かることが予想された。PLA の発生二酸化炭素による生分解度は，401 日で -8.9 ± 8.5％から 814 日で -21 ± 15％と，生分解度とその平均誤差が大きくなり，400 日を超えると，二酸化炭素による測定結果は不正確になった。また，401 日で 95.9 ± 2.7％を示したセルロースの生分解度も，814 日後 84.5 ± 8.4％と 11％減少し，平均誤差も増加して，セルロースの生分解によるプライミング効果が表れた。原因としては，海水と堆積物が形成する生物学的循環系の栄養源が，エイジングにより消費されたことが予想される。特に，堆積物中のバイオマス量の C/N，C/P 比率の検証が必要である。

7.2.6　試験の運用に関する課題[16]

7.2.1 で述べたように，本試験の妥当性は十分に満たされたが，海洋生分解性を評価する各種の試験の間で，生分解度の結果が一致しない場合がある。これまでに行われた ISO 19679:2016 のラウンドロビン試験においても，試験機関の間で測定値に差が生じ，微生物と有機物を含むバイオマス量，嫌気発酵，プライミング効果などの試験機関や地域の差の影響について議論されてきた[17]。ここでは，本試験で得られた結果をもとに，本手法の注意点などを示す。

まず，陽性対照区（セルロース）の生分解は，図 4 に見られるように 60％に達する日数が最短 35 日目，最長 95 日となり，試料ごとに分解速度の値に差が生じた。なお空試験区（Blank）の二酸化炭素発生量は，184 日後に 105 mg を示し，実験 2 の 181 日後の 55 mg と比較して 2 倍高い値である。

7.2.2 と 7.2.3 で述べたとおり，目視で試料を確認できないほど完全に分解したとみられる PHBH と陽性対照区（セルロース）の生分解度が，測定値では 100％に到達しなかった。これらの結果と，条件を本試験（Run-1）と同じくして開始した第 2 回目の試験（Run-2）の結果を比較すると，空試験区（Blank）の発生二酸化炭素量の値が高く有機物が多く存在すると推定される場合，PHBH の生分解度も低くなる傾向が見られた（図 8）。また，生分解速度が高くても生分解度が高いとは限らない。すなわち空試験区の発生二酸化炭素が少ない Run-2 では，PHBH：103％，陽性対照区：82％と高い生分解度が測定されたが，生分解速度は双方とも Run-1 より低くなった。PHBH の場合は，7.2.3 で論じた同化現象も考慮に入れる必要がある。

一方，微生物の活性に強い誘導がかかるプライミング効果などにより試料混合物中のバイオマスが空試験区より多く分解され，生分解度が一時的に 100％を超えることもある。また PBSA の結果に見られた，試料ごとの生分解の差や誘導期様の現象も存在する（図 9）。

このように海洋中の生分解性試験では，生分解度が想定外に低い数値や高い数値を示したり，試験開始当初は生分解が観察されないが，ある期間を経過すると分解が始まるパターンが見られたりなどの現象が，試験とその結果の解釈を難しくしている。自然の海洋から採取した海水や堆積物を試験装置の一部として用いる本測定方法の性質上，試験条件の完全な制御は本質的に容易

ではない。今後，各試験方法，各生分解性プラスチック試料について生分解性評価の実例を積み重ね，知見を増やすことによって，海洋分解性の評価の運用方法を確立していくことが重要である。また，一見混乱を招いているかに見えるこれらの現象には，生分解性プラスチックの表面構造，膨潤性，濡れ性，微生物との親和性など，生分解の本質を解く鍵が潜んでいる可能性がある。本分野の研究をさらに進めることによって，海水中でのプラスチックの生分解機構の理解が進めば，より高精度かつ簡便な生分解評価方法も提案できるであろう。

8 おわりに

海水中の生分解度の測定において可能な限り再現性高く安定した結果を得るためには，種々の要因について考慮する必要があり，本試験から得られた知見をもとに，以下にいくつかの留意点をまとめて記す。

- **堆積物中の有機炭素量**

ISO 19679:2016 が規定する堆積物中の有機炭素量 0.1〜2% という値は相対的に高いと言わざるを得ず，試料の生分解性の測定をより高精度にするためには 0.025% が適当である。ただし，堆積物中のバイオマス量が少ない場合には，炭素窒素比率（C/N）と炭素リン比率（C/P）に注意する[7, 16]。

- **海底堆積物の採取と準備**

堆積物の微生物活性は，不均一であるため，堆積物の均一操作と保存に注意する。堆積物を 2 か所以上から採取し，混合する場合は，不均一性の原因となるため，混合に注意して，十分な予培養をする。

- **試料の形態**

試料をフィルム状に成形して供試する場合は，酸素が海水相上面から溶解し試料や堆積物相に行き渡ることを妨がないように，フィルムに 2〜5 mm 程度の穴を多数開ける[11, 17]。

- **陰性対照**

試料フィルムは，比重に基づき，浮き沈みするため，試料フィルムの比重によって，陰性対照を選択するのが良い。例えば，LDPE，PET および PLA の比重は，それぞれ，0.92，1.34 および 1.26 である。

- **二酸化炭素測定法**

非分散型赤外線吸収法（NDIR 法）を用いることで，試料の撹拌が容易になり，測定系の二酸化炭素発生量が，安定した。

- **測定方法の選択**

いくつかの測定方法を試し，試料の特性や想定される使用方法に合った試験法を選択すべきである。すでに発行されている ASTM D6691-17，ISO 18830:2016，本試験で紹介した ISO 19679:2016 に加え，潮間帯の堆積物中に含まれるプラスチックの生分解を実験室規模で測定す

る試験法 ISO/FDIS 22404:2019（E）も審議中である[18]。

謝辞

　本試験の実施にあたり試料を提供いただきました㈱カネカ，三菱ケミカル㈱，および大神薬化㈱に感謝いたします。

文　　献

1)　OECD, Test No. 301: Ready Biodegradability, OECD Guidelines for the Testing of Chemicals, Section 3, OECD Publishing, Paris（1992）

2)　ISO 14852:1999 Plastics, Determination of the ultimate aerobic biodegradability of plastic materials in an aqueous medium, Method by analysis of evolved carbon dioxide

3)　ISO 14853:2016 Plastics, Determination of the ultimate anaerobic biodegradation of plastic materials in an aqueous system, Method by measurement of biogas production

4)　M. Tosin *et al.*, *Front. Microbiol.*, **3**, 225（2012）

5)　ISO 18830:2016 Plastics, Determination of aerobic biodegradation of non-floating plastic materials in a seawater/sandy sediment interface, Method by measuring the oxygen demand in closed respirometer

6)　ISO 19679:2016 Plastics, Determination of aerobic biodegradation of non-floating plastic materials in a seawater/sediment interface, Method by analysis of evolved carbon dioxide

7)　ASTM D6691, 17 Standard Test Method for Determining Aerobic Biodegradation of Plastic Materials in the Marine Environment by a Defined Microbial Consortium or Natural Sea Water Inoculum

8)　ASTM D7991, 15 Standard Test Method for Determining Aerobic Biodegradation of Plastics Buried in Sandy Marine Sediment under Controlled Laboratory Conditions

9)　ISO 14855-1:2005 Determination of the ultimate aerobic biodegradability of plastic materials under controlled composting conditions, Method by analysis of evolved carbon dioxide, Part 1: General method

10)　ISO 14855-2:2018 Determination of the ultimate aerobic biodegradability of plastic materials under controlled composting conditions, Method by analysis of evolved carbon dioxide, Part 2: Gravimetric measurement of carbon dioxide evolved in a laboratory-scale test

11)　田口　哲，海の研究（*Oceanogr. Jpn.*），**25**（4），123（2016）

12)　植松正吾，糸賀公人，バイオプラジャーナル，**70**, 15（2018）

13)　J. Shen and R. Bartha, *Appl. Environ. Microbiol.*, **62**（4），1428（1996）

14)　F. D. Innocenti *et al.*, *J. Environ. Polym. Degrad.*, **6**（4），197（1998）

15) E. Chiellini *et al.*, *J. Polym. Environ.*, **15** (3), 169 (2007)

16) 植松正吾, 糸賀公人, バイオプラジャーナル, **72**, 9 (2019)

17) ISO/TC 61/SC 5/WG 22 doc. N 17, Ring test final report seawater sediment interface (2015)

18) ISO/FDIS 22404:2019 (E) Plastics — Determination of the aerobic biodegradation of nonfloating materials exposed to marine sediment — Method by analysis of evolved carbon dioxide

第6章　今，生分解性プラスチックに求められること

岩田忠久*

1　生分解性プラスチックとは

　生分解性プラスチックとは，使用中は通常のプラスチックと同じように使えて，使用後は自然界において微生物が関与して低分子化合物に分解されたのち，微生物体内に取り込まれ，最終的に二酸化炭素と水にまで分解されるプラスチック，と定義されている。したがって，生分解性プラスチックの分解様式は，微生物が分泌する分解酵素により水不溶性のプラスチックが水可溶性のオリゴマーやモノマーにまで分解される一次分解（酵素分解）と微生物体内で二酸化炭素と水にまで完全に分解される完全分解（代謝）の2段階反応である（図1）。

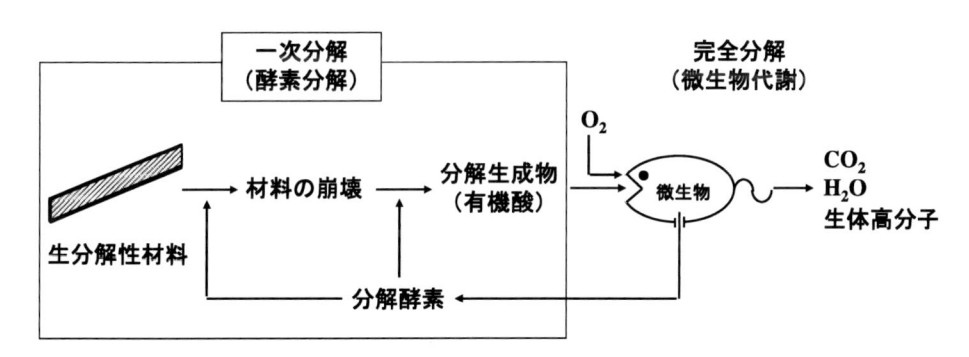

図1　生分解性プラスチックの分解様式

2　生分解性プラスチックに求められること

　生分解性プラスチックは「生分解」することに意義がある。しかし，その生分解性にも，コンポスト分解，活性汚泥分解，土中分解，河川・湖水分解，海水分解，深海分解などがある。また単にフィールド分解試験のみならず，有用分解微生物の単離やそこから得られる精製した酵素による分子レベルでの分解機構の解明も，合わせて推進しなくてはならない重要な基礎研究である。このような「生分解性」の観点から，いくつか必ず将来必要とされる基礎およびフィールド研究を列挙する[1]。

＊　Tadahisa Iwata　東京大学　大学院農学生命科学研究科　教授

2. 1 生分解性プラスチックの種類を増やす

人類は，ポリエチレン，ポリプロピレン，ポリ塩化ビニル，ポリスチレン，ポリエチレンテレフタレートの5大プラスチックとともに発展してきた。これらは様々な強度，熱的性質，透明性などを有し，適材適所で利用されている。しかるに，生分解性プラスチックは，ポリ乳酸（Nature Works, Ingeo™, 14万トン），微生物産生ポリエステル（カネカ，PHBH™，1,000トン），ポリブチレンアジペートテレフタレート（BASF, Ecoflex®, 7.4万トン），ポリブチレンサクシネート／アジペート（三菱ケミカル，BioPBS™，2万トン）など，生分解性ポリエステルのカテゴリーのみ，数種がわずかに生産されているに過ぎない。ポリエステル系のみならず，様々な物性を有する多種多様な生分解性プラスチックの創製が必要である。

筆者らは，セルロース（β-1,4-グルカン）やミドリムシが合成するパラミロン（β-1,3-グルカン）など，様々な結合様式を有する高分子多糖類をエステル誘導体化することにより，これまでの石油合成プラスチックにはない，優れた熱的性質や物性を有するバイオマスプラスチックの開発に成功している[2]。例えば，パラミロントリアセテートは，融点＝320℃，ガラス転移点＝180℃と，PETよりも高い融点と優れた耐熱性を有する（図2）。また，セルロースアセテートは，置換度をコントロール（置換度2.1以下）することにより，活性汚泥中で生分解性を発現することも報告されている。

このように，ポリエステルのみならず，様々な構造と優れた性能を有する生分解性プラスチックを開発し，多様な使用用途に応じた要求性能を満たさなければならない。

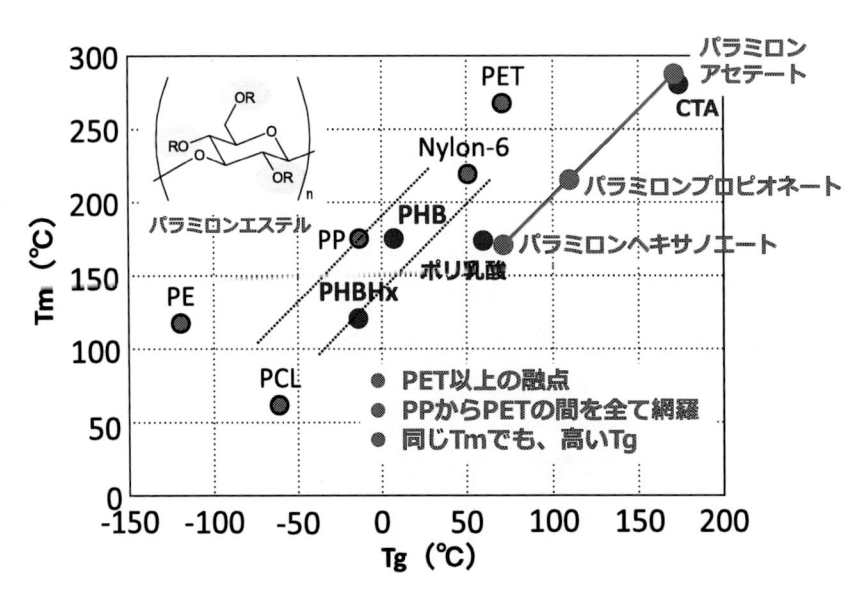

図2　パラミロンエステル誘導体，石油合成プラスチックおよび他のバイオマスプラスチックとの熱的性質の比較

2. 2　環境分解性の正確な認識

一口に生分解性プラスチックといっても，どのような環境で分解するのかを明確にし，それを一般消費者にわかるようにしなければならない。そのためには，開発した生分解性プラスチックが実際にどの環境下（コンポスト，活性汚泥，土中，河川水・湖水・海水，深海）で分解するかを正確に把握し，それを表記する制度を確立しなければならない。

例えば，ポリ乳酸はコンポストでのみ分解し，身の回りの土や水環境では分解しない。図3は，微生物産生ポリエステルのフィルムの環境水を用いたBOD分解試験の結果である。全ての環境水で完全に分解されることは分かったが，興味深いことに，人間の生活の場に近い荒川河川水と山中湖の湖水の方が，東京湾や大洗から採取した海水より2倍の速度で分解していることである[3)]。このように，同一サンプルでも環境により分解の速度が異なることから，一口に環境水といっても大きく異なることを理解しておく必要がある。

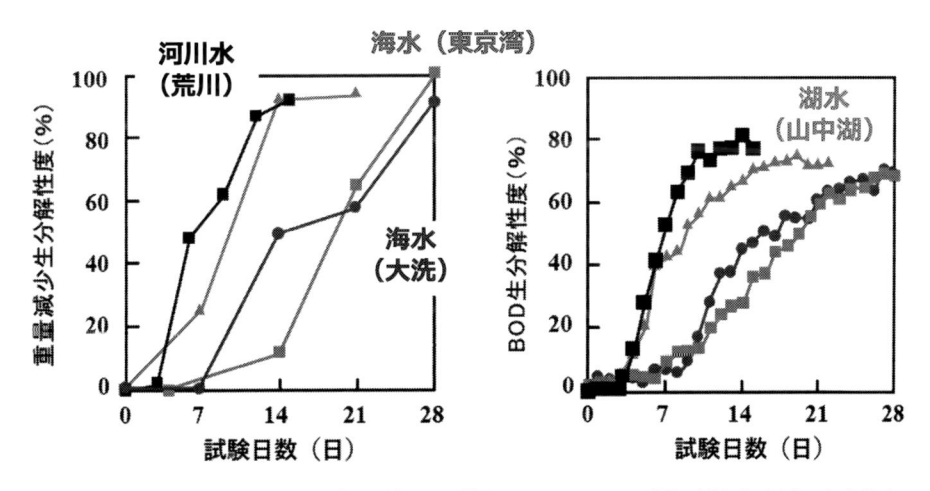

図3　微生物産生ポリエステル（P(3HB)）の環境水を用いたBOD試験（荒川河川水，山中湖水，東京湾海水，大洗海水）

2. 3　生分解性開始機能と生分解性速度のコントロール

使っているときは決して分解が起こらず，使い終わって不要となったとき，あるいは，環境中に流出した時，生分解が始まる機能を付与する（図4）。さらに，使用目的に応じて自在にその生分解速度がコントロールされている材料設計を行う。

筆者はこれまで生分解性速度をコントロールする因子の解明を行い，結晶化度，結晶厚，結晶配向度，分子鎖構造が生分解性の速度に重要な寄与を及ぼすことを解明している[4, 5)]。

2. 4　酵素分解・微生物分解・環境分解の知見を基にした分解酵素・分解微生物のデータベースの確立

先に述べたように，様々な環境下での分解試験の実施を行い，どのプラスチックがどのような

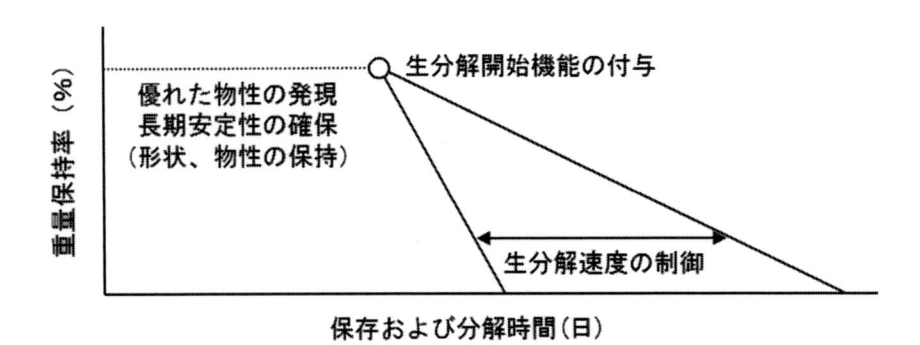

図4　生分解性プラスチックにおける分解開始機能と分解速度の制御の概念図

条件下で分解するかを明確に整理する必要がある。それに加え，環境中から分解微生物を単離し，一つの微生物がどのような酵素を何種類分泌しているか，あるいは複数の微生物が協同作業でプラスチックを分解しているかなど，分解微生物の観点からの研究を活発化する。酵素分解・微生物分解・環境分解により得られる知見を総合的に俯瞰・統合し，生分解性プラスチック分解酵素および分解微生物のデータベースを確立する。

2. 5　化学構造および分子構造からの生分解性プラスチックのシミュレーション

　コンピュータを用いて，環境中で分解しやすい生分解性プラスチックの化学構造をシミュレーションする。さらに，分子鎖構造，結晶構造，高次構造の観点からも，分解速度の予測なども行う。高分子構造学との連携が必要である。

2. 6　本当の意味でのマイクロプラスチックおよびナノプラスチック問題の解決

　現在問題となっているマイクロプラスチックは，数ミリ角のプラスチックである。今後さらに問題となるのは，衣料の洗濯により排出されるミクロンオーダーの繊維くず，化粧品や歯磨き粉などに入っているナノ粒子など，目に見えない本当の意味でのマイクロプラスチックやナノプラスチックである。どのようなプラスチックが，どのような形状で使われているかを正確に判断し，プラスチック表面へ吸着した様々な化学物質，添加剤や分解途中の中間生成物の生体への影響なども含めて，そこから生じる課題を未然に予測し，対策を図ることが必要である。

2. 7　非生分解性プラスチックを分解する人工酵素の開発

　様々な生分解性プラスチックを分解する酵素の三次元結晶構造の解析を行い[6)]，その立体構造をたんぱく質工学的手法および進化工学的手法を用いて改変し，ポリエチレンやポリプロピレンをはじめとする非生分解性プラスチックを分解できる人工分解酵素の開発を行う。大型放射光，中性子散乱施設などの施設を有効に利用し，たんぱく質の一次構造から高次構造までのメタデータの集積が必要である。ただし，人工酵素を環境中にばらまくことによる新たな環境問題につい

てはよくよく議論する必要がある。

2. 8　生分解性高強度繊維の必要性

　プラスチックの主な用途は，フィルム，射出成型品および繊維である。繊維は約25%を占め，衣料のみならず，様々な分野で利用されている。生分解性繊維としては，不織布，釣り糸，漁網，衣服への利用が有力である。そのためには目的に応じた強度が求められ，筆者らは微生物産生ポリエステルから新規な溶融紡糸法（冷延伸二段階延伸法，微結晶核延伸法，中間熱処理法など）を開発することにより，世界最高強度の生分解性繊維の作製に成功しているとともに，高分子多糖類エステル誘導体からも非常に優れた性能を有する溶融紡糸繊維の作製にも成功している[4,5,7]。今後は，洗濯などにより多くの繊維くずが環境中に流れ出ていることを鑑みると，衣料に用いられる生分解性繊維の開発が必要不可欠である。その際は，使っているときは決して加水分解せず，環境中に流失した場合に生分解する機能が必要である。

2. 9　環境応答型生分解性プラスチック

　使用中は優れた物性を発揮し，加水分解は生じず，使用後に環境中に流出した場合において，生分解が始まる生分解性プラスチックを「環境応答型生分解性プラスチック」として定義し，研究開発を行っている。その一例は，高分子多糖類エステル誘導体である。セルロースを始めとする多糖類は生分解性を有しているが，熱可塑性はないため，プラスチックとしては利用できない。しかし，多糖類の水酸基をエステル基などの官能基で置換すると，熱可塑性は発現するが生分解性は失われる。当研究室では，射出成形や溶融紡糸成形が可能な様々な高分子多糖類のエステル誘導体の創製に成功している[2]。本エステル誘導体は生分解性を有していないが，置換度の低いものは活性汚泥で分解することが報告されている[8]。さらに，エステル基はアルカリ条件下では脱エステル反応が生じる。興味深いことに，深海は弱アルカリ（pH 8.5〜9.5）であると報告されている。したがって，深海に多糖類を分解する微生物が存在すれば時間はかかるが生分解すると予想される（図5）。

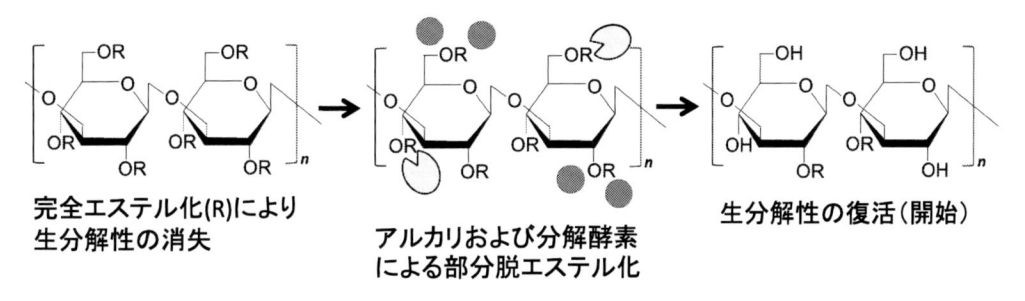

完全エステル化(R)により
生分解性の消失

アルカリおよび分解酵素
による部分脱エステル化

生分解性の復活（開始）

図5　高分子多糖類エステル誘導体の分解スキーム

2.10 酵素内包生分解性プラスチック

　生分解性プラスチックは，微生物が分泌する酵素によって水に可溶なモノマーあるいはオリゴマーにまで分解され（酵素分解，一次分解），その後，微生物体内で代謝され二酸化炭素と水にまで分解される（微生物代謝，完全分解）。したがって，生分解性プラスチックといえども，環境中に自らを分解する微生物あるいは分解酵素が存在しないと分解は生じない。例えば，土の中では分解するが，河川水や海水などの環境水では分解しないというのは，環境水の方が微生物の量が圧倒的に少ないからである。

　筆者はいつでもどこでも分解が発現するように，プラスチック中に酵素を内包させた「酵素内包生分解性プラスチック」を開発した（図6）[9~11]。例えば，ポリ乳酸は高温多湿のコンポストでは加水分解するが，通常の土や川などでは決して分解しない。そこでポリ乳酸分解酵素（プロテアーゼ-K）をポリ乳酸フィルムに内包させ，分解実験を行った。その結果，酵素内包ポリ乳酸は，ポリ乳酸に酵素を外から添加した場合とほぼ同じように，分解が生じることを確認した（図7）。プラスチックは一般に疎水性表面であることから水をはじく。しかし，プラスチックは

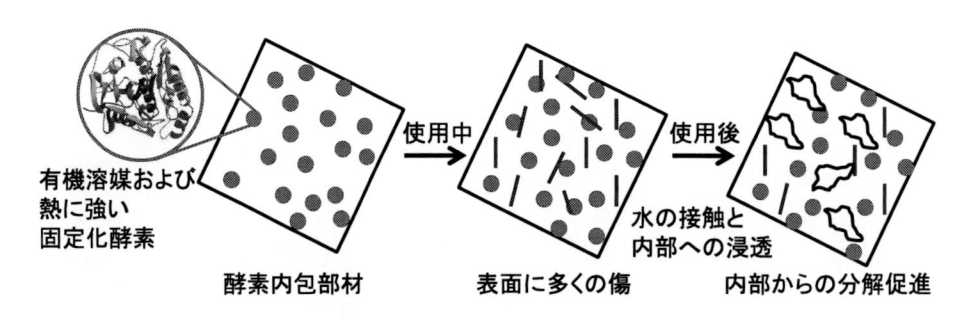

図6　酵素内包生分解性プラスチックの概念図

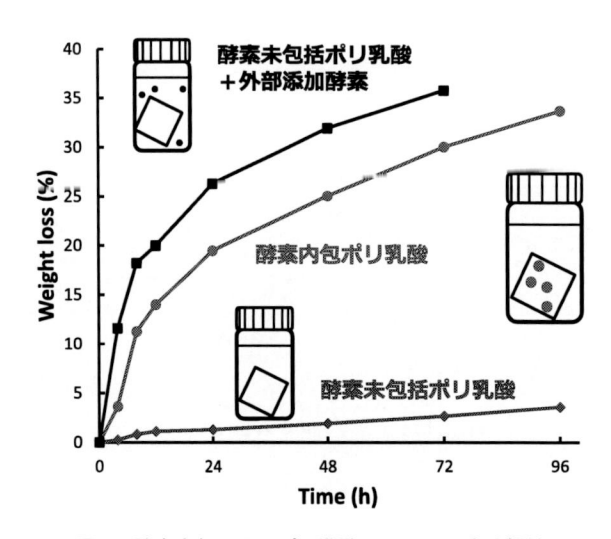

図7　酵素内包によるポリ乳酸フィルムの生分解性

使っている間に多くの傷が入る。そこから水がゆっくり浸透すれば，内包された酵素に到達し，酵素の分解活性が復活する。このメカニズムにより，酵素内包生分解性プラスチックはいつでもどこでも分解を起こさせることができ，さらに，使用後に分解が開始するという機能も併せ持つことになる。

3　おわりに

　海洋マイクロプラスチック問題がクローズアップされ，プラスチックがまるで悪者のようににわかに生分解性プラスチックへの期待が高まっている。使っているときは優れた機能を発現し，使用後，仮に自然界に流出した場合，速やかに分解が始まる高機能な生分解性プラスチックの創製が必要である。また，使用目的に応じて分解速度が自在にコントロールできていることも重要な要素である。人類とプラスチックは共存・共栄することに大きな意味があり，次世代の研究者には，大いなる野望を抱き，未知なる世界に向けて挑戦することを期待している。

文　　　献

1)　T. Iwata, *Angew. Chem. Int. Ed.*, **54**, 3210（2015）
2)　岩田忠久，応用糖質科学，**8**, 110（2018）
3)　岩田忠久，プラスチックエージ，**12**, 45（2018）
4)　岩田忠久，繊維学会誌，**62**, 301（2006）
5)　岩田忠久，日本結晶学会，**55**, 188（2013）
6)　T. Hisano *et al.*, *J. Mol. Biol.*, **356**, 993（2006）
7)　加部泰三，岩田忠久，高分子論文集，**71**, 527（2014）
8)　C. M. Buchanan *et al.*, *J. Appl. Polym. Sci.*, **47**, 1709（1993）
9)　檜山雅俊，東京大学大学院農学生命科学研究科修士論文（2012）
10)　檜山雅俊ほか，第60回高分子討論会要旨集，1Pc111（2011）
11)　檜山雅俊ほか，繊維学会秋季大会要旨集，**67**, 109（2012）

第Ⅱ編

微生物産生ポリエステルの
生合成と生分解性

第1章 中鎖PHAホモポリマーの生合成と生分解性

水野匠詞[*1], 柘植丈治[*2]

1 はじめに

大気中の二酸化炭素濃度増加に起因する地球温暖化や，化石資源枯渇の懸念を背景として，化石資源に代わり再生可能なバイオマスを原料とするプラスチック，すなわちバイオマスプラスチックが登場した。バイオマスプラスチックのなかには，生分解性を示すものと，生分解性を示さないものの2つのタイプが存在する。生分解性のバイオマスプラスチックは，地球表層の炭素循環サイクルに組み込まれることから，持続可能な地球環境の形成に貢献する材料と期待される。

微生物により生合成されるポリヒドロキシアルカン酸（PHA）は，生分解性を有するバイオマスプラスチックの一つである。これは微生物が合成する脂肪族ポリエステルであるため，微生物ポリエステルや微生物プラスチックと呼ぶこともある。また，ポリ乳酸（PLA）やポリブチレンサクシネート（PBS）のような化学合成系の生分解性バイオマスプラスチックとは異なり，PHAは微生物自身が重合して合成される天然系のポリマーである。

近年，研究の進展に伴い新しいPHAが開発され，その種類や物性も多様化してきている。本稿では，最近開発された中鎖モノマーのみから構成されるPHAホモポリマーに焦点をあて，その合成法や特徴的な材料物性，中鎖PHAの一般的な生分解性について解説したい。

2 微生物ポリエステルPHA

そもそもPHAは，微生物自身のエネルギーおよび炭素貯蔵物質として，細胞内に合成される脂肪族ポリエステルである[1~3]。自然環境中にはPHAを生合成できる微生物が多数存在しており，これまでに数百種以上の微生物においてPHAの合成が報告されている[4]。なかでも，ポリ（3-ヒドロキシブタン酸）［P(3HB)］は，最も多くの微生物において合成が確認されている代表的なPHAである（図1）。水素酸化細菌である *Ralstonia eutropha* はP(3HB)を大量に合成する細菌として知られており，糖類，有機酸および植物油など様々な炭素源から乾燥菌体量当たり80 wt%を超えるP(3HB)を合成できる。このような細菌においてP(3HB)は，アセチルCoAを中間代謝物として，3-ケトチオラーゼ（PhaA），NADPH依存性アセトアセチルCoAレダク

＊1　Shoji Mizuno　東京工業大学　物質理工学院　材料系　特任助教
＊2　Takeharu Tsuge　東京工業大学　物質理工学院　材料系　准教授

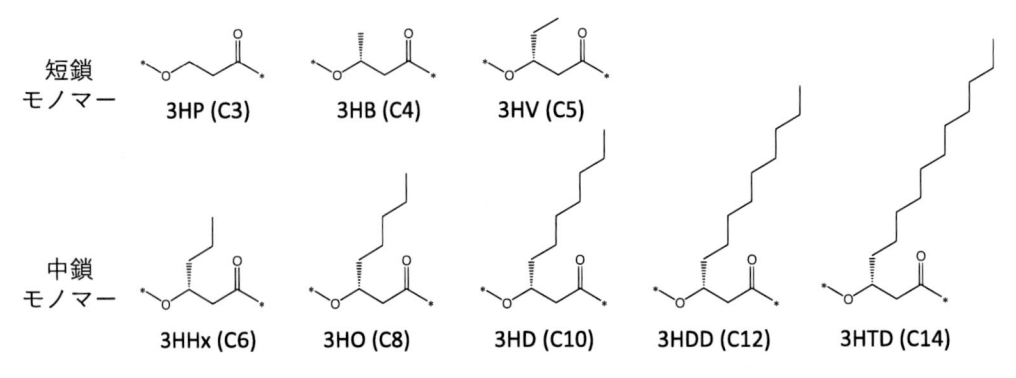

図1 短鎖 PHA モノマーと中鎖 PHA モノマーの化学構造式

ターゼ（PhaB），PHA 重合酵素（PhaC）の 3 つの酵素反応を介して合成される。高分子量化した P（3HB）は，疎水性が増すため，細胞内に不溶性グラニュールとして存在している。材料面において P（3HB）は，汎用プラスチックであるポリプロピレン（PP）に類似した熱物性を示す。一方で，結晶化度は 60％程度と比較的高く，破壊伸びはわずか 5％であるために固くて脆い物性である[5]。

　P（3HB）ホモポリマーの材料物性を改善するために，第二成分を導入した PHA 共重合体の合成が検討されてきた（図 1）。英国 ICI 社は，*R. eutropha* に糖類およびプロピオン酸を与えることで，3HB と（*R*）-3-ヒドロキシバレリン酸（3HV）からなる共重合体 P（3HB-*co*-3HV）を生産するプロセスを確立した[6]。この共重合体は P（3HB）と比較して柔軟性が向上した材料物性を示す。P（3HB-*co*-3HV）以外にも，宿主の *R. eutropha* に与えるモノマー前駆体を変えることで，側鎖構造を持たないアキラルなモノマーである 3-ヒドロキシプロピオン酸（3HP）を含む PHA 共重合体を合成することができる。

　ここまでは炭素鎖数 3～5 のモノマーユニットからなる短鎖長 PHA（SCL-PHA）について説明してきたが，これ以外にも炭素鎖数 6～14 のモノマーユニットからなる中鎖長 PHA（MCL-PHA）や炭素鎖数 15 以上の長鎖長 PHA（LCL-PHA）が存在している。しかし，一般的には，炭素鎖数 14 くらいまでが重合可能なモノマー鎖長の上限である（図 1）。合成される PHA のタイプは，微生物が有する代謝経路や酵素の基質特異性，炭素源の種類によって決まる。例えば，*Aeromonas* 属細菌は，基質特異性がやや幅広い重合酵素を有するため，典型的な P（3HB）の合成だけでなく，3HB と炭素数 6 の（*R*）-3-ヒドロキシヘキサン酸（3HHx）との共重合体 P（3HB-*co*-3HHx）を合成することができる[7]。この PHA は，SCL および MCL-3HA モノマーから構成されるハイブリッド PHA の代表例であり，低密度ポリエチレン（LDPE）に似た柔軟な材料物性を示す[5]。一方，基質特異性が幅広い重合酵素を有する *Pseudomonas* 属細菌においては，MCL モノマーやオレフィンモノマー，芳香族モノマーなどの多種多様なモノマーユニットから構成される PHA を合成することができる[8~10]。

3　中鎖 PHA ホモポリマーの生合成

　MCL-PHA 共重合体を合成することで知られている *Pseudomonas* 属細菌では，脂肪酸を与えた場合に脂肪酸分解経路である β 酸化系により，脂肪酸の炭素数が 2 個ずつ減少して，最終的にはアセチル CoA にまで分解される（図 2）。この過程で，細胞内において炭素数が 2 個ずつ異なる種々の MCL-PHA モノマーが生産され，PHA 重合酵素により重合され MCL-PHA 共重合体となる。この PHA 共重合体は，一般的に高粘性の流動体であるため，そのままでは成形加工することが困難である。ただし，炭素鎖数 10 の 3-ヒドロキシデカン酸（3HD）や炭素鎖数 12 の 3-ヒドロキシドデカン酸（3HDD）を主成分とする共重合体やこれらモノマーのみから構

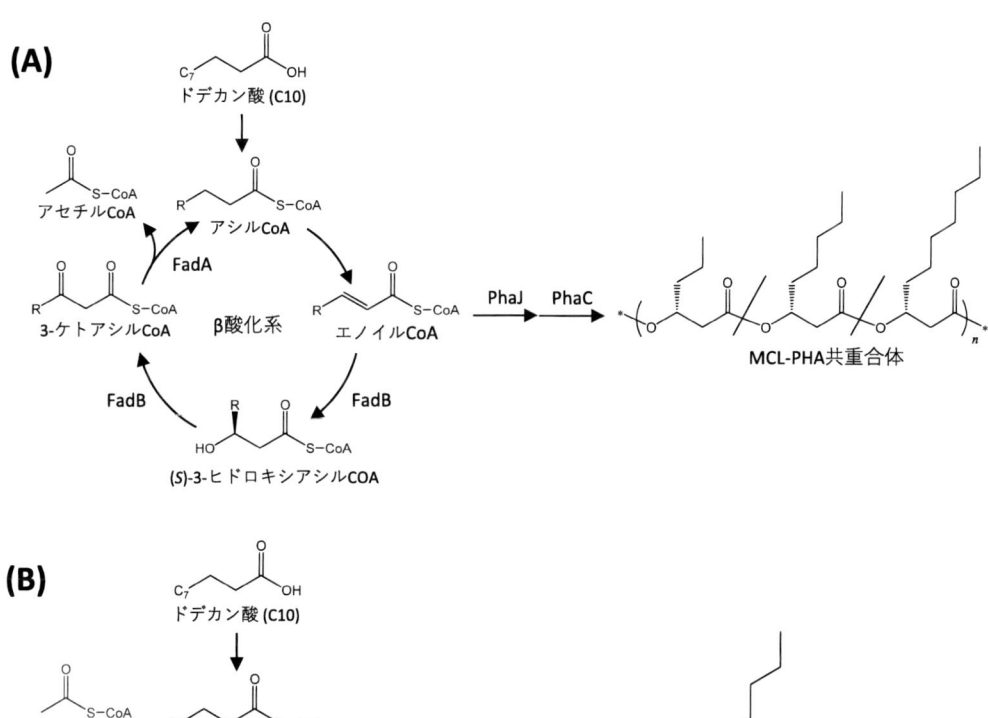

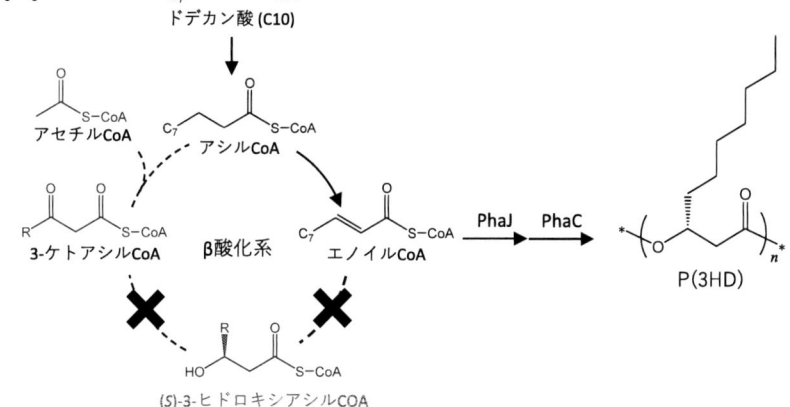

図 2　（A）野生型 PHA 合成細菌による MCL-PHA 共重合体の生合成と（B）遺伝子組換え大腸菌による MCL-PHA ホモポリマーの生合成

成されるホモポリマーは，適度な柔軟性と高い透明性を示す[11, 12]。これらホモポリマーの材料物性は後述するとして，ここではその生合成法について解説したい。

MCL-PHA ホモポリマーは，代謝改変した微生物に単一脂肪酸を与えることで合成できるため，このようなポリマーは自然界には存在しない。野生型 *Pseudomonas mendocina* にオクタン酸ナトリウムを与えると，ポリ（3-ヒドロキシオクタン酸）［P（3HO）］を合成するという報告[13]もあるが，実際のところは 3HO 以外のモノマーが若干量取り込まれていると思われる。したがって，野生型の *Pseudomonas* 属により P（3HD）や P（3HDD）を合成することは困難であるため，β酸化に関連する遺伝子が破壊された組換え株が作製され，MCL-PHA ホモポリマーを合成するための宿主として利用されている[14, 15]（表 1）。

このように微生物により MCL-PHA ホモポリマーを合成するためには，代謝経路を制御することが非常に重要である。そこで，遺伝子組換えが比較的容易に行うことができる大腸菌においても，MCL-PHA ホモポリマーの合成が検討された（表 1）。β酸化に関連する遺伝子（*fadAB*）を欠損させた組換え大腸菌 CAG18496 株に，β酸化中間体の不飽和脂肪酸である 2-オクテン酸もしくは 2-デセン酸を単一炭素源として与えると，それぞれ添加した脂肪酸の炭素数と一致した P（3HO）および P（3HD）が合成された[16]。これらポリマーは，3HO または 3HD モノマーが 99 mol%以上の高い組成比で合成されていたが，一方で合成できる量は僅かに 0.3 g/L であった。その後，β酸化を完全に停止させた大腸菌 LSBJ 株（*fadBJ* 欠損株）が開発され，この株に飽和脂肪酸を与えることで MCL-PHA ホモポリマーを効率的に合成することが可能になった[17]。これにより，P（3HD）のポリマー収量は最大で 5.4 g/L とこれまでの生産量と比較して大幅に向上した[18]。MCL-PHA ホモポリマーは，当初は僅かな量しか合成できなかったが，遺伝子操作による生産菌株の育種と効率的培養法の開発により，その収量は着実に増加してきてい

表 1　PHA 合成細菌および組換え大腸菌による MCL-PHA ホモポリマーの合成

ポリマー	宿主	炭素源（炭素鎖数）	乾燥菌体量（g/L）	PHA含率（wt%）	PHA収量（g/L）	M_w（×10^4）	文献
P（3HO）	*P. mendocina*	オクタン酸（C8）	0.9	31	0.3	46.3	13)
P（3HD）	組換え *P. putida* KT2440	デカン酸（C10）	0.4	11	0.2	36.1	14)
P（3HDD）	組換え *P. entomophila* L48	ドデカン酸（C12）	2.7	91	2.5	10.4	15)
P（3HO）	組換え *E. coli* CAG18496	2-オクテン酸（C8）	0.6	21	0.3	−	16)
P（3HD）		2-デセン酸（C10）	0.5	27	0.3	−	
P（3HO）	組換え *E. coli* LSBJ	オクタン酸（C8）	0.9	47	0.4	22.4	17)
P（3HD）		デカン酸（C10）	1.0	26	0.3	27	
P（3HDD）		ドデカン酸（C12）	1.0	29	0.3	6.5	
P（3HD）	組換え *E. coli* LSBJ	グルコース＋デカン酸（C10）	10.2	53	5.4	11.8	18)

る。

4　MCL-PHA ホモポリマーの材料物性

　MCL-PHA のうち P(3HD) については，分子鎖構造および結晶構造の解析が行われ，分解能の高い X 線繊維図から得られた繊維周期を基に，エネルギー的に安定な分子構造が提案されている（図3）。それによれば，P(3HD) は炭素鎖数 4 の P(3HB) と同様に分子鎖構造が 2 回らせん構造をとるが，P(3HD) の方が，側鎖が主鎖に対してより外に広がるように，主鎖のらせん周期が短い構造となることが示されている[19]。さらに，エネルギー的に安定な分子鎖を結晶格子に充填して結晶構造解析が行われ，P(3HD) 分子鎖の側鎖は結晶格子中で平行に配列していること，そして，側鎖は平面ジグザグ構造に近い構造をとっていることが示唆されている[19]。

　MCL-PHA ホモポリマーの溶媒キャストフィルムは，側鎖長が長いほど透明性が高くなる。透明性の指標となるヘーズ値（曇り度）は，P(3HDD) において 9%にまで低下する。また，側鎖の長さは熱的性質および結晶化挙動に大きな影響を及ぼす（表2）。融点 (T_m) において，P(3HHx) は 59℃であるが，さらに側鎖長が伸長すると融点は上昇し，P(3HDD) では 82℃となる[11, 12]。ガラス転移温度 (T_g) についても P(3HB) は 4℃であるが，MCL-PHA は－53℃まで低下する。一方で，炭素鎖長が 10 以上のモノマーから構成される MCL-PHA ホモポリマーは，示差走査熱量計（DSC）を用いた熱分析（二次昇温）において，発熱および吸熱ピークが 2

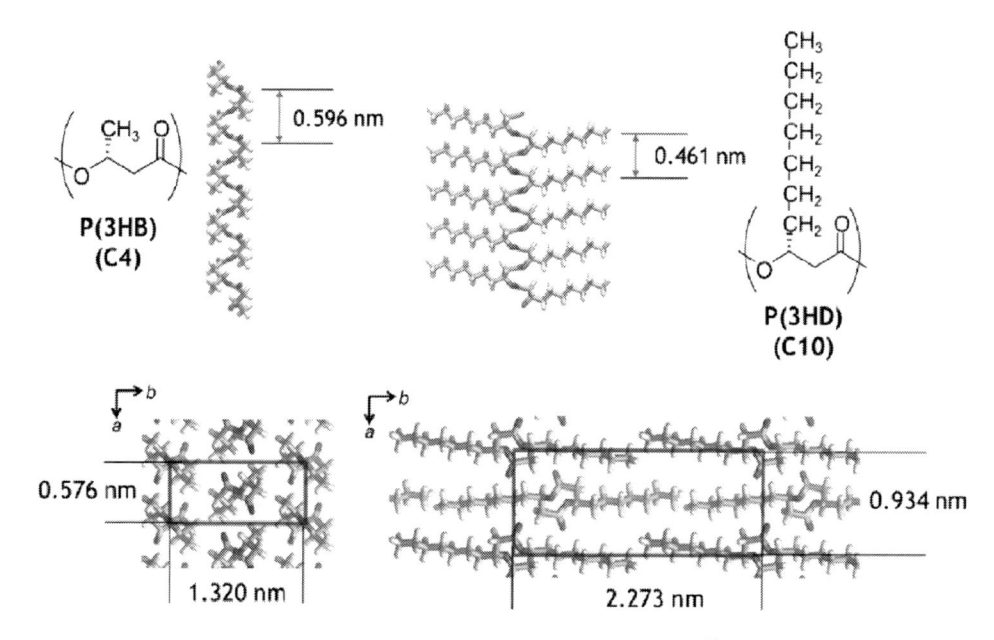

図3　P(3HD) の分子鎖構造および結晶構造[19]
比較として，P(3HB) の分子鎖構造と結晶構造も合わせて示す。

回ずつみられる特徴的な挙動を示す（図4）。これは，MCL-PHAホモポリマーの側鎖結晶と，主鎖および側鎖を含めた結晶の形成に由来する挙動と考えられる。すなわち，MCL-PHAホモポリマーの非晶領域では昇温により，まず側鎖結晶が優先的に形成され，さらなる昇温により融解が起きる。その後，主鎖を含めた結晶が再構成され，そして再び融解が起きるため複数の発熱および吸熱ピークがみられるものと考えられる。

　MCL-PHAホモポリマーは延伸処理を施すことで，著しく機械的強度および弾性率を向上させることができる（表3）。例えば，室温延伸したP（3HD）フィルムは，機械的強度が8 MPaから45 MPaへ，弾性率が118 MPaから360 MPaへと増加した。この物性は，低密度ポリエ

表2　PHAホモポリマーと汎用性樹脂の物性比較

ポリマー	PHA モノマー 炭素鎖数	融点 (℃)	ガラス 転移温度 (℃)	破壊強度 (MPa)	破壊伸び (%)	ヘーズ値 (%)	文献
P(3HB)	4	177	4	43	5	78	5, 12)
P(3HHx)	6	59	− 28	−	−	−	11, 12)
P(3HO)	8	51	− 47	9	470	20	11, 12)
P(3HD)	10	70	− 53	8	226	13	11, 12)
P(3HDD)	12	82	n.d.	11	270	9	11, 12)
ポリプロピレン	−	176	− 56	38	400	−	5)
低密度ポリエチレン	−	130	− 36	10	620	31	5, 12)

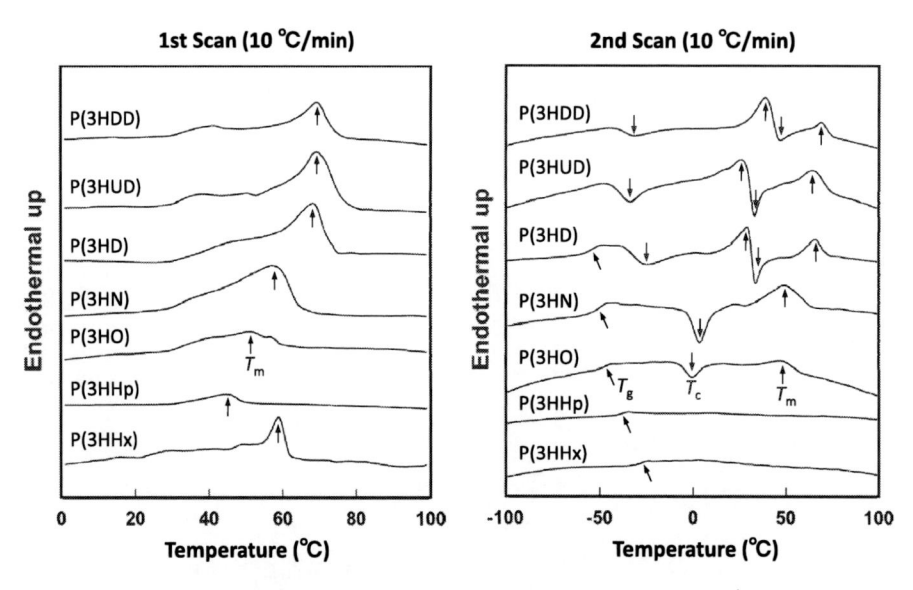

図4　中鎖PHAホモポリマーの示差走査熱量（DSC）分析[11]
　　P（3HHp）はC7のホモポリマー，P（3HN）はC9のホモポリマー，
　　P（3HUD）はC11のホモポリマー。

チレンと比較しても遜色ないものであり，材料として十分な実用性を備えているといえる。また，延伸してもフィルムの透明性は維持されていた（図5）。

　これまで単一脂肪酸を原料として生合成したMCL-PHAホモポリマーについて述べてきたが，主成分モノマーが85 mol%程度含まれていれば，完全にホモポリマーではなくても類似した材料物性や熱的挙動を期待することができる。例えば，パーム核油精製時の副産物である混合遊離脂肪酸（Palm Kernel Fatty Acid Distillate：PKFAD）を原料として合成したMCL-PHAでは，3HDDを主成分とする共重合体（3HDD分率85 mol%）であり，その溶媒キャストフィルムは高い透明性を示し，かつ，延伸してもその透明性は維持されていた[12]。また，材料物性に関しては，P(3HDD)の鎖長が1つ短い炭素鎖数11のホモポリマーと同等の性質を示した[12]。

表3　P(3HD) 延伸フィルムの機械特性[12]

ポリマー	サンプル	破壊強度 (MPa)	破壊伸び (%)	弾性率 (MPa)
P(3HD)	キャストフィルム	8	226	118
	室温延伸フィルム（λ = 3〜4）	45	49	360
3HDDリッチ共重合体（85 mol%）	キャストフィルム	11	270	180
	室温延伸フィルム（λ = 3〜4）	10	161	156
低密度ポリエチレン	フィルム	10	150〜600	200

溶媒キャストフィルム　　　延伸フィルム
　　λ=1　　　　　　　　　λ=3〜4

図5　P(3HD) の延伸フィルム[19]

5 中鎖 PHA の生分解性

PHA の生分解は，まず，微生物の菌体外に分泌された PHA 分解酵素（PhaZ）によって，ポリマー鎖中のエステル結合がランダムに加水分解されることからはじまる。その後，モノマーやオリゴマーまで低分子量化された PHA は，微生物内に取り込まれ，代謝されて微生物自身のエネルギーや炭素源として利用される。そして，最終的には水と二酸化炭素にまで完全に分解される。これまでに，土壌，河川水および海水中から PHA 分解菌が単離および同定されている[20, 21]。PHA 分解酵素のタンパク質構造は，触媒ドメイン，吸着ドメイン，リンカードメインから構成されている（図 6）。加水分解を担う触媒三残基はセリン，アスパラギン酸およびヒスチジン残基で構成されており，活性中心のセリン（Ser）残基周辺には，Gly-Xaa1-Ser-Xaa2-Gly から構成されるアミノ酸配列が存在している（Xaa1 と Xaa2 は，それぞれ任意のアミノ酸残基を示す）。この配列は，リパーゼ，エステラーゼ，セリンプロテアーゼなどの活性中心に高度に保存されたていることからリパーゼボックスと呼ばれている。PHA 分解酵素はポリマー表面の主に結晶領域に吸着ドメインを介して吸着し，触媒ドメインによって周辺のポリマー鎖を加水分解する。触媒ドメインは，基質であるポリマー鎖中の近接した 3 つのモノマーを認識する[22]。そのため PHA の分解性は，ポリマー表面の特性に加え，隣接するモノマーの化学構造も影響する。一方で，PHA 分解酵素の加水分解速度は，結晶領域よりもアモルファス領域において圧倒的に速いことが分かっている[23, 24]。そのため，同じ化学構造を有する材料あっても，結晶化度に依存して加水分解速度が異なることになる。他方，PHA 分解能を示すカビからは，吸着ドメインが欠如したタイプの PHA 分解酵素も見つかり，その結晶構造が明らかにされている[25]。

MCL-PHA の生分解に関する研究は，SCL-PHA ほど多く実施されてはいないが，MCL-PHA 分解酵素は，*Pseudomonas fluorescens* GK13 や *Pseudomonas alcaligenes* LB19 などの

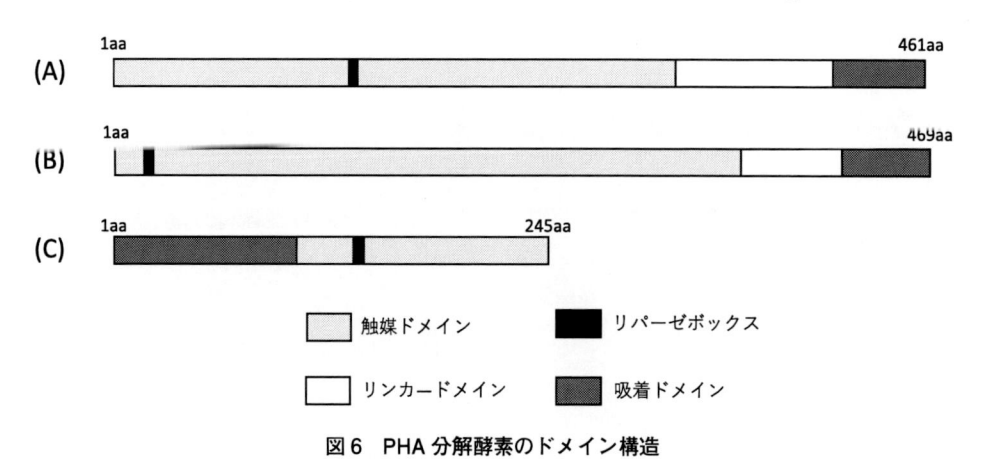

図 6　PHA 分解酵素のドメイン構造
（A）*Ralstonia pickettii* T1 由来，（B）*Comamonas acidvorans* YM1609 由来，
（C）*Pseudomonas fluorescens* GK13 由来の PHA 分解酵素

表 4　様々な環境における生分解性プラスチックの生分解性[28]

ポリマー （ブレンド比）	各ポリマーの生分解性試験結果（温度および期間）						
	産業 コンポスト （58℃, 180 日）	嫌気 メタン発酵 （52℃, 15 日）	家庭 コンポスト （28℃, 1 年）	海水 （30℃, 28 日以上）	河川水 （21℃, 28 日以上）	嫌気・水中 （35℃, 56 日）	土壌 （25℃, 2 年）
P(3HB)	○	○	○	○	○	○	○
MCL-PHA	○	×	×	×	×	×	×
PBS	○	×	×	×	×	×	×
PCL	○	○	○	×	×	×	○
PLA	○	○	×	×	×	×	×
P(3HB) /MCL-PHA（85/15）	○	○	○	×	×	○	○
PCL/MCL-PHA（85/15）	○	○	○	×	×	×	×
PLA/MCL-PHA（85/15）	○	○	×	×	×	×	×

PBS：ポリブチレンサクシネート, PCL：ポリカプロラクトン, PLA：ポリ乳酸

特定の菌から単離されている[26, 27]。MCL-PHA 分解酵素は，SCL-PHA 分解酵素とは異なるサイズおよびドメイン構造を有することから，これらの酵素は進化的に異なる祖先をもつと考えられる（図 6）。一方で，近年の研究により MCL-PHA は産業コンポストのような高温で管理された分解条件では生分解性を示すものの，それ以外の条件下ではあまり生分解性を示さないことがわかった[28]（表 4）。SCL-PHA の代表格である P(3HB) は，家庭コンポスト，河川水，海水や土壌中などのあらゆる環境中で生分解性を示すが，側鎖が長い MCL-PHA は，生分解性プラスチックの中でも PBS と同等の生分解性といえる。

　P(3HB) は先述したように，単独では硬くて脆い材料であるが，PCL や MCL-PHA とブレンドすることにより材料物性を向上させることができる[28]。このようなブレンド材料では，生分解性も変化するため（表 4），材料設計の段階で目的に応じた生分解性が発揮できるのかを把握することが重要である。

6　おわりに

　MCL-PHA ホモポリマーは，他の PHA には見られないいくつかの特徴がある。まず，柔軟で透明であること，PHA の中では融点およびガラス転移温度が低いこと，そして，側鎖結晶の形成による特徴的な熱的挙動を示すことである。一方，MCL-PHA ホモポリマーの生分解性については，共重合体である MCL-PHA の分解結果から推測して，産業コンポストなどの管理された分解条件において生分解性を示すものと考えられる。これらの特性をふまえ MCL-PHA ホモポリマーを新しい材料として活用することで，生分解性バイオマスプラスチックの適用範囲をさらに拡大することができるだろう。これにより，プラスチックに関わる諸問題が解決に向けて前進することに期待したい。

文　　献

1) K. Sudesh *et al.*, *Prog. Polym. Sci.*, **25**, 1503（2000）

2) R. W. Lenz and R. H. Marchessault, *Biomacromolecules*, **6**, 1（2005）

3) T. Tsuge *et al.*, *Macromol. Biosci.*, **5**, 112（2005）

4) A. Steinbuchel and S. Hein, *Adv. Biochem. Eng. Biot.*, **71**, 81（2001）

5) T. Tsuge, *J. Biosci. Bioeng.*, **94**, 579（2002）

6) S. Taguchi *et al.*, Polymer Science: A Comprehensive Reference Volume 9, p.157, Elsevier Science, Amsterdam（2012）

7) T. Fukui and Y. Doi, *J. Bacteriol.*, **179**, 4821（1997）

8) P. Huang *et al.*, *Biosci. Biotechnol. Biochem.*, **82**, 1615（2018）

9) S. Mizuno, *Polym. Degrad. Stabil.*, **109**, 379（2014）

10) M. Ishii-Hyakutake *et al.*, *Polymers*, **10**, 1267（2018）

11) H. Abe *et al.*, *Polymer*, **53**, 3026（2012）

12) A. Hiroe *et al.*, *ACS Sustain. Chem. Eng.*, **4**, 6905（2016）

13) R. Rai *et al.*, *Biomacromolecules*, **12**, 2126（2011）

14) H. Wang *et al.*, *Proc. Biochem.*, **44**, 106（2009）

15) H. Wang *et al.*, *Appl. Microbiol. Biotechnol.*, **89**, 1497（2011）

16) S. Sato *et al.*, *Polm. Degrad. stabil.*, **97**, 329（2012）

17) R. C. Tappel *et al.*, *J. Biosci. Bioeng.*, **113**, 480（2012）

18) F. I. Mohd Fadzil *et al.*, *Front Bioeng. Biotechnol.*, **6**, 178（2018）

19) 平成 30 年度 CREST 報告書「植物バイオマス原料を利活用した微生物工場による新規バイオポリマーの創製および高機能部材化」

20) D. Jendrossek, *Polm. Degrad. Stabil.*, **59**, 317（1998）

21) T. Hiraishi *et al.*, *Mini-Rev. Org. Chem.*, **6**, 44（2009）

22) H. Abe *et al.*, *Macromolecules*, **28**, 7630（1995）

23) G. Tomasi *et al.*, *Macromolecules*, **29**, 507（1996）

24) H. Abe *et al.*, *Macromolecules*, **31**, 1791（1998）

25) T. Hisano *et al.*, *J. Mol. Biol.*, **356**, 993（2006）

26) A. Schirmer and D. Jendrossek, *J. Bacteriol.*, **176**, 7065（1994）

27) D. Y. Kim *et al.*, *Biomacromolecules*, **3**, 291（2002）

28) T. Narancic *et al.*, *Environ. Sci. Technol.*, **52**, 10441（2018）

第2章 非天然型ポリヒドロキシアルカン酸の分解性とその評価方法

松本謙一郎[*1]，田口精一[*2]

はじめに

ポリヒドロキシアルカン酸（PHA）は，細菌が合成し細胞内に蓄積するポリエステルであり，単離するとプラスチックの性質を示すが，その主要な生理的機能は炭素源の貯蔵であると考えられている。環境中の幅広い微生物が PHA を炭素源と認識し，分解・代謝するための機構を有している。PHA は"天然のプラスチック"であり，このことは PHA の生分解性において極めて重要である。一方で，PHA の生合成系を人工的に拡張することにより非天然型の構造を含む PHA を生合成する研究が盛んに進められており，様々な非天然型 PHA が合成されている[1]。では，PHA が非天然型の構造を含む場合，天然型の PHA と同様の生分解性を示すだろうか？　結論から言うと，示さない場合がある。したがって，人工的な構造を含む PHA の（さらに，PHA に限らず人工的な構造を含む合成ポリマーの）生分解性は，慎重に評価する必要がある。加えて，一部のポリエステルには，非酵素的な加水分解性を示すものもある。生分解性と非酵素的な加水分解性は区別して評価されるべきものである。本章では，非天然型 PHA を題材に，人工的な構造を含むポリマーの分解性とその評価方法について紹介する。

1 天然型・非天然型 PHA の構造

天然で合成される PHA は，炭素数が 4〜12 の（R）-3-ヒドロキシアルカン酸（3HA）をモノマーユニットとして構成される（図 1）（PHA の生合成経路の詳細については，第Ⅱ編第 1 章参照）。PHA の材料物性は，構成されるモノマーの炭素数，およびモノマー組成に依存して変化する。一例として，3-ヒドロキシブタン酸（3HB）と 3-ヒドロキシヘキサン酸（3HHx）の共重合体は，モノマー組成比の制御により適度な柔軟性を付与することができる（詳細は第Ⅱ編第 7 章参照）。高分子の物性はモノマーの化学構造に依存するため，天然型以外のモノマーを取り込めば，さらに PHA の材料物性を拡大できると考えられた。これまでに報告例のある非天然型のモノマーには，主鎖または側鎖の構造が天然型モノマーと異なり，主鎖骨格の多様性としては，

＊1　Ken'ichiro Matsumoto　北海道大学　大学院工学研究院　応用化学部門　教授
＊2　Seiichi Taguchi　東京農業大学　生命科学部　分子生命化学科　教授
　　　　　　　　　　　（北海道大学名誉教授）

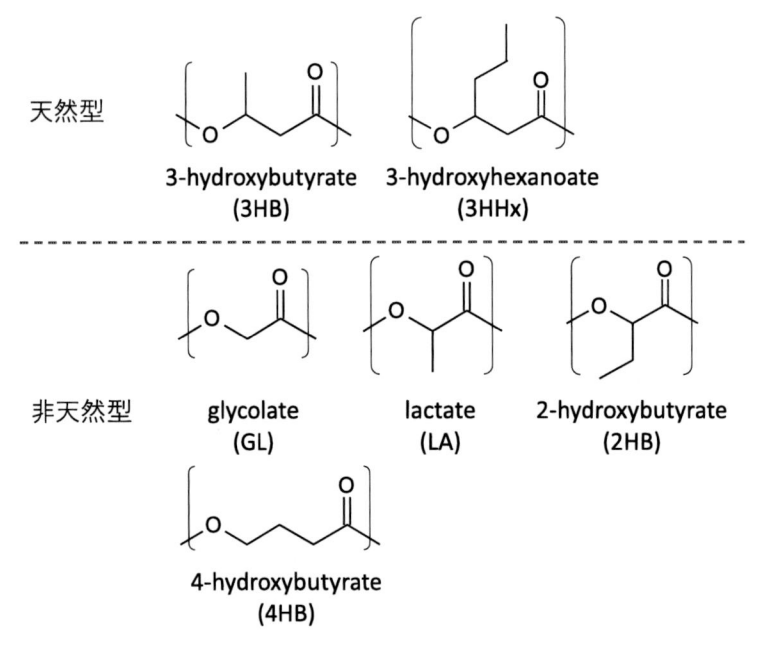

天然型

3-hydroxybutyrate
(3HB)

3-hydroxyhexanoate
(3HHx)

非天然型

glycolate
(GL)

lactate
(LA)

2-hydroxybutyrate
(2HB)

4-hydroxybutyrate
(4HB)

図1　天然型・非天然型 PHA のモノマーユニット

4 位や 5 位に水酸基を有する PHA の合成が報告されている[2]。これらのポリマーは，人工的な
モノマー供給系を構築することにより合成が可能である。一方，2 位に水酸基を有するモノマー
からなるポリマーは，野生型の PHA 重合酵素では合成できないため長い間合成が困難であった
が，乳酸（2-ヒドロキシプロピオン酸）モノマーに対して重合活性を有する変異型重合酵素の
発見により，2-ヒドロキシアルカン酸（2HA）を含む PHA の合成が可能となった（図1）[3]。こ
こで，非天然型 PHA の定義には，モノマーが人工的な化合物であることは必ずしも含まれな
い。例えば，乳酸およびグリコール酸（2-ヒドロキシ酢酸）は生体内に存在する有機酸である。
しかし，天然の微生物がこれらの有機酸の重合物を生合成する知見がないことから，これらのモ
ノマーを含む PHA は非天然型ポリマーに分類される。

2　2HA 重合酵素の発見と 2HA ベース PHA

　合成可能なポリマーの構造を決定する最も重要な因子は，PHA 重合酵素の基質特異性であ
る。ポリ乳酸に代表される 2 位に水酸基を有するモノマー（2-hydroxyalkanoate：2HA）から
構成されるポリマーは，PHA と類似の構造を持つにも関わらず，天然型の PHA 重合酵素での
合成は現在まで報告されていない。2HA を含む PHA の生合成の最初の報告は，*Pseudomonas
sp.* 61-3 由来の重合酵素の二重変異体（S325T／Q481K：STQK）を発現する組換え大腸菌を用
いた乳酸ポリマーの合成である[3]。本変異型重合酵素は，乳酸重合酵素としても知られる。3-ヒ

ドロキシ酪酸（3HB）との共重合体 poly(lactate-*co*-3-hydroxybutyrate)［P(LA-*co*-3HB)］については，合成方法からポリマー物性まで数多くの報告がある[4]。この発見を契機に，グリコール酸（glycolate：GL）[5,6]，2-hydroxybutyrate(2HB)[7] など，様々な 2HA 含有ポリマーの合成条件が発見された。図 1 には代表的な 2HA モノマーユニットを挙げているが，乳酸重合酵素による 2HA 含有ポリマーの合成では，共重合体の合成は可能であるが，ホモポリマーが合成できない場合があることには注意を要する。例えば乳酸ユニットの重合の場合では，共重合体 P(LA-*co*-3HB) は非常に効率よく合成されるが，ホモポリマーであるポリ乳酸（PLA）は極めて低分子量のポリマー（オリゴマー）しか合成できない[8]。グリコール酸ユニットを含む PHA も，P(GL-*co*-3HB) などの共重合体は合成可能であるが，ポリグリコール酸（polyglycolic acid：PGA）は生合成の報告例はない。一方，これらのポリマーとは異なり，P(2HB) ホモポリマーは合成可能である。これは，P(2HB) のガラス転移温度が 30℃で，ほかのポリマーよりも低いためであると考えられている。

3　高分子が分解されるための条件とその評価方法

　天然型 PHA は，PHA デポリメラーゼ（PhaZ）と総称されるエステラーゼの作用により加水分解される[9]。PhaZ には，細胞内で作用するものと，菌体外に分泌されるものが知られており，材料として加工された PHA の分解に寄与するのは細胞外酵素である。非天然型 PHA は，その分子中に完全に生分解されることが期待できる天然型の構造と，分解されない可能性のある非天然型の構造の両方を含む。そのようなポリマーがどのようなプロセスで分解されるか，また，分解されたことをどのように評価するかについて，慎重に考える必要がある。高分子の分解には，エステラーゼ活性を示す酵素の作用により進行する酵素的加水分解と，酵素の作用なしに進行する化学的・物理的切断がある。非酵素的な切断については後述する。

4　酵素的加水分解の第一段階：酵素の分泌

　ポリエステルが，環境中の微生物によって生分解されるプロセスを考える際，微生物がエステラーゼ活性を有する酵素を分泌する条件が重要である。体長が 1 ミクロン程度しかない細菌にとって，数ナノメートルのタンパク質を細胞外に分泌（放出）することは，大きな投資（短期的には損失）である。したがって，酵素の分泌によって失われる栄養源・エネルギーを上回る炭素源が手に入る見込みがあるとき以外は，酵素分泌が抑制される制御機構を有していることは合理的である（図 2）。実際，天然の PHA 分解菌に PHA 分解酵素を生産させるためには，PHA を炭素源として培養する必要がある[10]。環境中の微生物がこのような機構を有しているため，天然型の PHA は微生物によって分泌された PhaZ によって酵素的加水分解を受ける。一方，ポリ乳酸などの人工的に合成されたポリマーは，微生物が餌と認識しないため，酵素の分泌が誘導され

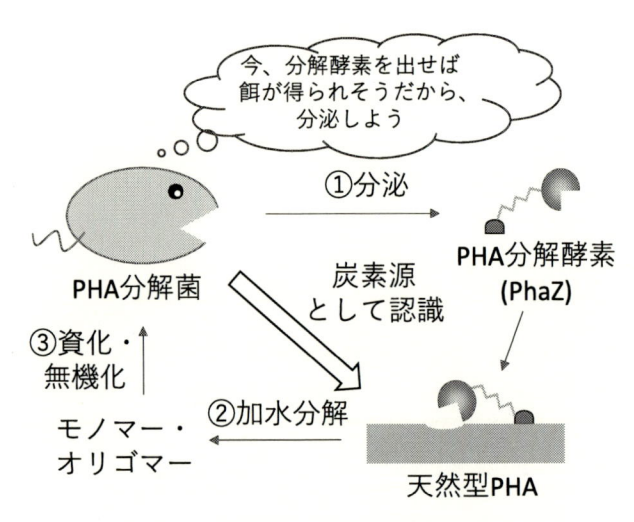

図2　天然型 PHA の生分解プロセス

にくい。これが，多くの生分解性材料が環境によって分解性が異なる理由の一つである。一方で，ポリエステル以外の炭素源が豊富に存在するコンポスト環境下では，これらポリエステル以外の炭素源の存在によって様々な分解酵素の分泌が促進される（図3）。例えば，タンパク質が存在すればタンパク質分解酵素の分泌が誘導される。タンパク質分解酵素の一部は，L型ポリ乳酸（PLLA）を分解する[11]。その結果，生成する乳酸または低分子化合物が微生物によって資化されるため，PLLA の生分解が効率的に進行しうる。同様の現象により，コンポスト環境では多くのポリマーの生分解が進行しやすいことが知られる[12]。コンポストでの分解が進みやすいもう一つの理由は，温度が高いことである。逆に，ほかの餌がほとんど存在せず，かつ温度が低い海洋では，人工物の生分解は不利になる。

　このような背景に基づいて非天然型 PHA の生分解性について考えると，生分解性を示すための第一の必要条件は，そのポリマーの存在により環境中の微生物の PHA 分解酵素の分泌が誘導されることである。孫健らの報告によると，P(LA-co-3HB) は，*Variovorax* sp. C34 株の PhaZ の分泌を誘導する[13]。これは，ポリマー中に天然型 PHA である P(3HB) の構造を含んでいるためと推定される。したがって，構造中に 3HB をある程度以上含む非天然型 PHA は，環境中の微生物による PhaZ の分泌を誘導すると考えられる。原理的には，3HB を含む共重合体であることは，PhaZ の発現誘導のために必ずしも必須ではなく，3HB を含むポリマーとのポリマーブレンドでも同様の現象が誘導されると推定される。一方で，P(2HB) のように天然型構造を含まない非天然型 PHA の生分解性は，まだ十分に評価されていない。筆者の簡易的な実験では，P(2HB) を含むエマルジョン寒天プレートに，土壌中から単離した PHA 分解菌 16 種類を植菌したが，ハローを形成したものはなかった。P(2HB) は完全に非天然型構造から構成されるため，分解酵素の分泌が誘導されなかった可能性がある。今後，種々の非天然型 PHA に

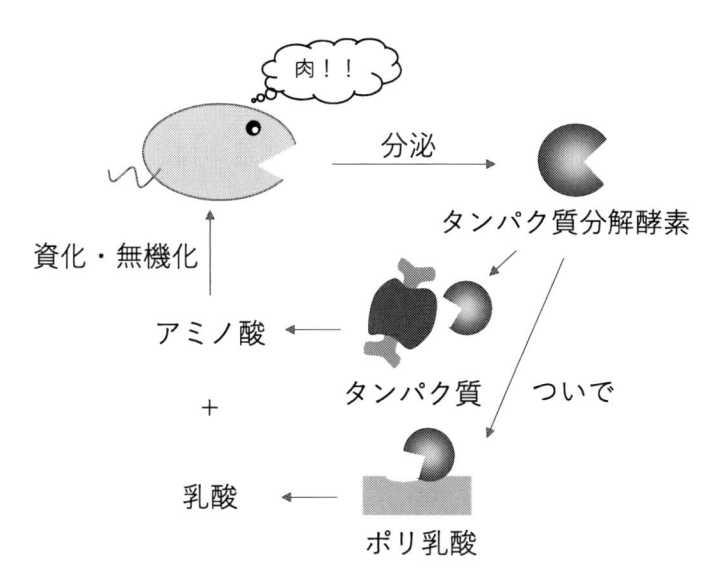

図 3　化学合成ポリマーの生分解性プロセスの例

ついての PhaZ 誘導の有無を調査する必要がある。

5　第二段階：高分子鎖の加水分解

　ポリマーの生分解プロセスが進行するためには，環境中に存在する何らかのエステラーゼにより，高分子鎖の加水分解が進行することが必須である（図 2）。天然型 PHA は，PhaZ の作用により，モノマーまたはダイマーにまで分解されることが知られている。非天然型 PHA の場合は，PhaZ がエステル結合を加水分解することは当然ながら自明ではない。

　P(LA-*co*-3HB) 分解菌として単離された *Variovorax* sp. C34 株の PhaZ と P(LA-*co*-3HB) を作用させた場合，乳酸と 3HB ユニット間，および乳酸ユニット間のエステル結合も加水分解することが示されている[14]。したがって，P(LA-*co*-3HB) は，非天然の構造も含めて PhaZ によって加水分解される。ただし，加水分解が起こるためには D-乳酸が長く連続した構造を含まないことが条件である。孫健らによると，PhaZ が加水分解可能な PDLA オリゴマーの分子量は約 30 量体（分子量 2 千程度）以下である[14]。すなわち，分子量が 10 万以上ある通常の高分子量 PDLA は PhaZ によって分解されない。したがって，PhaZ によって分解可能な P(LA-*co*-3HB) は乳酸分率が高すぎない場合に限られる。モノマーの取り込みが完全にランダムだと仮定した単純化した計算では，乳酸分率が 30 mol% の共重合体（機械物性の観点からは，適度な柔軟性を示し使いやすい）中には，乳酸が 30 量体以上連続で含まれる構造はほとんど含まれないと推定される（$0.3^{30} \fallingdotseq 10^{-16}$）。

　この例が示すように，非天然型 PHA の生分解が進行するためには，そのポリマー構造を分解

酵素が認識し，加水分解反応が起こることが必要とされる。上述したように，モノマーユニット
の構造だけでなく，ポリマー分子量も分解酵素の基質特異性を決定する因子となる。PhaZ の基
質結合ポケットが認識するポリマーの長さは，4 ユニットであることが報告されているので，30
量体付近に閾値があるのは直感に反する。このような現象が起こる理由は，PLA の分子の運動
性に起因すると考えられている。分子量が十分に高い（オリゴマーではない）PLA のガラス転
移点は 60℃なので，室温付近では分子運動性が低い（ミクロブラウン運動をしない）。高分子鎖
が塊になりほぐすことができないため，酵素分解性が低いと考えられる。一方，分子量が非常に
低いオリゴマーは高分子量体のように固まることがないので，アモルファス固体ではなくオイル
状の物性を示す。そのため，PDLA オリゴマーは PhaZ の作用で分解される。PLA の生分解が，
比較的温度が高いコンポスト環境中で促進されるのも，同様の理由によると考えられる。分子量
が低い分子鎖において生分解が進行しやすい傾向は，多くのポリマーに共通すると考えられる。
ポリエチレンも分子量が十分に低ければ生分解される[15]。この事実は，新規ポリマーの生分解性
評価の際に留意する必要がある。生分解性評価によりポリマーの一部が生分解された場合，ポリ
マー中の分子量の非常に低い画分だけが分解を受けた可能性がある。上記のポリエチレンの例か
ら明らかなように，極めて低分子量な画分の生分解は，対象のポリマーが生分解性を有すること
の根拠にはならない。

　グリコール酸（GL）を含むポリマーの PhaZ による分解については，簡易的な評価が実施さ
れている[16]。P(GL-co-3HB) のエマルジョンの濁度減少による評価では，GL 分率 0〜
15 mol%の範囲では，GL ユニットの導入により P(3HB) と比較して分解速度が低下すること
はなかった。したがって，本共重合体は PhaZ により良好に分解される。

　P(2HB) に対する PhaZ の基質特異性の有無はこれまでに評価されていないが，リパーゼの
反応性は調べられている。前述したように，ポリエステル分解活性を有するのは PHA 分解酵素
（PhaZ）のみではない。リパーゼやクチナーゼも PHA を含むポリエステル分解活性を示すもの
がある。一例として，産業用リパーゼである Novozym 42044 は P(2HB) エマルジョンを分解
して濁度を低下させる活性を示す[7]。このことから，P(2HB) の分子鎖は 30℃における酵素反
応で分解されうることが分かる。一方，別の産業用リパーゼである Savinase 16L を用いた反応
では，同様の反応条件で P(2HB) が分解されないことから，酵素の基質特異性も分解性を決定
する要因であることが確認される。

　このように，ポリマーが酵素的分解を受けるためには，酵素がポリマーの構造を認識して加水
分解できることが必要条件の一つとなる。ポリマーが酵素分解を受けるためには，単に基質の構
造を酵素が認識するだけでなく，基質の分子量や反応温度も重要な因子となる。

6　第三段階：分解産物の資化・無機化

　ポリマーの生分解が進行するために次に必要なプロセスは，低分子量化したポリマーが，微生

物により完全に資化（細胞構成成分への変換）・無機化（CO_2へ変換）されることである。ここで，分解の程度を評価するために，ポリマーの重量減少（weight loss）が測定されることが多い。その理由は，高分子分解のプロセスとして，ポリマー鎖の分子量低下を測定することが困難な場合が多いためである。実際，高分子分解を記述した論文では，ポリマー分子量の分析がないものも多い。これは，高分子の分解が表面から進行することと関係する。高分子材料が微生物によって生分解を受ける場合，材料表面の分子が切断され遊離する。遊離した低分子産物は，（十分な生分解性を持つ場合は）微生物に吸収され，資化・無機化される（図4）。つまり検出されない。したがって，分解途中の高分子の分子量を分析しても，分解前と同じ分子量が検出される。このような理由により，ポリマーの重量減少が，生分解の進行の指標として利用される。しかしここで，重量減少は生分解の直接的な証明にはならないことに注意が必要である。ポリマー中に複数の異なる構造を含む場合（共重合体やブレンドなど），ポリマー中の分解されやすい構造だけが分解され，それ以外の部分は長期間残留することがありうる。したがって，重量が何割か減ったというだけでは，その材料が生分解性を持つことの十分な証拠にはならず，重量減少がほぼ100％まで進行するかの確認が重要である。中には数％の重量減少を測定して「生分解した」と述べている論文もあるが，これは論外である。

　加えて，ポリマー中に非天然型の構造を含む場合，材料表面から遊離した低分子量産物あるいは微細な粒子が十分な生分解性を有するとは限らないことにも注意を要する。ポリマーが部分的に生分解性を有する材料は，難分解性画分が微細化して残留するため，生分解性が全くない材料よりも，さらに有害である可能性がある（図4）。したがって，重量減少を測定するだけでなく，

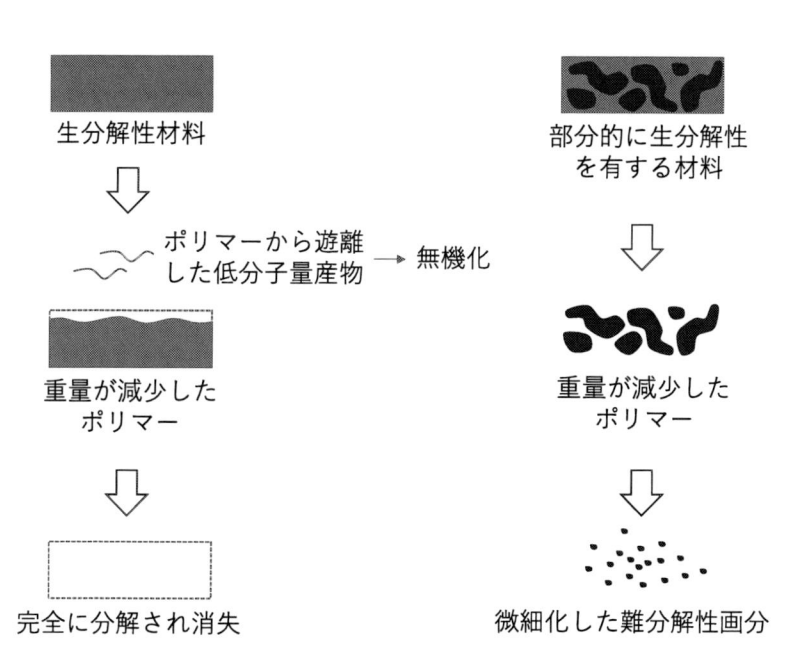

図4　生分解に伴う重量減少

遊離した低分子量産物を含めてポリマーが資化・無機化されたかどうかの確認が必要である。ポリマーが無機化された程度を測定するため，生物化学的酸素要求量（Biochemical Oxygen Demand：BOD）の測定が一般的に行われている。本手法は，ポリマーの分解に伴って消費される酸素量を測定するもので，ポリマーのある条件とない条件の酸素消費量の差を算出して求める。ポリマーが好気的に分解されると酸素が消費されるため，ポリマーの生分解が進行したことを知ることができる。ここで，生分解性ポリマーが生分解により完全に酸化されるわけではないことに注意が必要である。微生物に利用された生分解性ポリマーのうち，細胞膜やタンパク質などの細胞構成成分の合成に使われた分は二酸化炭素に変換されない。そのため，実際の酸素要求量はポリマーが完全に酸化された場合の理論値よりも低くなる。実際の最大酸素要求量を正確に知ることは難しいため，BODによる評価は生分解が進行したことの判断には有用であるが，ポリマーが完全に生分解されたかの判断は難しい。

ポリエステルの場合，生分解の進行を評価する方法として，ポリマーをアルコリシス分解してガスクロマトグラフィー（GC）で定量する手法がある。例えば，P(3HB)を硫酸存在下でメタノリシス分解すると，3HBメチルが得られる。これをGC分析することにより，（分子量に関係なく）系内の3HBユニット（または3HBモノマー）の残量を知ることができる。一定時間の分解後に培養系全体（上清・菌体・固体残渣すべて）をGC分析し，3HBユニットが検出されなくなれば，ポリマー中の3HBユニットが3HBではない何らかの構造に微生物変換されたことを意味する。3HBが微生物資化性を有する化合物であることが確認されているため，この結果によりポリマーが完全に生分解されたと判断できる。同様の方法は，非天然型PHAにも適用可能である。例えば，P(LA-co-3HB)を *Variovorax* sp. C34株で分解系にこの分析手法を適用すると，3HBユニットについては完全に生分解されることが確認できる。乳酸ユニットについては，乳酸分率が30 mol%程度であれば完全に分解されるが，70 mol%程度の場合は，上述したように，PDLAに近い構造が微量残留する[17]。このわずかな乳酸ユニットの残留は，重量減少に基づく分解性の評価およびBODによる評価では検出困難である。この例が示すように，非天然型PHAの分解を評価するためには，ポリマー中のすべての構造が完全に資化・無機化されることの確認が必要であるが，多くの研究例において，これが十分に確認されているとは言えない。アルコリシスとGC分析を用いた方法は，わずかな非生分解性成分でも検出できるのがメリットであるが，本手法は単量体モノマーが資化性を有することを前提としているため，それが明らかでない場合はモノマーの資化性の確認がまず必要となる。

7　非天然型 PHA の生分解性評価方法のまとめ

これまで述べてきたように，ある材料が生分解されたと判断するためには，以下のステップが必要である。

・ポリマーが環境中の微生物によって炭素源であると認識され，分解に必要な酵素の分泌が誘

　導されること
・酵素の作用により，ポリマーが加水分解され可溶化可能な程度に低分子量化すること
・遊離した低分子化合物が微生物によって吸収されたのち，資化または無機化されること
・上記のプロセスがポリマー全体に対して進行して，ポリマーが完全に資化・無機化されること

　非天然型 PHA は上記のプロセスが完全に進行することが自明ではないため，各ステップを丁寧に確認することが必須である。

8　非酵素的加水分解性を有するポリエステルの分解

　ポリエステルの中には，エステラーゼの作用なしに分解される性質をもつポリマーがある。ポリマー鎖が分解される機構には，紫外線や物理的作用によるものもあるが，ここでは非酵素的な加水分解について述べる。非酵素的加水分解性は，水分が存在するだけで，ポリエステルの加水分解が起こる性質である。例えば，ポリグリコール酸は非酵素的加水分解性が非常に高いことで知られる。しかし，空気中の水分によっても分解するため，乾燥雰囲気で保存する必要がある。ポリブチレンサクシネート（PBS）も非酵素的加水分解性を持つため[18]，PBS 製のマルチフィルムは，長期保存すると劣化する問題があることが知られる。

　非酵素的な加水分解性は，とくに生体吸収性材料の開発に重要である。生体吸収性材料とは，動物の体内で分解され吸収される材料である。動物組織内ではエステラーゼ活性が低いため，非酵素的加水分解性を有する材料が用いられる。代表的なものに，乳酸とグリコール酸の共重合体（化学合成）が知られる。このポリマーは動物体内に移植すると数か月で分解・吸収される。ただし，このようなポリエステル材料は，分解した際に有機酸を遊離するため，加水分解速度が速すぎると炎症が起こる場合がある[19]。

　天然型 PHA は，乳酸・グリコール酸共重合体などと比較して，非酵素的加水分解性が非常に低く，PHA 分解酵素の作用を受けなければ，ほとんど分解されない。したがって，PHA は空気中で保存しても分子量の低下が少ない。一方，非酵素的加水分解性を付与できれば，上述したような医療応用への可能性が増える。非天然型 PHA のうち，ポリ（4-ヒドロキシ酪酸）[P(4HB)]は生体吸収性を示すことが知られる。現在のところ，P(4HB) は生体医療材料として FDA に認可された唯一の PHA である[20]。

　同様にグリコール酸ユニットなどが導入された非天然型 PHA も，非酵素的加水分解性が向上する可能性が期待できる。P(GL-co-3HB) の非酵素的加水分解性を検証するために，本共重合体のエマルジョンを熱水処理する実験が行われた[6]。その結果，P(15 mol% GL-co-3HB) からは，P(3HB) と比較して有意に多くの量の低分子産物が検出されたことから，グリコール酸ユニットの導入により，確かに加水分解性は増大すると言える。しかし，同様の実験を常温で行うと，顕著な加水分解が見られないことから，GL 分率が 15 mol% までのポリマーでは加水分解

性が十分ではなく，より GL 分率の高いポリマーの合成方法の確立が必要であると考えられる。このように，PHA に非天然型構造を導入することで，酵素分解性だけでなく，非酵素的加水分解性も付与できる。P（4HB）以外の非酵素的加水分解性 PHA については，まだ多くの研究課題が残されている。

おわりに

天然型 PHA は，天然物であるために，生分解性に関しては安心して使用できる材料である。PHA の化学構造を拡張して様々な非天然型 PHA を合成する技術は，PHA の物性拡張の観点では有望であるが，生分解性については丁寧に評価する必要がある。本章では，非天然型 PHA の生分解性を評価する際のチェックポイントについて述べた。非天然型 PHA は，天然型 PHA の構造も含むことができるため，適切な分子設計により，生分解性を高めることも可能であると推定される。これは，非天然型 PHA だけでなく，人工的に合成されたすべての材料にも同様に当てはまる。

文　　献

1)　K. Matsumoto and S. Taguchi, *Appl. Microbiol. Biotechnol.*, **97**, 8011（2013）
2)　G. Haywood *et al.*, *Int. J. Biol. Macromol.*, **13**, 83（1991）
3)　S. Taguchi *et al.*, *Proc. Natl. Acad. Sci. USA*, **105**, 17323（2008）
4)　M. Yamada *et al.*, *J. Biotechnol.*, **154**, 255（2011）
5)　K. Matsumoto *et al.*, *J. Biotechnol.*, **156**, 214（2011）
6)　K. Matsumoto *et al.*, *ACS Biomater. Sci. Eng.*, **3**, 3058（2017）
7)　K. Matsumoto *et al.*, *Biomacromolecules*, **14**, 1913（2013）
8)　K. Matsumoto *et al.*, *Biomacromolecules*, **19**, 2889（2018）
9)　D. Jendrossek, *Appl. Microbiol. Biotechnol.*, **74**, 1186（2007）
10)　H. Takaku *et al.*, *FEMS Microbiol. Lett.*, **264**, 152（2006）
11)　K. Yamashita *et al.*, *Biomacromolecules*, **6**, 850（2005）
12)　T. Narancic *et al.*, *Environ. Sci. Technol.*, **52**, 10441（2018）
13)　J. Sun *et al.*, *Polym. Degrad. Stab.*, **110**, 44（2014）
14)　J. Sun *et al.*, *Appl. Microbiol. Biotechnol.*, **99**, 9555（2015）
15)　M. Koutny *et al.*, *Chomosphere*, **64**, 1243（2006）
16)　斯波哲史，北海道大学総合化学院 2013 年度修士論文
17)　孫健，北海道大学総合化学院 2015 年度博士論文
18)　K. Cho *et al.*, *J. Appl. Polym. Sci.*, **79**, 1025（2001）

19)　A. A. Ignatius and L. E. Claes, *Biomaterials*, **17**, 831（1996）

20)　S. F. Williams *et al.*, *Biomed. Tech.*（*Berl.*）, **58**, 439（2013）

第3章　高強度繊維の作製と生分解性

岩田忠久[*]

1　生分解性高強度繊維の必要性

　プラスチックの主な用途は，フィルム，射出成形品および繊維である。繊維は約 25% を占め，衣料のみならず，様々な分野で利用されている。生分解性繊維としては，不織布，釣り糸，漁網，衣服への利用が有力である。洗濯などにより多くの繊維くずが環境中に流れ出ていることを鑑みると，衣料に用いることができる高強度な生分解性繊維の開発が必要不可欠である[1,2]。筆者らは微生物産生ポリエステルから新規な溶融紡糸法（冷延伸二段階延伸法，微結晶核延伸法，中間熱処理法など）を開発することにより，世界最高強度の生分解性繊維の作製に成功しているとともに，その環境分解性，酵素分解性に関する研究を行っている[3,4]。

2　高強度繊維の作製

2. 1　超高分子量ポリエステルからの高強度繊維

　自然環境中に存在する野生のポリエステル合成菌が生産する通常のポリ[(*R*)-3-ヒドロキシブチレート]（P(3HB)）の重量平均分子量は，約 60 万程度である。一般に高分子材料は，分子量が増大すると物性が向上することから，P(3HB) においても，まず高分子量化を検討した。

　P(3HB) 合成菌である *Ralstonia eutropha* H16 由来の PHB 生合成遺伝子（*phbCAB*）を導入した組換え大腸菌 *Escherichia coli* XL1-Blue（pSYL 105）を用い，炭素源としてグルコースを用い，Luria-Bertani 培地中，2 段回分培養において，通気酸素量，撹拌速度，炭素源濃度，培地温度，培地の pH など様々な培養条件を検討した。その結果，遺伝子組換え大腸菌を用いたP(3HB) の発酵合成において，培地の pH が分子量に大きな影響を与えることが分かった。培養時の pH を酸性側にシフトすることにより，重量平均分子量 500 万〜2,000 万を有する超高分子量 P(3HB) の生合成に成功した[5]。これは，分子量の増大を抑制する因子である連鎖移動剤の発生を，培地の pH を酸性側にシフトしたことにより抑制できたためと考えられる。しかし現在のところ，この連鎖移動剤が何であるかは解明されていない。

　筆者らは，超高分子量 P(3HB) を用いて，新たな延伸法を開発することにより，高強度・高弾性率繊維の作製に成功した。まず，溶融押出した P(3HB) を氷水中で急冷し，非晶質繊維を作製した。次いで，この非晶質繊維を，氷水中で約 6 〜 12 倍に冷延伸することにより，配向非

　*　Tadahisa Iwata　東京大学　大学院農学生命科学研究科　教授

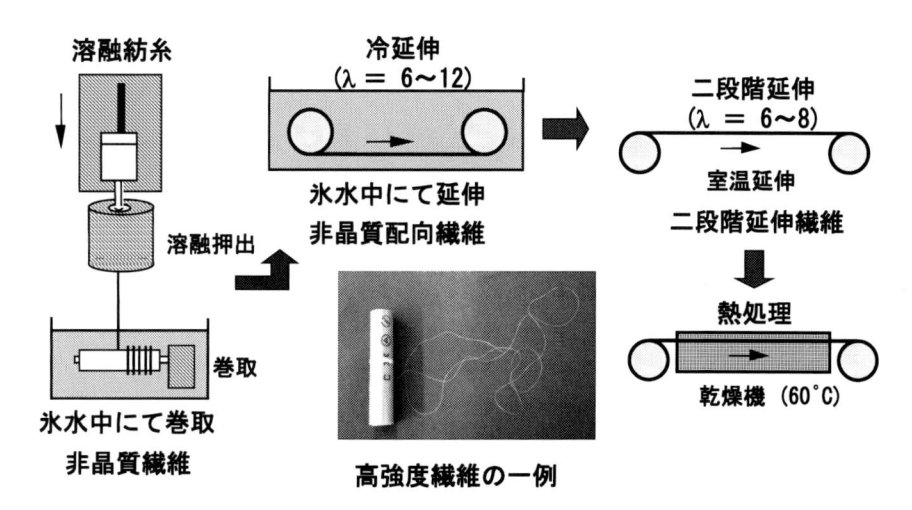

図 1　高強度繊維の作製法（冷延伸・二段階延伸法）

表 1　微生物産生ポリエステルの力学物性 [3, 4, 6~9, 11, 12]

ポリマー	延伸方法	引張強度[MPa]	破壊伸び［%］	弾性率 ［GPa］
野生株産生 P(3HB)	熱延伸	190	54	5.6
	高速溶融紡糸	330	37	7.7
	二段階熱処理	310	60	3.8
	微結晶核延伸	740	26	10.7
	二段階冷延伸	630	46	9.5
超高分子量 P(3HB)	二段階冷延伸	1,320	35	18.1
超高分子量 P(3HB)/ 　野生株産生 P(3HB) ブレンド	二段階冷延伸	740	50	10.6
P(3HB-*co*-8mol%-3HV)	微結晶核延伸	1,320	40	8.0
P(3HB-*co*-5.5mol%-3HH)	中間熱処理延伸	552	48	3.8
P(3HB-*co*-8mol%-3HH)	二段階延伸	220	50	1.5
ポリエチレン		400~800	8~35	3~8
ポリプロピレン		400~700	25~60	3~10
ポリエチレンテレフタレート		530~640	25~35	11~13

晶質繊維を作製した（図 1）。さらに，この配向非晶質繊維を室温で約 6 ～ 8 倍に延伸することにより，冷延伸・二段階延伸された高配向非晶質繊維を得た。この 50 倍以上に延伸された高配向非晶質繊維を熱処理することにより，破壊強度 1.3 GPa，破壊伸び 35%，ヤング率 18.1 GPa の生分解性および生体適合性を有する高強度繊維の作製に世界で初めて成功した（表 1）[6, 7]。

2. 2　野生株産生ポリエステルからの高強度繊維

　我々は遺伝子組換え大腸菌を用いて生成した超高分子量ポリエステルを用いて高強度繊維の作

製には成功したが，これでは汎用性に乏しく，コストパフォーマンスにも欠ける。そこで，前述の冷延伸・二段階延伸法を改良することにより，通常の分子量（60万程度）の野生株産生P(3HB)からでも高強度繊維を作製できる微結晶核延伸法を開発した[8～10]。微結晶核延伸法とは，急激な結晶化を抑制しながら微小な結晶核を形成させ，その結晶核を起点として分子鎖を高配向させる延伸方法である。まず，溶融—急冷によって非晶質繊維を作製し，これを氷水浴中にて一定期間静置することで，微結晶核を形成させ，その後，室温で延伸することにより，分子量に依存することなく，高配向繊維の作製を可能にした。この微結晶核延伸法によって，市販のP(3HB)からでも破壊強度 740 MPa を有する高強度繊維を得ることができた（表1）。

　この微結晶核延伸法は，P(3HB)共重合体にも有効であった。ポリ[(R)-3-ヒドロキシブチレート-co-(R)-3-ヒドロキシバレレート]（P(3HB-co-3HV)）は，これまでいくつか繊維化の報告例はあるが，破壊強度は 200 MPa 程度と低いものであった。しかし，今回我々が開発した微結晶核延伸法を P(3HB-co-3HV) に適用することで，低分子量である市販の P(3HB-co-3HV) ではこれまで得ることができなかった，破壊強度 1.3 GPa という高強度繊維の作製に成功した[9]。この微結晶核延伸法は，微生物産生ポリエステルだけでなく，他の生分解性ポリエステルの繊維化にも適用でき，簡便に高強度繊維を作製できる技術として期待されている。

　最近，さらなる延伸方法の改良により，様々な種類の微生物産生ポリエステルから溶融紡糸繊維の作製に成功した。非常に細い溶融紡糸繊維やそれらを用いたネットなども編むことができるようになっており，今後の実用化に期待している（図2）[11, 12]。

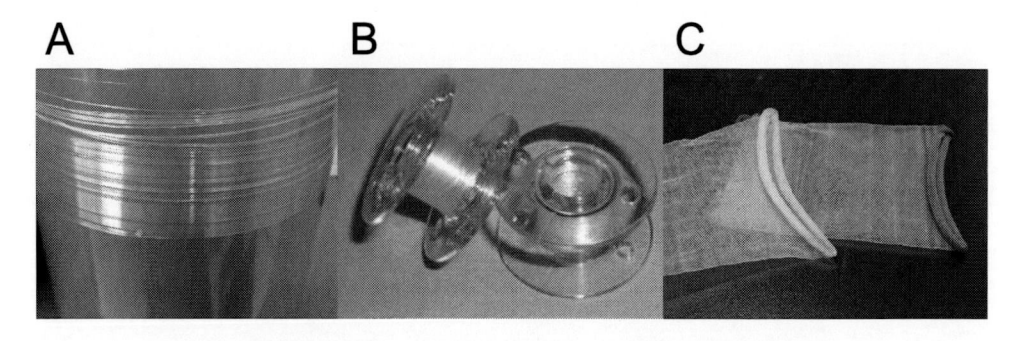

図2　(A) 連続紡糸繊維，(B) ボビンで巻き取った繊維，(C) 編み込みネット

3　高強度繊維の構造解析

3. 1　分子鎖構造解析

　図3に低強度繊維および高強度繊維から得られる X 線回折図を示す。構造解析の結果，低強度の繊維は，これまで報告されている P(3HB) の結晶状態で最も安定とされる分子鎖構造である2回らせん構造（α構造）からなる結晶のみで構成されていることが分かった。一方，P

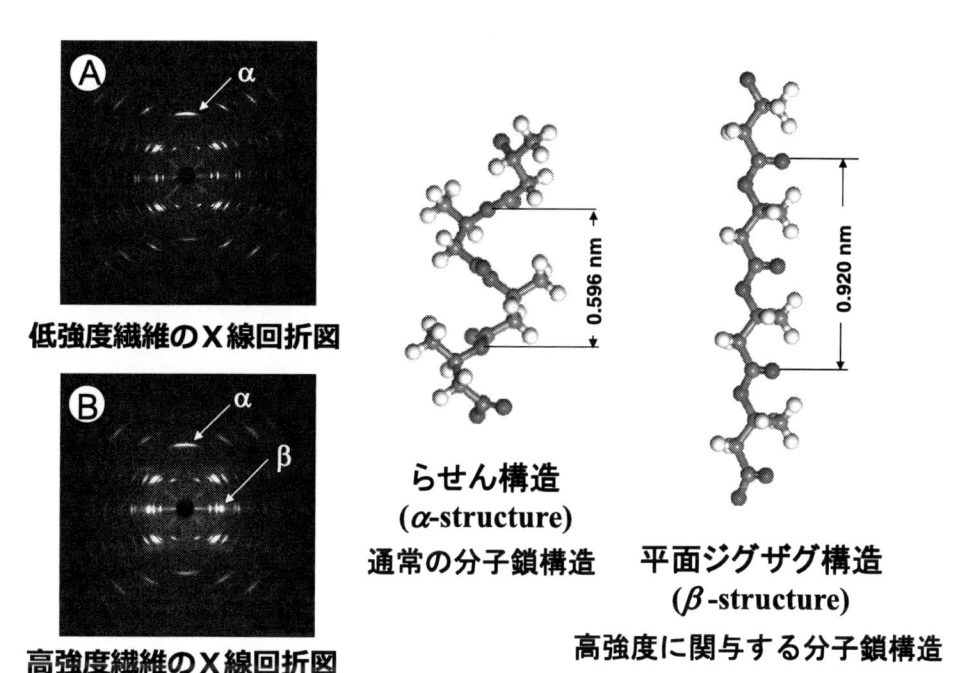

図3　2種類のX線繊維図と2種類の分子鎖構造（らせん構造と平面ジグザグ構造）

（3HB）高強度繊維のX線繊維図においては，2回らせん構造（α構造）からなる結晶に加え，分子鎖が伸びきった平面ジグザグ構造（β構造）からなる結晶に由来する回折点が確認された（図3）。破壊強度の増大とともにβ構造の回折強度が強くなったことから，β構造の発現が高強度化に寄与していると考えられる。今後はβ構造の比率をいかにして多くするかが課題である。

3.2　局所的構造解析（マイクロビームX線回折）

　繊維内部をさらに詳細に解析するために，兵庫県播磨にある大型放射光施設SPring-8（BL47XU ビームライン）において，0.5 μm に集束させたマイクロビーム（波長 = 1.54 Å，8 keV）を単繊維（直径20 μm）に照射するマイクロビームX線測定を行った。SPring-8 のビームは非常に平行性が高いため，このようにナノオーダーでの収束が可能であり，局所領域の回折実験が可能となる。単繊維の端から中心に対して順次マイクロビームX線測定を行ったところ，冷延伸・二段階延伸を施したP（3HB）高強度繊維は，外側がα構造を有する結晶のみで構成され，内部はα構造とβ構造の2種類の結晶が存在する，つまり2つの結晶構造が局在した芯鞘構造であることが分かった（図4）[6,7]。

　一方，微結晶核延伸法により作製したP（3HB）高強度繊維は，マイクロビームX線測定よりα構造とβ構造の2種類の結晶が繊維全体に均一に存在する構造であることが分かった[9]。このように単繊維の局所構造解析を行い，P（3HB）の2種類の分子鎖構造を，材料中に目的に応じ

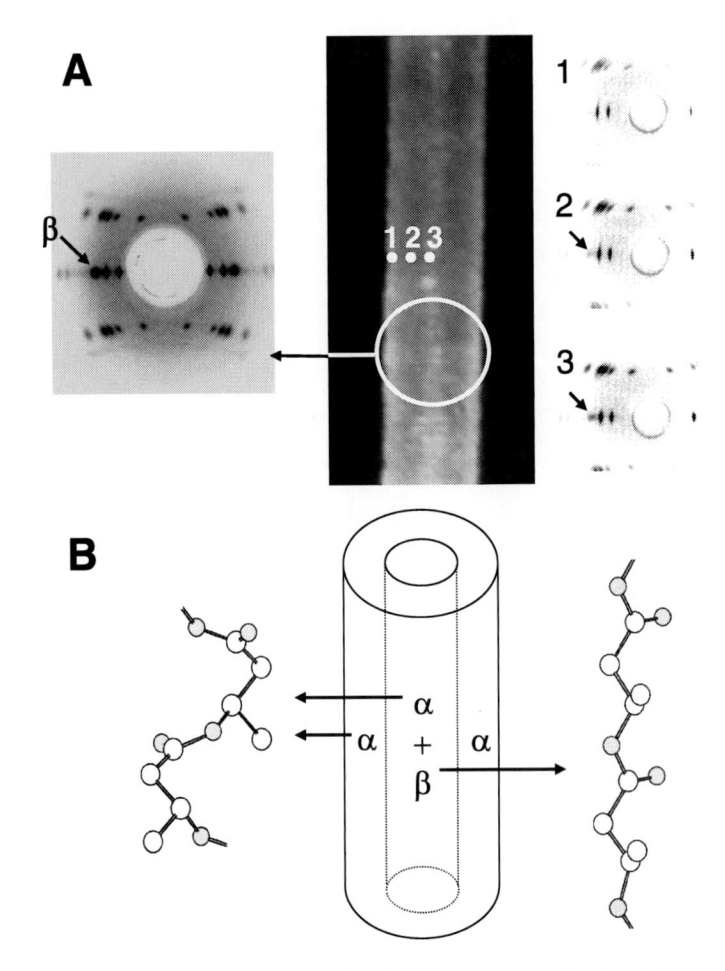

図4　微生物産生ポリエステルから作製した高強度繊維のマイクロビームX線回折図と芯鞘構造模式図
（A）左は繊維全体からのX線回折図，右は真ん中の繊維写真における1～3の箇所からそれぞれ得られたマイクロビームX線回折図，（B）芯鞘構造模式図とP(3HB)の2種類の分子鎖構造（らせん構造（α）と平面ジグザグ構造（β））

て配列することができれば，多様な物性の要求に応えられる生分解性材料の作製が可能となると考えられる。

3.3　繊維内部の非破壊的観察（X線トモグラフィー）

　冷延伸・二段階延伸法と微結晶核延伸法で作製したPHA繊維の小角X線回折をBL45XUビームラインで撮影を行った。通常，単繊維1本の小角X線回折を得ることは，輝度の低い研究室レベルでのX線回折装置では非常に困難であるが，SPring-8の強力線源を用いればミリ秒で測定できることから，静的な測定だけでなく，昇温下や延伸過程などの動的な測定も可能とな

る。

　今回作製した 2 種類の繊維のうち，冷延伸・二段階延伸法で作製した繊維は子午線方向にラメラ結晶の周期性を示す回折点が観察されたが，微結晶核延伸法で作製した繊維では子午線方向の回折は観察されず（図 5A），赤道線上に大きなストリーク回折が見られた（図 5B）。高強度繊維の小角回折において，赤道線上に見られるストリーク回折は一般に繊維中に存在するボイドの影響であると考えられているが，未だその直接的な証拠は示されていない。そこで，筆者らは大型放射光を用いて非破壊的に内部構造を可視化できる X 線トモグラフィーの測定を行った。

　図 5C に，微結晶核延伸法で作製した高強度繊維の 3 次元 X 線トモグラフィー像を示す。繊維内部に存在する無数の小さなボイドの存在を，世界で初めて明らかにすることができた[13]。一方，冷延伸・二段階延伸法で作製した繊維にはボイドは認められなかった。したがって，赤道線上のストリークは繊維内部に存在するボイドに起因すると考えられる。微結晶核延伸法により作製した繊維の破壊強度を，ボイドの平均サイズおよび繊維断面積に対するボイドの存在率を考慮して再計算すると，約 2 倍の 2.2 GPa となることが分かった。すなわち，PHA 繊維はさらなる高強度化が可能であることを示唆している。

　さらに，繊維軸方向にきれいに入ったボイドにより，繊維自体の重量が約半分になっていると

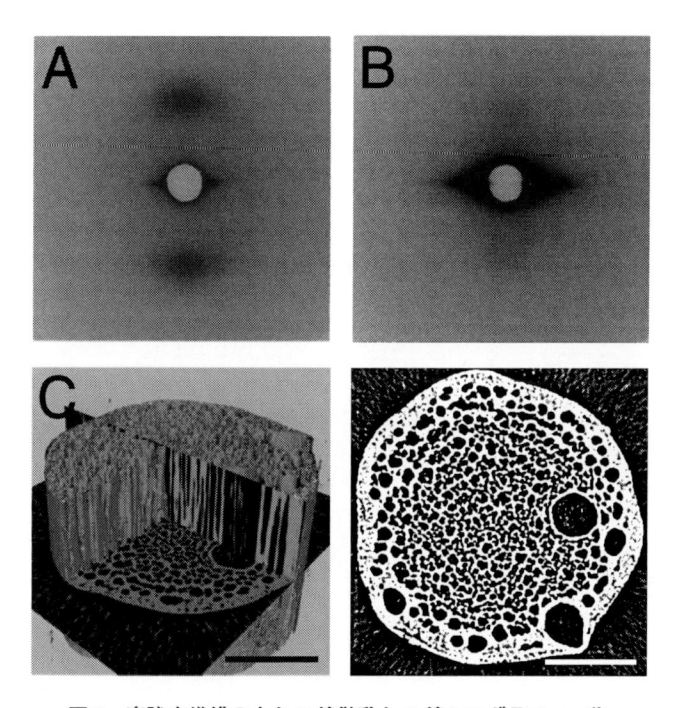

図 5　高強度繊維の小角 X 線散乱と X 線トモグラフィー像

（A）冷延伸・二段階延伸法により作製された P（3HB）高強度繊維，（B）微結晶核延伸法により作製された P（3HB-*co*-3HV）高強度繊維，（C と D）微結晶核延伸法で作製された P（3HB-*co*-3HV）繊維の X 線トモグラフィー像，スケール＝ 20 μm。

考えられる。考え方を変えれば，軽量高強度繊維の作製に成功したともいえ，高強度を保ちながら軽量化が必要な分野で本繊維の利用および作製方法の適用が期待できる。我々の研究室では，内部ポアにバンコマイシンなどの抗生物質を含浸させることにより，生体吸収性と長期薬物徐放性を併せ持った繊維を開発することにも成功している[14~16]。

4　高強度繊維の海洋および環境水分解と酵素分解性

4.1　海洋および環境水分解

　今回我々が作製した高強度繊維は，様々な環境中で完全に分解される。図6は，当研究室で作製した微生物産生ポリエステルの高強度繊維を東京湾に21日間沈めた後のSEM写真である。繊維表面から均一に浸食されている様子が見られる。繊維表面を拡大すると，俵状の微生物が表面にびっしり吸着しており，これらの微生物が分解酵素を菌体外に分泌し，その分解酵素により繊維が分解されている。

　このような実際の海での環境生分解試験は，潮の流れや温度など様々な要因によりその生分解速度は大きく変化する。よって，一般的には，海水や河川水を研究室に持ち帰り，繊維やフィルムを浸漬し，その重量減少，あるいは生物化学的酸素要求量（BOD）の測定を行い，環境生分解性を評価する。図7（左）は，海水，湖水，河川水に微生物産生ポリエステルのフィルムを浸漬し，その重量減少を測定した結果である[17]。2～3週間でいずれの環境水でも完全に分解していることが分かる。一方，図7（右）は，BOD測定の結果である。こちらはいずれの場合も

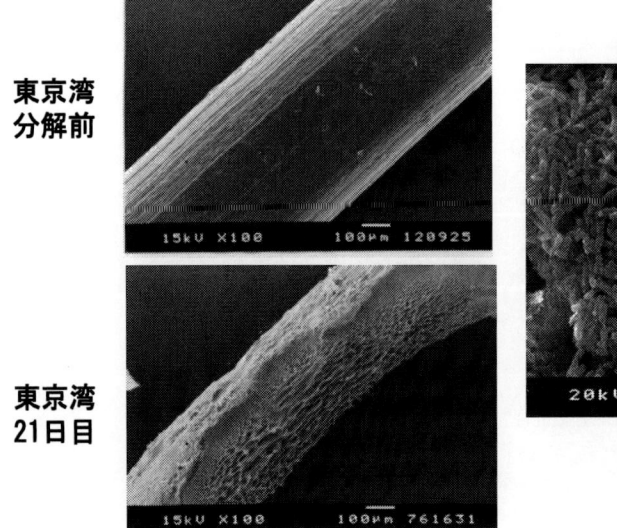
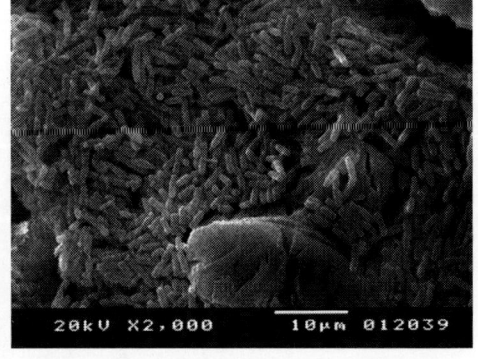

図6　高強度繊維の東京湾での分解試験と繊維表面の分解微生物

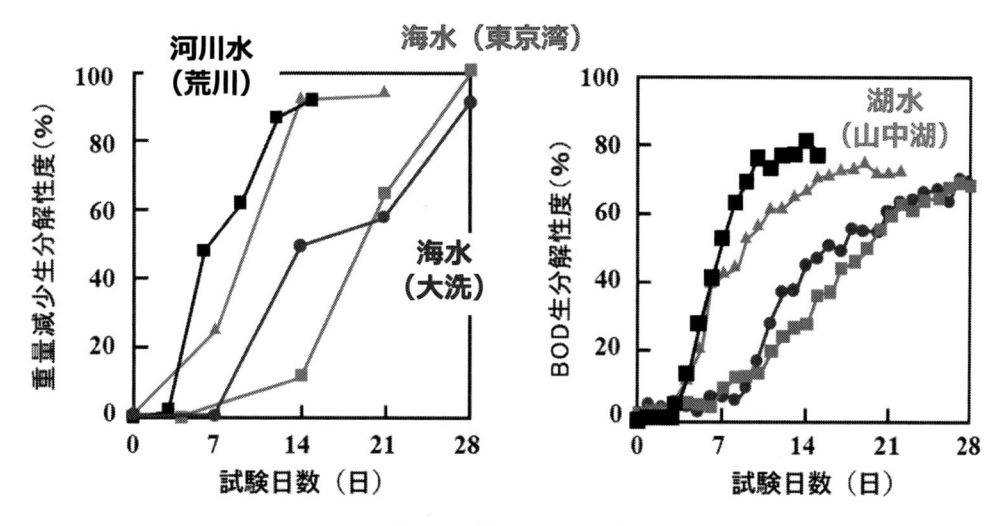

図7　様々な環境水を用いた分解試験

80％で生分解度は頭打ちになっているが，これは環境水中に存在する微生物が生育するために酸素が必要なためであり，BOD生分解度の80％は完全生分解の100％と同じである。よって，BOD測定と重量減少の測定は同時に行うことが望ましい。

4. 2　酵素分解性

　生分解性プラスチックの生分解性は，環境生分解と酵素分解では大きく異なる。環境生分解は，土壌，河川水，海水の性質，気温，降水量，日照量，微生物の種類と量，微生物が分泌する分解酵素の種類と量の違いにより，大きく変化する。一方，酵素分解は単離・精製した均一で構造が明確な分解酵素を用いて実験を行うため，プラスチック材料との反応性を分子レベルで追及することができる。

　筆者らは，微生物産生ポリエステルから破壊強度1.3 GPaを有する高強度生分解性繊維の作製に成功している。この高強度繊維には，これまで知られていたPHBの典型的な分子構造である2回らせん構造に加え，新たに発現した高強度化に起因する平面ジグザグ構造の2種類が存在することを明らかにした。この高強度繊維を酵素分解すると，図8のX線回折図に示すように，平面ジグザグ構造の方が2回らせん構造より速く分解することが分かった[7, 18]。この結果は，同じ化学構造を有していても，分子鎖構造によりその酵素分解性の速度をコントロールできることを示唆している。また，酵素分解中の繊維形態をSEM観察（図8）すると，図4の海洋分解の時とは異なり，繊維表面から繊維の内部に向かって，酵素が侵食することによりできた無数の空孔が観察された。これは酵素分子が，材料中の弱い部分（一般には非晶領域）を優先的に分解していることを示唆している。

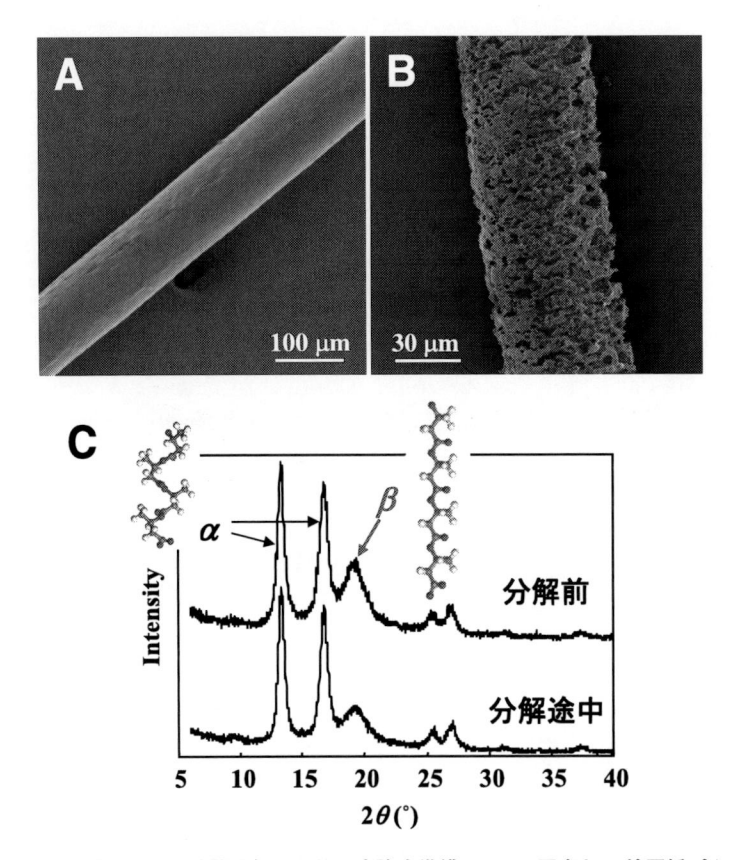

図8　酵素分解前と72時間分解した後の高強度繊維の SEM 写真と X 線回折パターン

5　おわりに

　プラスチックの環境汚染には，「目に見える被害」と「目に見えない被害」の2つが存在する。ストローや漁網によるウミガメの被害は「目に見える被害」である。今後さらに深刻な問題となるのは，「目に見えない被害」である。繊維はその代表格である。普段我々が身に着けている衣服は，ポリエステル（ポリエチレンテレフタレート）を始めとする合成繊維であふれている。ある統計では，1回6 kg の洗濯で約14万本の繊維くずが出ると報告されている[19]。アイロンにも耐えられる高耐熱性，洗濯にも耐えられる高耐水性を備えた高性能生分解性繊維の開発が必要であるとともに，長期安定性を有しながら，環境中に流れ出たときに分解が始まる機能が必要である。繊維を中心として，生分解性材料のあり方をもう一度考える必要がある。

文　　献

1) 岩田忠久, 繊維学会誌, **70** (9), 512 (2014)
2) 岩田忠久, 繊維学会誌, **75** (10), 532 (2019)
3) 岩田忠久, 日本結晶学会, **55**, 188 (2013)
4) 加部泰三, 岩田忠久, 高分子論文集, **71**, 527 (2014)
5) S. Kusaka *et al.*, *J. Macromol. Sci.- Pure Appl. Chem.*, **A35** (2), 319 (1998)
6) T. Iwata *et al.*, *Macromol. Rapid Commun.*, **25**, 1100 (2004)
7) T. Iwata *et al.*, *Macromolecules*, **39**, 5789 (2006)
8) 田中稔久ほか, 繊維学会誌, **60**, 309 (2004)
9) T. Tanaka *et al.*, *Macromolecules*, **39**, 2940 (2006)
10) T. Tanaka and T. Iwata, *ACS Symp. Ser.*, **1114**, 171 (2012)
11) T. Kabe *et al.*, *ACS Symp. Ser.*, **1105**, 63 (2012)
12) T. Kabe *et al.*, *J. Appl. Polym. Sci.*, **132**, 41258 (2015)
13) T. Tanaka *et al.*, *Polymer*, **48**, 6145 (2007)
14) 市野洋之, 修士論文, 東京大学大学院農学生命科学研究科 (2013)
15) D. Ishii *et al.*, *J. Biotechnol.*, **132**, 318 (2007)
16) T. H. Ying *et al.*, *Biomaterials*, **29**, 1307 (2008)
17) 青柳佳宏, 学位論文, 埼玉大学大学院理工学研究科 (2003)
18) T. Tanaka *et al.*, *Polym. Degrad. Stabil.*, **92**, 1016 (2007)
19) I. E. Napper and R. C. Thompson, *Mar. Pollut. Bull.*, **112** (1-2), 39 (2016)

第4章　生分解性制御技術の開発

阿部英喜*

1　はじめに

　微生物産生ポリエステル，ポリヒドロキシアルカン酸（PHA）は，再生可能な植物資源を原料として微生物発酵によって生産され，環境中の微生物の作用により分解される生分解性という機能を併せ持つ，環境低負荷型の高分子素材として，その高効率合成ならびに高性能化に関わる技術開発が進められてきた[1,2]。生分解性という機能を生かすためには，その利用目的に応じて生分解速度を制御できることが望まれる。そのため，PHA の生分解反応に関わる酵素の構造と機能，分解速度に及ぼすポリマーの構造因子に関する基盤研究が進められてきた。本稿では，PHA の生分解速度を制御するポリマーの構造因子に関わるこれまでの研究成果を中心に概論したい。

2　生分解性に及ぼす PHA の分子構造効果

　自然環境中における PHA の分解反応は，環境中の微生物の働きによるものである。これまでに数多くの PHA 分解微生物が土壌や海水などから単離・同定されている[3]。微生物は，水不溶性で高分子量の PHA を直接，細胞内に取り込むことはできない。そのため，微生物は，PHAを加水分解するための酵素（PHA 分解酵素）を菌体外に分泌し，この酵素の作用によって生成される水溶性の低分子量化合物を体内に取り込み，細胞内の代謝経路において分解・資化する。したがって，PHA の生分解性の制御を行うためには，PHA 分子と PHA 分解酵素分子との反応が鍵を握ることになる。

　これまで微生物の分泌する PHA 分解酵素が数多く精製され，その構造と性質が調べられている。PHA 分解酵素の構造と機能については，第 V 編において詳細に紹介されているので，ここでは簡単に述べるにとどめるが，PHA 分解酵素はセリン残基を活性中心としたセリン加水分解酵素の一つである。また，PHA 分子鎖を加水分解する触媒部位とポリエステル材料表面に結合する基質吸着部位を有している[3]。PHA の酵素分解反応は，水に不溶なポリエステル材料と水溶性の酵素分子との反応であるため，ポリエステル材料表面における不均一反応となる。基質吸着部位の存在によって，PHA 分解酵素分子がポリエステル材料表面に効果的に吸着し，触媒部

　＊　Hideki Abe　理化学研究所　環境資源科学研究センター
　　　　　　バイオプラスチック研究チーム　チームリーダー

位の作用により，高分子鎖を効率的に切断することが可能となっている。

　酵素の触媒反応は，鍵と鍵穴に例えられるように，高い基質特異性を示すという点に大きな特徴がある。すなわち，特定の分子構造をもつ化合物に高い反応性を示すわけである。

　微生物の生産する 3-ヒドロキシブタン酸（3HB）の高重合物であるポリ（3-ヒドロキシブタン酸）（P(3HB)）は，全て(R)体の 3HB ユニットで構成された光学活性ポリエステルである。同様の分子構造のポリマーを化学合成法によって合成しようとすると，四員環ラクトンである β-ブチロラクトンを開環重合する方法があるが，この手法によって得られるポリマーには，立体異性体である(S)体の 3HB ユニットが含まれるようになる。光学純度を変えた β-ブチロラクトンを用いる，あるいは，重合触媒の金属種を変えることにより，立体組成・タクチシティーの異なる P(3HB)を調製することができる。PHA 分解酵素は，(S)体の 3HB ユニットを含む P(3HB)の立体異性体を分解することができるが，(S)体の 3HB ユニットが 92%以上と過剰に含まれるポリマーはほとんど分解できない[4]。微生物産生の(R)体の 3HB ユニットのみからなるポリマーを分解した場合には，3HB の単量体と二量体が生成するのに対し，(S)体の 3HB ユニットを含む P(3HB)の分解性生成物には，単量体と二量体に加えて，(S)体の 3HB ユニットを含む三量体以上のオリゴマーが生成されるようになる。これらの結果より，PHA 分解酵素は P(3HB)鎖中の(R)体の 3HB 連鎖を優先的に加水分解し，(S)体の 3HB ユニットの連なりは分解できないことがわかった[5]。

　PHA 分解酵素を用いて，様々な分子構造の直鎖脂肪族ポリエステル単独重合物の酵素分解性評価が行われている[6]。その結果，P(3HB)やポリ（β-プロピオラクトン），ポリ（4-ヒドロキシブチレート）などの分子鎖は PHA 分解酵素によって加水分解されるが，ポリ乳酸やポリ（ε-カプロラクトン）などの分子鎖はまったく分解されないことが示された（図1）。これは，エステル結合間の炭素原子数が 2 あるいは 3 のモノマーユニットによって構成されたポリエステルのみを PHA 分解酵素が加水分解することを意味している。ところが，単独重合物では分解が認められないポリ（ε-カプロラクトン）も P(3HB)と共重合化すると PHA 分解酵素によって分解されることが明らかとなってきた。これは，PHA 分解酵素がポリエステル分子鎖中の 1 つのモノマーユニットを認識して加水分解するのではなく，複数の連続するモノマーユニットの構造を認識して加水分解していることを示唆している。実際，PHA 分解酵素と 3HB のオリゴマーを基質として用いた分解実験において，3HB の三量体以上のオリゴマーを用いた場合にその分解速度が著しく増大する[7]。すなわち，酵素の触媒部位が少なくとも連続する 3 つのモノマーユニットを認識して，その分子を加水分解することを示している。さらに，共重合ポリエステルの酵素分解反応によって生成する分解生成物の構造解析を行った結果，酵素は連続する 3 つのモノマーユニットの主鎖および側鎖の分子構造を認識し，エステル結合の加水分解を行っていることを明らかにしている（図2）[8]。具体的には，エステル結合間の炭素原子数が 2 あるいは 3 のモノマーユニットと側鎖の炭素原子数が 0 から 2 のモノマーユニットが連結したエステル結合を選択して加水分解していることがわかった。このように，PHA の分解速度は，構成するモノマーユニットの

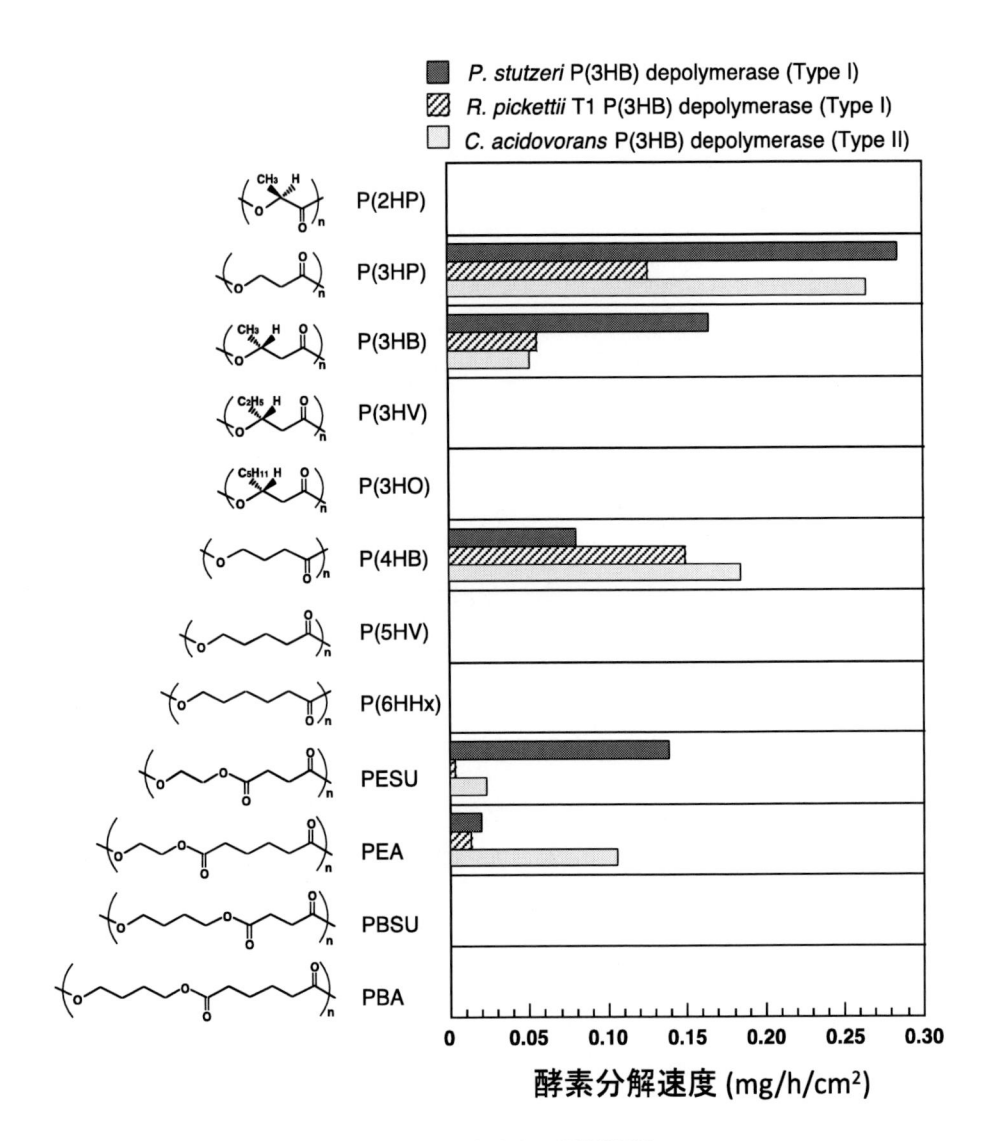

図1　PHA 分解酵素の基質特異性

分子構造とその連鎖構造によって制御されていることが明らかにされてきた。

　ここで，P(3HB)をベースとするランダム共重合体について，その酵素分解速度と共重合組成との相関を調べてみると，ランダム共重合体の分解速度は，第二モノマー成分の導入によって増大し，第二モノマーの分率が 10〜20 mol%の間で最大値を示し，その後減少する傾向が認められた[8]。このような分解速度の共重合組成依存性は，第二モノマー成分の分子構造にはほとんど影響されないこともわかった（図3）。しかしながら，このような挙動は，上記の酵素の基質特異性からだけでは説明できない。

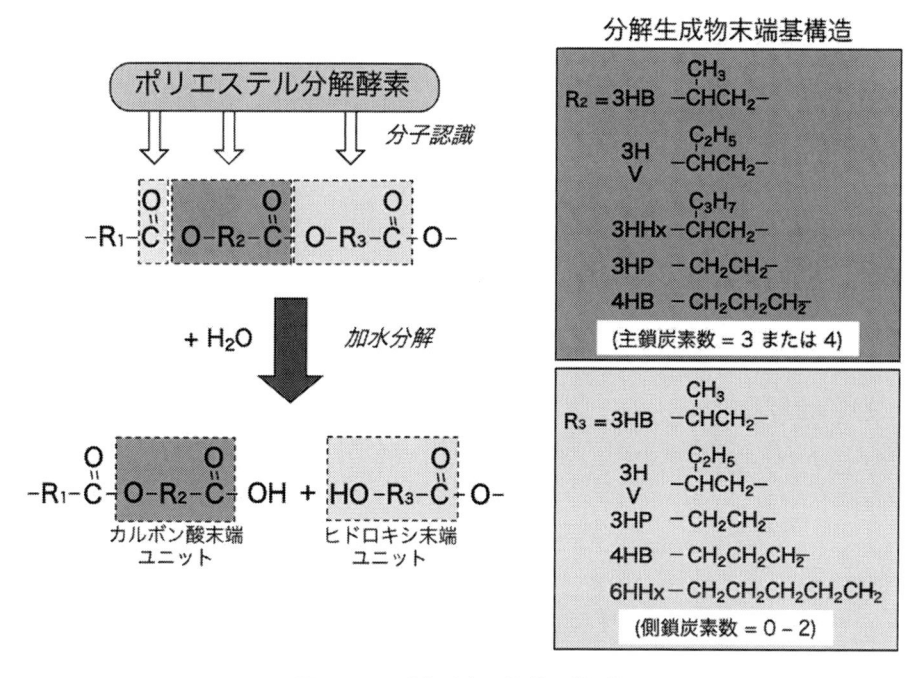

図 2　PHA 分解酵素の基質認識機構

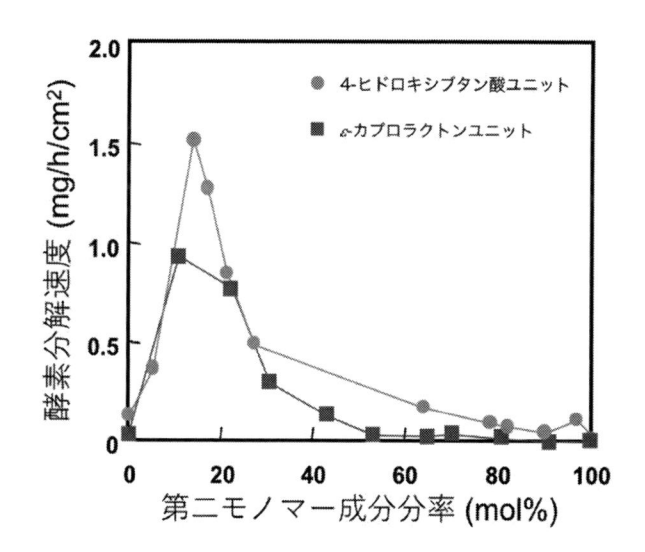

図 3　PHA 共重合体の酵素分解に及ぼす共重合組成の効果

3 生分解性に及ぼす PHA の固体構造効果

高分子材料の物性が，高分子物質の分子構造（一次構造）と固体構造（高次構造）との２つ
の因子によって規定されることはよく知られている。結晶性の PHA の分解反応においても，分
子構造（一次構造）の効果以外にその固体構造（高次構造）の効果も存在することがわかってき
た。P(3HB)は結晶性高分子であり，結晶化条件や成型方法によって，その高次構造（結晶化
度，結晶サイズ，配向度など）が大きく変化する。これまでに，溶融−結晶化法によって結晶化
度の異なる P(3HB)フィルムを調製し，PHA 分解酵素による分解実験が実施された[9]。その結
果，酵素分解速度はポリエステルフィルムの結晶化度の増加とともに著しく低下することが示さ
れた（図 4）。これは，酵素が非晶領域のポリエステル分子鎖を優先的に加水分解するからであ
る。非晶領域の加水分解は，結晶領域に較べて 30 倍以上の速さで進行することがわかってきた。

P(3HB)をベースとするランダム共重合体の場合，第二モノマー成分の導入によって結晶化度
が大きく低下する。第二モノマー成分の分率が 20 mol％以下の共重合ポリエステルにおいては，
分解速度がフィルムの結晶化度に大きく依存し，結晶化度の低下とともに分解速度が増大するも
のと結論できる。

このように，PHA 分解酵素による微生物産生ポリエステル材料の分解反応は，材料表面の非
晶領域から進み，結晶部の分解が律速段階になっていることが明らかになっている。

PHA の単結晶を用いた酵素分解反応の観察により，PHA 分解酵素は PHA 単結晶の表面に対
して位置的な特異性を示さず，分子鎖折り畳み表面および結晶側面に一様に吸着するが，PHA
分子鎖の切断は結晶の側面から進行することが示されている（図 5)[10]。

PHA 分解酵素と 3HB の三量体オリゴマーとの複合体による立体構造解析の結果，触媒部位

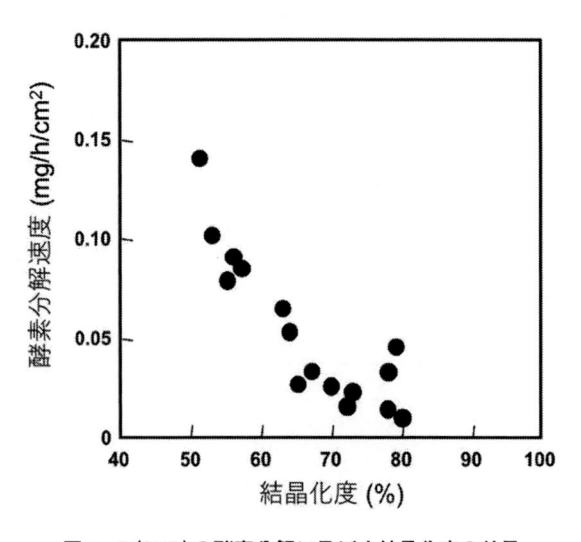

図 4 P(3HB)の酵素分解に及ぼす結晶化度の効果

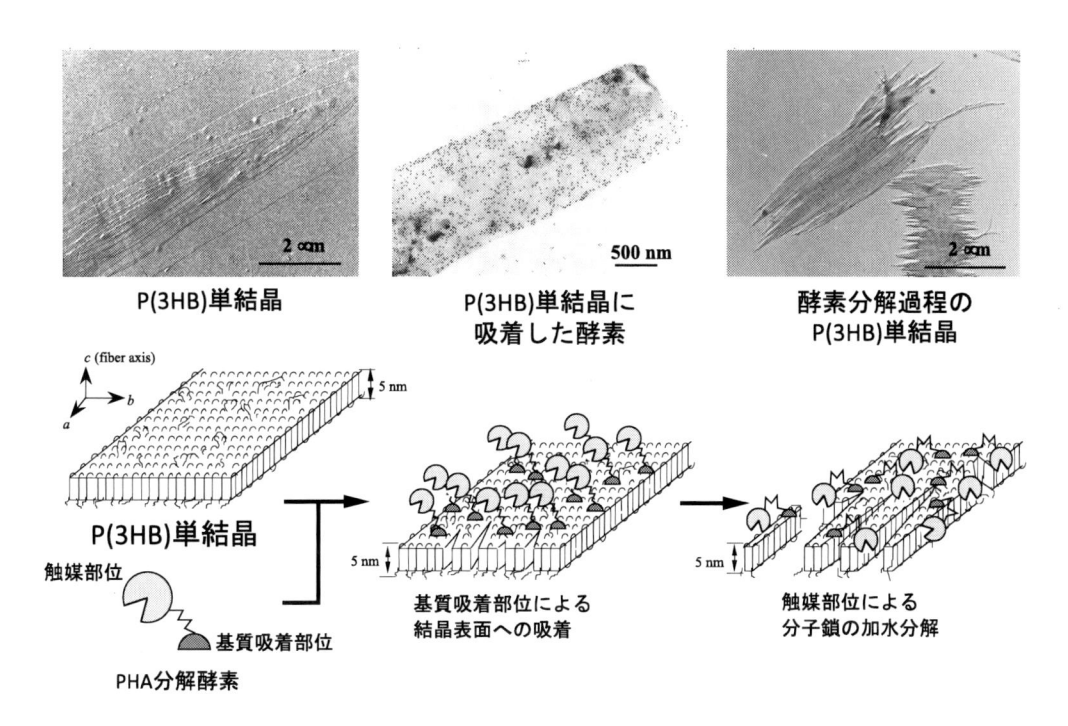

図5　P(3HB)単結晶の酵素分解様式

の活性中心まわりの基質ポケットには，結晶領域に見られる2回らせん構造の3HB ユニットのコンフォメーションよりも，分子鎖が伸びきった平面ジグザグ構造のコンフォメーションの方が結合しやすいことがわかってきた[11]。したがって，PHA 分解酵素は，結晶側面の分子鎖を，基質ポケットへの結合に適したコンフォメーションへと解きほぐして，分子鎖切断を促していると理解できる。

　このようにポリエステル結晶の分解反応が結晶の側面から分子を解きほぐしながら進行するため，P(3HB)およびその共重合体の結晶部の酵素分解速度は，結晶の厚さの増加とともに急激に低下することも見出されている（図6）[12]。このことから，PHA 材料の酵素分解速度は，結晶化度（結晶の量）と結晶の厚さ（結晶の質）の両因子によって規定されているといえる。すなわち，ポリエステル材料の結晶化度および結晶サイズを調節することによって，同一素材においても材料の分解速度を制御できることがわかってきた[2]。

　微生物産生ポリエステルの酵素分解が結晶の量と質によって規定されることより，完全に非晶質な材料ほどその分解が速やかに進行するものと想像されるかもしれないが，実はそうではない。ラセミ体の β-ブチロラクトンを亜鉛系触媒によって重合すると(R)体と(S)体の3HB ユニットがランダムに連結したアタクチック構造の完全に非晶質な P(3HB)ポリマーが得られる。この化学合成アタクチック P(3HB)を PHA 分解酵素と作用させると分解反応はほとんど進行しない。これは，アタクチック P(3HB)の材料表面に PHA 分解酵素がほとんど吸着できないため

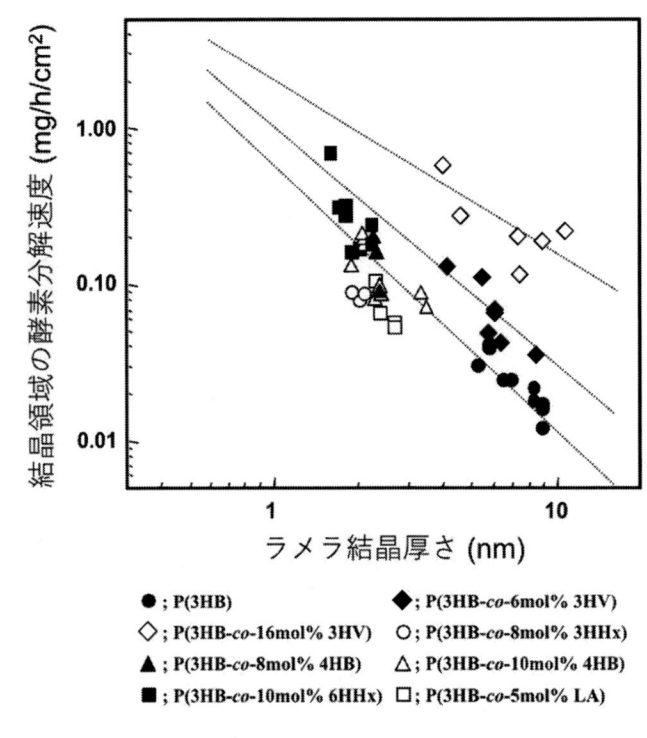

図6　PHA の酵素分解に及ぼす結晶厚（ラメラ厚）の効果

であることが見出されている。ところが，微生物産生の結晶性の P(3HB) と混ぜ合わせる（ブレンドする）ことによって，このアタクチック P(3HB) 分子鎖も酵素によって加水分解されることがわかってきた[13]。PHA 分解酵素がポリエステル材料表面に存在する結晶領域に選択的に吸着し，非晶領域の分子鎖を優先的に加水分解するためである。流動性の高い非晶領域よりも，分子運動性の乏しい安定な結晶領域の方が，酵素分子がより強固に吸着するものと考えられる（図7）。P(3HB) をベースとするランダム共重合体において，第二モノマー成分の導入によって結晶化度が大きく低下するが，結晶化度の低下は，加水分解され易い非晶領域の分子の増大とともに，酵素吸着の足場となる結晶領域の減少を導くことになる。両効果のバランスによって，酵素分解の速度が規定されている訳である。その結果，P(3HB) をベースとするランダム共重合体の分解速度は，第二モノマーの分率が 10〜20 mol% の間で最大値を示すような共重合組成依存性が現れるものと結論づけられる。

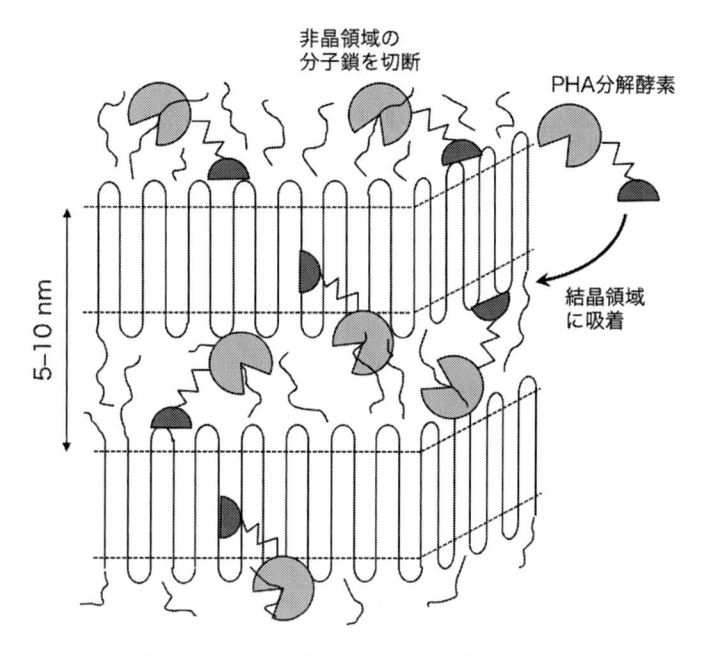

図7　PHA 分解酵素の吸着と分子鎖加水分解

4　まとめと今後の展望

　本稿では，微生物産生ポリエステル，PHA の生分解性に及ぼす構造効果について概説してきた。PHA の分子構造においては，構成するモノマーユニットの主鎖ならびに側鎖の構造，およびその連鎖構造が，また，PHA の固体構造においては，結晶の量と質が，PHA 分解酵素による分解速度を制御する構造因子であることを示してきた。しかしながら，これら生分解性を制御する PHA の構造因子についての知見は，精製した PHA 分解酵素と PHA 材料との反応から特定したものであり，実際の自然環境中における生分解反応の速度とは異なる事例も示されている。これは，自然環境における温度や水分量，生息微生物の分布やその量など，環境に依存した条件が生分解性に影響を与えていることを意味している。また，PHA を分解する微生物がどのように PHA 素材を認識して，PHA 分解酵素を細胞外に分泌しているのか，まだ，十分に理解されていない事象もある。高分子材料の生分解機能の究極的な理想は，使用している間は酵素による分解を受けず，廃棄段階あるいは環境中に流出した際において初めて分解機能が発現し，速やかに分解されることであろう。狙ったタイミングで機能を発現し，目的に応じた速度で分解される，生分解性を高度に制御できる技術開発が今後さらに望まれる。

生分解性プラスチックの環境配慮設計指針

文　　献

1) R. W. Lenz and R. H. Marchessault, *Biomacromolecules*, **6**, 1 （2005）
2) K. Sudesh *et al.*, *Prog. Polym. Sci.*, **25**, 1503 （2000）
3) D. Jendrossek *et al.*, *Appl. Microbiol. Biotechnol.*, **46**, 451 （1996）
4) J. E. Kemnitzer *et al.*, *Macromolecules*, **25**, 5927 （1992）
5) H. Abe *et al.*, *Macromolecules*, **27**, 6018 （1994）
6) K. Kasuya *et al.*, *Int. J. Biol. Macromol.*, **24**, 329 （1999）
7) T. Hiraishi *et al.*, *Biomacromolecules*, **1**, 320 （2000）
8) H. Abe *et al.*, *Macromolecules*, **28**, 7630 （1995）
9) Y. Kumagai *et al.*, *Makromol. Chem.*, **193**, 53 （1992）
10) T. Iwata and Y. Doi, *Macromol. Chem. Phys.*, **200**, 2429 （1999）
11) T. Hisano *et al.*, *J. Mol. Biol.*, **356**, 993 （2006）
12) H. Abe *et al.*, *Macromolecules*, **31**, 1791 （1998）
13) H. Abe *et al.*, *Macromolecules*, **28**, 844 （1995）

第5章　PHAの菌体外生分解機構

鈴木美和[*1]，橘　熊野[*2]，粕谷健一[*3]

1　はじめに

　環境中に，過剰に炭素源が存在し，窒素源，リン酸などの栄養源が抑制されている時，細菌と一部の古細菌はエネルギー貯蔵物質として，ポリヒドロキシアルカン酸（PHA）を生産する。外部から炭素源が得られなくなると，PHA合成細菌および古細菌は，体内中のPHAを分解酵素により低分子化し，これをエネルギー生産に利用する[1]。

　一方，菌体外に取り出されたPHAは固体のプラスチックへと物理状態が変わる。現在，PHAのうちプラスチック材料として利用可能なものは，ポリ（3-ヒドロキシブタン酸）［P(3HB)］やポリ（3-ヒドロキシブタン酸-*co*-3-ヒドロキシ吉草酸）（PHBV）に代表される短鎖PHA(scl-PHA）である。㈱カネカはポリ（3-ヒドロキシブタン酸-*co*-3-ヒドロキシヘキサン酸）（PHBHHx）を製造，販売している[2]（図1）。この固体PHAは，環境中のPHA分解微生物が菌体外に生産する酵素により加水分解される。その後，分解物は微生物体内に取り込まれ，代謝される[1]。このように，PHAは微生物によって，合成・分解・代謝され，自然界の炭素サイクルに組み込まれている。本章では，固体PHAの菌体外分解に焦点を当て，解説する。

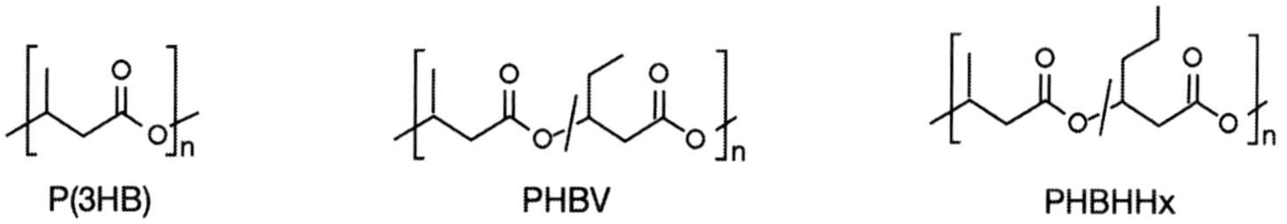

図1　プラスチック材料として利用されるPHAの構造

＊1　Miwa Suzuki　群馬大学　理工学部　理工学系技術部　機器分析部門　技術職員

＊2　Yuya Tachibana　群馬大学大学院　理工学府　分子科学部門　准教授／
　　　食健康科学教育研究センター

＊3　Ken-ichi Kasuya　群馬大学大学院　理工学府　分子科学部門　教授／
　　　食健康科学教育研究センター　センター長／学長特別補佐

2　菌体外 PHA の生分解機構

　PHA の菌体外分解の第1段階は，PHA 主鎖の断片化である。PHA は天然高分子であるため，微生物が体外に分泌する PHA 専用の分解酵素，P(3HB) 分解酵素（EC 3.1.1.75）が存在する。PHA はこの酵素により低分子量化される。その結果，PHA から水溶性のモノマー，ダイマーやオリゴマーなどの分解物が生成する。

　分解過程の第2段階は，微生物による分解物の代謝である。低分子量分解物が自然環境中の微生物によって取り込まれた後，代謝経路を経て，エネルギー生産（異化過程）およびバイオマス合成（同化過程）に利用される。異化過程では，最終的に二酸化炭素，水およびメタンに変換される（無機化）（図2）。PHA を含む生分解性プラスチックの生分解性評価法の多くは，この分解過程の第2段階（無機化過程）での酸素消費量（生物化学的酸素要求量：BOD），あるいは二酸化炭素発生量を定量し，分解量を評価している[3~7]。

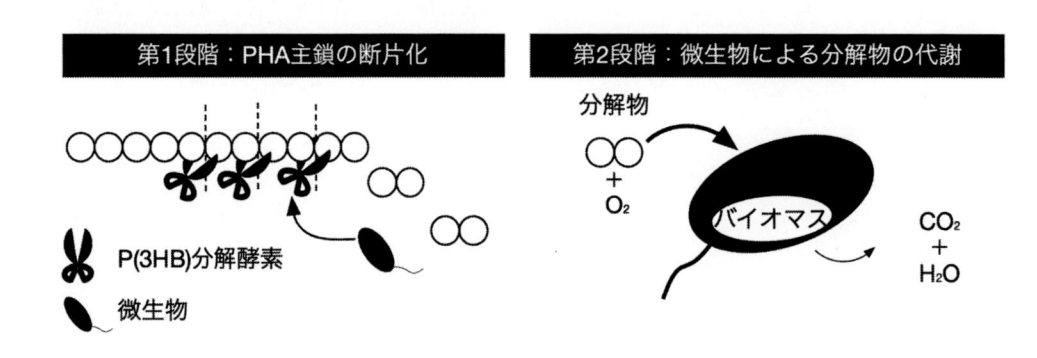

図2　PHA の菌体外分解機構

3　PHA の環境分解性

　Mergaert らは，広葉樹土壌，砂，松林土壌，泥，ローム土中に P(3HB) および PHBV を埋設させ，15，28 および 40℃ で保温し，その重量減少速度を評価した。全ての土壌中で試験片の重量減少が確認され，その速度は 0.03~0.64% weight loss/day であった。また，埋設日数の増加に伴い，試料片の破断伸びは低下した[8]。

　我々の研究グループでは，荒川の河川水および霞ヶ浦の水を用いて P(3HB)，PHBV およびポリ(3-ヒドロキシブタン酸-co-4-ヒドロキシブタン酸)［P(3HB-co-4HB)］の分解実験を行なったところ，28 日間，25℃ の好気条件下にて，P(3HB)，PHBV および P(3HB-co-4HB) は，それぞれ初期重量の 70~100% が減少した。また，BOD 生分解度を評価したところ，P(3HB) は 52~75%，PHBV は 71~76%，P(3HB-co-4HB) は 55~90% の生分解度を示した[7]。

第 5 章　PHA の菌体外生分解機構

　神奈川県城ヶ島の水産技術センター内の屋外海水タンク（10 m×10 m×3 m）内で，P(3HB)，PHBV および P(3HB-*co*-4HB) のフィルムを深さ 1.5 m の位置に設置した。時間経過に伴い，フィルム表面の粗さが増加し，17 週間後には 100〜140 μm のフィルム厚低下がみられた。8 週間後の PHBV フィルム重量は，初期重量の 35%まで低下し，破断伸びおよび破断応力が 0 となった。一方，暴露前後の分子量変化は見られなかった[9]。東京湾および茨城県大洗海岸から採取した海水中に P(3HB)，PHBV および P(3HB-*co*-4HB) を 28 日間，25℃の好気条件下で暴露させると，初期重量の 23〜100%が減少した。また，BOD 生分解度は，P(3HB) は 14〜27%，PHBV は 78〜84%，P(3HB-*co*-4HB) は 43〜51%であった。このように PHA は土壌，淡水だけではなく海水においても生分解されることが示された（表 1）。

　PHBV のフィルム（厚さ 1 mm）が完全に生分解されるまでの期間を，環境ごとに比較したところ，嫌気汚泥，河口堆積土，活性汚泥，土壌，海水の順に大きくなることがわかった[14]。

表 1　PHA の環境分解性

Environments	PHA	Method	Biodegradability/Period	References
Soil	P(3HB)	BOD	49.5% / 12 days	10)
		Weight loss	64.3% / 6 month	11)
	PHBV	CO_2	90% / 10.7-22.2 month	12)
			35% / 200 days	13)
		Weight loss	100% / 75 weeks	14)
			8〜35% / 300 days (film)	15)
			28〜55% / 300 days (pellets)	15)
Aerobic sewage	PHBV	Weight loss	100% / 60 weeks	14)
Sewage sludge	P(3HB)	Weight loss	44.7% / 200 days	14)
Estuarine sediment	PHBV	Weight loss	100% / 40 weeks	14)
Anaerobic sewage	PHBV	Weight loss	100% / 6 weeks	14)
Compost	P(3HB)	CO_2	101% / 40 days	16)
	PHBV	CO_2	81% / 40 days	16)
	PHBHHx	BOD	90% / 28 days	2)
Freshwater	P(3HB)	BOD	75 ± 16% / 28 days（River）	7)
			52 ± 7% / 28 days（Lake）	7)
	PHBV	Weight loss	100% / 28 days（River）	7)
			100% / 28 days（Lake）	7)
	PHBHHx	BOD	78 ± 5% / 28 days	17)
		Weight loss	100% / 28 days	17)
Seawater	P(3HB)	BOD	27 ± 10% / 28 days（bay）	7)
			14 ± 10% / 28 days (ocean)	7)
			44.0〜60.4% / 4 weeks	18)
		Weight loss	9% / 10 weeks (static)	19)
			60% / 10 weeks (dynamic)	20)
	PHBV	Weight loss	100% / 350 weeks	14)
	PHBHHx	BOD	21.5〜57.8% / 4 weeks	18)

我々が土壌，淡水および海水中の生菌数に対する P（3HB）分解微生物の存在割合を調べたところ，それぞれ 0.003〜33％，0.59〜25％および 0.24〜43.8％であり，環境の違いによる大きな差は見られなかった。一方，生菌数は土壌，淡水，海水の順に低下した。このことから，環境中の微生物密度および分解菌の総数が，PHA の環境分解速度に関係している可能性が示唆された[21]。

　PHA を環境中に暴露させた際，その表面にはバイオフィルムが形成される。Sang らは，PHBV を土壌中に埋設させるとその表面には真菌の菌糸による土壌粒子の凝集体が形成されることを見出し，土壌環境中の PHA 分解には，真菌が支配的に関わっていることを明らかにした[22]。PHBHHx を海水中に浸漬させたところ，その表面にバイオフィルムが形成され，内部には PHA 分解細菌が生息していた[23]。これらのことから，PHA は環境中でその表面に形成されるバイオフィルム内の微生物により分解され，代謝されることが示唆された。つまり，PHA の環境分解速度は，バイオフィルム内部の微生物群集の PHA 分解能力に依存していると推測される。

4　PHA の微生物分解

　PHA 分解微生物を，PHA を分散させた無機塩寒天培地上で生育させると，体外に分泌した分解酵素により PHA が分解される。PHA 分解物は水溶性であるため，分解微生物周辺にはクリアゾーンと呼ばれる透明なハローが形成される。この現象を利用し，これまでに様々な環境中から PHA 分解微生物が単離された。表 2 には，これまで報告された一部の PHA 分解微生物を示

表 2　PHA 分解微生物

Strain	Source of isolates	References
Bacteria		
Actinobacteria		
Arthrobacter ilicis	Compost	24)
Clavibacter michiganensis subsp.	Freshwater	25)
Streptomyces exfoliatus K10	Compost	26)
Streptomyces thermocarboxydovorans	Soil	27)
Microbacterium saperdae	Soil	28)
Proteobacteria		
α-proteobacteria		
Agrobacterium sp. K-03	Soil	29)
Ochrobactrum anthropi	Sludge	25)
β-proteobacteria		
Acidovorax delafieldii	Soil, Compost, Freshwater, Sludge	25)
Alcaligenes faecalis	Seawater	25)
Burkholderia cepacia	Sludge	25)

（つづく）

（つづき）

Strain	Source of isolates	References
Comamonas testosteroni	Soil, Compost, Seawater	30~32)
Delftia acidovorans	Freshwater	33)
Duganella zoogloeoides	Soil	34)
Ralstonia pickettii T1	Activate sludge	35)
Variovorax paradoxus	Soil, Compost, Freshwater, Sludge	34)
Zoogloea ramigeru	Seawater	25)
Paucimonas lemoignei	Compost	36)
γ-proteobacteria		
Acinetobacter calcoaceticus	Soil	34)
Acinetobacter johnsonii	Seawater	25)
Alteromonas sp. MH53	Deepsea	37)
Marinobacter sp. NK-1	Seawater	38)
Pseudoalteromonas haloplanktis	Compost, Freshwater, Seawater	39)
Pseudomonas alcaligenes	Compost	25)
Pseudomonas putida	Soil	25)
Pseudomonas stutzeri	Soil	25)
Rheinheimera sp. PL100	Deepsea	37)
Stenotrophomonas maltophilia	Soil	25)
Vibrio ordalii	Seawater	25)
Firmicutes		
Clostridium acetobutylicum	Sewage sludge enrichment culture	40)
Amycolatopsis sp. HT-6	Soil	41)
Bacillus sp. TT96	Soil	42)
Bacillus sp. MH10	Deepsea	37)
Bacillus megaterium	Soil, Compost, Freshwater	25)
Bacillus megaterium N-18-25-9	Compost	43)
Paenibacillus polymyxa	Soil	25)
Psychrobacillus sp. PL87	Deepsea	37)
Staphylococcus aureus	Freshwater	25)
Bacteroidetes		
Flavobacterium johnsoniae	Soil, Compost, Freshwater, Seawater	25)
Fusobacteria		
Ilyobacter delafieldii	Estuarine sediment	25)
Fungi		
Acremonium sp.	Soil	25)
Aspergillus clavatus NKCM1003	Terrestrial environment	44)
Aspergillus fungatus	Soil, Compost	25)
Aspergillus penicillioides	Soil	25)
Candida guiliermondii	Deepsea	45)
Paecilomyces marquandii	Soil	25)
Penicillium ochrochloron	Soil	25)
Penicillium simplicissimum	Soil	46)
Paecilomyces lilacinus D218	Soil	47)
Verticillium leptobactrum	Soil	25)

した。真菌類，細菌類を問わず，幅広い種類の PHA 分解微生物が単離されている。

このことは，PHA の高い環境分解性の要因の一つであると考えられる[25~47]。

Paucimonas lemoignei[36] を は じ め，*Comamonas* sp.[48]，*Ralstonia pickettii* T1[35]，*Streptomyces exfoliatus* K10[26]などについて，その P(3HB) 分解酵素の生産条件が詳細に調べられており，それらの培養上清から酵素が精製されている。我々の研究グループでは，*Comamonas testosteroni* ATSU[49]，*C. testosteroni* YM1004[50]，*Delftia acidovorans* YM1609[33]，*Pseudomonas stutzeri* YM1006[51]，*P. stutzeri* YM1414[52]，*Penicillium funiculosum* IFO 6345[53]，*Marinobacter* sp. NK-1[38]および *Shewanella* sp. JKCM-AJ-6,1α[54] を環境中から単離し，詳細な特徴付けを行った。表3は各種炭素源存在下での PHA 分解微生物の生育と P(3HB) 分解酵素の分泌について示している。PHA 分解微生物の多くは，P(3HB) を単一炭素源として与えた際，菌体外に P(3HB) 分解酵素を分泌する。このことは，P(3HB) 分解酵素が基質である P(3HB) によって誘導生産される誘導酵素の一種であることを示している。一 方，*Shewanella* sp. JKCM-AJ-6,1α[54]，*P. stutzeri* YM1006[51] お よ び *Aspergillus*

表3　各種炭素源存在下での PHA 分解微生物の生育と P(3HB) 分解酵素の分泌

	C. testosteroni ATSU		*D. acidovorans* YM1609		*Shewanella* sp. JKCM-AJ-6,1α	
Carbon sources	OD_{650}	Activity (U/mL)	OD_{650}	Activity (U/mL)	OD_{650}	Activity (U/mL)
P(3HB)	+ +	0.38	+ +	1.7	+ +	0.047
(*R*)-3-hydroxybutyrate	+ +	0	+	0	+ +	0.031
(*S*)-3-hydroxybutyrate	+	0	+	0	+	0
Glucose	–	–	ND	ND	+ + +	0
Succinate	ND	ND	ND	ND	+ +	0
Nutrient broth	ND	ND	+ +	0	+ +	0
Nutrient broth with 0.2% P(3HB)	ND	ND	+ +	0	+ +	0.008
	Marinobacter sp. NK-1		*P. stutzeri* YM1006		*Aspergillus clavatus* NKCM1003	
Carbon sources	OD_{650}	Activity (U/mL)	OD_{650}	Activity (U/mL)	Growth (mg)	Activity (U/mL)
P(3HB)	+ +	0.60	+ +	0.45	4.1 ± 0.2	0.083 ± 0.010
(*R*)-3-hydroxybutyrate	+ +	0.05	+ +	0.24	2.9 ± 0.3	0.062 ± 0.007
(*S*)-3-hydroxybutyrate	+ +	0.62	+ +	0	ND	ND
Glucose	+	0	+	0	3.9 ± 0.2	0
Succinate	+ +	0	+ +	0	3.2 ± 0.3	0
Nutrient broth(NB)	ND	ND	ND	ND	ND	ND
NB with 0.2% P(3HB)	ND	ND	ND	ND	ND	ND

+ + : optical density at 650 nm (OD_{650}) more than 1.0

+ : OD_{650} between 0.1 and 1.0

-: OD_{650} less than 0.1

ND : not determined

clavatus NKCM1003[44]は，P(3HB) 以外に，その分解物である 3-ヒドロキシブタン酸（3HB）存在下でも，分解酵素を分泌した。その他の PHA 分解微生物では，3HB 存在下において酵素活性を発現しなかった。また，*Marinobacter* sp. NK-1[38]は，(S)-3HB 存在下で，P(3HB) を炭素源とした場合と比較し，より高い酵素活性を発現した。これらのことは，P(3HB) のモノマー (R)-3HB や分解物あるいは代謝産物が必ずしも P(3HB) 分解酵素の誘導物質ではないことを示唆している。*D. acidovorans* YM1609[33]および *Shewanella* sp. JKCM-AJ-6,1*a*[54]を P(3HB) を添加した NB 培地で生育させたところ，P(3HB) 分解活性はほとんど検出されなかった。*Comamonas* sp. や *S. exfoliatus* K10 においても，易資化性の炭素源と P(3HB) の共存在下では，P(3HB) 分解活性が見られなかった[26,48]。これらの結果は，P(3HB) 分解微生物における P(3HB) 分解酵素の分泌生産は，易資化性炭素源や栄養源によって抑制されることを示唆している。一方，*P. lemoignei* ATCC17989 は，炭素源としてコハク酸を与えた際に，P(3HB) 分解酵素を分泌する[36]。*P. lemoignei* ATCC17989 は，培地の pH が 7 以上で P(3HB) 分解酵素を生産し，pH 7 以下では酵素をほとんど生産しなかった[55]。これは，本株のコハク酸取り込み速度が pH に応答しており，pH 7 以上でコハク酸の取り込み速度が低下した際に P(3HB) 分解酵素が分泌されることと関連している。つまり，*P. lemoignei* においては，炭素源の枯渇時にその状態から脱するために，飢餓誘導がはたらき，P(3HB) 分解酵素が大量に分泌生産されると予想される[56]。

　コンポストから単離された P(3HB) 分解細菌 *Bacillus megaterium* N-18-25-9 を NB 培地で培養し，P(3HB) 添加前後の P(3HB) 分解酵素遺伝子の mRNA 量を比較したところ，P(3HB) 添加前には P(3HB) 分解酵素遺伝子の転写レベルは低く，添加後，転写量は約 8 倍にまで増加した。また，その後グルコースを添加したところ，3 時間後には酵素遺伝子の転写は完全に抑制された[43]。*R. pickettii* T1 は，コハク酸存在下において P(3HB) 分解酵素遺伝子の転写が抑制されるが，これに関与する TetR 型転写因子 EpdR の存在が明らかになっている[57]。これらより，P(3HB) 分解微生物における P(3HB) 分解酵素の生産は，少なくとも酵素遺伝子の転写レベルでの制御をうけていることがわかった。

5　P(3HB) の酵素分解機構

　P(3HB) 分解酵素の基質である P(3HB) は固体であるため，P(3HB) の酵素分解は，固—液界面で起こる不均一系の反応となる。このような不均一系で効率よく酵素反応を起こすために，P(3HB) 分解酵素は，活性部位を含む触媒ドメインに加えて P(3HB) 表面へ酵素分子を結合させるための基質結合ドメイン，さらにこれらの 2 つの機能性ドメインを連結するリンカードメインから構成されている（図3）。PHA 分解酵素の特徴については，第Ⅴ編第2章にて解説する。

　P(3HB) 分解酵素の活性は，酵素加水分解物（3HB モノマーおよびダイマー）のカルボニル

● 触媒ドメイン
⌒ リンカードメイン
■ 基質結合ドメイン

図3　P（3HB）分解酵素の模式図

基の波長 210 nm における吸収（UV 法）[58]や，基質である P（3HB）グラニュール溶液の濁度の減少（濁度法）[36, 48]を測定することで定量できる。我々の研究グループでは，UV 法を用いて *R. pickettii* T1, *C. testosteroni* ATSU, *P. stutzeri* YM1006, *D. acidovorans* YM1609 お よ び *Marinobacter* sp. NK-1 由来 P（3HB）分解酵素について，P（3HB）の酵素分解活性を測定した。酵素加水分解の初期段階では誘導期が観測され，その後，保温期間に比例し分解物量は直線的に増加した。図 4 に示すように，P（3HB）の酵素分解速度は，酵素濃度の上昇に伴い上昇したが，最大酵素加水分解速度を示す酵素濃度を境に分解速度は低下した。同様の現象は，*Comamonas* sp., *P. lemoignei*, *Microbacterium saperdae* 由来 P（3HB）分解酵素においても見られた[28, 43, 58]。この現象に対して，図 5 に示す自己阻害モデルが提案された。P（3HB）分解酵素は，酵素が P（3HB）フィルムに吸着する素反応と吸着した酵素が P（3HB）分子鎖を加水分解する素反応の 2 つから構成されている。酵素の吸着部位と活性部位が基質表面を占める割合によって分解速度は決定される。表面吸着酵素量が過剰になると，酵素の活性部位が基質に作

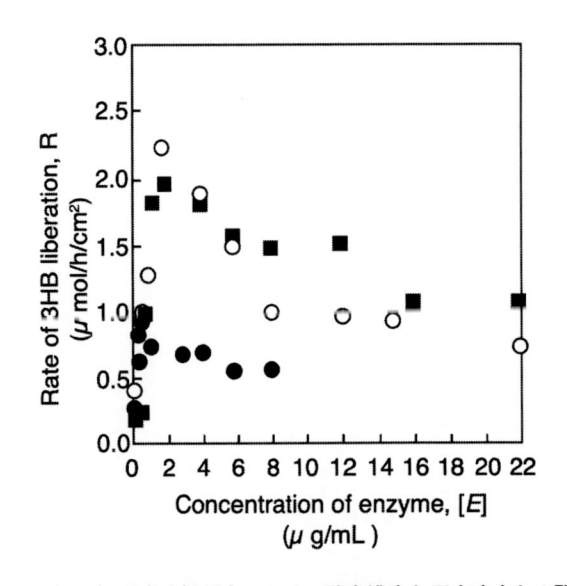

図4　P（3HB）酵素分解反応における酵素濃度と反応速度との関係
測定条件：37℃，pH 7.4，UV 法
●：*Ralstonia pickettii* T1,　○：*Delftia acidovorans* YM1609,　■：*Pseudomonas stutzeri* YM1006

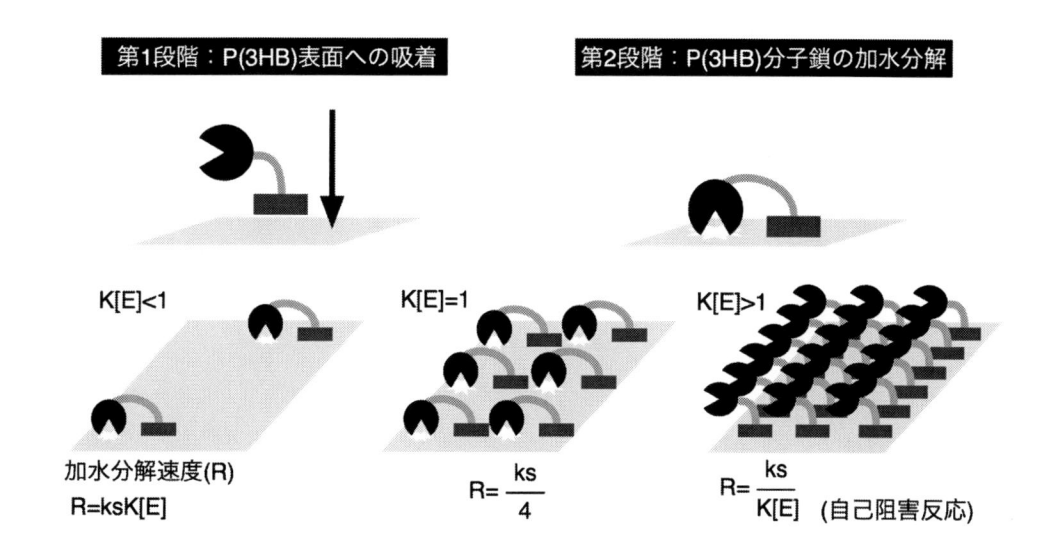

図 5　P（3HB）分解酵素の P（3HB）分解様式モデル

用し難くなり，阻害作用が生じる[59]。基質に対する酵素吸着が Langmuir 吸着モデルで表現されると仮定し，P（3HB）フィルム上の単位面積あたりの吸着点数を N_o，そのうち酵素が吸着している数を N とすると，全体の吸着点のうち酵素が占められている割合 θ は，

$$\theta = N/N_o$$

と表される。

　P（3HB）の加水分解速度（R）は，酵素が結合している割合（θ）と，結合していない部分（分解される部分）の割合（$1 - \theta$）に比例するため，

$$R = ks\,\theta(1 - \theta)$$

と表される。ks は加水分解速度定数である。吸着平衡の関係から，

$$k_1[E](1 - \theta) = k_{-1}\theta$$
$$K[E](1 - \theta) = \theta$$
$$\theta = K[E]/(1 + K[E])$$

と表される。この時，K は吸着速度定数，$[E]$ は酵素濃度を示す。よって，P（3HB）分解酵素の加水分解速度（R）は次の式（1）で表現することができる[59]。

$$R = \frac{ksK[E]}{(1 + K[E])^2} \tag{1}$$

　表 4 には式（1）を用いて算出した各 P（3HB）分解酵素による P（3HB）加水分解速度定数

表4 各P(3HB) 分解酵素の吸着速度定数および加水分解速度定数

	ks (μmol/h/cm^2)	K (mL/μg)	References
Ralstonia pickettii T1	4.0 ± 0.1	0.56 ± 0.2	33)
Delftia acidovorans YM1609	7.2 ± 1	0.45 ± 0.1	33)
Comamonas testosteroni ATSU	5.5 ± 1	1.1 ± 0.3	49)
Pseudomonas stutzeri YM1006	7.7 ± 0.1	0.22 ± 0.02	51)
Marinobacter sp. NK-1	19 ± 2.0	0.20 ± 0.02	38)

(ks) および吸着平衡定数 (K) を示した。

　R. pickettii T1 株の P(3HB) 分解酵素を，トリプシン消化すると酵素のカルボキシル末端が削られた。このトリプシン消化酵素は，水溶性のオリゴマーを加水分解できたが，P(3HB) グラニュールに対する分解活性を失っていた[60~62]。このことから，*R. pickettii* T1 株 P(3HB) 分解酵素の C 末端領域には，不溶性基質を分解するために必須である基質結合ドメインが存在していることがわかった。この P(3HB) 分解酵素の基質結合ドメインの基質表面への吸着機構を評価するために，グルタチオン S-トランスフェラーゼ（GST）と基質結合ドメインとの融合タンパク質（GST-SBD）を作製し P(3HB) 表面への吸着について速度論的解析を行った。その結果，GST-SBD の P(3HB) 表面への吸着は，式（2）に示される Langmuir 吸着モデルで表現できることがわかった（図6）。

$$E_{ad} = E_{max} \left(\frac{K[E]_e}{1 + K[E]_e} \right) \text{ with} [E] = E_{ad} + [E]_e \tag{2}$$

　E_{ad} は単位面積あたりの P(3HB) フィルムへ吸着したタンパク質量，$[E]_e$ は水溶液中吸着平衡タンパク質濃度，E_{max} は単位面積あたりの P(3HB) フィルムに吸着できる最大タンパク質量，K は吸着平衡定数をそれぞれ示す。

　一方で，*P. funiclosum* 由来の P(3HB) 分解酵素は，触媒ドメインのみで構成される（シングルドメイン構造）[53]。また，海洋細菌 *Shewanella* sp. AJ-6,1α 由来の P(3HB) 分解酵素は，その遺伝子上では基質結合ドメインがコードされているが，実際に分泌される酵素（野生型）は，プロテアーゼによる切断を受け，基質結合ドメインを欠損している[64]。これらの酵素による P(3HB) 分解過程では自己阻害作用が観測されない。*P. funiclosum* 由来 P(3HB) 分解酵素の P(3HB) フィルム表面への吸着様式を水晶振動子マイクロバランス法（QCM）を用いて評価したところ，緩衝液の置換や，低濃度の界面活性剤の存在により，酵素が容易にフィルム表面から離れることがわかり，基質結合能力が細菌由来の酵素よりも低いことがわかった[65]。本酵素の結晶構造解析の結果から，モデル基質である 3HB 三量体が結合する間隙を取り囲むように，疎水性アミノ酸残基が配置し，バルク溶媒にさらされていることがわかった。このことから，本酵素は，P(3HB) 表面と疎水性相互作用により吸着していると示唆された[66]。また，野生型 *Shewanella* sp. AJ-6,1α 株由来 P(3HB) 分解酵素は，NaCl 非存在下では活性を示さなかった

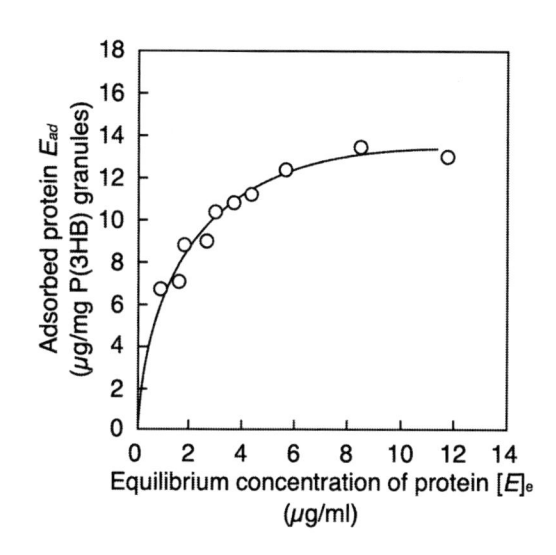

図 6　P(3HB) グラニュール存在下での GST–*Delftia acidovorans* YM1609 由来 SBD 融合タンパク質の吸着等温線[63]

が，海水と同程度の 0.5 M NaCl 存在下では活性を示した。このことから，本酵素は相対的に高い NaCl 濃度下において，疎水性相互作用により，P(3HB) 表面に吸着すると考えられる[64]。

　阿部らは，アイソタクチシティ（[i]）の異なる P(3HB) を化学合成した。これらを用いて結晶化度の異なる P(3HB) フィルムを調製し（表5），結晶化度が酵素分解に及ぼす影響を調べた。その結果，結晶化度の低下に伴い加水分解速度が上昇し，結晶化度が 33±5% で最大値に達した。さらにそれより結晶化度が低下すると加水分解速度が低下した（図 7a）[67, 68]。一般的に，P(3HB) の結晶化度と酵素分解速度は一次関数となり，結晶化度の低下に伴い分解速度は直線的に上昇することが知られる[69]。一方，結晶化度の異なる P(3HB) フィルムに対する P(3HB) 分解酵素の吸着量を評価したところ，結晶化度の低下に伴い，吸着酵素量が低下することがわかった（図 7b）。つまり，表面の非晶領域は，酵素加水分解速度を高めると同時に，酵素の基質への結合を阻害していると推定される。このために，前述の立体規則性の異なる P(3HB) の酵素分解試験において，分解速度に最大値が出現したと考えられる[68]。これらの結果は，P(3HB)

表 5　ダイアドフラクションを変化させた各 P(3HB) フィルムの結晶化度[68]

[i]	Xc（%）
1.00	62 ± 5
0.88	33 ± 5
0.74	18 ± 3
0.63	12 ± 3
0.54	8 ± 3

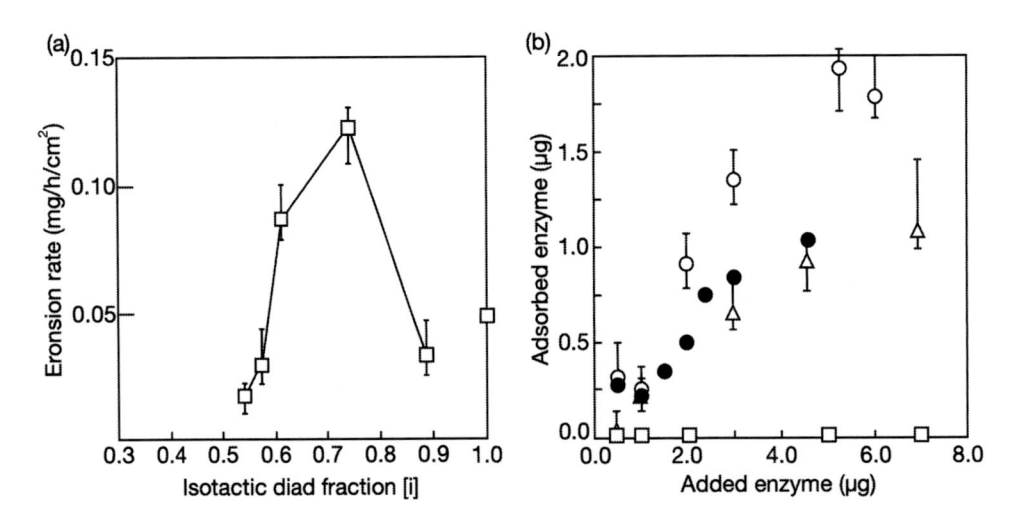

図7　結晶化度が与える P［(R,S)-3HB］フィルム酵素分解速度およびフィルム表面酵素吸着量への影響[68]

(a) *Ralstonia pickettii* T1 株由来 P(3HB) 分解酵素（1.0 μg/mL）を用いた，アイソタクチックダイアドフラクション（[i]）を変化させた P［(R,S)-3HB］フィルム酵素分解試験の初期速度，(b) *Ralstonia pickettii* T1 株由来 P(3HB) 分解酵素を用いた，アイソタクチックダイアドフラクション（[i]）を変化させた P［(R,S)-3HB］フィルム酵素分解試験間の吸着酵素量と添加酵素量の相関。
● : [i] = 1.00, ○ : [i] = 0.88, △ : [i] = 0.63, □ : [i] = 0.54

の結晶領域は酵素の P(3HB) 表面への結合の足場として機能していることを示唆している。そこで，P(3HB) の酵素分解に結晶部が必要かどうかを明らかにするため，完全非晶のアタクチック P(3HB)（a-PHB）とアタクチックポリメタクリル酸メチル（PMMA）のブレンド体（a-PHB/PMMA）を作製し，37℃で *R. pickettii* T1 あるいは *P. stutzeri* YM1004 の P(3HB) 分解酵素を用いて酵素分解試験を行った。a-PHB のみでは酵素加水分解されなかったが，a-PHB/PMMA の場合では，a-PHB が酵素加水分解されることがわかった。PMMA のガラス転移点が約 115℃であることを考慮すると，これらの実験の結果は，P(3HB) 分解酵素の材料表面への吸着において結晶領域が必須ではなく，加水分解温度でガラス状態の領域が存在すればよいことを示唆している[70]。

6　おわりに

　本章では微生物産生ポリエステルの環境分解性，微生物分解機構および酵素分解機構について述べた。P(3HB) 分解微生物はさまざまな環境中に広く分布している。また，P(3HB) は，分解微生物に対して P(3HB) 分解酵素の生産を誘導し，その分解物は微生物によって完全無機化される。つまり，生分解性という観点からは，P(3HB) は理想的な材料である。近年，海洋プラスチック廃棄物が，生態系へ悪影響を及ぼすことから，海洋生分解性プラスチックの開発が注

目され始めた。P(3HB) およびその共重合体は，海洋中で優れた生分解性を示す数少ない生分解性プラスチックであり，これらの問題解決に向けた今後の活用が期待される。

文　　献

1)　K. Sudesh *et al.*, *Prog. Polym. Sci.*, **25**, 1503 (2000)
2)　株式会社カネカ，http://www.kaneka.be/documents/PHBH-brochure-11-2017.pdf
3)　ISO 18830
4)　ISO 19679
5)　ISO 18830
6)　ISO 19679
7)　K. Kasuya *et al.*, *Polym. Degrad. Stabil.*, **59**, 327 (1998)
8)　J. Mergaert *et al.*, *Appl. Environ. Microbiol.*, **59**, 3233 (1993)
9)　Y. Doi *et al.*, *Polym. Degrad. Stabil.*, **36**, 173 (1992)
10)　E. Rudnik and D. Briassoulis, *J. Polym. Environ.*, **19**, 18 (2011)
11)　J. Roopesh and A. Tiwari, *J. Environ. Health. Sci.*, **13**, 11 (2015)
12)　M. V. Arcos-Hernandez *et al.*, *Polym. Degrad. Stabil.*, **97**, 2301 (2012)
13)　S. Muniyasamy *et al.*, *J. Renew. Mater.*, **4**, 133 (2016)
14)　W. D. Luzier, *Proc. Natl. Acad. Sci. USA*, **89**, 839 (1992)
15)　A. N. Boyandin *et al.*, *Int. Biodeter. Biodegr.*, **83**, 77 (2013)
16)　Y. X. Weng *et al.*, *Polym. Test.*, **29**, 579 (2010)
17)　Y. Doi *et al.*, *Macromol. Symp.*, **118**, 725 (1997)
18)　A. Nakayama *et al.*, *Polym. Degrad. Stabil.*, **166**, 290 (2019)
19)　H. Tsuji and K. Suzuyoshi, *Polym. Degrad. Stabil.*, **75**, 347 (2002)
20)　H. Tsuji and K. Suzuyoshi, *Polym. Degrad. Stabil.*, **75**, 357 (2002)
21)　M. Suzuki *et al.*, *J. Polym. Res.*, **24**, 217 (2017)
22)　B. I. Sang *et al.*, *Appl. Microbiol. Biot.*, **58**, 241 (2002)
23)　T. Morohoshi *et al.*, *Microbes. Environ.*, **33**,19 (2018)
24)　B. A. Ramsay *et al.*, *J. Environ. Polym. Degr.*, **2**, 1 (1994)
25)　J. Mergaert and J. Swings, *J. Ind. Microbiol. Biotechnol.*, **17**, 463 (1996)
26)　K. Britta *et al.*, *FEMS Microbiol. Lett.*, **142**, 215 (1996)
27)　Y. Tokiwa and B. P. Calabia, *Biotechnol. Lett.*, **26**, 1181 (2004)
28)　P. Sadocco *et al.*, *J. Environ. Polym. Degr.*, **5**, 57 (1997)
29)　N. Saiko *et al.*, *J. Ferment. Bioeng.*, **81**, 72 (1996)
30)　J. Mergaert *et al.*, *J. Environ. Polym. Degr.*, **2**, 177 (1994)
31)　J. Mergaert *et al.*, *Appl. Environ. Microbiol.*, **59**, 3233 (1993)
32)　M. Shinomiya *et al.*, *FEMS Microbiol. Lett.*, **154**, 89 (1997)

33) K. Kasuya *et al.*, *Appl. Environ. Microbiol.*, **63**, 4844 (1997)

34) T. Suyama and Y. Tokiwa, *Appl. Environ. Microbiol.*, **64**, 5008 (1998)

35) T. Tanio *et al.*, *Eur. J. Biochem.*, **124**, 71 (1982)

36) F. P. Delafield *et al.*, *J. Bacteriol.*, **90**, 1455 (1965)

37) C. Kato *et al.*, *High Pressure Res.*, **39**, 248 (2019)

38) K. Kasuya *et al.*, *Biomacromolecules*, **1**, 194 (2000)

39) T. D. Leathers *et al.*, *J. Polym. Environ.*, **119**, 8 (2002)

40) D. M. Abou-Zeid *et al.*, *J. Biotechnol.*, **86**, 113 (2001)

41) H. Pranamuda *et al.*, *Appl. Environ. Microbiol.*, **65**, 4220 (1999)

42) M. L. Tansengco and Y. Tokiwa, *World J. Microb. Biot.*, **14**, 133 (1998)

43) T. Hiroaki *et al.*, *FEMS Microbiol. Lett.*, **264**, 152 (2006)

44) N. Ishii *et al.*, *Polym. Degrad. Stabil.*, **92**, 44 (2007)

45) K. E. Gonda *et al.*, *Hydrobiologia*, **426**, 173 (2000)

46) D. W. McLellan and P. J. Halling, *FEMS Microbiol. Lett.*, **52**, 215 (1988)

47) Y. Oda *et al.*, *Curr. Microbiol.*, **34**, 230 (1997)

48) D. Jendrossek *et al.*, *J. Environ. Polym. Degr.*, **1**, 53 (1993)

49) K. Kasuya *et al.*, *Polym. Degrad. Stabil.*, **45**, 379 (1994)

50) K. Mukai *et al.*, *Polym. Degrad. Stabil.*, **41**, 85 (1993)

51) M. Uefuji *et al.*, *Polym. Degrad. Stabil.*, **58**, 275 (1997)

52) K. Mukai *et al.*, *Polym. Degrad. Stabil.*, **43**, 319 (1994)

53) S. Miyazaki *et al.*, *J. Polym. Environ.*, **8**, 175 (2000)

54) C. C. Sung *et al.*, *Polym. Degrad. Stabil.*, **129**, 268 (2016)

55) M. W. Stinson and J. M. Merrick, *J. bacteriol.*, **119**, 152 (1974)

56) K. Terpe *et al.*, *Appl. Environ. Microbiol.*, **65**, 1703 (1999)

57) M. Shiraki *et al.*, *Antonie van Leeuwenhoek*, **105**, 89 (2014)

58) B. Müller and D. Jendrossek, *Appl. Microbiol. Biot.*, **38**, 487 (1993)

59) K. Mukai *et al.*, *Int. J. Biol. Macromol.*, **15**, 361 (1993)

60) T. Fukui *et al.*, *BBA-Protein. Struct. M.*, **952**, 164 (1988)

61) M. Nojiri and T. Saito, *J. Bacterial.*, **179**, 6965 (1997)

62) T. Hiraishi *et al.*, *Biomacromolecules*, **1**, 320 (2000)

63) K. Kasuya *et al.*, *Int. J. Biol. Macromol.*, **24**, 329 (1999)

64) C. C. Sung *et al.*, *Polym. Degrad. Stabil.*, **129**, 212 (2016)

65) K. Numata *et al.*, *Biomacromolecules*, **8**, 2276 (2007)

66) T. Hisano *et al.*, *J. Mol. Biol.*, **356**, 993 (2006)

67) H. Abe *et al.*, *Macromolecules*, **27**, 6018 (1994)

68) H. Abe and Y. Doi, *Macromolecules*, **29**, 8683 (1996)

69) Y. Kumagai *et al.*, *Die Makromolekulare Chemie*, **193**, 53 (1992)

70) Y. He *et al.*, *Biomacromolecules*, **2**, 1045 (2001)

第6章　微生物産生ポリエステルの海水生分解

中山敦好*

1　海洋プラスチックの現状と対策の動き

　近年，プラスチック使用量の増大に伴い，プラスチック廃棄物の環境中への拡散が問題となっている。これらは最終的に河川などを通じて大洋に流出し，海洋プラスチック問題となる。海洋へのプラスチックの流出量は沿岸部都市の人口，廃棄物発生量とそのプラスチック割合，廃棄物処理実績などから国別に推計され，その流出量の順は中国を筆頭に，インドネシア，フィリピン，ベトナム，スリランカと続き，上位10か国中8か国はアジア諸国ともいわれる[1]。日本沿岸域への漂着ペットボトルの調査では西日本を中心に中国や韓国からのものが数多くみられると報告され，漂着ごみの内訳では，金属，ガラス，木材，その他人工物に比べて，ペットボトル，食品容器，発泡スチロール，その他のプラスチック製品は圧倒的に多く，漁具などを合わせると7〜8割はプラスチック製品との報告もある[2]。これら海洋プラスチックは太陽光その他の物理的，化学的因子により環境劣化が進み，小片化しマイクロプラスチックとなる。マイクロプラスチックはペレットなどミリ単位のものから研磨剤などに使われるようなマイクロ単位のものまでさまざまな粒径を持つ一次マイクロプラスチックと使用中の摩耗や劣化で発生する二次マイクロプラスチックとに分類されるが，いずれも海洋中に拡散し海水中に希薄に分散している有害有機物を吸着，濃縮すると指摘されている。計数可能な大きさのマイクロプラスチックは北太平洋や世界の海と比して内海である瀬戸内海では同レベルであるが，東アジア，日本近海ではその2倍以上との報告がある。

　海洋プラスチック問題は2015年G7エルマウ・サミットで初めて取り上げられ，その後継続して議論され，2018年にはシャルルボワ・サミットでプラスチック憲章が出され，2019年G20大阪サミットでは大阪ブルー・オーシャン・ビジョンとして東南アジアその他諸国への廃棄物管理，3R推進のための支援，人材育成などの国際協力に加えて生分解性プラスチックを含めたイノベーションなどを包括したマリーンイニシアチブの推進が打ち出された（表1）。国内的には2019年に入って動きも速く，1月の安倍首相の通常国会施政方針演説における海洋プラスチック問題と海で分解される新素材の開発への言及，海洋プラ問題への取り組みを議論する国内産業界の集まりであるCLOMAの設立，国際アライアンス（AEPW）の設立と続き，同5月には海洋生分解性プラスチックに関するロードマップ，プラスチック資源循環戦略が政府から示

＊　Atsuyoshi Nakayama　産業技術総合研究所　バイオメディカル研究部門
　　　　　　　　　　　　生体分子創製研究グループ／関西センター　主任研究員

表1 サミットにおける討議

2015/6	G7 エルマウ・サミット	海洋環境の保護
2016/5	G7 伊勢志摩サミット	海洋ごみ等コミットメントの再確認
2017/6	G20 ハンブルク・サミット	G20 でも海洋ごみ取り上げ
2018/6	G7 シャルルボワ・サミット	海洋プラスチック憲章
2019/6	G20 大阪サミット	大阪ブルー・オーシャン・ビジョン

表2 海洋生分解性プラスチック開発・導入普及ロードマップでの取り組み項目

実用化技術の社会実装	
海洋生分解機能に係る信頼性向上	：標準化
量産化に向けた生産設備拡大，コスト改善	：製造技術改善
需要開拓	：需要開拓
識別表示，分別回収・処理に係る検討	：識別制度
複合素材の技術開発による多用途化	：複合化技術
革新的素材の研究開発	：生分解メカニズム，生分解制御，分解菌単離ほか

された（表2）。

　こうした動きに示されるように海洋プラスチック問題への解決策の一つとして生分解性プラスチックに期待が集まっているが，その一方でその海洋生分解に関しては疑問の声もある。2015年に発表された国連環境計画（UNEP）のレポートでは，生分解性材料は海洋のプラスチックごみの削減解決には役に立たないと結論付けられており，その根拠として，陸域で生分解する材料でも海では分解が遅い，コストが高いためその用途範囲は限定的である，生分解性の付与は環境投棄を促進する危惧がある，などの理由が示された[3]。しかしながら，海洋での生分解が遅いという点は誤解に基づく面もあり，各種生分解性樹脂の海洋での分解機構まで含めた生分解に関する研究，海洋生分解の標準試験法の整備，認証制度の整備を着実に進め，生分解性材料に対する信頼を取り戻すことが重要である。海洋生分解に関する標準法としては2016年に海水と海底土（sediment）との混合系での試験法が作成されたが（ISO18830，19679），これだけでは不十分であり，さらに複数の方法が検討されている。

2　生分解性プラスチックとその評価

　現在，実際に上市されている生分解性プラスチックの種類は多いとはいえないが，今までに研究されてきた生分解性プラスチックは多岐にわたる。微生物産生系だけでも P3HB に加えて展開されつつある PHBH，古典的な PHBV や各種側鎖を持つ PHA コポリマー，ポリ（3HB/4HB）や乳酸との共重合体であるポリ（3HB/D-乳酸）があり，化学合成系ポリエステルとしては，縮合系では PBS，PBSA の他，PBAT，PBTS，PETS やセバシン酸などの長鎖二塩基酸ベースのポリエステル類が，開環重合系ではポリカプロラクトンや他の員数のポリラクトン，PGA，

PLA，乳酸系各種コポリマーがある。その他のエステル系樹脂として，ブロックあるいはラン
ダム型のコポリエステルエーテル類やコポリエステルカーボネート，コポリエステルアミド，ウ
レタン，ウレア類が挙げられ，ポリアミド類ではナイロン4（ポリアミド4：PA4）やポリアミ
ノ酸が挙げられる。水溶性ポリマーではPVAやPEG，ポリグルタミン酸，ポリアスパラギン
酸，天然物（多糖系）ではアシル化スターチやセルロース，その他の多糖類などが今までに検討
されてきた。材料に求められる仕様が高度化，多様化することに伴い，生分解性材料においても
複合化が重要になり，これらの樹脂が海洋生分解性材料の構成成分になり得る中，海洋生分解性
のデータを効率的に収集する必要がある。筆者らは主としてP3HB，PCL，PA4を選んで，各
種条件下でのその海水生分解性についてデータを集めているが，その理由は，生分解過程で作用
する酵素が大別して3系統，微生物産生系ポリエステルに働くPHBデポリメラーゼ，脂肪族ポ
リエステル系で関与するリパーゼ類，そしてポリアミド類に働くアミド加水分解酵素があるた
め，それらに対応するホモポリマーの樹脂材料として選定した。

　ポリマーの生分解性評価法としてはラボ試験と実環境でのフィールド試験とに大別されるが，
ラボ試験では再現性や試験に要する時間が比較的短いという利点を持つ反面，自然環境下の生分
解を正確に反映したものではないという欠点を持つ。フィールド試験はその反対で，実環境での
生分解での実証がなされる反面，再現性をとりにくいという欠点を持つ。また，これらの大きな
相違点として，ラボ試験である活性汚泥生分解試験法やコンポスト法では生分解評価を微生物に
よる資化作用としてとらえており，樹脂の代謝に要する消費酸素量もしくは樹脂が無機化されて
発生する二酸化炭素量を評価軸としている。それに対して，フィールド試験では一般に樹脂が生
分解によって消失していく過程を重量減少でとらえる。そのため，代謝の過程で微生物が樹脂の
一部を炭素源として取り込み増殖する場合，樹脂としては生分解しても，菌体中に取り込まれた
分は二酸化炭素にまで無機化されないため，消費酸素あるいは発生二酸化炭素の量で生分解を定
量する場合，測定値として計測されないことになる。その量は場合にもよるが写真1のように

写真1　海水中に発生する微生物フロック

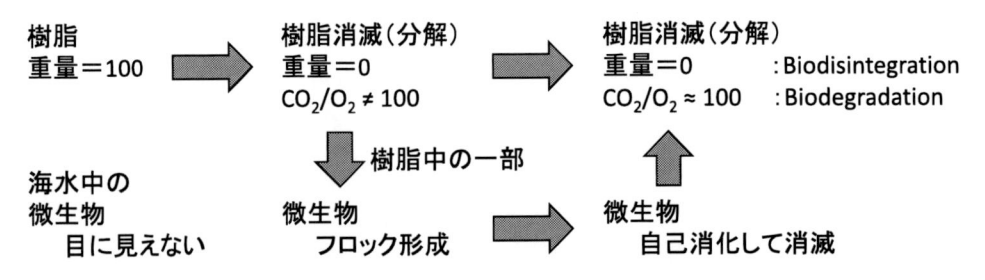

図1 評価軸の違いによる生分解のタイムラグ

目で判別されるほどの質量を持つ場合もある。これら微生物フロックは試験系内の有機物源が樹脂のみであるため，いずれ自己消化され，消失していく。そのため，最終的には消費酸素や二酸化炭素発生量として定量されることになり，完全に生分解される樹脂では最終的には重量減少で評価しても酸素あるいは二酸化炭素で評価しても原理上，一致することになるが，生分解進行の過程では両者の間で生分解に要する期間にタイムラグが生じる（図1）。このように生分解の評価軸の選び方によって途中の生分解率に大きな差が生じるが，重量減少による生分解はbiodisintegration（生崩壊），完全資化されることを前提とした酸素，二酸化炭素による生分解を biodegradation（生分解）として区別し，後者を評価するほうが一般的である。

3　海水中での P3HB の生分解性

　海洋の環境は多様であり，沿岸域と外洋とで区別されるだけでなく，沿岸域の中でも海岸線の形状，人口の密集度合いなど考慮すべき項目は多く，外洋では深さ方向，地球的規模での各種因子など生分解に関わりそうな項目はさらに多い。そうした各種条件を考慮した実環境での試験は困難であり，各種条件を設定したラボでの海水生分解実験が現実的な方法と考えられる。ラボ試験における海水の採取方法によって結果が左右される可能性があるため，採水方法についていくつかの項目について検討した。潮位の影響は小潮では1日を通じて干満の差は小さいが，大潮では干潮から満潮まで1 m 以上水位が変化し干潮時に河川の影響が多い（陸域からの影響が大きい）ことが考えられるので時間ごとの海水の生分解活性について検討したが，海水の塩濃度，海水の P3HB の生分解活性に有意な差はなく，採水に大きな影響はなかった（表3）[4]。採取する海水の深さに関しては表層海水（0〜30 cm 程度）と水深5 m との海水ではその生分解活性に差が表れ，水深5 m の海水の方が遅く，4週間後の生分解率として表層海水の場合の 70〜90%程度の値となった（表4）。これは海水用寒天平板培地で生育するコロニー数として検出できる採水海水中の一般微生物数は表層海水で 156×10^3 cfu/mL，水深5 m の海水で 47×10^3 cfu/mLであり，表層海水中の微生物の方が3倍以上多いことが影響していると思われる。採水する天候の影響について検討したところ，5日以上晴天が続いたのちの海水と梅雨時の3日以上降雨の続いた日の海水とで比較したが明確な差は確認できず，影響は小さいと考えているが，台風直後

表 3　潮位と海水の P3HB 生分解活性との関係

2015/8/31

採水時間	8:00	10:00	12:00	14:00	16:00	
相対潮位（cm）	0	− 53	− 111	− 150	− 115	
塩濃度（‰）	19	21	20	21	23	
2週間後の P3HB 生分解率（%）	48.8	37.7	33.5	30.3	25.5	

2015/9/28

採水時間	8:00	10:00	12:00	14:00	16:00	18:00
相対潮位（cm）	0	− 59	− 112	− 111	− 64	+1
塩濃度（‰）	25	29	27	26	26	27
2週間後の P3HB 生分解率（%）	35.9	30.8	27.6	35.9	33.5	32.1

表 4　各種条件下での P3HB の生分解

		4週間後の生分解率（%）		
		P3HB	PA4	PCL
採取する深さの影響	表層海水	45	38	17
（大阪，南港）	水深 5 m の海水	26	33	13
台風の影響	直後	80	46	40
（大阪，南港）	1週間後	67	51	24
海岸線の影響	護岸	22	16	7
（神戸，須磨区）	砂浜	23	16	8
	沖合 400 m	15	12	6
試験水温の影響	27℃	60	−	−
（大阪，南港）	20℃	39	−	−
採水時期の影響	2015/7/27	60	−	−
（大阪，南港）	2016/1/13	44	−	−

の海水では生分解の進行が速く，巻き上げられた海底土の影響を受けるのではないかと思われる。採取する場所として，同じ地区内の護岸と砂浜とで採取した海水で生分解活性を比較したところ砂浜において生分解活性がやや高いという結果が出たがほぼ同程度であると解釈している。それに対して，沿岸から 400 m 沖合の海水では明らかに生分解活性が低下するという結果も得た。また，同じ地点の海水でも夏と冬とでは P3HB の生分解速度に違いが見られ，同じ 27℃ でのラボ試験でも夏の海水において生分解は速く進行し，また，同じ海水でも試験温度が 20℃ と 27℃ とでは生分解速度に差があり，試験温度が高いほうが生分解は速く進行した。採取する海水温の影響，あるいは採水時期によって海水の生分解活性に違いがあらわれた。国内各地の海水の比較も行ったが，採水時期がそれぞれ異なり単純な比較が難しいことから，同時期の大阪の海水も採取し比較した（図 2）。全体として，人口の集中した都市に面した沿岸海水において生分解活性が高く，またそうした地域の海水の特徴として海水中の微生物数も多い傾向にあった[5]。また，P3HB，PA4，PCL の比較では P3HB がいずれの地点の海水でも最も生分解の進行が速

く，PA4 と PCL とでは PA4 の方がやや速かった。P3HB の共重合体である PHBH も PA4 などより海水中で速く生分解した。ラボ試験時，通常は撹拌して試験を行うが撹拌を止め静置して試験を行っても生分解は進行する。しかしながら，その速度は撹拌を伴う場合に比べてゆっくりであり，系内の海水中の溶存酸素量（DO）は低下することから海水中の溶存酸素も生分解に影響を及ぼす因子として考えられる（表5）。ただ，その影響は合成系樹脂では無撹拌の場合，その分解速度が半分以下になるのに対し，微生物産生系ポリエステルではそこまで影響されない。PHB 系樹脂は陸域においても水田などの嫌気的環境下で良好な生分解性を示すことが知られており，そうした性質を反映していると思われる。

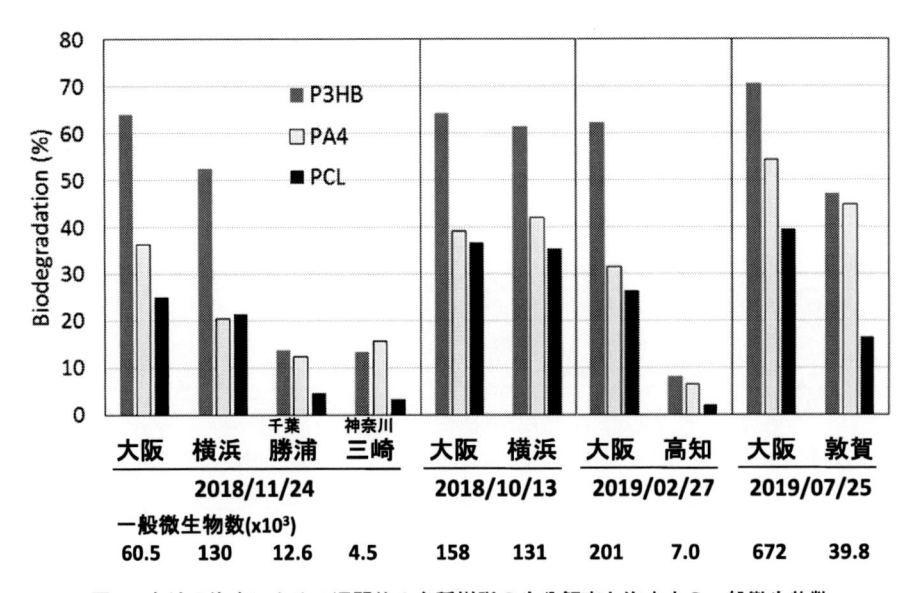

図2　各地の海水による4週間後の各種樹脂の生分解率と海水中の一般微生物数

表5　BOD ラボ試験での撹拌の効果

	4週間後の生分解率（％）			溶存酸素量（mg/L）	
	撹拌あり	撹拌なし	撹拌あり/撹拌なし	撹拌あり	撹拌なし
海水	−	−	−	8.0	7.7
P3HB	54	39	1.3	5.8	2.7
PHBH	39	29	1.4	6.2	4.6
PA4	42	19	2.2	6.0	3.2
PCL	41	17	2.4	6.1	5.7

4　実環境下での生分解性

　大阪港と和歌山県に近い岬町との2か所（図3）で行った実環境下での海水浸漬試験とラボ試験との比較を表6に示す。膜厚100 μm前後のフィルム試料をプラスチック製コンテナに収め，1～1.5 mの深さの海に浸漬した。2週間ごとに試料を回収し，超音波洗浄した後，乾燥し，重量測定した。合成系ポリエステルのPBSAは大阪港にて4週間で25%程度の重量損失であったのに対し，PHBHでは80%以上という大きな重量減少を示した（表6）[4]。岬町でも生分解は迅速に進行したが，いずれの樹脂も大阪港に比べるとゆっくりであった。実環境試験と同時期にラボ試験も実施したところ，PHBHで順調に生分解が進行したが，ラボ試験では試験水温27℃であ

図3　海水浸漬試験（実環境試験）の実施場所

表6　フィルム試料の実環境浸漬生分解試験とラボ生分解試験の比較（4週間）

| | 大阪港 | | 岬町 | |
| | 生分解率（%） | | 生分解率（%） | |
	実環境浸漬試験 （重量減少）	ラボBOD試験 （消費酸素量）	実環境浸漬試験 （重量減少）	ラボBOD試験 （消費酸素量）
PHBH1	93	60	25	14
PHBH2	86	58	25	17
PA4	48	16	10	7
PBSA	25	3	10	1

るのに対して，実環境試験では開始時 19℃（11/25），6 週間後 14℃（1/25）であり，ラボ試験の方が試験温度的に有利な条件であったにもかかわらず実環境の方が生分解は速かった。その理由としては，前述したような消費酸素量と重量減少という評価軸の違いがあることに加えて，実環境試験では太陽光暴露や波の影響などの物理的，化学的な影響，さらにラボ試験ではふらん瓶内という限られた海水中の微生物による生分解であるのに対して実環境では常に新しい海水に接触しているという違いがあること，そしてラボ試験では微生物のみの影響を反映しているのに対して実環境では微生物以外の海生生物の影響を受ける可能性があることなどが考えられる。これらの項目がどの程度，生分解に関与しているのか研究報告は未だ見当たらず，今後の研究が待たれる。また，ラボ試験で PBSA の生分解結果が極めて小さな値となったが，PBSA の場合，ラボ試験では生分解結果が良好な生分解を示す場合と本表のように分解が極めて遅い場合がある[4]。PBSA は実環境浸漬試験では良好な海洋生分解を示すにもかかわらず，ラボ試験でこのようなデータのぶれが発生する原因については不明であるが，上述したようなふらん瓶内の微生物叢が限定されているため，系内に分解菌が十分に存在しない場合に芳しくない結果になるのではないかと考えている。今後，標準生分解性試験法が整備されていく中で，用いる海水の微生物数や微生物叢に基準が設けられることで解決されるのではないかと考えている。微生物産生系ポリエステル類はこのように海水中でよく分解される材料であり，嫌気環境下での生分解を受けることから深海での生分解も期待される[5]。近年，海洋生分解に関する報告が増えつつあり，海洋環境において生分解に及ぼす影響が明らかにされていく途上であり，注視していく必要がある[6~12]。

文　献

1)　J. R. Jambeck *et al.*, *Science*, **347**, 768（2015）
2)　環境省報道発表資料，http://www.env.go.jp/press/104995.html
3)　P. J. Kershaw, "Biodegradable Plastics & Marine Litter: Misconceptions, Concerns and Impacts on Marine Environments", UNEP report（2015）
4)　A. Nakayama *et al.*, *Polym. Deg. Stab.*, **166**, 290（2019）
5)　兼廣春之ほか，日本水産学会誌，**75**（6），1011（2009）
6)　中山敦好ほか，プラスチックス，**11**, 1（2018）
7)　中山敦好ほか，繊維学会誌，**75**（7），356（2019）
8)　N. Yamano *et al.*, *Polym. Deg. Stab.*, **166**, 230（2019）
9)　H. Sashiwa *et al.*, *Mar. Drugs*, **16**, 34（2018）
10)　A. K. Urbanek *et al.*, *Appl. Microbiol. Biotecnol.*, **102**（18），7669（2018）
11)　D. Huang *et al.*, *Polym. Deg. Stab.*, **163**, 195（2019）
12)　M. Suzuki *et al.*, *Polym. Deg. Stab.*, **149**, 1（2018）

第7章 カネカ生分解性ポリマーPHBHの海水中における生分解性

大倉徹雄*

　カネカ生分解性ポリマーPHBHは，微生物が体内にエネルギー貯蔵物質として蓄積するポリヒドロキシアルカノエートの一種であり，3-hydroxybutyrate（3HB）と 3-hydroxyhexanoate（3HH）との共重合体：poly（3-hydroxybutyrate-co-3-hydroxyhexanoate）（式1，ポリマー略称：PHBH）である。製造は，化学的な重合ではなく微生物に重合・蓄積させるもので，植物油などを原料として微生物培養・精製工程を経て行っており，石油などの化石資源ではなく天然物を原料としたバイオマス由来のポリマー（図1）である。またPHBHは，カネカが土壌からその生産菌と共に発見した物質であり，バイオテクノロジーを駆使して生産性などを改良し工業化を進めているが，物質自体は自然界にも多く存在する天然物である。

　カネカ生分解性ポリマーPHBHの材料としての特徴は，硬さがポリオレフィンと同等であり，袋や容器，ストロー，カトラリーなどへの使用が期待される。カネカ生分解性ポリマーPHBHは，3HHの共重合組成をコントロールすることで，柔軟なポリエチレンや比較的硬質のポリプロピレンに近い物性としている。

　カネカ生分解性ポリマーPHBHの最大の特徴はその優れた生分解性にあり，好気環境，嫌気環境いずれでも良好に生分解される。好気環境とは，酸素が充分に供給される環境での生分解であり，例えばコンポストや比較的浅い土中などが挙げられる。特に，カネカ生分解性ポリマーPHBHは，工業用コンポストのような60℃に近い環境だけではなく，常温環境でも生分解される。カネカ生分解性ポリマーの優れた生分解性については，後述する海水分解性も含め，日欧米の認証機関で種々認証を取得している（表1）。嫌気環境とは，酸素供給が少ない環境であり，深い土中やバイオガスプラントなどが挙げられる。

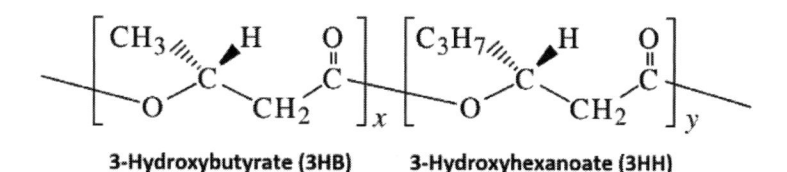

3-Hydroxybutyrate (3HB)　　**3-Hydroxyhexanoate (3HH)**

式1　PHBHの構造式

＊　Tetsuo Okura　㈱カネカ　BDP技術研究所　ポリマー基礎研究チーム　チームリーダー

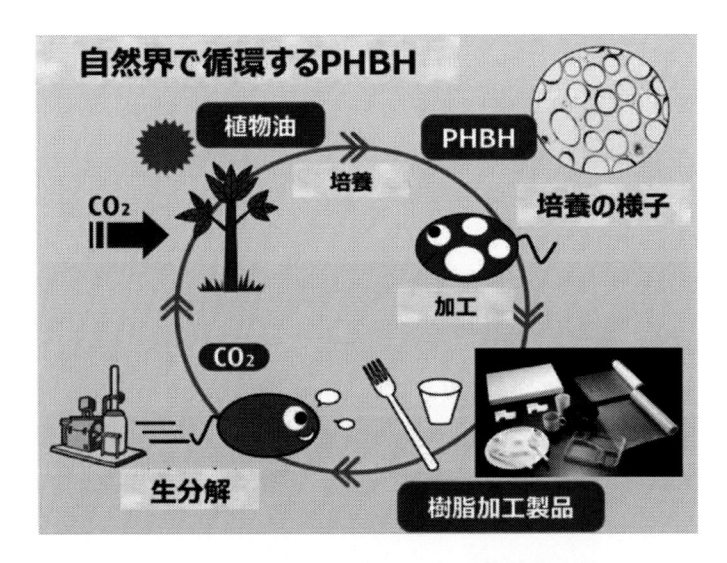

図1 PHBH の製造, 廃棄における炭素循環の概要

表1 カネカ生分解性ポリマーPHBH が取得した認証（バイオマス由来, 生分解性）

		日本	欧州	米国
バイオマス由来		バイオマスプラ A42001	OK biobased / TÜV AUSTRIA ★★★★ S0318	
生分解性	コンポスト（高温）	グリーンプラ A42001	OK compost / TÜV AUSTRIA INDUSTRIAL S0318	BPI / COMPOSTABLE IN INDUSTRIAL FACILITIES
	コンポスト（常温）		OK compost / TÜV AUSTRIA HOME S0318	
	海水		OK bio-degradable / TÜV AUSTRIA MARINE S0318	
	土壌		OK bio-degradable / TÜV AUSTRIA SOIL	

　近年，海洋でのプラスチック汚染が世界的な問題となる中，2019 年の G20 大阪サミットにおいて，日本が海洋生分解性プラスチックなどの革新的新素材開発の方針を打出すなど，海洋中での生分解性を有するプラスチックに関心が集まっている。

　海洋中の環境は，深海まで含め海水中では基本的に好気であり，温度は 2〜30℃と低温，塩濃度が 3.5％前後と高いことが特徴となっている[1]。一般的にはプラスチックの生分解とは，加水分解などで低分子量化した成分を菌が摂取し栄養源（炭素源）とする現象だが，海洋中では温度が低いことから，水中に存在するだけで短期間に加水分解することは期待できず，海水中の菌が放出する分解酵素が加水分解を促進するかが重要となる。また，加水分解によって生じた低分子量化合物が菌によって代謝されうる構造か，という点も注視する必要がある。

　以下，種々方法でカネカ生分解性ポリマーPHBH の海水中での生分解性・崩壊性について，アカデミアとの連携も含め評価した結果を紹介する。なお近年，海水中でのプラスチックの生分解性評価方法として ISO19679/18830 が制定され，本法でもカネカ生分解性ポリマーPHBH は分解される結果となった[2]。また国立研究開発法人海洋研究開発機構との共同研究で，4,000 m を超える深海で採取した砂中から，深海環境（低温，高圧）でもカネカ生分解性ポリマーPHBH を生分解しうる菌が複数見出された[3]。これらの評価結果から，カネカ生分解性ポリマーPHBH は海洋中で生分解され，また深く沈んだとしても深海域で生分解される可能性があることが示唆された。

評価 1：海水中での BOD 試験（国立研究開発法人産業技術総合研究所との共同研究）

　生分解では，菌はポリマー（由来成分）と酸素を摂取し，二酸化炭素と水を放出する。そこで，図 2 に示す装置を用い，海水中にカネカ生分解性ポリマーPHBH の粉末を浸漬，攪拌した際の酸素消費量をモニターし，ポリマーが 100％生分解する場合の理想酸素消費量から生分解性を算出し，推移をプロットした（図 3）。試験は 41 日で終了したが 75％生分解が進行し，飽和

海水

PHBH

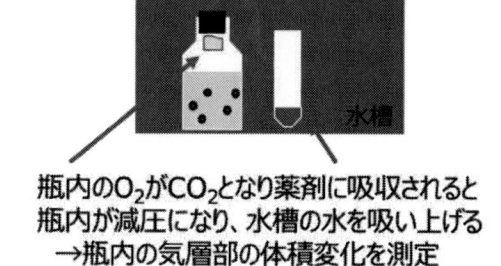

水槽

瓶内のO_2がCO_2となり薬剤に吸収されると
瓶内が減圧になり、水槽の水を吸い上げる
→瓶内の気層部の体積変化を測定

図 2　海水中での BOD 試験装置および概要

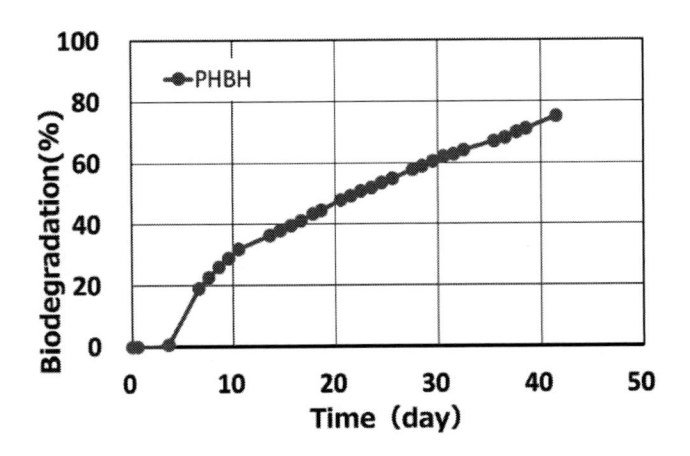

図3　カネカ生分解性ポリマーPHBH粉末の海水中での生分解性（BOD試験）

することなく進行していることが判る。これより，カネカ生分解性ポリマーPHBH（の分解物）が海水中の菌の栄養源として消費されていることが示唆された。

　試験温度：27℃，海水：大阪南港にて採取

評価2：海水中でのフィルム崩壊性試験

　海水中にカネカ生分解性ポリマーPHBHのフィルム（50 mm×10 mm×20 μm，2枚）を浸し，定期的に海水から引き上げて外観を観察（図4），重量を測定して保持率を評価し再び海水に戻した。最終的に，40日でフィルム全てが目視で消滅した（図5）。本試験では，重量が減少しても菌が栄養源としているかは確認できないため，あくまで崩壊性の評価となるが，フィルムが断片化することなく重量減少が進行したことから，重量減少は生分解によると見ている。

　試験温度：23℃，海水：兵庫県高砂市にて採取

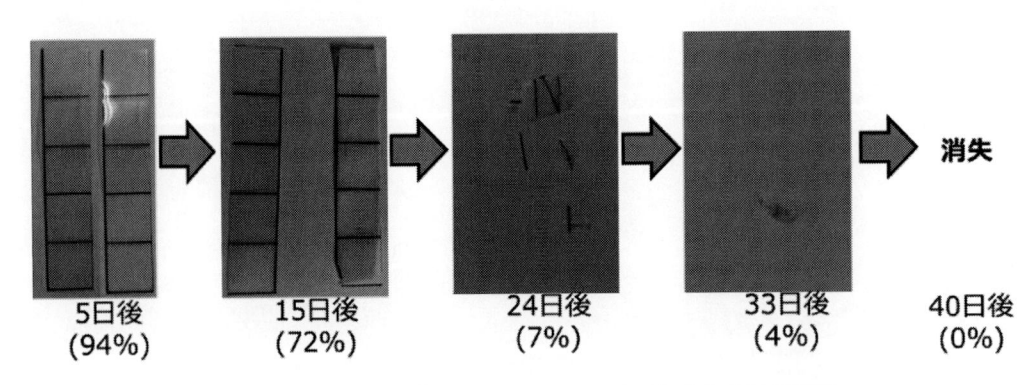

| 5日後 | 15日後 | 24日後 | 33日後 | 40日後 |
| (94%) | (72%) | (7%) | (4%) | (0%) |

図4　カネカ生分解性ポリマーPHBHフィルムの海水中での外観変化

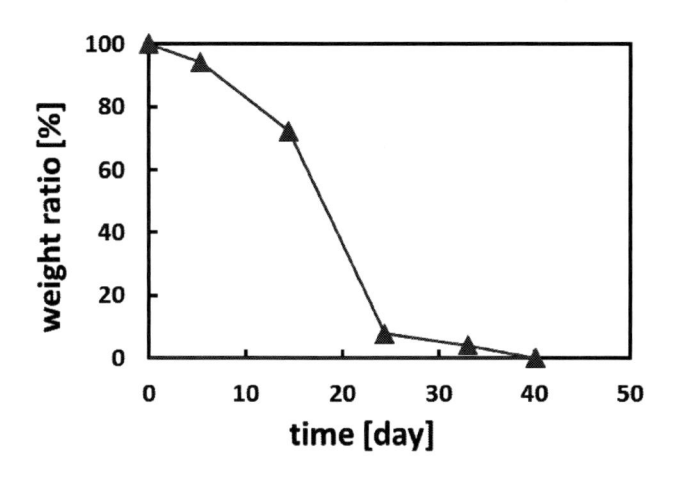

図5　カネカ生分解性ポリマーPHBH フィルムの海水中での重量変化

評価 3：海水中での射出成形体崩壊性試験

　海水中にカネカ生分解性ポリマーPHBH の射出成形体（約 80 mm × 10 mm × 4 mm）を浸し，定期的に海水から引き上げて重量と分子量（重量平均分子量：Mw）を測定し試験前からの保持率を評価した。評価は 1 年間実施し，成形体の外観はサンプリング毎に細く表面凹凸が大きくなり（図 6），1 年後に重量は 57％まで減少したが分子量は 79％維持していた（図 7）。海水は 1 か月毎に交換したが，毎回成形体表面にバイオフィルムが形成され，菌の増殖が示唆された。したがって，若干の加水分解は進行するものの分子量は充分に維持しており，成形体表面のみが菌により低分子量化（生分解）されて菌に摂取され，成形体重量が減少したことが示唆された。

　試験温度：23℃，海水：兵庫県高砂市にて採取

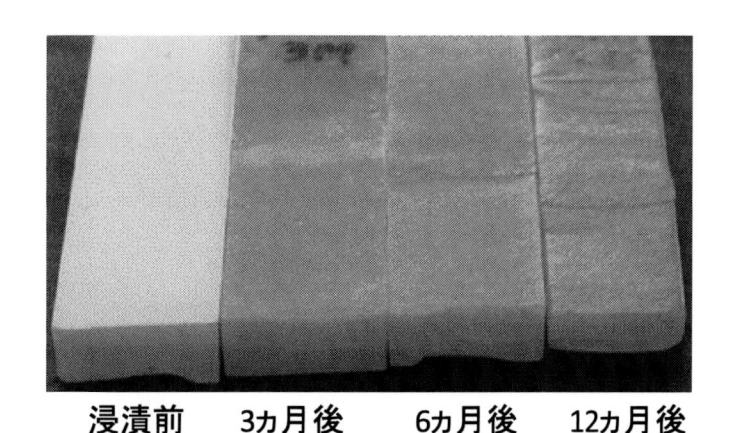

浸漬前　　3カ月後　　6カ月後　　12カ月後

図6　カネカ生分解性ポリマーPHBH フィルムの海水中での外観変化

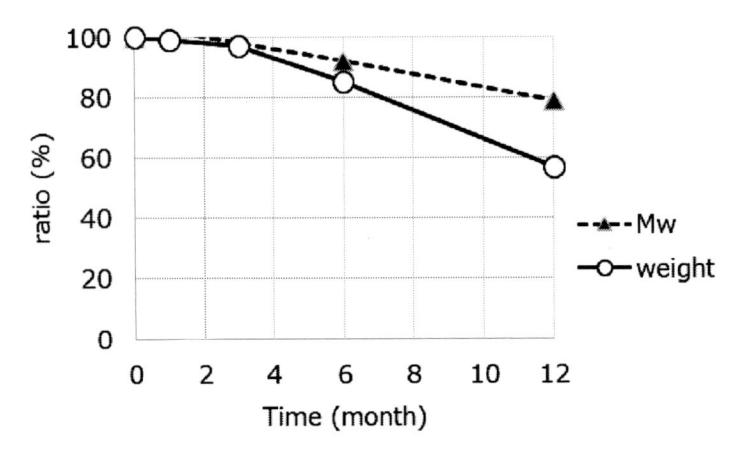

図7　カネカ生分解性ポリマーPHBH成形体の海水中での重量および分子量（Mw）の変化

文　　　献

1)　深海と地球の事典編集委員会編，深海と地球の事典，p.4，丸善（2014）
2)　植松正吾，糸賀公人，バイオプラジャーナル，**18**（2），15（2018）
3)　C. Kato *et al.*, *High Press. Res.*, **39**（2），248（2019）

第Ⅲ編

ポリ乳酸の高性能化と生分解性

第1章 構造制御による高性能化と生分解性制御

1 緒言

ポリ乳酸（PLA）はコーンスターチなどの再生可能植物資源から生産される生分解性高分子であり，持続可能な社会構築に必要な材料である。石油などの化石資源由来の汎用高分子の代替材料としての用途のみならず，再生医療に不可欠な足場材料などの医療用途，ドラッグデリバリーシステムなどの薬学用途において，また，海洋プラスチック問題の解決策などの環境用途において，非常に注目されている。PLA は他の生分解性高分子と同様の手法で，高性能化と生分解性制御を行うことが可能である。PLA は汎用用途における使用に耐える性能を有しているが，幅広い用途で使用されるためには，耐熱化，耐加水分解化，高強度などの高性能化が必要となる。本章では，高性能化および耐生分解性のための有効な手段として注目されている「ステレオコンプレックス（SC）化」を主に扱う。SC 化は高性能化と生分解性制御の両方に関連するので，現時点までに報告されている種々の SC 形成について紹介する。

2 高性能化

図1に生分解性高分子の生分解性および物性制御のための手法を示した[1]。一般的にソフト化された材料の生分解性は高く，高性能化された材料の生分解性は低い。PLA 系高分子の高性能化については成書の中で詳しく述べている[2]。代表的な手法としては，①配向化，②結晶化度の上昇，③ブレンド，コンポジット化，ナノコンポジット化，④ SC 化などがある。③のブレンド材料やコンポジット材料の物理特性や生分解性は，添加するポリマーの特性やフィラーの特性や形態とサイズ，成分間の相溶性あるいは親和性に依存し，さらに，ポリマーブレンドで相分離する場合はドメインモルホロジーとサイズ，フィラーの場合は，分散状態あるいは凝集モルホロジーとサイズに依存する。③に用いるフィラーは，生分解性の有無，バイオベースであるか否かによりさらに細かく分類される。結晶化度の上昇，コンポジット，ナノコンポジット化は他の高分子と共通の手法であるが，SC 化は，PLA 系高分子のように不斉炭素を有する高分子のみに対して，限定的に使用できる高性能化のための有効な手段である。紙面の都合で，ここでは，SC 化に限定して，PLA 系高分子の高性能化について述べる。

PLA のモノマー単位である乳酸には L 体と D 体が存在する。L-乳酸のみからなるポリ（L-

＊ Hideto Tsuji 豊橋技術科学大学 大学院工学研究科 応用化学・生命工学専攻 教授

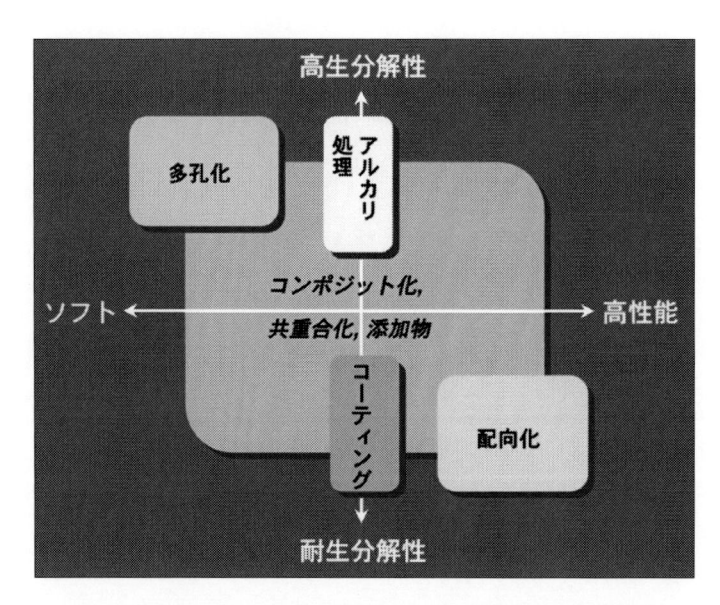

図1　生分解性高分子の生分解性および物性制御のための手法[1]

乳酸）（PLLA）と D-乳酸のみからなるポリ（D-乳酸）（PDLA）（図2）をブレンドすると，PLLA と PDLA の間の相互作用が，PLLA どうし，あるいは PDLA どうしよりも強いため，両者の共晶である SC が形成され（図3），融点（T_m）は非ブレンド PLLA あるいは PDLA の 170 ～180℃から 220～230℃まで上昇する[3,4]。以下では，同一化学構造を有する PLA 系高分子の L 体と D 体のポリマーの間の SC を，以下で述べるその他の SC と区別するため，ホモ SC（HMSC）と呼ぶ。溶液キャスト試料の場合，重量平均分子量（M_w）＝約 15 万において，引張強度は，非ブレンド PLLA および PDLA では，それぞれ，23 および 21 MPa であるのに対し，HMSC 化された PLA ［PLLA/PDLA ブレンド（50/50）］では 45 MPa まで上昇する（図4）[5]。同一の試料に関して，弾性率は，非ブレンド PLLA および PDLA では，それぞれ，1.1 および 1.0 GPa であるのに対して，HMSC 化された PLA では 1.5 GPa まで上昇する[5]。通常，強度と弾性率の上昇に伴い，破断伸度は低下するのが一般的であるが，非ブレンド PLLA および PDLA では，それぞれ，2.5 および 2.2% であるのに対して，HMSC 化された PLA では 4.0% まで上昇する[5]。PLLA/PDLA ブレンド試料の場合，特に溶液では，臨界濃度以上でゲル化が起こり，3 次元的に架橋化され，外部応力を支えるのに適した構造であるのに対して，非ブレンド PLLA と PDLA においては，球晶が形成されるために，球晶どうしの境界部分に応力が集中し，破断しやすい構造であることが，力学的特性の違いの原因となっている（図5）[5]。メルト法においても PLLA と PDLA のブレンドにより，強度と弾性率の上昇が認められるため，HMSC 化は PLA 系高分子材料の高性能化のための有効な手段となっている。メルト法は溶液キャスト法に比べて，ホモ結晶が形成しやすいという問題点はあるが，剪断力を与えるなどの解決法が考案されている[3,4]。

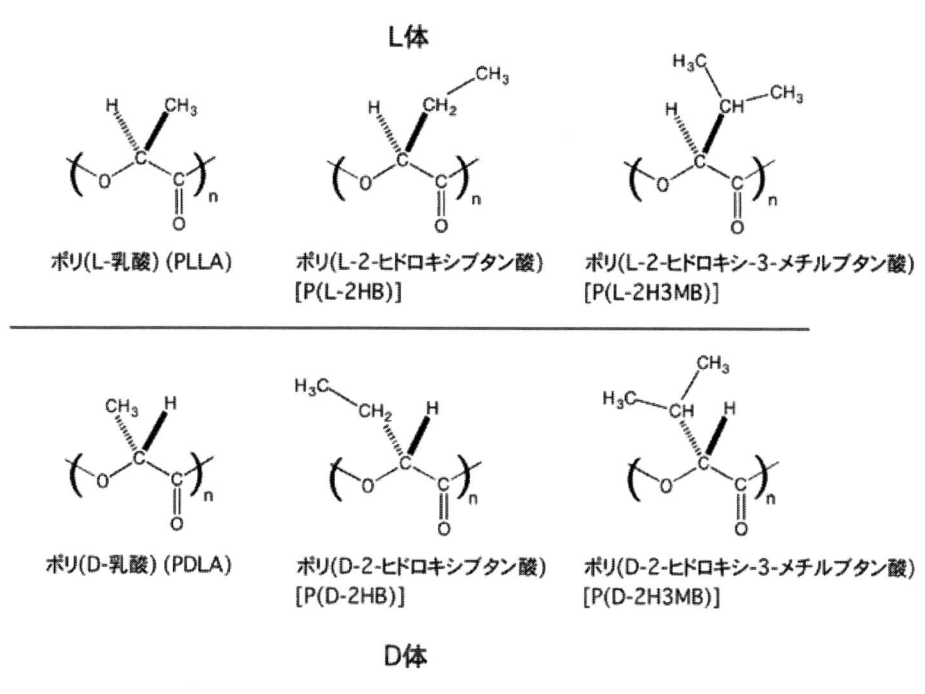

図2　PLA および置換型 PLA の分子構造[4]

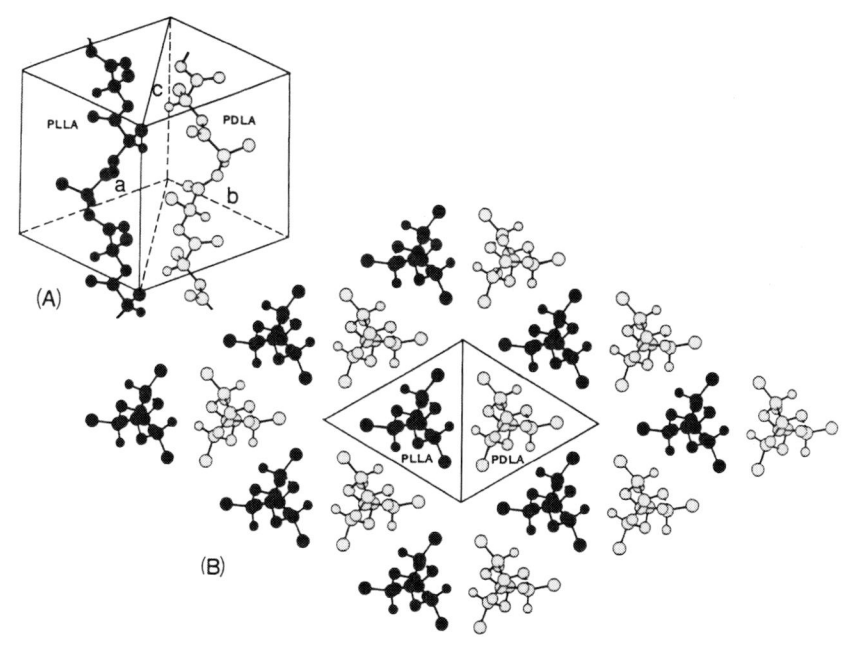

図3　SC の結晶構造[3]

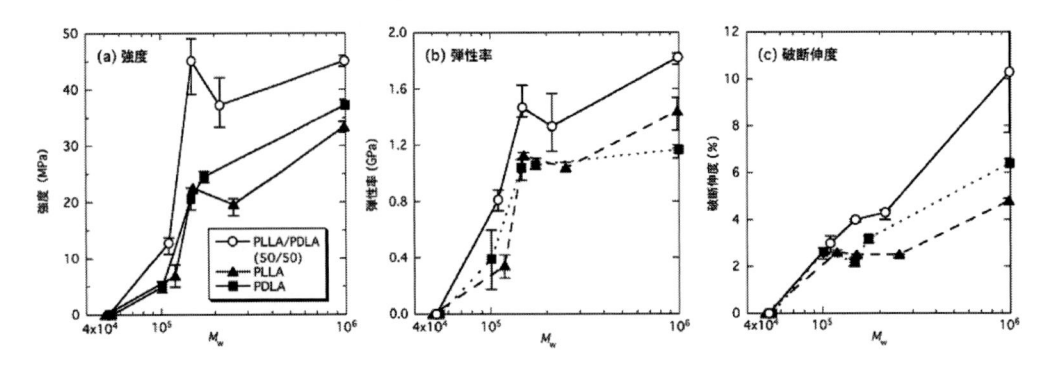

図4　PLLA／PDLA，PLLA および PDLA の強度，弾性率，および破断伸度[5]

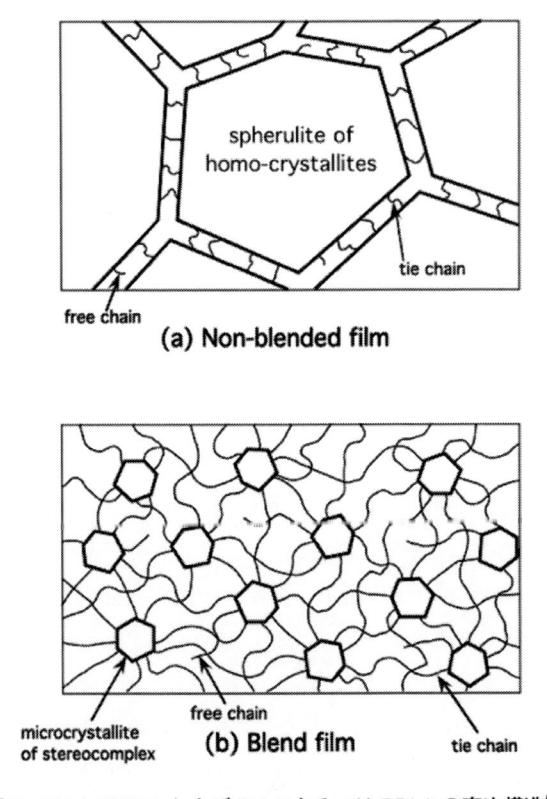

図5　PLLA／PDLA および PLLA あるいは PDLA の高次構造[5]

3　分解制御

　低分子量化，ランダム共重合化，多孔化は生分解を促進する方向に，高分子量化，配向化，表面コーティングは生分解を抑制する方向に働く（図 1）。PLA 系高分子は生分解性高分子に分類されているが，環境中で PLLA あるいは PDLA を生分解できる微生物の密度あるいは存在確率は低く，存在しても，それらが増殖して効果が出るまで長い期間を要する[6, 7]。そのため，PLA 系高分子の環境中での分解では，紫外線分解を除いて，基本的に環境中の水により加水分解され低分子量化して水溶化し，微生物に取り込まれて代謝され，好気的環境では最終的に二酸化炭素と水まで分解される。このような性質を有する PLA 系高分子は，環境中での分解速度が低いため，生分解速度の高いポリ（ε-カプロラクトン）[7]などの生分解性高分子（図 6）や親水性高分子であるポリビニルアルコール[8]などとのブレンドや添加物の添加[2, 6]により，生分解速度を上昇させる方法が考案された。また，生分解性ポリエステルでは，表面アルカリ処理（加水分解）により，表面ヒドロキシ基およびカルボキシル基の密度を上昇させて親水化することにより，微生物の付着を促進し，生分解を加速することが可能である[9]。PLLA と PDLA の強い相互作用のため，HMSC 化された PLLA/PDLA ブレンドの加水分解速度は，非ブレンドの PLLA あるいは PDLA と比較して低い（図 6[10]）。換言すると，SC 化は PLA 系高分子材料の耐生分解性を上昇させるための有効な手段である。

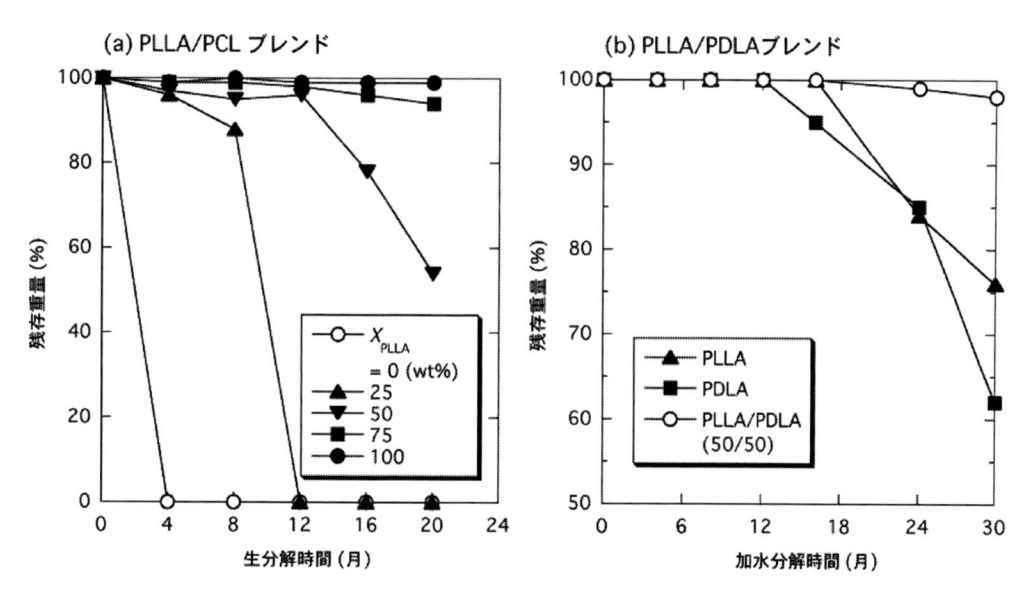

図 6　(a) PLLA／PCL ブレンドの土壌中生分解後の残存重量[7]および (b) PLLA／PDLA ブレンドの加水分解後（pH 7.4，37℃）の残存重量[10]

4 PLA および置換型 PLA の SC 形成

SC 化は，PLA のみならず，ポリ（2-ヒドロキシブタン酸）［P(2HB)］やポリ（2-ヒドロキシ-3-メチルブタン酸）［P(2H3MB)］においても起こる。また，図7[11]に示したような，異なる化学構造を有する PLA あるいは置換型 PLA の L 体と D 体の間でヘテロステレオコンプレックス（HTSC），同一化学構造の PLA あるいは置換型 PLA の L 体と D 体とこれらとは化学構造の異なる PLA あるいは置換型 PLA の L 体あるいは D 体の間で3成分 SC（TSC）（図7），同一化学構造の PLA あるいは置換型 PLA の L 体と D 体とこれらとは化学構造の異なる PLA あるいは置換型 PLA の L 体と D 体の間で4成分 SC（QSC）が生成する。ここまで読まれた読者の方は，どの組み合わせでも PLA 系高分子は L 体と D 体のポリマーをブレンドさえすれば SC が形成されるとお考えになりそうであるが，HTSC や TSC に関しては，図7に示したように，PLA 系高分子の側鎖の炭素数が1つ違いか同じ場合にのみ SC が形成されるというルールがある。図7から明らかなように，側鎖の炭素数が2つ異なる PLA と P(2H3MB) の間では，HTSC は形成されない[11]。QSC に関して，P(2HB) と P(2H3MB) の L 体と D 体の間では形成され，このことは HTSC や TSC のルールが当てはまるが，PLA と P(2HB) の L 体と D 体の間では，PLA の HMSC と P(2HB) の HMSC が別々に形成されるため，HTSC や TSC のルールが当てはまらない。

PLA，P(2HB)，P(2H3MB)，それぞれ，L 体，D 体，L 体，あるいは D 体，L 体，D 体の間で TSC が形成される（図7）[12]。この結果は，L 体あるいは D 体の PLA 系高分子が，螺旋の回転方向の異なる2種類の D 体あるいは L 体を引き寄せて共結晶化させる螺旋型分子接着剤の役割を果たすことを示している[12]。さらには，通常は結晶化能を有さない乳酸と 2-ヒドロキシブタン酸のランダム共重合体（50/50）の L 体と D 体の間[13]，同様に通常は結晶化しない乳酸

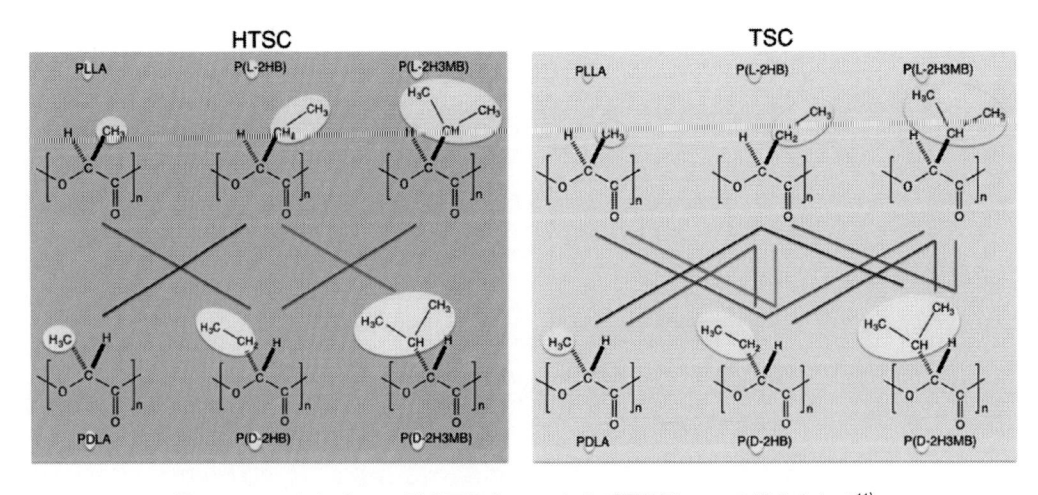

図7 HTSC および TSC 形成可能な PLA および置換型 PLA の組み合わせ[11]

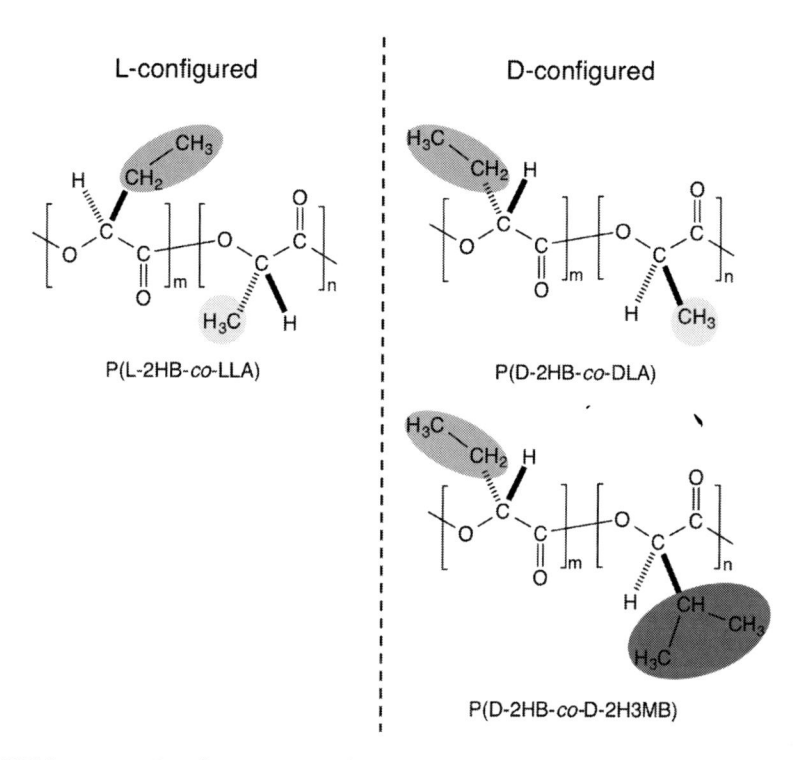

図 8　乳酸と 2-ヒドロキシブタン酸のランダム共重合体の L 体と D 体および 2-ヒドロキシブタン酸と 2-ヒドロキシ-3-メチルブタン酸のランダム共重合体の D 体の分子構造[14]

　と 2-ヒドロキシブタン酸のランダム共重合体（50/50）の L 体と 2-ヒドロキシブタン酸と 2-ヒドロキシ-3-メチルブタン酸のランダム共重合体（50/50）の D 体の間で SC が形成されることが分かっている（図 8）[14]。これらの例は，乳酸に代表される 2-ヒドロキシアルカン酸モノマー単位のポリマー中における高い共結晶化能を裏付けている。SC 化は高強度化，高弾性率化のための有効な手段であり，側鎖の炭素数が増えるにしたがい加水分解性の低下が予測されるため，以上で説明した種々のポリマーの組み合わせにより，さまざまな SC が形成されるという事実は，高性能化され耐生分解性の高い，幅広い物理特性を有する PLA 系生分解性高分子の作製が可能であることを意味している。

5　結言

　PLA 系高分子の高性能化と生分解性制御について，SC 化を中心に述べた。SC 化や表面アルカリ処理は，それぞれ，PLA 系高分子および PLA 系高分子を含めた生分解性ポリエステルに限定して使用可能な手法であり，最大限に利用することで，他の生分解性高分子では実現不可能な物性や生分解性を付与することが可能になると考えられる。

文　　献

1) 辻秀人，ポリ乳酸—植物由来プラスチックの基礎と応用，米田出版（2008）

2) H. Tsuji, "Biobased-Plastics: Materials and Applications", p.171, John Wiley & Sons（2014）

3) H. Tsuji, *Macromol. Biosci.*, **5**, 569（2005）

4) H. Tsuji, *Adv. Drug Deliver. Rev.*, **107**, 97（2016）

5) H. Tsuji and Y. Ikada, *Polymer*, **40**, 6699（1999）

6) H. Tsuji, "Degradation of Poly（lactide）-Based Biodegradable Materials", Nova Science Publishers（2007）

7) H. Tsuji *et al.*, *J. Appl. Polym. Sci.*, **70**, 2259（1998）

8) H. Tsuji and H. Muramatsu, *Polym. Degrad. Stab.*, **71**, 403（2001）

9) H. Tsuji *et al.*, *Polym. Int.*, **52**, 843（2003）

10) H. Tsuji, *Polymer*, **41**, 3621（2000）

11) H. Tsuji *et al.*, *Cryst. Growth Des.*, **18**, 521（2018）

12) H. Tsuji *et al.*, *Sci. Rep.*, **7**, 45170（2017）

13) H. Tsuji and T. Sobue, *RSC Adv.*, **5**, 83331（2015）

14) H. Tsuji *et al.*, *Cryst. Des. Growth.*, **18**, 6009（2018）

第 2 章　高性能なコポリエステルの合成と生分解性

中山祐正[*1]，塩野　毅[*2]

1　はじめに

　今日の我々の生活に不可欠なプラスチックなどの合成高分子材料は，年間数億トンの規模で生産され，さまざまな用途に用いられている。しかし，そのほとんどは，有限な化石資源由来で非生分解性であり，大量の廃棄物に起因する問題を引き起こし，高分子材料による環境汚染問題に対する懸念が高まっている。このような背景から，再生可能資源から得られ，環境中で分解可能な高分子材料の開発が注目されている[1,2]。一般に，多くの脂肪族ポリエステルは生分解性を有することが知られており，植物由来でもあるポリ乳酸（PLA）[3]はその代表例である。ポリグリコール酸（PGA）[4,5]もバイオマスから合成可能な生分解性高分子である。

　近年我々は，乳酸やグリコール酸などを入手が容易な他のモノマーと適切な配列で共重合することにより，機能性や高性能が期待できるコポリエステルの開発を検討している。本章では，乳酸やグリコール酸成分を含む，生分解性熱可塑性エラストマーと，配列が制御された脂肪族芳香族コポリエステルに関する筆者らの最近の研究を紹介する。

2　生分解性を有する熱可塑性エラストマーの設計と合成

　熱可塑性エラストマー（TPE）は，常温ではゴム弾性を示し，加熱すれば流動化して通常の熱可塑性プラスチックと同様に成形加工が可能な，ゴムとプラスチックの両方の長所を併せ持つ高分子材料である[6]。TPE は，ガラス転移温度（T_g）が低く柔軟なソフトセグメント（S）と，高い T_g または融点（T_m）を有し剛直なハードセグメント（H）からなる，H-S-H 型トリブロック共重合体，マルチブロック共重合体，あるいはグラフト共重合体により構成される。通常の加硫ゴムと比較して，TPE には，加硫工程が不要で成形が容易であり，マテリアルリサイクルしやすいという長所がある。一方，脂肪族ポリエステルは，一般的に生分解性を有し，熱分解や加水分解によるケミカルリサイクルが比較的容易である。脂肪族ポリエステルを成分とする TPE は，TPE の良好な成形性やマテリアルリサイクル性と，脂肪族ポリエステルの生分解性やケミカルリサイクル性を併せ持つ環境負荷の低い弾性材料となることが期待できる。代表的な生分解性ポリマーである PLA は，比較的剛直なポリマーであり，TPE のハードセグメントとして利用

＊ 1　Yuushou Nakayama　広島大学　大学院工学研究科　応用化学専攻　准教授

＊ 2　Takeshi Shiono　広島大学　大学院工学研究科　応用化学専攻　教授

できる。いくつかの PLA-*b*-Soft-*b*-PLA（Soft＝ソフトセグメント）型トリブロックコポリマーが報告されており，ソフトセグメントには脂肪族ポリエステル，ポリカーボネート，ポリエーテル，ポリジエンなどが用いられている[7~9]。

　PLA-*b*-Soft-*b*-PLA において，ソフトセグメントとして脂肪族ポリエステルを含むトリブロック共重合体は，完全に生分解性であると考えられる。Hillmyer らは，バイオマス由来のメントンから合成されるポリメンチド（PM）をソフトセグメントに用いた PLA-*b*-PM-*b*-PLA を合成し，高い破断伸度（～960％）を示すこと報告している[10, 11]。同じグループは，PLA-*b*-PMCL-*b*-PLA（PMCL＝Poly（6-methyl-ε-caprolactone））がより高い破断点伸び（～1,880％）を有することを見出している[12]。Mehrkhodavandi らは，NNO-キレート三座配位子を有するインジウム錯体を触媒として，PLLA-*b*-P（*rac*-*β*-BL）-*b*-PLLA（PLLA＝poly（L-lactide），P（*rac*-*β*-BL）＝poly（*rac*-*β*-butyrolactone））を合成している[13]。Ling らは，ヒマシ油から得られるポリ（ε-デカラクトン）（PDL）を採用し，LLA とのペンタブロック共重合体，PLLA-*b*-PDL-*b*-PEG-*b*-PDL-*b*-PLLAs（PEG＝poly（ethylene glycol）），を合成している[14]。ペンタブロック共重合体は，ジイソシアネートによって鎖延長されてポリ（エステル-ウレタン）を生成し，高い破断伸度（～723％）を示している。

　筆者らは，入手が容易なラクチド（LA）と ε-カプロラクトン（CL）を原料として用いた，環境調和型 TPE を開発することを目的として，PLLA-*b*-P（CL-*r*-DLLA）-*b*-PLLA（P（CL-*r*-DLLA）＝poly（ε-caprolactone-*r*-DL-lactide））を合成し（スキーム 1），その性質について検討した[15]。

　CL の単独重合体であるポリ（ε-カプロラクトン）（PCL）は T_g が約 −60℃，T_m が約 60℃ の

HO-R-OH ＋ CL ＋ DLLA → [Sn(Oct)₂] →

HO-P(CL-*r*-DLLA)-OH → [LLA] →

PLLA-*b*-P(CL-*r*-DLLA)-*b*-PLLA

スキーム 1　Synthesis of PLLA-*b*-P（CL-*r*-DLLA）-*b*-PLLA

半結晶性ポリマーだが，TPE のソフトセグメントとしては非晶性であることが望ましい。そこで，CL と DL-ラクチド（DLLA）のランダム共重合体（P(CL-*r*-DLLA)）をソフトセグメントとした。ソフトセグメントの組成について検討したところ，非晶性で低い T_g（ca. − 40℃）を有する DLLA 組成比 30 mol% の共重合体がソフトセグメントとして最適であると認められた。

　開始剤にジエチレングリコールまたは 1,4-ベンゼンジメタノール（BD），触媒に 2-エチルヘキサン酸スズ（Sn(Oct)$_2$）を用いて，トルエン中 100℃ で CL と DLLA を 24 時間共重合することにより両末端水酸基化コポリマー（HO-P(CL-*r*-DLLA)-OH）を得た。DLLA 含有率 30 mol% の HO-P(CL-*r*-DLLA)-OH を高分子開始剤として L-ラクチド（LLA）を開環重合することにより，両末端に PLLA セグメントを有するトリブロックコポリマー（PLLA-*b*-P(CL-*r*-DLLA)-*b*-PLLA）が定量的に生成した。得られたトリブロック共重合体はプレポリマーに近い T_g と PLLA ブロック由来の T_m を示した（表 1）。

　これらのサンプルの引張試験を行ったところ（表 2），LLA 組成比の増加に伴い，弾性率は上昇し破断伸度は低下する傾向を示した。PLLA ホモポリマーと比較すると，得られたトリブロック共重合体は 1～2 桁低い弾性率と 2～3 桁高い破断伸度を示した。特に sample 4 では，報告さ

表 1　Thermal properties of a variety of PLLA-*b*-P(DLLA-*r*-CL)-*b*-PLLAs

Sample (H-S-H)[a]	F_{LLA}[b] (mol%)	Mn[c] (×10^4)	T_g[d] (℃)	T_m[d] (℃)	ΔH_m[d] (J/g)
1 (100-200-100)	38.7	5.1	− 34.4	161.3	23.5
2 (150-200-150)	48.4	5.9	− 35.5, 34.5	166.4	30.9
3 (150-300-150)	39.4	5.6	− 34.8	166.9	25.8
4 (75-600-75)	12.0	7.2	− 30.9	152.5	2.7
5 (150-600-150)	28.0	8.2	− 34.8, 45.7	164.0	16.7

a) S = ([DLLA]$_0$ + [CL]$_0$) / [BD], [DLLA]$_0$ / [CL]$_0$ = 3/7, 2H = [LLA]$_0$ / [BD]. b) Determined by ^{1}H-NMR analysis. c) Determined by GPC in THF calibrated with standard polystyrenes. d) Determined by DSC analysis.

表 2　Mechanical properties of a variety of PLLA-*b*-P(DLLA-*r*-CL)-*b*-PLLAs[a]

Sample (H-S-H)[b]	Tenslie modulus (MPa)	Tensile strength (MPa)	Elongation at break (%)
1 (100-200-100)	50 ± 2	26.0 ± 0.9	1,800 ± 200
2 (150-200-150)	80 ± 7	11.0 ± 0.9	510 ± 70
3 (150-300-150)	36 ± 6	11 ± 1	1,600 ± 300
4 (75-600-75)	4.6 ± 0.3	17 ± 2	2,800 ± 200
5 (150-600-150)	12 ± 0.6	21 ± 2	1,900 ± 60

a) Determined on an Orientec universal testing machine RTC-1210A. Number of measurement times （n）= 3. b) S = ([DLLA]$_0$ + [CL]$_0$) / [BD], [DLLA]$_0$ / [CL]$_0$ = 3/7, 2H = [LLA]$_0$ / [BD].

れている PLA 含有 TPE の中で最も高い破断伸度（2,800％）を示した。引張サイクル試験から，伸長後に荷重を低下すると形状を回復することが確認されている。

3　配列が制御された脂肪族芳香族コポリエステル

エチレングリコールとテレフタル酸の重縮合により合成されるポリエチレンテレフタレート（PET）は優れた機械的，熱的，化学的性質を持つポリマーであり，繊維，フィルム，ボトルや食品容器などの用途で広く利用されている高分子材料の一つである[16]。1,4-ブタンジオールとテレフタル酸から合成されるポリブチレンテレフタレート（PBT）も優れた機械的，熱的，化学的性質を有しており，汎用エンジニアリングプラスチックの一つとして知られる[16]。また，1,3-プロパンジオールはバイオマスから発酵法により得られる再生可能原料であり，1,3-プロパンジオールとテレフタル酸の重縮合により合成されるポリトリメチレンテレフタレート（PTT）が部分的にバイオマス由来のポリエステルとして生産されている[17]。これらの芳香族ポリエステルは，大量に生産され消費されており，その結果大量の廃棄物を生み出している。一部の微生物はPET を分解することが報告されているが[18]，一般的な環境下で芳香族ポリエステルの生分解性は低い。他方で，PLA，PGA，PCL やポリコハク酸ブチレン（PBS）のような脂肪族ポリエステルの多くは生分解性を有することが知られている。芳香族ポリエステル由来の優れた熱的，機械的特性と脂肪族ポリエステル由来の生分解性を併せ持つ高分子材料として，脂肪族-芳香族コポリエステルが注目されている。ポリ（ブチレンアジペート-co-テレフタレート）（PBAT）やポリ（エチレンアジペート-co-テレフタレート）（PEAT）のような，テレフタル酸と脂肪族ジカルボン酸をジオールと共に共重合した脂肪族-芳香族コポリエステル（スキーム 2）が開発され[19~25]，商業生産されているものもある[26, 27]。Ma[28]らや Tang[29]らは poly(ethylene terephthalate-co-caprolactone) の合成を報告している。熱的特性として芳香族エステルユニットを多く含むポリマーが高い融点を示し，芳香族エステルユニットが約 90％のポリマーで約 220℃に融点が確認されている。

　一般的に芳香族ポリエステルは脂肪族ポリエステルと比較して分解されにくく，脂肪族-芳香族コポリエステルにおいても脂肪族エステルユニットを多く含むコポリマーが分解性に優れており，環境条件下での実用的な生分解にはコポリエステル中の脂肪族含有率が比較的高いことが必

PBAT: x = 4, y = 4
PEAT: x = 2, y = 4

スキーム 2　Typical aliphatic-aromatic copolyesters

要とされる[19〜25]。また，乳酸やコハク酸はバイオマスから製造可能であり，化石資源節約の観点からもコポリエステル中の再生可能な脂肪族成分の含有量を増やすことが望ましい。しかし，ポリマーの融点（T_m）は，一般に複数のコモノマーの共重合によって低下する。脂肪族ポリエステルの中でも，PLLA（T_m：〜170℃）や PGA（T_m：〜230℃）は比較的高い T_m を持ち，乳酸またはグリコール酸を導入した PET ベースのコポリマーも研究されている（スキーム 3）。ポリ（エチレンテレフタレート-co-ラクテート）（PET-PLA）は，ビス（2-ヒドロキシエチル）テレフタレート（BHET）と乳酸オリゴマー，乳酸，またはラクチドとの反応によって合成されている[30,31]。ポリ（エチレンテレフタレート-co-L-ラクテート）（PET-PLLA）では，テレフタレート含有量が高いもの（テレフタレート／ラクテート＞80/20（mol/mol））は，200℃を超える T_m を示すが，テレフタレート含有量が低いもの（テレフタレート／乳酸≤60/40（mol/mol））は T_m を示さず非晶性であることが示唆されている[30]。ポリ（エチレンテレフタレート-co-グリコレート）（PET-PGA）も同様の方法で合成され，テレフタレート／グリコレート＝64/36 の PET-PGA は，両方のホモポリマーよりも低い 166℃ の T_m を示している[32]。

　脂肪族芳香族コポリエステルにおいて，高い脂肪族エステル含有率と高い融点を両立することは困難であった。我々は，芳香族ポリエステルに脂肪族ヒドロキシ酸を規則正しく組み込むことにより，高い融点と脂肪族エステル成分含有率を両立しうるのではないかと考えた。本研究では，エチレングリコールと 2 当量のヒドロキシ酸から構成されるジエステルジオールを合成し，塩化テレフタロイル（TC）などのジカルボン酸塩化物と重縮合することにより新規配列制御コポリエステルを合成し（スキーム 4），得られたコポリエステルの特性を調査した[33,34]。

　1,2-ジブロモエタンと 2 当量の L-乳酸カリウムを反応させ，粗生成物をカラムクロマトグラフィーと再結晶で精製することにより，ジ（L-乳酸）エチレン（LEL）が無色固体として収率 39％で得られた。同様に，1,2-ジブロモエタンと 2 当量のグリコール酸カリウムとの反応から，ジ（グリコール酸）エチレン（GEG）が無色固体として収率 28％で得られた。

　合成した LEL または GEG をジカルボン酸塩化物と温和な条件で重縮合することにより，一連の配列制御コポリエステルを合成した（スキーム 4，表 3）。ジカルボン酸塩化物としては，塩化テレフタロイル，2,5-フランジカルボン酸塩化物，2,6-ナフタレンジカルボン酸塩化物，塩化アジポイルなどを用いた。^{1}H NMR および ^{13}C NMR 測定（図 1）より，配列制御コポリエステルの生成を確認した。得られたポリマーは 2,900 から 44,000 の数平均分子量を示した。

　これらのポリマーのうち，poly(LELT)，poly(LELF)，および poly(LELN) は T_m を示さ

PET-PLLA: R = CH$_3$
PET-PGA: R = H

スキーム 3　Copolyesters with hydroxy acids

スキーム4 Synthesis of sequence-controlled copolyesters

表3 Polycondensation of LEL or GEG with dicarboxylic acid dichlorides

Sample	Yield (%)	M_n $(\times 10^3)^{a)}$	$M_w/M_n^{a)}$	T_g (℃)[b)]	T_m (℃)[c)]	ΔH_m (J/g)[c)]
poly(LELT)	74	44	1.7	60	_[d)]	_[d)]
poly(LELF)	92	23	2.4	69	_[d)]	_[d)]
poly(LELN)	92	10	1.8	86	_[d)]	_[d)]
poly(LELA)	53	29	1.7	−12	39	20
poly(GEGT)	97	8.1[e)]	2.4[e)]	48	209	20
poly(GEGF)	85	17[e)]	3.8[e)]	68	127	14
poly(GEGN)	92	2.9[e)]	2.1[e)]	73	250	19
poly(GEGA)	56	6.5	1.8	13	67, 77	13

a) Determined by GPC calibrated with standard polystyrenes in THF. b) Determined by DSC (second scan). c) Determined by DSC (first scan). d) Not detected. e) Determined by GPC calibrated with standard poly(methyl methacrylate)s in 1,1,1,3,3,3-hexafluoro-2-propanol.

ず，非晶性であることが示唆された．一方，poly(LELA)，poly(GEGT)，poly(GEGF)，poly(GEGN)，および poly(GEGA) では，それぞれ 39，209，127，250，および 67 と 77℃に T_m が観測され，半結晶性ポリマーであることが示された．特に，poly(GEGT) と poly(GEGN) は 200℃を超える T_m を示し，高い脂肪族ヒドロキシ酸含有率と高い T_m が同時に実現した．これらのポリマーの T_g は，対応するヒドロキシカルボン酸のホモポリマーと，対応するジカルボン酸とエチレングリコールとの重縮合体との中間的な値を示した．

　Poly（LELT）と poly（GEGT）について，海水中での分解試験を室温で実施したところ，poly（LELT）はほとんど分解しなかったが，poly（GEGT）は 29 日で約 30％が分解した（図 2）。一方，トリシン緩衝溶液（pH＝8.0）中 70℃での加水分解試験では，どちらのポリエステルでも分解が進行した。

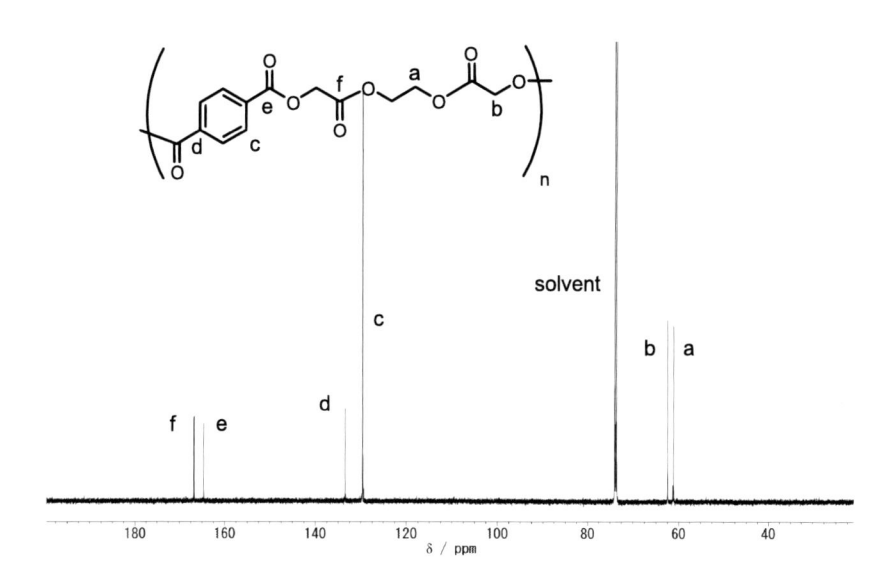

図 1　^{13}C NMR spectrum of poly（GEGT）（C$_2$D$_2$Cl$_4$, 130℃ , 125 MHz）

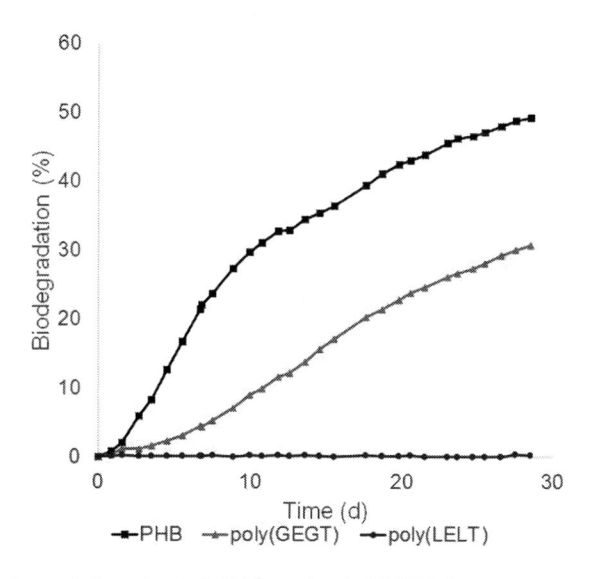

図 2　Degradation of poly（LELT）and poly（GEGT）in sea water at 27℃
PHB＝poly（3-hydroxybutyrate）for comparison.

4 おわりに

我々は，PLLA-*b*-P(CL-*r*-DLLA)-*b*-PLLA が熱可塑性エラストマーとしての性質を示すことを実証した。また，配列が制御された poly(GEGT) は比較的高い融点を有し，海水中で生分解されることを明らかにした。これらの共重合体は比較的入手容易な原料から合成可能であり，環境にやさしい高分子材料の実用的な候補になりうると考えている。しかし，後者の合成では収率と生成ポリマーの分子量が十分高いとは言えず，より簡便に高分子量体を得られる方法の開発が望まれる。

文　　　献

1) 大島一史，望月政嗣 監修，バイオプラスチックの素材・技術最前線，シーエムシー出版（2009）
2) 日本バイオプラスチック協会 編，バイオプラスチック材料のすべて，日刊工業新聞社（2008）
3) 辻秀人，ポリ乳酸―植物由来プラスチックの基礎と応用，米田出版（2008）
4) K. Yamane *et al.*, *Polym. J.*, **46**, 769（2014）
5) 佐藤浩幸，高分子，**62**, 729（2013）
6) 秋葉光雄，熱可塑性エラストマーのすべて，工業調査会（2003）
7) Q. Liu *et al.*, *Prog. Polym. Sci.*, **37**, 715（2012）
8) 中山祐正ほか，日本ゴム協会誌，**85**, 229（2012）
9) 中山祐正ほか，熱可塑性エラストマーの開発と市場 2019, p.99, シーエムシー出版（2019）
10) C. L. Wanamaker *et al.*, *Biomacromolecules*, **8**, 3634（2007）
11) C. L. Wanamaker *et al.*, *Biomacromolecules*, **10**, 443（2009）
12) M. T. Martello *et al.*, *Macromolecules*, **44**, 8537（2011）
13) D. C. Aluthge *et al.*, *Macromolecules*, **46**, 3965（2013）
14) J.-U. Lin *et al.*, *Macromolecules*, **46**, 7769（2013）
15) Y. Nakayama *et al.*, *J. Polym. Sci., Part A: Polym. Chem.*, **53**, 489（2015）
16) 湯木和男 編，飽和ポリエステル樹脂ハンドブック，日刊工業新聞社（1989）
17) 賀来群雄，バイオプラスチックの素材・技術最前線，p.96, シーエムシー出版（2009）
18) S. Yoshida *et al.*, *Science*, **351**, 1196（2016）
19) U. Witt *et al.*, *J. Environ. Polym. Degrad.*, **4**, 215（1995）
20) S. S. Park *et al.*, *J. Polym. Sci., Part A: Polym. Chem.*, **36**, 147（1998）
21) U. Witt *et al.*, *Angew. Chem. Int. Ed.*, **38**, 1438（1999）
22) S. H. Lee *et al.*, *Polym. Int.*, **48**, 861（1999）
23) H. J. Kang *et al.*, *J. Appl. Polym. Sci.*, **72**（1999）

24）　M. Nagata *et al.*, *Polymer*, **41**, 4373（2000）

25）　Z. Gan *et al.*, *J. Appl. Polym. Sci.*, **83**, 289（2004）

26）　前田昌宏，グリーンプラスチック材料技術と動向，p.89，シーエムシー出版（2005）

27）　水谷章子，グリーンプラスチック材料技術と動向，p.83，シーエムシー出版（2005）

28）　D. Ma *et al.*, *J. Polym. Sci. Part A Polym. Chem.*, **36**, 2961（1998）

29）　W. Tang *et al.*, *J. Appl. Polym. Sci.*, **74**, 1858（1999）

30）　E. Olewnik *et al.*, *Eur. Polym. J.*, **43**, 1009（2007）

31）　M. B. Gara *et al.*, *J. New Technol. Mater.*, **6**, 42（2016）

32）　E. Olewnik *et al.*, *Polym. Degrad. Stab.*, **94**, 221（2009）

33）　中山祐正ほか，テレフタル酸，エチレングリコール，ヒドロキシカルボン酸からなる配列規則性共重合体の合成，性質，分解性，第 66 回高分子討論会，3W05（2017）

34）　Y. Nakayama *et al.*, to be published（2019）

第3章　多元ポリ乳酸の合成／分解の交差点：「オリゴマー」

田口精一^{*1}，松本謙一郎^{*2}

はじめに

　本編は，「ポリ乳酸の高性能化と生分解性」と明確な命題が提示されている。ポリ乳酸は，かの夭折の天才・カローザスがデュポンで活躍した時代に先駆けて合成していたポリエステルである。当時，彼が植物バイオマス由来モノマーである乳酸を重合したポリマーが，後にバイオベースポリマーという概念で議論されるということは想像していなかったであろう。高分子化学の泰斗・シュタウディンガーが提唱した高分子説が，実際に共有結合からなる高分子量体であることを，カローザスのポリマー合成によって支持された。ポリ乳酸が注目を浴びるきっかけの一つが生分解性であろう。最近の厳密な定義では，自然環境下では難分解性だが，堆肥化する過程では生分解性を示すという範疇に分類されている。バイオベースポリマーの中では，世界で年産25万トン製造されている代表格である。これら背景を理解した上で，ポリ乳酸の高性能化と生分解性について解説する。

　1926年に仏国のルイ・パスツール研究所で見つかった微生物産生プラスチックが，今話題のPHA（ポリヒドロキシアルカン酸）である。PHAは総称で，そのモノマーユニットは160種類以上同定されている[1]。カネカ社が現在事業化しているP(3-hydroxybutyrate-co-3-hydroxyhexanoate) 共重合体 [P(3HB-co-3HHx) PHBH] はその一種で，国内の有名コンビニはじめ海外でも各所に流通している。土壌微生物が体内に作るポリエステルPHAが，まさかこのような形で現代において商品化され普及し始めるとは，当時の発見者には想像もつかなかったであろう。著者らが，1990年代後半に理化学研究所・高分子化学研究室で展開していたPHA研究は，基礎学術の色彩が強かった。現在のように，バイオプラスチックが世界的に注目されるとは思いもよらなかった。時代の声として，「生分解」，いやいや「バイオマス由来」，また最近「生分解」かつ「バイオマス由来」と，社会の要請に耳を傾けて期待に応える研究へとシフトしている。

　生分解機能を有するバイオベースプラスチックは，バイオマス資源を原料として生物学的プロセスあるいは化学的プロセスによって生産される環境調和型材料である。また，使用後は自然環

＊1　Seiichi Taguchi　東京農業大学　生命科学部　分子生命化学科　教授
　　　（北海道大学名誉教授）（責任著者）

＊2　Ken'ichiro Matsumoto　北海道大学　大学院工学研究院　応用化学部門　教授

境中の微生物の分解作用により最終的に二酸化炭素と水に転換され，再生可能なバイオマスへと還元される。すなわち，PHA は自然生態系に組み込まれる理想的な資源循環型プラスチックといえる。PHA は多様な環境下で良好に分解され，代表的なバイオプラスチックであるポリ乳酸と比較すると分解速度が速いことが知られている。このように優れた生分解性を有する PHA だが，その実用化には低コスト化，高性能化とともに生分解寿命の制御など越えなければならない課題がある。

　バイオマス原料から合成され，生分解性機能を有するバイオマスプラスチック研究の難しさと面白さは，石油プラスチックのような有用なパフォーマンスを発揮し，かつ使用後は自然環境や堆肥化で生分解できるという「二律背反」に挑戦することである。本稿では，まずポリ乳酸に並び立つ新規のバイオベースポリマーである「多元ポリ乳酸」の創製を目指した微生物工場（Microbial factory）[2]の構築について述べる。微生物工場は，PHA の長い研究史上，革新的なブレイクスルーであった。自然界にはなく誰も創ったことのない「乳酸重合酵素」の発見が鍵であった。重合酵素をターゲットとした進化分子工学の所産による。プラスチックを化学合成する手法とは異なり，生細胞を用いることから，「from DNA to Plastics」技術といえる。微生物工場内では，プラスチック合成のための代謝経路を人工的に構築し作動するように遺伝子設計を行う。想定通りデザインした合成パスウェイが作動すれば，関連モノマー合成から最終のポリマー合成まで順次ワンポットに反応が進行する。このように，細胞を利用して付加価値の高い化成品などを作るアプローチは「合成生物学」[3]と呼ばれている。

　二つ目のブレイクスルーは，低分子重合体「オリゴマー」が微生物の細胞外に分泌されるという現象の発見である。通常，高分子量 PHA は細胞内に蓄積し，モノマーが細胞外へ分泌することは周知であった。しかし，中分子「オリゴマー」に着眼する研究者はいなかった。有機酸の重合体が菌体外へ分泌する現象を観察した初めての人工合成系である。この発見は，即座に乳酸オリゴマーを経由するポリ乳酸の合成プロセスを短縮化する画期的な技術を生み出した[4]。また，海洋で難分解と言われているポリ乳酸の生分解性の本質も，「オリゴマー」を利用することで解かれた。オリゴマーは，このように「バイオプラスチックの生合成と生分解」の両方を考えるキーワードであり，今後さまざまな人工細胞系の構築や生理活性と結びつくキーワードになるであろう。そのような主旨から，本稿のタイトルを，『多元ポリ乳酸の合成 / 分解の交差点：「オリゴマー」』とした。

1　PHA の生合成システム

　一般に，PHA のモノマーとなるのはヒドロキシ酸の炭素数が 4 から 14 の （R）-3-ヒドロキシアシル CoA （3HA-CoA）である。最終的に合成されるポリマーのモノマー組成は，これらモノマーの細胞中の存在量と PHA 重合酵素の基質特異性の 2 つのファクターによって決まる。まず，PHA の効率的な生産システム確立のためには，PHA 生合成に関わる代謝経路の把握が必須

である。図1に，糖，脂肪酸，二酸化炭素を原料として微生物細胞内でPHAが合成される主経路を簡略に示す。炭素数が4の短鎖モノマーである3-ヒドロキシブタン酸（3HB）のCoA体（3HB-CoA）は，アセチルCoA2分子がβ-ケトチオラーゼ（PhaA）に触媒され，アセトアセチルCoAに縮合変換される。続いて，NADPHの還元力に依存してアセトアセチルCoA還元酵素（PhaB）によって，モノマーである（*R*)-3HB-CoAへと変換される。最後にPHB重合酵素（PhaC）により，高分子量のP(3HB)が合成される[1]。

他方，*Aeromonas caviae*や多くの*Pseudomonas*属細菌では，脂肪酸β酸化系の中間体であるエノイルCoAから*R*体特異的エノイルCoAヒドラターゼ（PhaJ）によって水和反応が触媒され種々PHAモノマー（炭素数6から14の中鎖の3HA-CoA）として供給される。また，アシルトランスフェラーゼ（PhaG）が鍵酵素となるモノマー供給系が同定されている。いくつかの*Pseudomonas*属細菌では，本酵素によって糖を炭素源として*de novo*脂肪酸合成中間体である3HA-CoAがPHA合成にチャネリングされることが報告されている[4]。実際には，これらの構

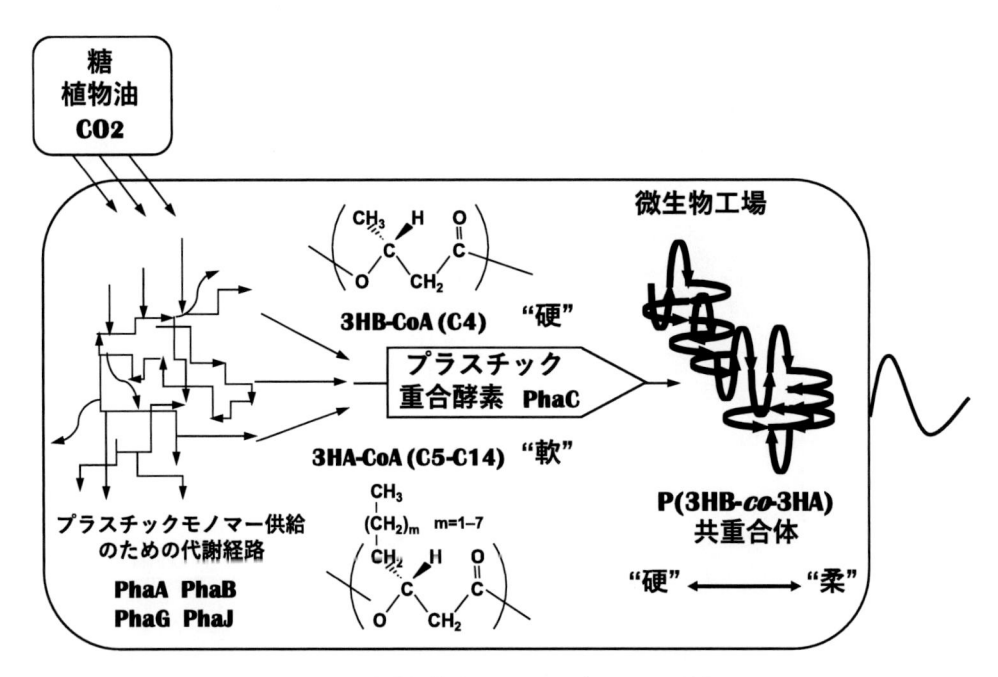

図1 微生物細胞内でのPHAポリマーの合成

微生物細胞内で脂肪酸CoA体のモノマーユニットに変換され，重合酵素によりPHAが合成される。側鎖長によりバリエーションがある。微生物細胞内でPHAが合成される場合，複数モノマーユニットがランダムにポリマー鎖内に取り込まれた共重合体として合成されることが多い。①アセチルCoAの縮合（PhaA）と還元（PhaB）により3HB-CoAが生成する経路，②脂肪酸β酸化系の中間体から各種3HA-CoAが生成する（PhaJ）経路，③*de novo*脂肪酸合成系の中間体から各種3HA-CoAが生成する経路（PhaG），の3つの主要経路がある。最後段階で，各種重合酵素（PhaC）によりP(3HB)ホモポリマーあるいは複数のモノマーユニットからなるPHA共重合体が合成される。

造と機能が明らかとなった酵素遺伝子群を合理的に組み合わせた代謝経路を宿主となる微生物細胞内に構築することになる。主に，PHA 非生産菌である大腸菌やコリネ型細菌，生産菌である水素細菌や *Pseudomonas* 菌がよく使用される[1]。

　P(3HB) ホモポリマーは，汎用プラスチックのポリプロピレンとよく似た熱物性を示すが，二次結晶化によって経時的に脆くなるという欠点がある。また，融点近傍で熱分解が起こることから，溶融成型が自在にできないという問題も抱えていた。そこで，P(3HB) の分子鎖中に中鎖の第2モノマー成分を導入すれば，柔軟性が向上し同時に融点を下げられると期待された。これは，ポリマー結晶構造中の非晶領域がかさ高い第2モノマー成分によって拡大し弾性が増す効果によるものである。現在，この原理に基づいた共重合化研究によって結晶性の高いプラスチックから弾性に富むゴムまで多様な物性を示す素材を合成できるようになってきた[7]。㈱カネカが製造している PHBH は，その典型例である。国内で 2011 年より年産 1,000 トンの生産事業を開始し，今年もさらに増産体制にある。

2　多元ポリ乳酸の創製

　ポリ乳酸は，モノマーとなる乳酸の微生物発酵と，重金属触媒を使用した化学重合によるバイオ・化学の連結プロセスにより生産されている。米国の NatureWorks 社がポリ乳酸の主力製造会社であり，多くの日本企業が輸入している。一方，当研究室では，バイオマス由来糖質を初発原料として，1 段階のプロセスにより，最終生産物である乳酸ベースポリマーを合成できる微生物工場を世界に先駆けて開発した[2]。図2にその全体スキームを示す。微生物工場の特徴は，バイオマス原料を利用し，設計した合成経路に基づいて，常温・常圧の温和な条件下，ワンポット（多段階集約型）でポリマー合成ができる点にある。また，酵素特有の高い反応選択性により立体化学が厳密に制御された高光学純度のキラルポリマーの合成が可能である。本プロセス開発で特筆すべき点は，「乳酸重合酵素」の発見[2]であり，本酵素は，PHA 重合酵素から進化工学的手法に改変して得られたものである[5,6]。乳酸重合酵素を利用したプロセスは，化学重合を酵素反応に置き換えている点で，ポリマー合成プロセスのバイオベース化といえる。さらに，本微生物合成系は，ポリ乳酸に限らず，乳酸（LA）をベースに 3HB を含む他種モノマーと多様に共重合化した「多元ポリ乳酸」を創製できる[7,8]。そのモノマー種の組み合わせの数は膨大である。これは，乳酸重合酵素が元来持つ基質特異性の広さに起因する。

　まず，最初の多元ポリ乳酸として poly(lactate-*co*-3-hydroxybutyrte)［P(LA-*co*-3HB)］の合成に着手した。種々条件を変えることで，現在では数モル%から 90%台までの広域にわたる LA 分率を制御できるようになってきている。後述するように，とりわけ約 30% の LA 分率からなる共重合ポリマーは，ポリ乳酸が本来有している高い透明性を維持しつつ，ポリプロピレンと同等の破壊伸びを発現した。3HB との共重合化により軟質の物性を示すことから，硬質の物性を有するポリ乳酸とは異なる用途への応用が期待できる。次に，P(LA-*co*-3HB) の生産性向上

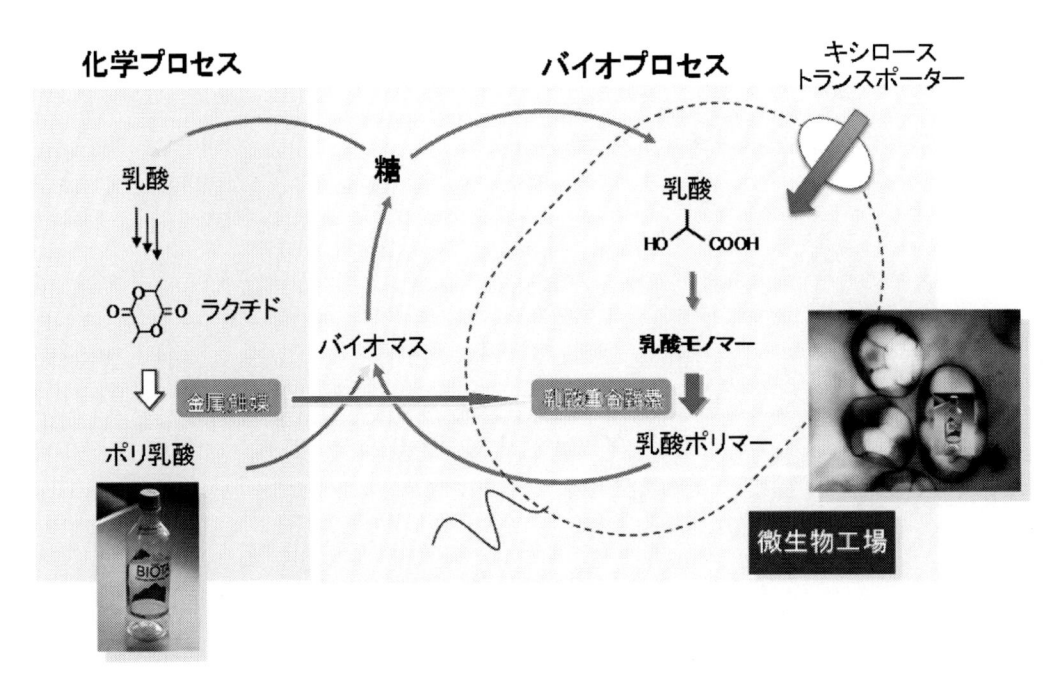

図2 多元ポリ乳酸のワンポット・合成用微生物工場

独自に開発した乳酸重合酵素を大腸菌内で遺伝子発現させることで，バイオマスからワンポットで乳酸ユニット導入ポリマーを生合成することが可能となった[7]。つまり，化学合成プロセスからバイオプロセスに変換することに成功した。化学法で使用される金属触媒を乳酸重合酵素に転換することで，駆動するバイオプロセスが確立した。進化型重合酵素とキシローストランスポーターとの相乗効果により，多元ポリ乳酸の生産量と乳酸分率が同時に向上した。生産レベルは，カネカ社がフラスコレベルで培養したレベルに到達しつつある。単一細胞当たりのポリマー合成量の最大化と添加キシロースの濃度依存性が確認できたことから，ジャーファーメンターによる高密度培養へ移行する。

に注力した。注目すべき点としては，本ポリマーが天然型のポリマーである P(3HB) を上回る生産性で合成できることである。乳酸ポリマーが P(3HB) よりも高収率にできる要因は，糖から乳酸を合成する炭素収率（理論収率 100％）が 3HB（理論収率 67％）よりも高いことにある。このような理由から，炭素源をグルコースからキシロースに変更したところ，理論収率で乳酸含有ポリマーの合成量が増大することを見出した[9]。そこで，キシローストランスポーターの過剰発現を試みたところ，そのさらに生産性が向上した（図2）[10]。また，プロトタイプの乳酸重合酵素に新規の優良変異を加味することで乳酸に対する反応性が向上すると同時に，P(LA-co-3HB) の生産量も向上した[11]。現状のポリマー生産量は，先に述べたカネカの微生物ポリマーPHBH のフラスコ培養実績である 20 g/L に迫る水準に達してきている（約 15 g/L）。このように，単一細胞当たりのポリマー合成量の最大化とキシロースの濃度依存性が確認できた。現在は，ジャーファーメンターを用いた培養工学的検討（回分培養→流加培養）を加え，高密度培養による生産力増大の段階へと移行している。ここで考慮すべき重要な点は，微生物の増

殖フェーズと物質生産とが干渉しない最適条件を見出すことである[12]。

3　「オリゴマー」が鍵：乳酸重合の超えるべきライン

　共重合体の組成と同様に，分子量も高分子材料の物性を支配する重要な要因である。多元ポリ乳酸の生合成の場合は，乳酸分率が向上するに従い分子量が低下するという課題があった。しかし，このことにより幸運にも「オリゴマー分泌」という新しい現象を見出した。通常，ポリ乳酸は発酵法で得た乳酸を一旦「オリゴマー化」して，バックバイティングの反応により環状二量体であるラクチドに変換してから，最終的に開環しながら重合する。すなわち，「オリゴマー生成」のステップを経由する。そこで，もし乳酸分率の高い低分子量ポリマー＝「オリゴマー」が，乳酸モノマーと同様に細胞へ分泌したら画期的だと考えられた。実際，当時の博士課程の学生がこれをやってのけた。その骨子は，①乳酸オリゴマーの分泌発見[13]，②連鎖移動剤添加による分泌の促進（図3）[13]，③分泌オリゴマーを出発点とするポリ乳酸合成プロセスの短縮化[14]，④乳酸オリゴマー分泌に関与するトランスポーターの特定[15]，⑤末端にジオールを有する乳酸オリゴマーをイソシアネートと付加重合させることでポリウレタンの合成に成功[16]，これら一連の

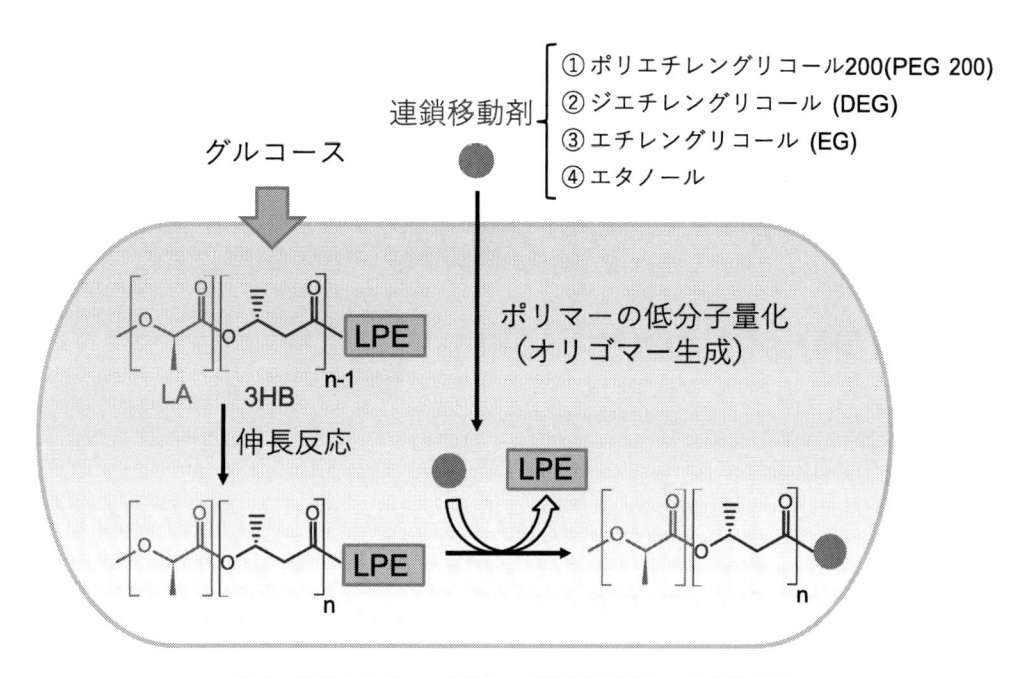

図3　乳酸オリゴマー分泌および連鎖移動剤による促進効果
乳酸ベースオリゴマーが，大腸菌の菌体外へ分泌していることが初めて見出された。さらに，アルコール性水酸基を有する化合物が連鎖移動反応することから，オリゴマーの合成量が向上し，膜透過効率も促進することが明らかとなった。末端がジオール化されたオリゴマーは，ポリウレタンなどのモノマー基材として利用価値が高い。

内容は総説[17]中に述べている。おそらく，乳酸のような有機酸のオリゴマーが微生物によって分泌されるという現象が本格的に議論されるのはこれが初めてであろう。その意味で，長い PHA 研究の歴史に新たなる視点を与えたことになる。一方，高分子量のポリ乳酸ホモポリマーについては，乳酸重合酵素を用いて合成できないという現象に関心が持たれてきた。最近，乳酸重合酵素の *in vitro* 解析により，反応生成物である乳酸ポリマーによって重合が停止する機構が分子レベルで解明された[18]。

4 多元ポリ乳酸の物性

P(LA-*co*-3HB) の特長として，まず優れた柔軟性が挙げられる。従来のホモポリマーである P(3HB) やポリ乳酸は，いずれも融点を 170℃ 付近にもつ結晶性プラスチックであり，約 40 MPa の破断強度を示す剛性高いプラスチックである。一方，破断伸びは約 5％ 程度と小さく，柔軟性に乏しいという課題がある。これに対して，P(LA-*co*-3HB) は幅広くモノマー組成比を制御でき，100％を超える高い破断伸びを示す。図 4 に P(31 mol% LA-*co*-3HB) フィルムの応力－ひずみ曲線を，P(3HB) およびポリ乳酸のものと合わせて示す[19]。P(3HB) およびポリ乳酸はいずれも小さなひずみにおいて破断しているのに対し，P(31 mol% LA-*co*-3HB) は 500％ 近い伸びを示すことがわかる。これは汎用プラスチックであるポリプロピレンが示す破断伸びの 550～700％ に肉薄する値であり，包装材料などのフィルムとして用いるのに十分な伸びを有し

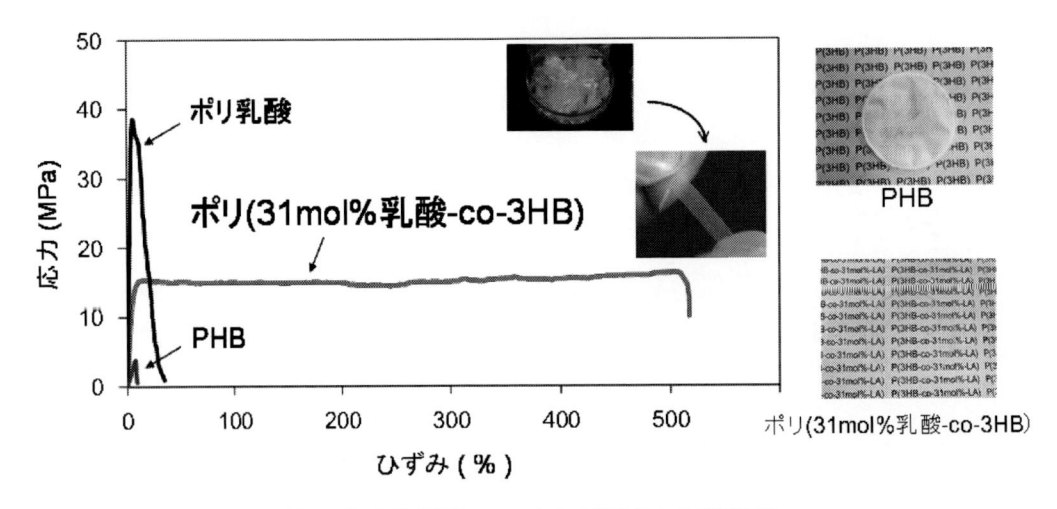

図4　多元ポリ乳酸フィルムの力学物性および透明性

P(31mol% LA-*co*-3HB) フィルムは PLA と同様に高い透明性を示す（写真では，背景の文字と区別がつかないくらい）。また引張試験より得られる応力－ひずみ曲線においても，P(3HB) およびポリ乳酸はいずれも小さなひずみにおいて破断しているのに対し，P(31mol% LA-*co*-3HB) は 500％ 付近までの高い伸びを示す。これは，石油系プラスチックである，ポリプロピレンと同等の性質である。

ている。

　P（3HB）のもう一つの課題として，成形時の透明性の低さがあった。ガラス転移温度が 4℃かつ結晶化温度が 50℃ 付近にあるため，室温で二次結晶化が進行し白濁化が起こる。一方，ポリ乳酸はガラス転移温度が 60℃ と室温より高いため，成型後の二次結晶化の進行による白濁化は起こらない。両者のランダム共重合体である P（LA-co-3HB）ではガラス転移温度が 20℃ 前後と室温付近にあり，3HB ユニットの結晶化が P（3HB）に比べて抑制されるため，透明性を発現する[19]。

　多元ポリ乳酸に期待される有力な用途としては，生体適合性・生体吸収性の特質を利用した人工骨や医療用ボルトなどの生体医療材料が挙げられる[20]。近年では，血管狭窄治療のためのステントとしても米国 FDA で認可されている[21]。これらは，ポリ乳酸の高結晶性に基づく剛性を活かしたものであるのに対し，血管や皮膚などより柔軟な組織への親和性が高いポリエステル系医療材料の開発は未だ緒についたばかりである。こうした観点からも，多元ポリ乳酸の持つ柔軟性は大きな利点となる。電界紡糸装置を利用すると，繊維幅が均一なナノファイバーを作製することができる。このナノファイバーは，細胞の足場材料や手術用縫合糸などの用途に適合している。

5　「オリゴマー」が鍵：PHA および多元ポリ乳酸の分解機構

　これまでバイオプラスチックの合成について述べてきたが，PHA がどのようにまたどのくらい生分解されるかは，バイオプラスチックの分解制御技術を開発する上で極めて重要である。また，分解物による環境中への影響の予測に繋がる問題でもある。環境中の微生物には，自身の栄養源として PHA を利用できる（資化する）ものが存在しているが，PHA 資化性微生物は高分子量体を直接細胞内に取り込むことはできないため，細胞外へ分泌した分解酵素で一旦 PHA をオリゴマーもしくはモノマーに分解し，次いで細胞内に取り込んで「オリゴマー加水分解酵素」が作用した後に，代謝されて資化されるといわれている。今日までに多くの PHA 分解菌と分解酵素の単離および性質解明に関する研究が進められており，2006 年には久野らが *Penicillium funiculosum* 由来の菌体外の PHA 分解酵素の立体構造を明らかにした。通常，このタイプの酵素は，分泌に必要なシグナルペプチドと 3 つの機能的なドメイン（触媒ドメイン，リンカードメイン，基質結合ドメイン）から構成されることが多く，分解は基質結合ドメインによる PHA 表面への濃縮効果を利用した固液界面反応で進行することが明らかとなっている[22]。しかし，本酵素は独自の構造を有していた。また，PHA 分解速度は，PHA の結晶性やモノマー組成に影響を受ける[21]。結晶性が PHA ホモポリマーよりも低い PHA 共重合体の方が，PHA ホモポリマーよりも分解速度が速い。カネカ社製の PHBH においては，3HHx モノマー分率が向上するとポリマー中のアモルファス領域が増大し，結晶性が低下するために酵素分解性が向上する。

　さて，本題の多元ポリ乳酸 P(LA-*co*-3HB) であるが，北海道大学内の土壌環境からポリマー分解微生物が複数見出された。その中で強力な分解を示す微生物（*Variovorax* sp. C34）からPHA 分解酵素を単離して各種解析を行った（図 5）。本酵素を 67% の乳酸高分率共重合体のエマルジョン水溶液に作用させた場合，速やかな濁度減少が観察された。他方，100% 乳酸からなる PLLA と PDLA の両ホモポリマーに対しては，全く分解が見られなかった。このことからも，ポリ乳酸の自然界で難分解であることが理解できる[23]。興味深いことに，基質特異性が厳格と思われていた *Alcaligenes faecalis* T1 由来 P(3HB) 分解酵素も P(LA-*co*-3HB) をモノマー単位にまで分解できることが明らかとなった。本分解酵素は LA-LA 結合も分解可能で，P(LA-*co*-3HB) は多様な環境下においても分解されやすいポリマーであると期待できる。これらの結果からわかることは，分解酵素の基質特異性は，乳酸と 3HB レベルでは厳密な認識はないということである。

　注目すべきは，PHA 分解酵素は，P(D-LA-*co*-3HB) 中の LA-LA 結合を分解できるにも関わらず，poly(D-lactic acid)(PDLA) ホモポリマーを分解できない点である。そこで，高分子量 PDLA をアルカリ条件で部分分解させて得た多様な分子量を有するオリゴマーサンプルを調

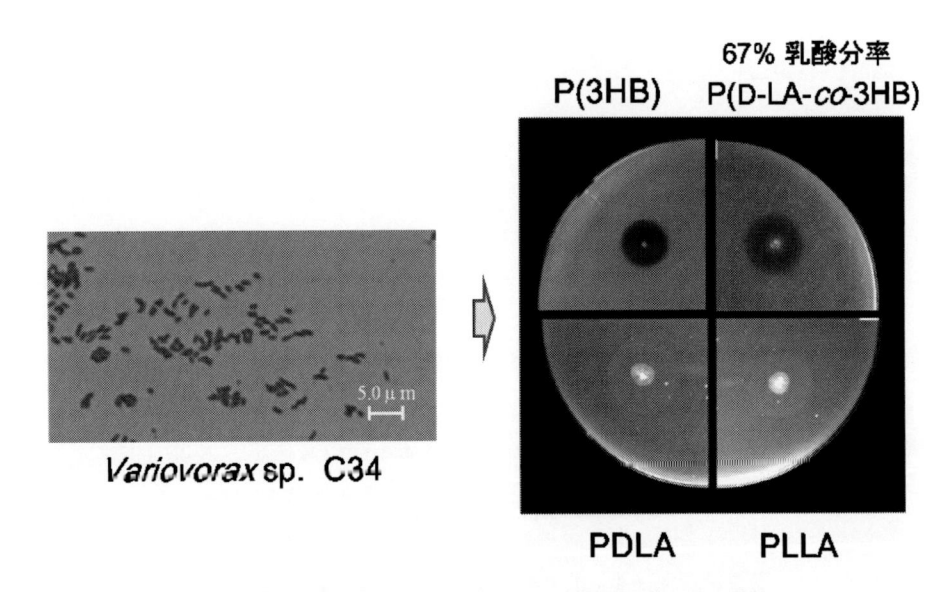

図 5　高乳酸分率の P(LA-*co*-3HB) を分解する微生物の単離

北海道大学内の土壌から，67% 乳酸分率の P(LA-*co*-3HB) を分解する微生物を分離して，*Variovorax* sp. C34 と命名した。右に示すプレート中にはポリマー粉末が含有されており，菌の周辺に見えるクリアゾーンは，P(3HB) ホモポリマーと多元ポリ乳酸が分解されていることを示す。一方，PDLA および PLLA の両ポリ乳酸は分解されない。この分解における対比から，分解に関与する酵素を実際単離精製し，各種分析に供した。その結果，LA と 3HB モノマーおよび LA-LA，LA と 3HB，3HB-3HB ダイマーの分子量が確認された。PHA 分解酵素によって，P(LA-*co*-3HB) も PHA と同様にオリゴマー，モノマーレベルにまで分解されることから，環境中における高い生分解性が期待できる。

製した。PHA 分解酵素と反応させたところ，我々が単離した *Variovorax* sp. C34 および *Alcaligenes faecalis* T1 由来 P（3HB）分解酵素は，両方とも PDLA オリゴマーを速やかに分解できた。すなわち，両分解酵素は LA-LA 結合を分解し，分子量が低いほど分解性が向上した。P（LA-*co*-3HB）中の LA モノマーユニットのクラスター領域は，本ポリマーの分解性に影響を及ぼすことが示唆された[24]。以上の研究から言えることは，ポリマーの分解を酵素の働きから解析することと，ポリマーの物性（結晶化度など）から解釈することの両面から調査することの大切さである。「オリゴマー」を実験材料に使用することで，酵素分解の本質を掴むことができた。今後，生産量の点で筆頭にあるポリ乳酸の海洋分解を考えていく上で，貴重な知見を提供している。多元ポリ乳酸は，その点でも大変魅力的なポリマー材料である。

今後の展望

　多元ポリ乳酸は，その物性機能からまず生体医療材料系への展開が期待できる。本格的な用途開発のためには，従来の P（3HB）や種々の既存 PHA そしてポリ乳酸で検討されてきた知見をベースとして，試行錯誤を行うことによって明瞭なターゲットが定まってくるであろう[25]。そのためには，基礎学術的な研究を地道ながら継続することが重要である。最近，松本らにより，微生物重合系では困難とされてきた配列が制御された「ブロックコポリマー」が大腸菌で生合成される画期的な技術が開発された[26]。化学合成法では当たり前とされてきた配列制御合成が，微生物合成でも実際可能であることを示した意義は大きい。

　また，多元ポリ乳酸に期待されるもう一つの分野として，微粒子化して化成品添加成分としての利用が挙げられる。近年，歯磨き粉や洗剤など様々な日用化成品に含まれる微粒子化されたプラスチック（マイクロビーズ）が，使用後に家庭排水を通じて環境中に拡散し，海洋中で魚や小動物の体内に蓄積することが問題視されている。既存のマイクロビーズはポリエチレンなど生分解性を持たない合成高分子からなるものが主であり，米国では 2017 年 7 月から製造禁止措置が取られているため，代替品の開発が喫緊の課題となっている。また，欧州各国でも最近は生分解性に焦点を当てたプラスチックの植物度導入率向上が制度化されつつある。既存バイオポリエステルのうち，ポリ乳酸は自然環境中では難分解であるが，活性汚泥中など好気的環境下において生分解性を発揮するコンポスタブル材料である。一方，P（3HB）などの各種 PHA は土壌中や海洋中などの嫌気的環境下においても生分解することが知られている。カネカ社でも，まさにこの用途に自社製品の PHBH を意欲的に導入する意向があると言われている。今後，好気性から嫌気性にわたる多様な環境中での分解性を検討することにより，環境材料としての多元ポリ乳酸の役割が増大すると期待される。

　今でこそ PHA 材料は，コンビニエンスストアなどの店頭に並ぶほどに社会的ニーズが出てきたが，ここに至るまでには長い歴史がある。バイオテクノロジーと高分子化学とが融合することで育ってきたポリマー材料である。時宜に適って，2019 年 6 月に大阪で開催された G20 会議で

は，生分解性プラスチック生産の促進が提唱された。PHA ファミリーの血統が派生して，ポリ乳酸と融合する形で誕生した多元ポリ乳酸を，今後ニーズに合わせて育てていき上梓されることが期待される。

文　　献

1) L. Madison and G. W. Huisman, *Microbiol. Mol. Biol. Rev.*, **63**, 21 (1999)
2) S. Taguchi *et al.*, *Proc. Natl. Acad. Sci. U. S. A.*, **105** (45), 17323 (2008)
3) 田口精一，生命システム工学―進化分子工学から進化生命工学へ―，化学同人 (2013)
4) 松本謙一郎ほか，バイオサイエンスとインダストリー，**76** (6), 462 (2018)
5) S. Taguchi and Y. Doi, *Macromol. Biosci.*, **4**, 146 (2004)
6) C. Nomura and S. Taguchi, *Appl. Microbiol. Biotechnol.*, **73** (5), 969 (2006)
7) K. Matsumoto and S. Taguchi, *Curr. Opin. Biotechnol.*, **24** (6), 1054 (2013)
8) K. Matsumoto and S. Taguchi, *Appl. Microbiol. Biotechnol.* (*Mini-review*), **97**, 8011 (2013)
9) M. Nduko *et al.*, *Metab. Eng.*, **15**, 159 (2013)
10) M. Nduko *et al.*, *Appl. Microbiol. Biotechnol.*, **98** (6), 2453 (2014)
11) M. Yamada *et al.*, *Biomacromolecules*, **11** (3), 815 (2010)
12) C. Hori *et al.*, *J. Biosci. Bioeng.*, **127** (6), 721 (2019)
13) C. Utsunomia *et al.*, *ACS Sustain. Chem. & Eng.*, **5** (3), 2360 (2017)
14) C. Utsunomia *et al.*, *J. Biosci., Bioeng.*, **124** (2), 204 (2017)
15) C. Utsunomia *et al.*, *J. Biosci., Bioeng.*, **124** (6), 635 (2017)
16) C. Utsunomia *et al.*, *J. Polym. Res.*, **24** (10), 167 (2017)
17) C. Utsunomia and S. Taguchi, Green Polymer Chemistry: New Products, Processes, and Applications, p.41, ACS Publications (2018)
18) K. Matsumoto *et al.*, *Biomacromolecules*, **19** (7), 2889 (2018)
19) D. Ishii *et al.*, *Polymers*, **154** (4), 255 (2017)
20) 筏義人編，ポリ乳酸―医療・製剤・環境のために―，高分子刊行会 (1997)
21) T. Iwata *et al.*, *Int. J. Bi. Macro.*, **25** (1-3), 169 (1999)
22) T. Hisano *et al.*, *J. Mol. Biol.*, **356** (4), 993 (2006)
23) J. Sun *et al.*, *Polym. Degrad. Stabilit.*, **110**, 44 (2014)
24) J. Sun *et al.*, *Appl. Microbiol. Biotechnol.*, **99** (22), 9555 (2015)
25) S. Taguchi, *Front. Chem. Sci. Eng.*, **11** (1), 139 (2017)
26) K. Matsumoto *et al.*, *Biomacromolecules*, **19** (2), 662 (2018)

第 IV 編

さまざまな生分解性プラスチックと
その生分解性

第1章　ポリアミド4（ナイロン4）の合成と海洋生分解性

中山敦好*

1　はじめに

　今やプラスチックは人間社会において必須の材料となり，あらゆる分野で用いられ，その廃棄物も増加し続け，その一部が環境中に拡散し，最終的には海洋に流入し，その量は年間800万トンともいわれている。生分解性材料はこうしたプラスチック廃棄物の環境負荷低減のための期待の材料であり，脂肪族ポリエステル類が主として研究されてきた。しかしながら，脂肪族ポリエステルは開環重合系では，ポリグリコール酸が225℃の融点を持つが，繰り返し単位中の炭素数が増えるにつれて融点は低下し，ポリバレロラクトンやポリカプロラクトンでは60℃前後と低く，二塩基酸縮合系でも最も炭素数の短いPES，PBSでも融点100〜110℃，PBSAでは組成にもよるが100℃以下であり，耐熱性に限界がある。また，引っ張り強度も脂肪族ポリエステルでは大きな強度を出すことが難しい。そうしたことから脂肪族系ポリエステルの物性向上のため，テレフタル酸ユニットやアミド構造をポリエステル主鎖に組み込む試みがなされてきて，PBATは現在上市に至っている。筆者らは生分解性ポリエステルの物性向上のため，ポリカプロラクトンへのラクタム類の共重合を試みたが，ナイロン6原料のカプロラクタムとの共重合で得られるコポリエステルアミドではカプロラクトンに対し，30 mol%程度までのアミド組成では生分解性を維持できるがそれ以上の組成では生分解性が大きく低下した。それに対して5員環ラクタムである2-ピロリドンとの共重合ではアミドの共重合比率を大きくしても生分解性が抑制されることはなく，高アミド含率でも良好な生分解性が維持され，アミド含率が100%であるポリ2-ピロリドン（ポリアミド4：PA4）でも良好な生分解性を示した。他のナイロンにはないこの生分解性はPA4の繰り返し単位が自然界で広く存在するγ-アミノ酪酸に対応することから，この構造を認識する酵素が存在するためだと考えている。

2　合成と物性

　PA4の繰り返し単位は4-アミノ酪酸（γ-アミノ酪酸：GABA）であり，バイオマスからの合成が容易である。その合成ルートはグルコースなどの発酵で得られるグルタミン酸を脱炭酸して

＊　Atsuyoshi Nakayama　産業技術総合研究所　バイオメディカル研究部門
生体分子創製研究グループ／関西センター　主任研究員

GABA とし，環化によりラクタムとした後，開環重合によって PA4 を得る。グルタミン酸の脱炭酸はバイオプロセスで容易に進行し，続く環化も加熱だけで行えるため，バイオプロセスの欠点である精製を簡便化でき，コスト安にモノマー生産できる可能性がある。ラクタムの重合は塩基によるモノマーの活性化の後，開始剤の投入による開環重合で進行するが低温（50℃前後）で重合するのが特徴である[1]。

その融点は 265℃ であり，ビカット軟化点が 236℃ 以上，荷重たわみ温度は 185℃（荷重 0.45 MPa）と耐熱性に優れている。なお，その他の高い融点を持つ生分解性樹脂としては，ポリグリコール酸（225℃）やポリ乳酸（177℃），P3HB（175℃）などが知られている。また，ナイロンであるため強度にも優れており，溶剤キャストしたフィルムでは引っ張り強度は 70～100 MPa を示し，ナイロン 6 と同レベルである。繰り返し単位中のメチレン鎖数が 3 と小さいことから，分子鎖はナイロン 6 に比して剛直であり，破断時伸びは小さく，吸水性が大きいという特徴を持つ。このように PA4 はエンジニアリングプラスチックの範疇にありながら生分解性を示す材料であり，さらに，バイオマスからの合成も容易であるという利点を持つ。ポリアミド系で上市されているバイオマス由来ナイロンはひまし油を原料とした長鎖メチレン鎖（セバシン酸）を有するポリアミド 610 や 1010，410 など，また開環重合系ではポリアミド 11 が知られている。PA4 に近い系統ではアミノ酸のリジンから得られるカダベリンをジアミンとするポリアミドが知られているがいずれも生分解性は示さない。

3　ポリアミド 4（ナイロン 4）の生分解性

PA4 は種々の環境下で生分解される。その生分解の速さは生分解性樹脂としてよく知られている PBSA や PCL と同レベルである。活性汚泥生分解試験では消費酸素量から評価する方法で，4 週間で 60% 程度が生分解された（表 1，Run 1）。また，その間，系内の水培地中の全有機性炭素濃度（TOC）は 10 ppm 以下と低い値を維持し，これはポリマーが微生物作用により低分子量化，水溶性化する速度より，そのあとに続く菌体中へ取り込んで代謝する速度の方が大きいため，結果として分解中間生成物が系内蓄積（環境蓄積）していないことを示している。土壌中（畑地）での生分解ではフィルムは 1 か月で 30～35%，1 mm 厚のダンベル片で 9%，射出成形物では 4～5% 程度であり，厚み，形状によって生分解の進行は大きく異なった（表 2，写真 1）。また，全国公設試の協力により国内 34 か所から土壌を集めて，土壌懸濁液でのラボ試験により PA4 の生分解性を試験したところ，3 か所の土壌では明確な生分解性を示さなかったが，他の土壌ではいずれも良好に生分解され，PA4 が特定の場所でのみ生分解されるのではなく，どこででも生分解されることが示された。生分解菌は様々な環境に存在しており，活性汚泥，土壌，海水などから生分解菌が単離されている[2~4]。活性汚泥から単離されたシュードモナス属細菌による PA4 の生分解機構を調べたところ，材料表面から，菌体外に分泌する酵素により主鎖中のアミド結合が加水分解され，水溶性オリゴマーとなり，モノマー単位である GABA

表1　活性汚泥による PA4 粉末試料の生分解結果

Run	Polym. (mg)	Activated sludge (mg)	Biodeg. (%)	Time（day）						
				3	5	7	14	21	28	34
1	200	30	CO_2	5.5	13.1	21.5	44.2	53.8	58.9	58.9
			TOC	2.8	3.3	3.7	0.7	6.9	2.5	1.9
			total	8.3	16.4	25.2	44.9	60.7	61.4	60.8
2	200	30	CO_2	4.7	11.5	16.0	25.3	33.5	40.8	42.8
			TOC	4.5	4.4	5.1	5.6	3.4	2.6	5.5
			total	9.2	15.9	21.1	30.9	36.9	43.4	48.3
3	200	280	CO_2	3.8	6.2	14.0	33.7	49.3	72.4	87.0
			TOC	0.3	0.8	0	5.0	5.2	0	1.5
			total	4.1	7.0	14.0	38.7	54.5	72.4	88.5
4	1,000	30	CO_2	7.3	19.9	27.9	34.6	43.2	51.4	57.1
			TOC	8.4	7.5	9.2	6.1	8.9	8.3	7.4
			total	15.7	27.4	37.1	40.7	52.1	59.7	64.5
5	200*	30	CO_2	3.9	10.4	12.3	17.3	44.7	59.4	62.6
			TOC	6.8	6.5	5.7	14.5	7.9	3.9	4.6
			total	10.7	16.9	18.0	31.8	52.6	63.3	67.2

表2　PA4 成形物の土壌中での生分解

	埋設前（mg）	1か月後（mg）	生分解率（%）
PA4 フィルム1	54.2	35.1	35
PA4 フィルム2	57.9	41.6	28
PA4 射出成形ダンベル片	186	170	9
PA4 射出成形肉厚片1	1,898	1,811	5
PA4 射出成形肉厚片2	1,925	1,839	4

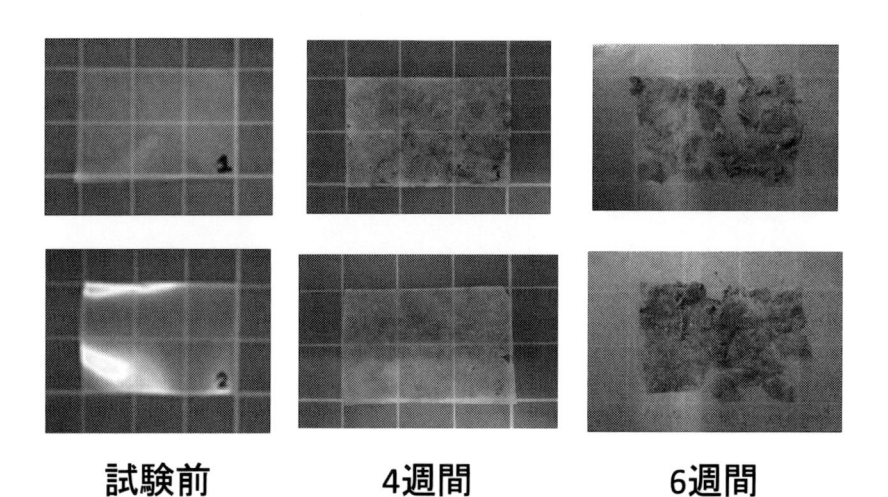

試験前　　　　　　4週間　　　　　　6週間

写真1　PA4 フィルムの土壌分解試験

になってその後，無機化されることがわかった。アミド中の窒素分は最終的には酸化され，硝酸イオンとなり，炭素分は二酸化炭素にまで無機化されるが，ポリエステル類と比較すると菌体構成成分として菌体中にしばらく取り込まれる傾向が強いと思われる。また，PA4 は生体中でも生分解され，不織布のラット皮下埋入試験の場合，7～8 か月で 50％程度が生体内吸収された[5,6]。細胞毒性作用，変異原性についても調べられ，問題がないことが確認されており，ポリアミノ酸系生体吸収性材料としての応用も期待される。

4　海水中での分解

　実環境での海水中への浸漬試験は大阪中心部の大阪港と南方に離れて位置する岬町とで行った。11 月から 1 月にかけてフィルム試料をプラ容器に入れて沈めたところ，大阪港では 2 週間で 10％，4 週間で 50％程度の重量減少が見られた（図 1）。電界紡糸した不織布の PA4 試料では生分解はさらに速く，2 週間で 90％以上が消失し，形状の生分解速度に及ぼす影響は大きい。PA4 の生分解を抑制する手法としてポリマー末端に長鎖アルキル鎖を導入して材料を疎水化する方法が報告されており，この生分解制御法は実環境海水中でも有効であった[7]。良好な水質の岬町では生分解の進行は遅く，PA4 フィルムは 4 週間で 10％，6 週間で 20％の重量減であったが，不織布は岬町でも生分解は速く 2 週間で 70％が消失した[8]。大阪港での PBSA の重量減少は 4 週間で 25％，PBAT や PBS ではさらに分解が遅いことからもわかるように，PA4 は微生物産生系ポリマーである P3HB や PHBH ほど速くはないが，海水生分解速度の速い部類の材料である。浸漬試験の開始時に海水を採取し，ラボにてフィルム試料の生分解試験を行ったところ，大阪港および岬町での生分解は実環境試験に比べるとかなり遅かった（図 2）。このように実環境とラボとでは生分解の進行に差が認められるが，その理由の一つとして評価軸の相違が挙

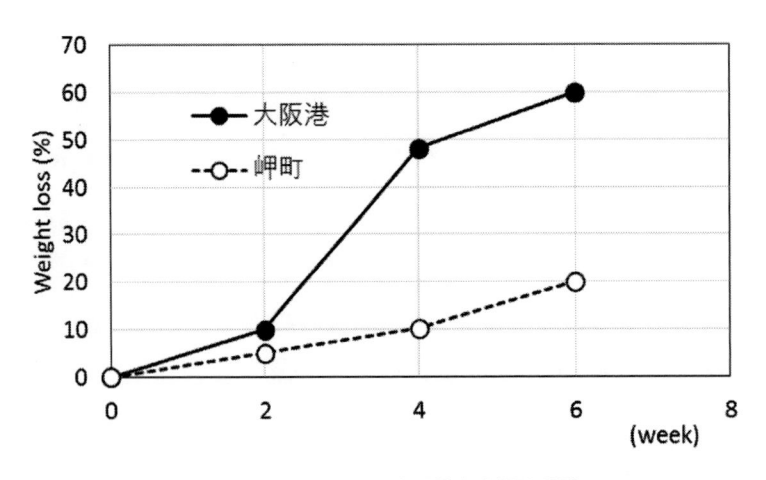

図 1　PA4 フィルムの実環境海水浸漬試験

げられる。図3と表3はPA4粉末試料で大阪南港の海水でBODラボ試験を行ったときの時間に対する試料残存量と消費酸素量の推移をまとめたものである[9]。PA4粉末は2〜3週間で残存樹脂（重量）は系内からほぼなくなってしまうが，消費酸素量から計測される生分解率は30〜35％程度であり，この差は，ポリマーとしては分解されても完全無機化にまでは至っていない部分に該当すると考えられる。ラボ試験と実環境試験とではこうしたタイムラグが生じることがあり，PA4では材料中に窒素を持つことからとくに菌体中に取り込まれやすいのではないかと考えている。また，実環境試験とラボ試験との結果の差異に関しては別章（第Ⅱ編第6章　微生物産生ポリエステルの海水生分解）で示した因子も考慮する必要がある。なお，図2では4週間で大阪港の海水で17％程度の生分解という結果になったが，フィルムではなく粉末試料の場合は分解は速くなり，4週間で40〜60％程度の生分解を示す。PA4を懸濁したマリンブロス平板培地上に海水を希釈して塗布すると生分解菌の存在を示すクリアゾーンが現れるが，そこか

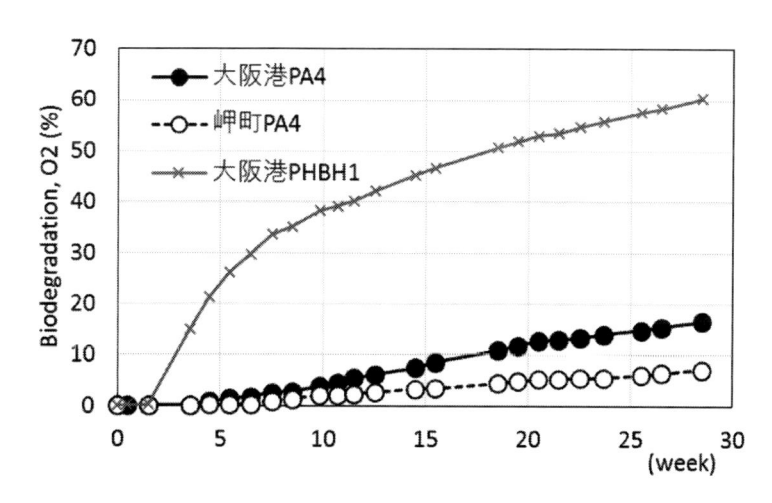

図2　実環境海水浸漬試験を行った地点の海水を用いた PA4 フィルムの BOD ラボ生分解試験

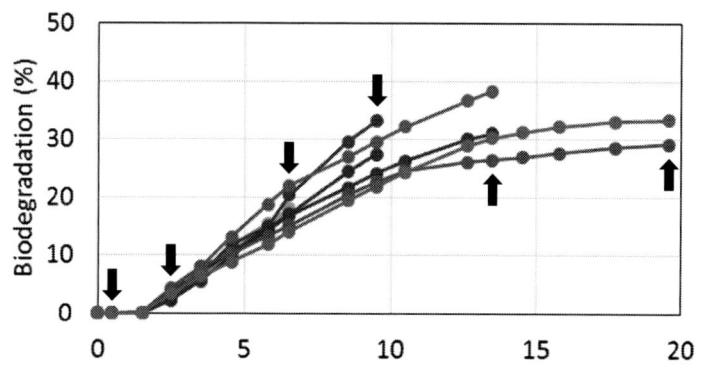

図3　PA4 粉末の大阪南港海水による BOD 生分解試験

ら強力な PA4 生分解菌の単離を行い 16S rDNA 解析からこの菌は *Alteromonadaceae* 属と同定された[10]。

　環境中での生分解では様々な環境因子が働き，再現性よくデータを集めることが難しく，条件

表3　PA4 粉末の大阪南港海水による BOD 生分解性試験

経過日数（週）	1	3	6.5	9	13	19
残存重量（mg）	30.3	5.4	2.7	2.8	0	1.1
GPC						
Mn（$\times 10^3$）	13.6	29.9	53.6	94.9	ND	ND
Mw（$\times 10^3$）	58	51.9	127.7	138	ND	ND
TOC（ppm）	26.5	48.5	41.6	16.2	16.8	19.4
DSC						
Tm（℃）	266.4	264.9	262.6	ND	262.6	ND
DH（J/g）	114.6	ND	ND	ND	ND	ND

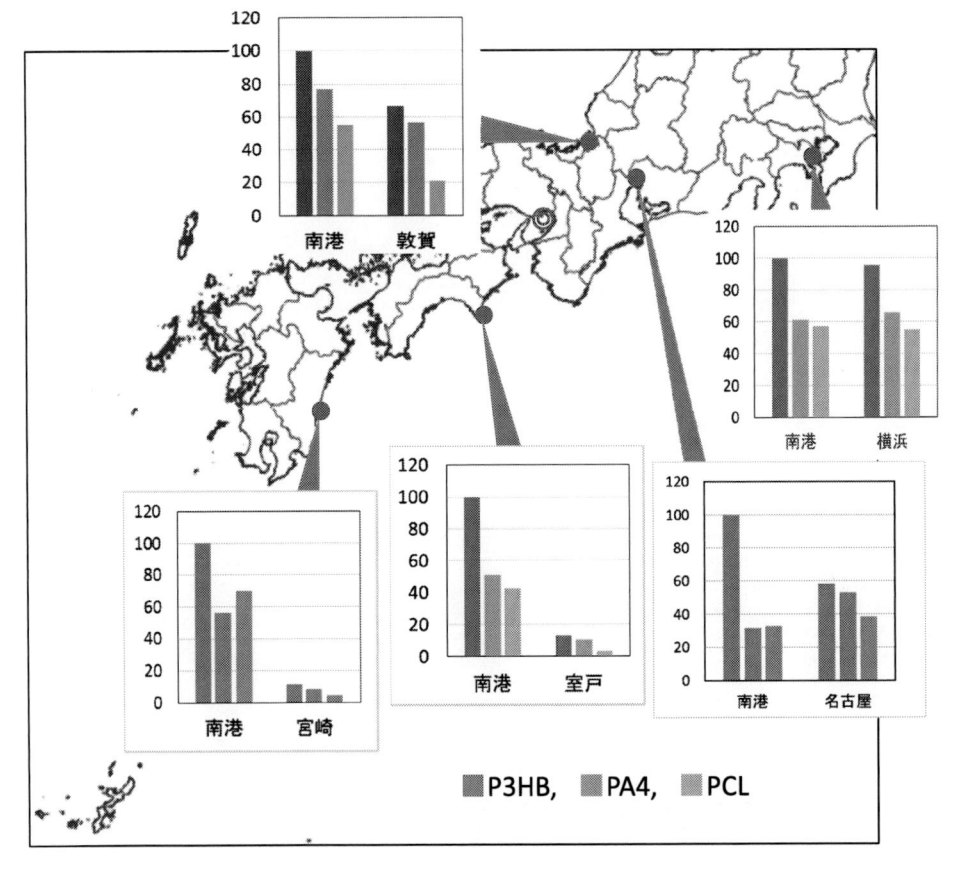

図4　南港海水中での P3HB の生分解率を 100 としたときの
各地の海水による生分解性樹脂の相対生分解値

をそろえたラボ試験が有効な手法となる。試験条件をそろえて各地の海水を集め，それらの PA4 生分解活性を調べた（図 4）。それぞれの海水は採取した時期が異なり，単純に比較することはできないため，同じ日に採取した大阪南港の海水と比較した。図は南港海水中での P3HB の生分解率を 100 としたときの相対生分解値で示した。図からわかるように大阪や横浜などの人口集積地に面した海水にて海水の生分解活性が高い傾向にあった[9]。この原因として海水中の微生物が都市圏に面した海水の方が多いことが一因と考えられる。海洋深層水での生分解試験では，久米島，室戸，能登の各施設から分水された海洋深層水にて試験したところ，いずれの海洋深層水でも PA4，P3HB，PCL は生分解され，深層水中の生分解菌の存在が示された。PA4 は 265℃ という高い融点を持つエンジニアリングプラスチックに属するにもかかわらず，土壌，活性汚泥，コンポスト，淡水，海水中で良好な生分解性を示す材料であり，強度が求められる水産用資材分野などでの展開が期待される。

文　　献

1)　N. Kawasaki *et al.*, *Polymer*, **46**, 9987（2005）
2)　N. Yamano *et al.*, *J. Polym. Environ.*, **16**, 141（2008）
3)　K. Hashimoto *et al.*, *J. Appl. Polym. Sci.*, **54**, 1579（1994）
4)　K. Tachibana *et al.*, *Polym. Deg. Stab.*, **95**, 912（2010）
5)　N. Yamano *et al.*, *Polym. Deg. Stab.*, **137**, 281（2017）
6)　A. Nakayama *et al.*, *Polym. Deg. Stab.*, **98**, 1882（2013）
7)　N. Yamano *et al.*, *Polym. Deg. Stab.*, **108**, 116（2014）
8)　中山敦好ほか，繊維学会誌，**75**（7），356（2019）
9)　中山敦好ほか，プラスチックス，**11**, 1（2018）
10)　N. Yamano *et al.*, *Polym. Deg. Stab.*, **166**, 230（2019）
11)　A. Masui *et al.*, *Polym. Deg. Stab.*, **167**, 44（2019）
11)　H. Sashiwa *et al.*, *Mar. Drugs*, **16**, 34（2018）
12)　A. K. Urbanek *et al.*, *Appl. Microbiol. Biotecnol.*, **102**（18），7669（2018）
13)　D. Huang *et al.*, *Polym. Deg. Stab.*, **163**, 195（2019）
14)　M. Suzuki *et al.*, *Polym. Deg. Stab.*, **149**, 1（2018）
15)　P. A. Sommai *et al.*, *J. Appl. Polym. Sci.*, **85**, 774（2002）
16)　I. Arvanitoyannis *et al.*, *Angew. Makromol. Chem.*, **222**, 111（1994）
17)　Y. Tokiwa *et al.*, *J. Appl. Polym. Sci.*, **24**（7），1701（1979）
18)　D. Chromcova *et al.*, *Eur. Polym. J.*, **44**, 1733（2008）

第2章　イタコン酸を用いたバイオナイロンの合成と生分解性

　代表的な戦略バイオ物質に指定されているイタコン酸を用いたバイオナイロン合成を塩モノマーのバルク重合法により行った。得られたナイロンは硬いピロリドン環を主骨格内に有するため，その熱物性は従来ナイロンよりも高かった。また，光開環反応などにより疎–親水変化が起こり分解性が促進された。

1　はじめに

　糖分を植物や微生物の作用により変換して生産されるバイオ分子を出発物質として得られるマテリアルの開発は，持続的低炭素化社会の構築に有効な手段と成り得る[1,2]。有用な有機物質を生産することを目的とした生物化学工学的手法はホワイト・バイオテクノロジーと呼ばれているが，その技術の発展は Sustainable Development Goals（SDGs：持続可能な開発目標）を達成するための重要課題である。そこには，新規物質を用いた技術革新が含まれ，SDGs 課題 9「産業と技術革新の基盤をつくろう」に適するだけではなく，植物の光合成により固定化された炭素を含む物質を原料とするために，課題 13「気候変動に具体的な対策を」に少なからず貢献できる。さらに，バイオディーゼル燃料などとは異なり材料として活用する場合には，炭素を長期間固定化することができる特徴もある。また，ホワイト・バイオテクノロジーにより得られた物質の利用方法を開発することは，現在の石油依存型社会におけるリスクである想定不可能なオイルショックに対応することにもつながり，課題 11「住み続けられるまちづくりを」にも関係する。材料の具体例はバイオプラスチックである。そもそもプラスチックがこれほどまでに現代社会で広く利用されるようになった理由は，加工性の高さや軽さなどの機能が他の汎用材料である金属・セラミクスと比較して各段に優位であることは言うまでもなく，生産性が極めて優れていることに他ならない。特にポリエチレン，ポリ塩化ビニル，ポリプロピレン，ポリスチレンなどの汎用プラスチックにおいてはその傾向が顕著である。これらの主鎖構造は極めて安定な炭素–炭

　＊1　Tatsuo Kaneko　北陸先端科学技術大学院大学　先端科学技術研究科
　　　　　　　　　　　環境・エネルギー領域　教授
　＊2　Maiko Okajima　北陸先端科学技術大学院大学　先端科学技術研究科
　　　　　　　　　　　環境・エネルギー領域　産学連携研究員

素結合からなり，容易には分解せず，2019年大阪で開催されたG20においても重要課題となった海洋プラスチック問題における主要因となっている。また，これらは安価でありかつ耐熱性などの性能が低いために軽視され使い捨てされている現状にも問題がある。その代替バイオプラスチックとして代表的なものに脂肪族系ポリエステルが挙げられる（図1）。これらの多くは生分解性を示し，特にポリヒドロキシアルカノエートに関しては，難しいとされる海洋分解性すら確認されている[3]。しかし，その軟化温度は室温より低く（ガラス転移温度 T_g は2℃程度），工業用プラスチックであるポリカーボネートの T_g（おおよそ150℃）と比較しても遥かに低い。生分解性が再度見直されつつある時代であっても，耐熱性が低ければ用途が狭いままであり，使用されないと生分解性の意義を最大限に発揮できず，SDGs課題14の「海の豊かさを守ろう」への貢献もままならない。脂肪族ポリエステルの構造を維持したままその軟化温度を上げる試みは活発であり，例えば，ポリ乳酸のステレオコンプレックス化[4]やケナフなどの補強剤を添加する方法[5]が検討されてきた。一方，分子レベルにおけるガラス転移温度の上昇はこのような手法では極めて難しく，電子部品や輸送機器などへの本格的な用途拡大にはまだまだ繋がっていない。一方，ナイロンは分子鎖間水素結合が強いために性能も高く，ポリエステルやビニル系ポリマーよりも若干高価であるにも関わらず広く使用されている。その劣化速度は上記のビニル系汎用プラスチックよりも高いため，うまく劣化制御を行うことで分解性プラスチックとしての利用価値を高めることが可能となる。中でもナイロン4はすでに生分解性プラスチックの一つとして注目されている[6]。しかし，一般にアミド結合の電子論的な加水分解性は低く，生分解性を示すものは未だきわめて少ない。このような中，筆者らは長年にわたり高性能・高機能バイオプラスチックに関する研究を進めてきた。特に最近，科学研究費助成事業・挑戦的萌芽研究において生

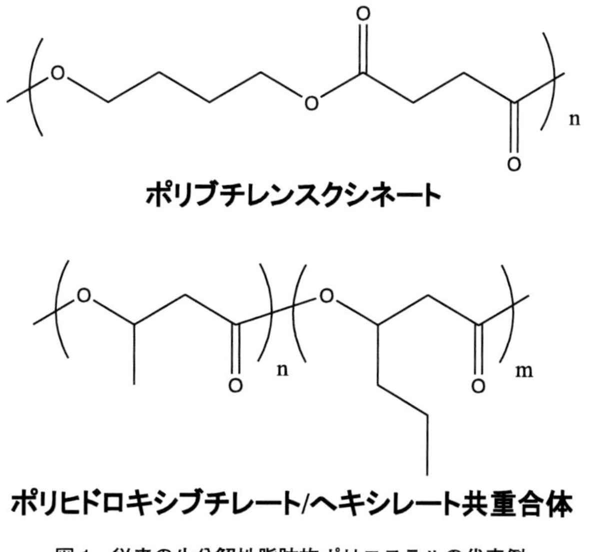

ポリブチレンスクシネート

ポリヒドロキシブチレート/ヘキシレート共重合体

図1　従来の生分解性脂肪族ポリエステルの代表例

体分子であるイタコン酸を用いて新しい構造のナイロン系プラスチックを作り，その特殊な分解挙動の発見に至った。ここでは，この分解性バイオナイロンに関して紹介する。

2 イタコン酸由来バイオナイロンの作製

イタコン酸はクエン酸の熱分解により得られる化合物であるが，現在ではカビを用いた発酵により極めて安価に生産する方法が確立され，国内外ですでに大量生産されているバイオ分子である。この分子はバイオリファイナリーの分野において特に注目されており，近年，米国エネルギー省（DOE）が提案したバイオリファイナリーにおける 300 種類の基幹物質に含まれている[7]。その理由として，古くからビニル系モノマーとして広く活用され[8]，その生産量は数万トンにも上り，年々増産されていることが挙げられる（構造：図2上）。一方，ジカルボン酸モノマーとしての利用に関しては不飽和ポリエステルの原料としての報告例[9]があるのみで（構造Z：図2下），専門家であれば容易に考えるはずのポリアミドの原料としては，我々の報告前はナイロン合成に関する古い特許[10]のみであり学術論文は皆無であった。しかし，そこに分子量に関する情報はなく，ポリマーが得られたかどうかの判断は困難である。そこで，我々はイタコン酸を出発物質とするバイオナイロンの合成を行うために，まず，特許に記載の方法でイタコン酸

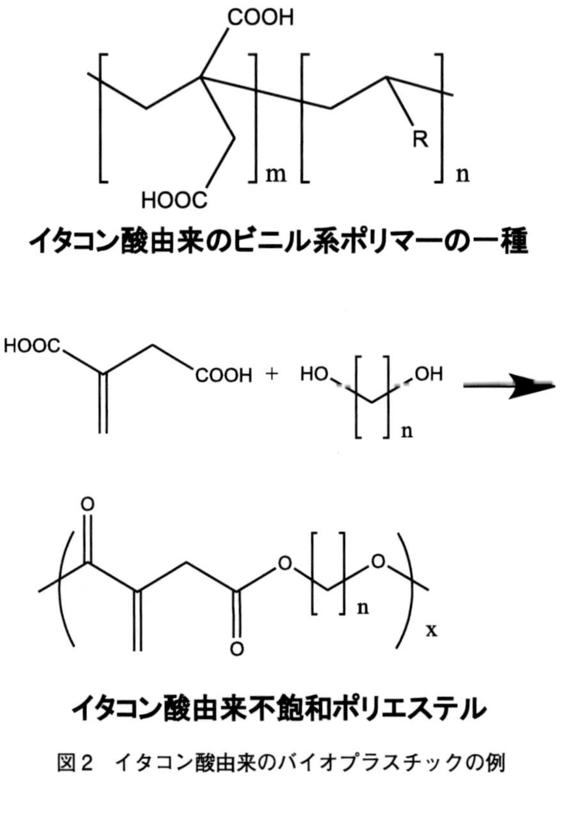

イタコン酸由来のビニル系ポリマーの一種

イタコン酸由来不飽和ポリエステル

図2 イタコン酸由来のバイオプラスチックの例

とヘキサメチレンジアミンを混合し重合を試みた。その結果，文献に示された反応は起こったが副反応も激しく起こり，分子量は 1 万に満たなかった。このため材料化へと進められる状況ではなかった。理想的には，マイケル付加反応が起こりその後，二重結合から遠い方のカルボン酸と脱水縮合することで五員環であるピロリドン環が形成することになる。しかし，カルボン酸とアミンの反応が先に起こってしまうこともある。こうなると二重結合が取り残され，そこへのマイケル付加が別のアミンと起こり二級アミンが生成し，そのまま取り残されてしまう。つまり，1：1 で混合しても 3：2 の官能基間反応が起こり図 3A に示す構造のポリマーが生じてしまうの

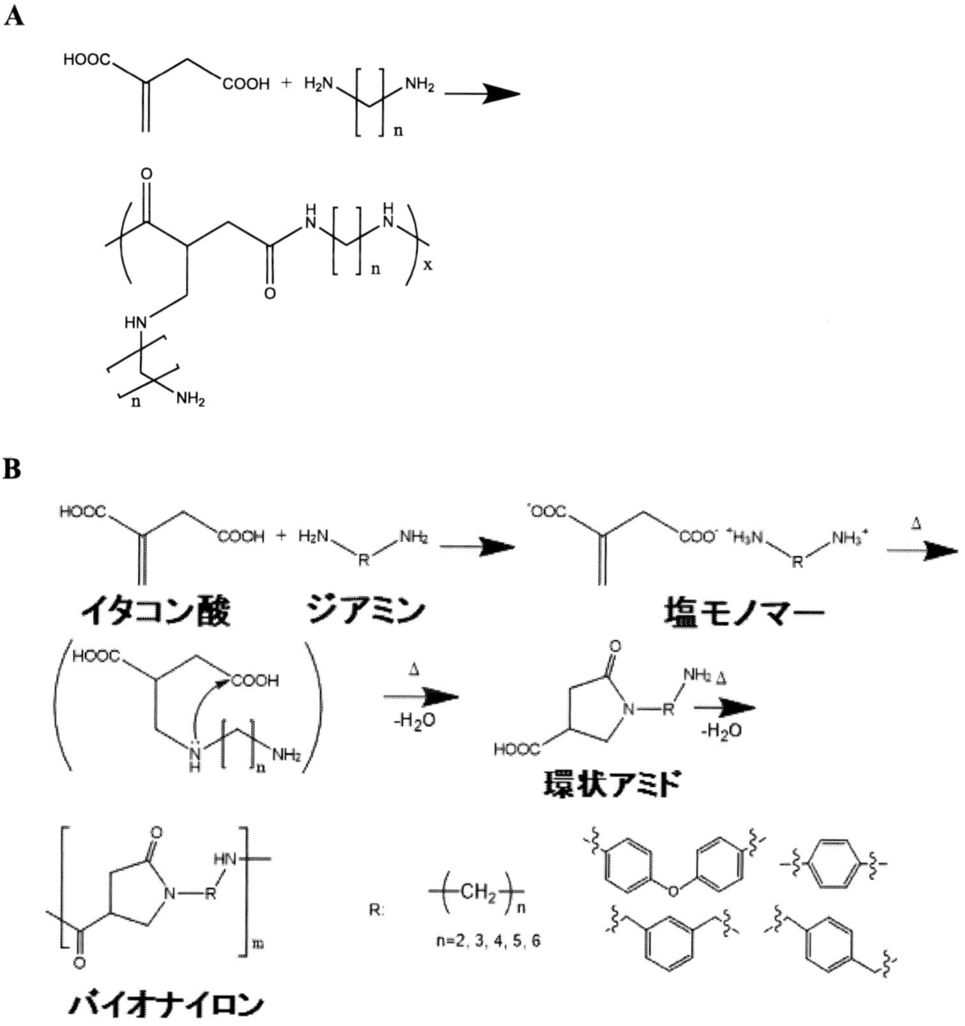

A

B

図 3　イタコン酸とジアミンの重合

A）イタコン酸とジアミンの通常重合法により得られる副生成物，B）イタコン酸とジアミンの 1：1 塩からのピロリドン環形成反応とバイオナイロン合成および分解。

である。同時に，ジアミンは揮発性であり重合中に失われる問題もある。このため，逐次重合において最も重要なモノマーバランスが崩れることとなり，高分子量ポリマーを得ることは困難となる。これが，イタコン酸を用いた重縮合の難しさであることが判明した。そこで，筆者らはイタコン酸とジアミンのそれぞれの均一なアルコール溶液を混合することで瞬時に析出する塩モノマーの結晶を用いて，加熱バルク重合する方法を開発した。塩モノマー中では，カルボン酸とアミンのバランスは 1：1 に保持され，強制的に 1：1 反応が進む。かつ，アミンは塩の状態では揮発しにくくなった。これにより，リン酸ナトリウム系の触媒の存在下で分子量が数万のポリマーを得るに至った。ここで，図 3B に示す重合反応機構に関して説明する。まず，塩モノマーを加熱すると図 4 の熱重量曲線（TGA）から分かるように 200℃付近で水 2 分子の脱離が起こる。この時の吸発熱挙動は複雑であり，示差熱分析（DTA）曲線は 2 つの吸熱と 1 つの発熱が複合したカーブを描く。この理由は，アミノ基がイタコン酸のカルボニル基と二重結合にアザマイケル付加反応を行い，図 3B の括弧内に書かれた構造の二級アミンが得られる。この二級アミンはこのような高温ではすぐにカルボン酸と脱水縮合反応を示す。この時，4 員環を巻くよりも 5 員環を巻く方が安定構造の生成物となるために，遠い方のカルボン酸と縮合しピロリドン環が形成し，目的のバイオナイロン構造が形成された。この重合はジアミンが脂肪族であっても芳香族であっても問題なく進み，イタコン酸由来のポリアミド合成が行えることを示した初めての例となった[11, 12]。得られたナイロンの熱物性を評価したところ，脂肪族ポリアミドでは T_g は 80～97℃で 10%重量減少温度 T_{d10} は 300～410℃であった。また芳香族ポリアミドの T_g と T_{d10} はそれぞれ 156～242℃と 370～400℃であり，スーパーエンジニアリングプラスチックとして十分

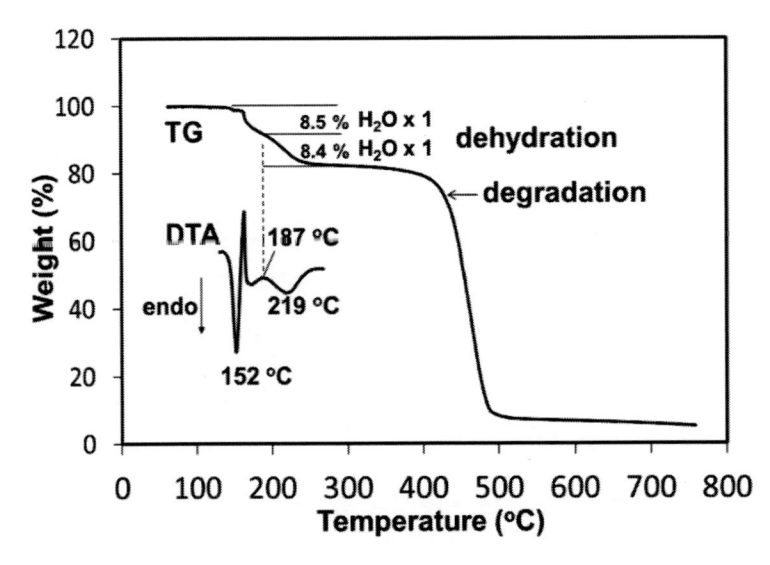

図4 イタコン酸とヘキサメチレンジアミンとの 1：1 塩の
熱重量曲線（TGA）と示差熱分析（DTA）曲線

な耐熱性を有していることを見出した。T_g は従来のナイロンである PA66 や PA6 の示す値 57℃ および 53℃ と比較して高く，より高耐熱であることが分かる。一方，T_{d10} に関してはこれらの従来のナイロンの示す値とほぼ同等であった（390℃ および 400℃）。以上の高い耐熱性は 1 か所のアミドが水素結合を保持しながらももう 1 つのアミドは環状であり高分子主鎖に剛直性を与えることに起因すると考える。これらの脂肪族バイオポリアミドの力学的性質を調べた結果，破断強度は 65～90 MPa，ヤング率は 430～2,800 MPa であった。これらも PA66 や PA6 の示す力学物性（PA66；破断強度：65～68 MPa，ヤング率：590～1,700 MPa）[13, 14]（PA6；力学強度：41～60 MPa，ヤング率：440～1,400 MPa）[14, 15] を超える値であった。芳香族ポリアミドは剛直すぎるため脆さが出てしまい，力学試験用の頑強な成形体の作製が困難であったが，脂肪族ジアミンと共重合体にすることで高い耐熱性を維持しつつ，柔軟性の高い成形体が得られた[12]。

　さらに，これらのバイオナイロンの開環反応と溶解性に関する研究を行った。それは，環状アミドは加水分解により鎖の切断を誘導せずに開環反応を示すため，ナイロンの性質を制御できると考えたからである。まずアルカリ条件下における加水分解を誘導した。具体的には，60℃で 2 時間の反応を水分散系（pH 10 程度）で行ったところ，分散体は水に溶解した。この試料の ^{1}H NMR 測定により開環反応が確認された。そこで，弱アルカリ性（pH 7.5～7.9）の土壌に深さ 2～4 cm で分解試験を行った。1 年後に取り出し，形状や重さの変化を調べた（図 5）。その結果，1,3-ジアミノプロパン，1,4-ジアミノブタン，1,6-ジアミノヘキサンを用いて合成したバイオナイロンは消失し，1,5-ジアミノペンタン，1,2-ジアミノエチレンを用いて得た試料は，それぞれ 96％，98％の重量減少を示した。また芳香族ポリアミドにおいても，同時に埋めた標準試料のポリ乳酸ペレットより大きな重量減少を示した。以上の結果は，長期間環境にさらされる

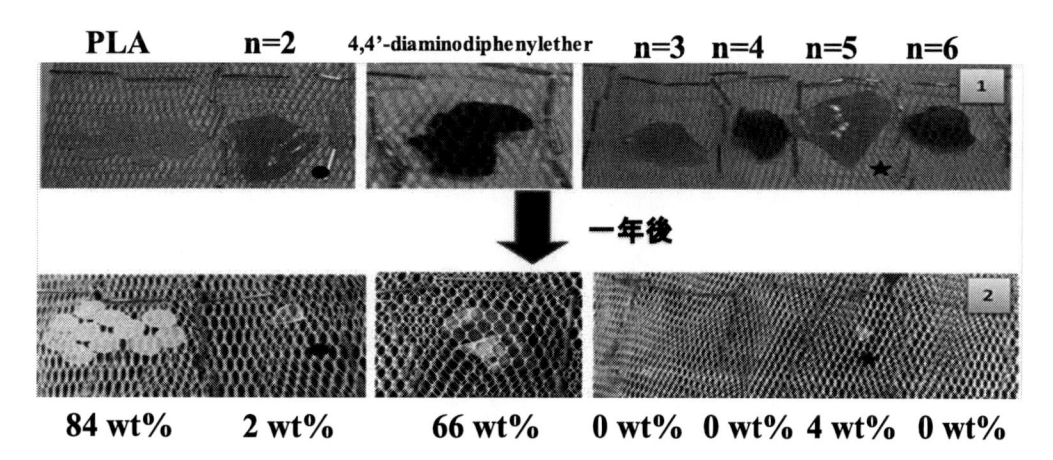

図 5　土に 1 年間埋入した際の各種バイオナイロン樹脂の形状変化
PLA はポリ乳酸。n は脂肪族ジアミン成分の炭素数を示し，写真の下に 1 年経過後に残った樹脂の重量割合を示す。

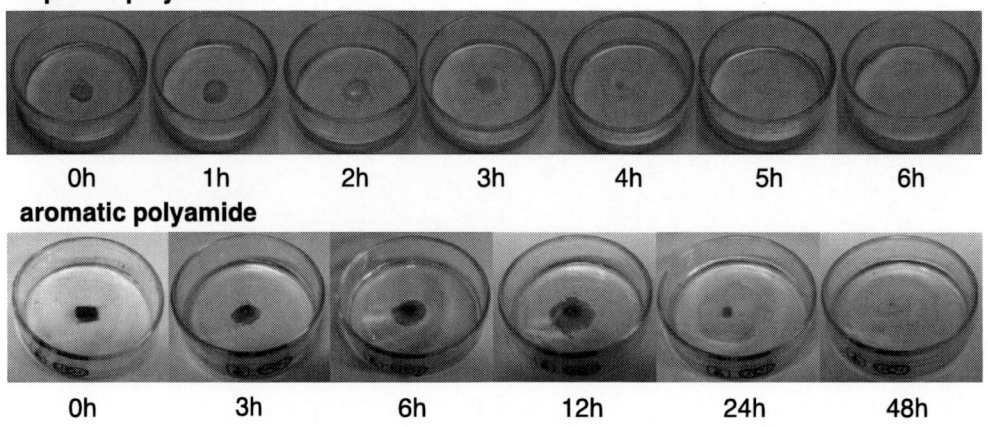

aliphatic polyamide

| 0h | 1h | 2h | 3h | 4h | 5h | 6h |

aromatic polyamide

| 0h | 3h | 6h | 12h | 24h | 48h |

図6 高圧水銀灯（波長：UVA-UVB）照射によるバイオナイロンの
水への可溶化挙動（上に分子論的メカニズムを示す）

ことで，物理化学的および生物的な作用が施され徐々に開環反応が進行（図6上）し，バイオナイロンの水溶性が向上したことによると考えられる。さらにピロリドン環の光開環反応を応用し，樹脂の水中における光照射下での浸食を観察した。その結果，予想通り紫外線照射により次第に水中に消失していく現象が観察された（図6写真）[11, 12]。これに関し高分子鎖の分解を厳密には確認していないが，樹脂の場合にはその姿が消えることがSDGs目標達成に関しては重要であり，分子論的な分解性の議論は科学的重要性の追求に過ぎない。その点，水溶化に重点をおいた本研究における樹脂の崩壊誘導は重要な樹脂分解概念と考える。

3 おわりに

以上のように，イタコン酸を用いることで光応答性の開環反応を示すヘテロ環をバイオナイロンの分子鎖内に導入することができ，高性能化と分解性を同時に導入できることを見出した。このバイオナイロンを釣り糸などに利用することができれば，海洋中に散乱してしまっても太陽光により次第に劣化し水溶化により分解促進できる理想的な分解性プラスチックとして利用できる

と考える。また，このような刺激応答分解性はヘテロ環に関して誘起できる反応であると考えられ，他のヘテロ環に関しても積極的に条件を見出し，本概念の重要性を拡張する予定である。これにより廃棄物問題を解決するための糸口を与え，これらの概念が広がり不慮の生物捕獲がなくなり生態系の維持に繋がって欲しいと願う。

文　　　献

1) R. T. Mathers and M. A. R. Meier, Green Polymerization Methods: Renewable Starting Materials, Catalysis and Waste Reduction, Wiley-VCH（2011）

2) S. Dwivedi and T. Kaneko, Green Polymer Chemistry: New Products, Processes, and Applications（H. N. Cheng, R. A. Gross, P. B. Smith eds.）, Chapter 14, p.201（2018）, ACS Symposium series 1310.

3) T. Morohoshi *et al.*, *Microbes Environ.*, **33**（1）, 19（2018）

4) 木村良晴，高分子，**57**（6）, 430（2008）

5) S. Ochi, *Mech. Mater.*, **40**（4-5）, 446（2008）

6) N. Yamano *et al.*, *J. Polym. Environ.*, **16**（2）, 141（2008）

7) T. Klement and J. Büchs, *Bioresour. Technol.*, **135**, 422（2013）

8) 永井　進，吉田経之助，高分子化学，**17**（177）, 79（1960）

9) T. Robert and S. Friebel, *Green Chem.*, **18**, 2922（2016）

10) E. F. Morello, U.S.Patent 29, 4418189（1983）

11) M. Ali *et al.*, *Polym. Degrad. Stabil.*, **109**, 367（2014）

12) M. Ali *et al.*, *Macromolecules*, **46**（10）, 3719（2013）

13) J. Gao *et al.*, *J. Am. Chem. Soc.*, **128**（23）, 7492（2006）

14) （a）R. Jarrar *et al.*, *J. Appl. Polym. Sci.*, **124**（3）, 1880（2012）;（b）R. Greco *et al.*, *Polymer*, **17**（12）, 1049（1976）;（c）J. Charles *et al.*, *E-J. Chem.*, **6**（1）, 23（2009）

15) H. Wang *et al.*, *Polym. Comp.*, **21**（1）, 114（2000）

第3章 ポリグリコール酸の特性と生分解性

鈴木義紀*

1 はじめに

ポリグリコール酸（PGA）は，最も単純な分子構造を有する脂肪族ポリエステルであり，生分解性樹脂として広く使用されている。PGAは古くから知られ，1930年代にナイロンの発明者であるW. H. Carothersにより初めて合成された[1]。当時のPGAは分子量が低く，他の合成樹脂と比べて熱や水に不安定だったため，実用化には至らなかったが，1950年代に高分子量化の技術が確立されたことにより[2,3]，1960年代には医療用の生体吸収性縫合糸が開発され，PGAは小規模ながら商業的に利用されるようになった[4]。

当社では，生分解性樹脂の研究開発を進める中で，PGAが高いガスバリア性や強度を有することを見出した。そこで，従来にはない高機能型の生分解性樹脂として，新しい用途を開拓できると考え，PGAの量産化を目指した技術開発に着手し，世界で初めて工業的な製造方法を確立した[5]。2011年より米国ウエストバージニア州において，PGA樹脂「Kuredux®」を商業生産している。

2 Kuredux®の原料と製法

Kuredux®の原料であるグリコール酸はα-ヒドロキシ酸の一種で，野菜や果実，動物や地下水中など，身近に存在する物質であり，近年ではパーソナルケア用の化粧品などにも使用されている。

PGAの最も単純な合成方法はグリコール酸の脱水重縮合であるが，重合とともにヒドロキシ末端の環化反応によりグリコール酸の環状2量体であるグリコリドが生成され，高分子量化は困難である。そのため，当社では重縮合で得られる低分子量体（グリコール酸オリゴマー）を中間体として，その解重合により生成するグリコリドを高純度かつ高収率で回収した上で，これを連続プロセスで開環重合することで高分子量のKuredux®を製造している（図1）。さらに当社では，熱安定化技術や加水分解制御技術を導入し，様々な分野においてKuredux®の用途展開を図っている。

---

* Yoshinori Suzuki ㈱クレハ 中央研究所 高分子研究室 室長

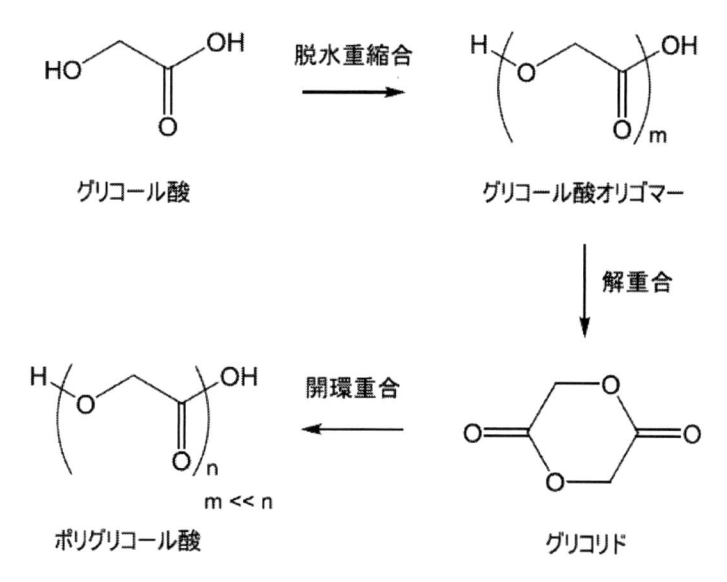

図 1　ポリグリコール酸 Kuredux®の合成経路

3　Kuredux®の特性

3. 1　基本特性

　Kuredux®は結晶性の脂肪族ポリエステルであり，結晶構造として平面ジグザグ構造をとる[6]（図 2）。また，側鎖を有さず，かつ高い極性を有し，非常に緻密なパッキング状態を形成するため，密度は結晶部で 1.7 g/cm^3，非晶部で 1.5 g/cm^3 と高い。その結果，Kuredux®は生分解性を有する脂肪族ポリエステルの中でも，高ガスバリア性や高強度といった優れた特徴を発現する。

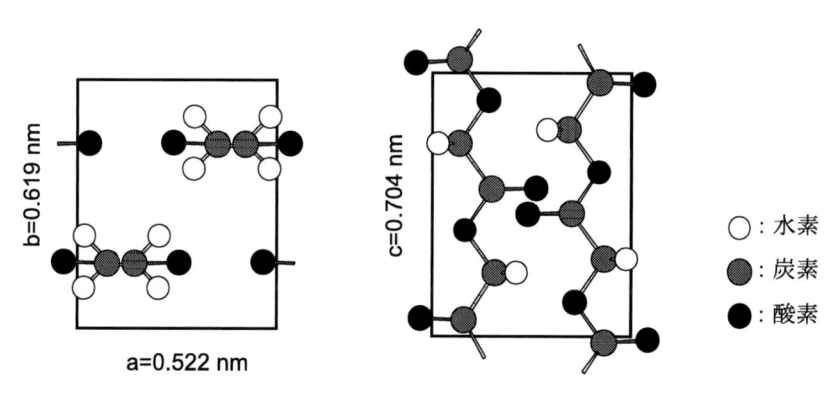

図 2　PGA の結晶構造

3. 2 生分解性

Kuredux®はISO 14855「制御されたコンポスト条件下の好気的究極生分解度の求め方」に基づいた試験において生分解性を有し，微生物などによって低分子化して，最終的には水と二酸化炭素に完全に分解される（図3）。また，ISO 19679「プラスチック－海水／堆積物界面の非浮

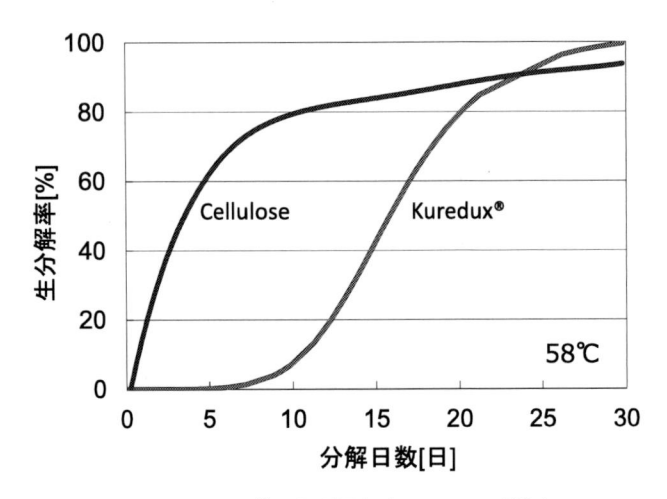

図3　Kuredux®の生分解性（ISO 14855 準拠）

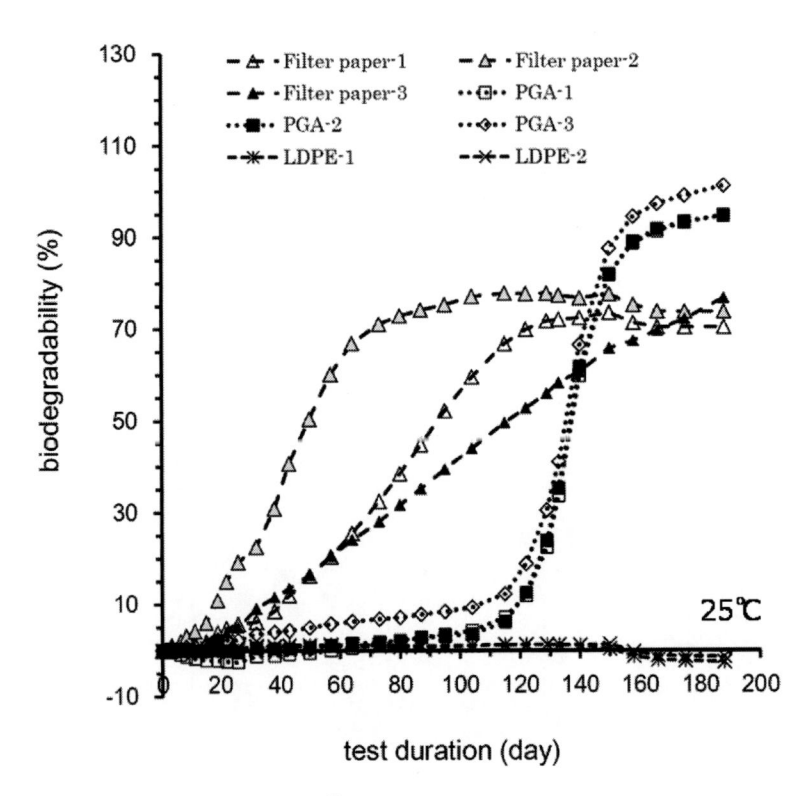

図4　Kuredux®の生分解性（ISO 19679 準拠）

遊プラスチック材料の好気的生分解度の求め方」に基づいた試験においても，生分解性を有することが確認されている（図4）。表1に示すように，Kuredux®は生分解性に関する各国の認証を受けている。

表1　Kuredux®の生分解性の取得認証

日本バイオプラスチック協会（JBPA）のグリーンプラ識別表示制度・認証基準適合 （ポジティブリスト掲載，グリーンプラ認証マーク取得）	グリーンプラ®
米国 BPI（Biodegradable Products Institute）認証取得	COMPOSTABLE Biodegradable Products Institute / US COMPOSTING COUNCIL
欧州 OK compost 認証取得（S84）	OK compost VINÇOTTE S84

3.3　機械特性

　Kuredux®の射出成形品の性質を表2に示す。Kuredux®はその結晶性に起因して，高い引張強さ，低い破断伸びを有する硬質な樹脂である。特に，引張強さ・曲げ強さは，市販されているエンジニアリングプラスチックと比較しても同等以上である。一方，Kuredux®は加水分解性の樹脂であるため，分解が促進されるような高温・高湿の環境下では長期間の耐久性を示さない。したがって，限定的な環境下において特色ある素材として注目されている。

　加えて，Kuredux®は分子鎖を延伸配向することで，高強度・高弾性率の物性を発現する。Kuredux®の二軸延伸フィルムの性質を表3に示す。引張伸びは25％と低く，射出成形品と同様に硬質の性質を示すが，引張強さ・弾性率はNy6やPETの延伸フィルムと比較しても高い。また，Kuredux®は結晶性ポリマーであるが，延伸時に結晶サイズを制御することにより，高い透明性を維持することが可能である。

3.4　ガスバリア性

　Kuredux®は既存樹脂中でトップクラスのガスバリア性を有する（図5）。ポリマーの分子鎖は，温度に応じてミクロブラウン運動と呼ばれる熱運動をしている。その結果，ある瞬間に分子鎖間にはガス分子が透過可能な間隙が生じる。これが自由体積と呼ばれるものであり，高分子内の気体の拡散を支配する最も重要な因子である。このような拡散現象における自由体積理論より，気体の拡散係数の対数はポリマーの自由体積の逆数と比例関係にある[7]。一方，気体の透過

表2　Kuredux®射出成形品の性質

項目		Kuredux®
比重	(g/cm³)	1.57
引張強さ	(MPa)	118
引張破断伸び	(%)	20
曲げ強さ	(MPa)	211
曲げ弾性率	(MPa)	7,300
アイゾット衝撃強度（ノッチ付）	(J/m)	32
ロックウェル硬度	M scale	125
線膨張係数	(/K)	5.4×10^{-5}
ガラス転移点	(℃)	40
融点	(℃)	220
荷重たわみ温度（18.6 kgf/cm²）	(℃)	168

表3　Kuredux®二軸延伸フィルムの性質

項目		Kuredux®
厚さ	(μm)	15
比重	(g/cm³)	1.56
ヘーズ	(%)	< 1.0
引張強さ	(MPa)	220
引張伸び	(%)	25
引張弾性率	(MPa)	6,500

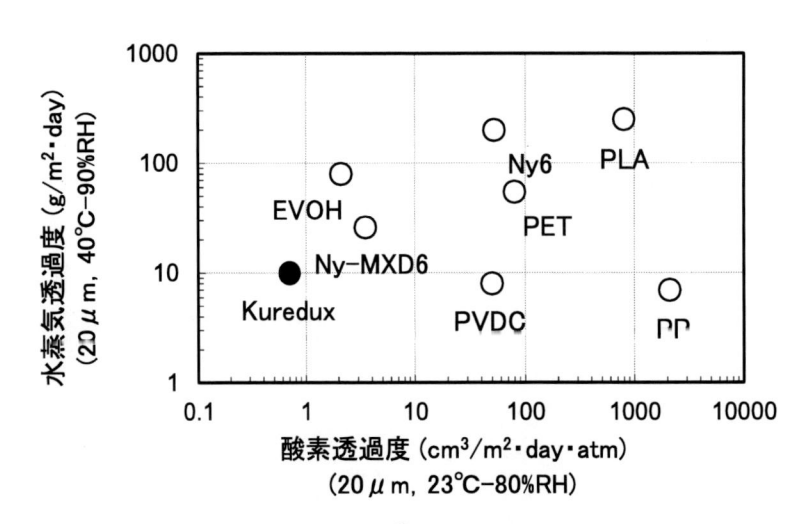

図5　Kuredux®のガスバリア性

係数は拡散係数と溶解度係数の積で表される。溶解度係数がポリマーの種類によらずほぼ一定であると仮定すると，気体の透過係数の対数は自由体積の逆数に対して直線的に減少する。実際に自由体積の逆数と酸素透過係数の対数は良い直線性を示す（図6）。Kuredux®の分子鎖は分子間

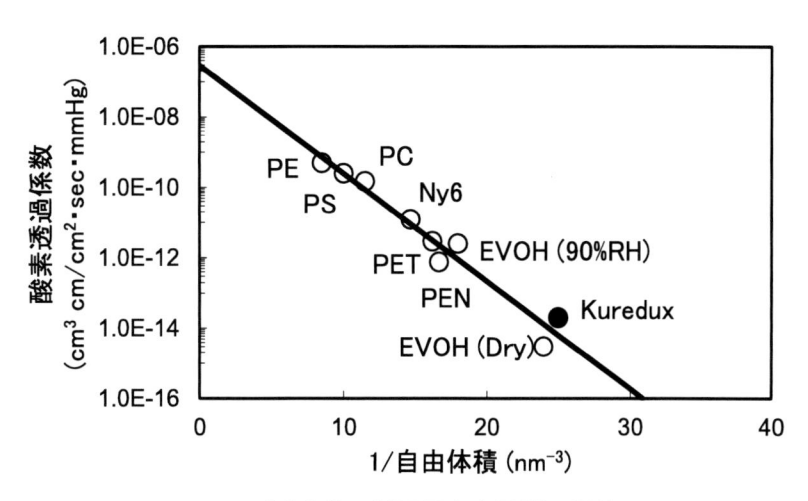

図 6　自由体積の逆数と酸素透過係数の関係

　凝集力が強く，非常に緻密なパッキング構造をとるため，分子鎖の間隙である自由体積が小さく，高いガスバリア性を有すると考えられる。

　各種フィルムの酸素透過度の湿度依存性を表 4 に示す。Kuredux®の酸素透過度は，同じポリエステルである PET と同様に湿度の影響が小さい。一方，Ny-MXD6 や EVOH は相対湿度の上昇に伴い，酸素透過度が上昇する。一般的に PP や PVDC は疎水性であるため，酸素透過度に湿度依存性がない。これに対し，Ny-MXD6 や EVOH はそれぞれアミド基，水酸基による分子鎖間の強い凝集力により高いガスバリア性を有するものの，高湿度領域では水分の吸着により分子鎖の運動性が増すため，ガスバリア性は低下する。PGA は水素結合を有さず，緻密な分子鎖のパッキング構造が分子鎖の凝集力を支配しており，ガスバリア性は湿度の影響をほとんど受けないと考えられる。

表 4　各種フィルムの酸素透過度の湿度依存性

フィルム	O_2TR [a] (20 μm, 23℃)		
	60% RH	80% RH	90% RH
Kuredux® （延伸倍率：4 × 4）	0.7	0.7	0.9
Ny-MXD6 （延伸倍率：4 × 4）	2.8	3.5	5.5
EVOH （エチレン含有率：32 mol%）	0.4	2.1	7.6
PET （延伸倍率：4 × 4）	85	85	85

a）酸素透過度（$cm^3/m^2 \cdot day \cdot atm$）

4 Kuredux®の用途例 [8~10]

4. 1 PET 共押出多層ボトル

世界的に PET ボトルの軽量化による環境負荷軽減，コストダウンが進んでいる。Kuredux® は PET の約 100 倍のガスバリア性を有するため，炭酸飲料用の PET ボトルに数％積層することにより，炭酸ガスの保持能力を維持しつつ，PET ボトルの軽量化を可能にする。26 g PET 単層ボトルに対し，21 g PET/Kuredux®多層ボトル（Kuredux®充填量 1 wt%）では，ボトル重量を 20%軽量化したにも関わらず，炭酸ガス保持能力が 1.3 倍向上する（図 7）。

一方，飲料の品質維持やシェルフライフ延長を目的に，高ガスバリア化した PET ボトルの開発が進められている。例えば，世界の熱帯に区分される地域では気温が高く，PET 単層ボトル

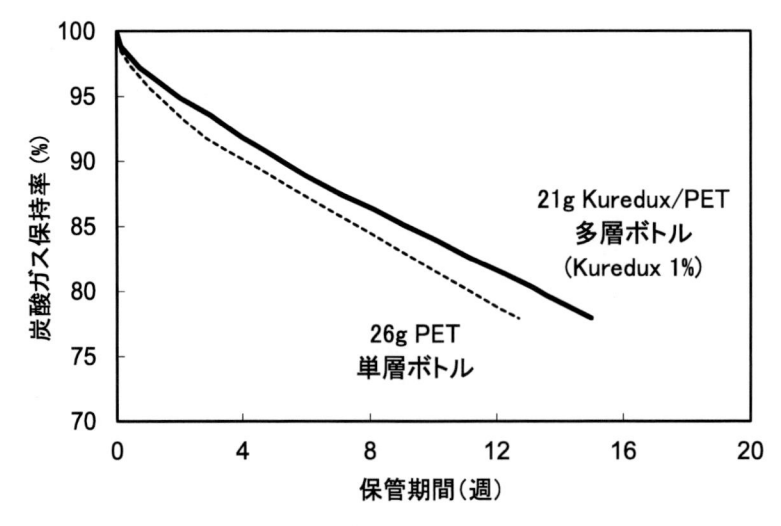

図7　PET/Kuredux®多層ボトルの炭酸ガス保持率
（容量：365 mL，試験条件：22℃-50% RH）

表5　PET/Kuredux®多層ボトルのガスバリア性

ボトル[a]	Kuredux® 充填量	BIF [b, c]	O₂TR [b, d]
	3 wt%	2.2	0.08
PET/Kuredux®多層	5 wt%	2.7	0.05
	8 wt%	3.2	0.04
PET 単層	−	−	0.30

a）ボトル容量：670 mL
b）試験条件：22℃-50% RH
c）BIF（Barrier Improvement Factor）：多層ボトルのシェルフライフ／単層ボトルのシェルフライフ（炭酸ガスが初期充填時から 20%低下するのに要する時間）
d）酸素透過度（cm³/bottle·day·atm）

では炭酸ガスの保持能力を維持できないため，飲料のシェルフライフは短いが，PET ボトルに Kuredux® を数%積層することにより，シェルフライフを大幅に伸ばすことが可能となる（表 5）。また，PET ボトルの用途展開は酒類分野へ拡がっている。ビールやワインなどを充填する場合，PET 単層ボトルでは酸素バリア性が十分ではないが，PET/Kuredux® 多層ボトルは優れた酸素バリア性能を発現できる（表 5）。

4.2　PLA 共押出多層ボトル

　PLA のガスバリア性は PET の 1/10 以下であるため，食品容器として用いるためにはガスバリア性の向上が要求される。Kuredux® は高いガスバリア性と生分解性を併せ持つことから，PLA ボトルに Kuredux® を積層することで，生分解性の食品容器の提供を可能にする。実際に PLA/Kuredux® 多層ボトルは，PET 単層ボトルと同等以上の酸素バリア性を発現する（表 6）。

4.3　繊維

　Kuredux® は溶融紡糸が可能であり，延伸により分子鎖を配向させたモノフィラメントは高強度・高弾性率の物性を有する。モノフィラメントの用途のひとつに釣り糸が挙げられるが，市販の糸と比較すると，同等以上の破断強度を発現できる（表 7）。近年，海洋プラスチック汚染問題の深刻化が指摘されており，新たな用途開発を含めて今後の展開が期待されている。

表 6　PLA/Kuredux® 多層ボトルの酸素バリア性

ボトル	ボトル重量 (g)	Kuredux® 充填量	O$_2$TR [a, b]
PLA 単層	19	−	2.09
PET 単層	21	−	0.18
PLA/Kuredux® 多層	19	3 wt%	0.09
	19	5 wt%	0.07

a)　試験条件：22℃-50% RH
b)　酸素透過度（cm^3/bottle·day·atm）

表 7　Kuredux® モノフィラメントの性質

モノフィラメント	破断強度 (GPa)	破断伸度 (%)	ヤング率 (GPa)
Kuredux®	1.03	29.2	16.6
市販 Nylon 製釣り糸	1.01	29.3	3.3
市販 PVDF 製釣り糸	0.90	22.3	3.2
市販 PET 製釣り糸	0.75	22.4	13.3

4.4 シェールガス・オイル掘削部材

シェールガス・オイル採掘には主に水平坑井採掘と水圧破砕の技術が採用されており，Kuredux®は水圧破砕時に坑井内で使用される部材に用いられている。部材の一部には高温下で水圧破砕に耐えられる高強度の材料が要求されており，従来から金属やエンジニアリングプラスチックが用いられているが，水圧破砕後のガス・オイル回収工程では生産障害となる場合があるため，坑井からの部材の破壊・回収が必要となる。これらを高強度と生分解性を兼ね備えたKuredux®に代替すると，使用時には高強度を有し，使用後には加水分解により崩壊・消失する部材を提供できる（図8）。その結果，坑井からの部材回収工程の削減と採掘工期の短縮によるコストダウンに寄与できるとともに，最終的に二酸化炭素と水に分解するため環境負荷を与えない部材を実現でき，Kuredux®製部材の採用が進んでいる。

また，シェールガス・オイル採掘は水系流体を流しながら行われるが，地層中の空洞や割れ目

図8 Kuredux®製部材の加水分解挙動
（80℃イオン交換水中）

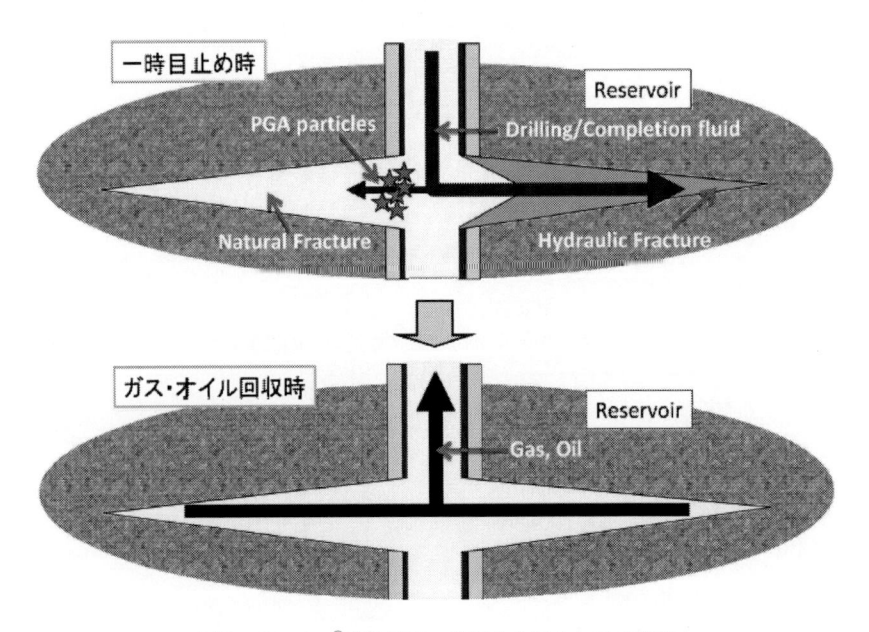

図9 Kuredux®微粒子の一時目止め材としての応用

などの大きい空隙から流体が地層中に流入する逸泥現象が起きると，掘削効率の低下を招く場合があり，地層中の空隙を目止めする必要がある。目止め可能な材料として，従来から無機粒子が一般的に使用されているが，無機粒子は非分解性のため地層中に残留し，ガス・オイル回収の効率低下を引き起こしてしまう問題がある。これに対して，目止め材として分解性を有するKuredux®を使用すると，一時的な目止め機能を発揮した後に自動的に消失可能であるため，回収効率の低下を招かない利点がある（図9）。地層の環境汚染がほとんどないことから，一時目止め材としてKuredux®微粒子が使用されている。

5　Kuredux®の環境適性

Kuredux®はコンポスト中や海水中で生分解性を有しているため，環境中に放出されたとしても負荷は少ない。また，Kuredux®は単位構造あたりの含有炭素量が低いため，燃焼時のCO_2発生量は少なく，焼却時に有毒ガス（ダイオキシン，塩化水素，NO_x，SO_x）は発生しない（表8）。さらに，Kuredux®は単位構造あたりの含有酸素量が高いため燃焼熱が低く，焼却炉などのダメージを軽減することができる。

一方，Kuredux®の原料であるグリコール酸は，一酸化炭素とホルムアルデヒドから高温・高圧下で酸触媒を用いて工業的に合成されるが，近年では石油資源の節約，炭酸ガス排出量の削減を目的に，バイオマス原料への転換が検討されており，将来的にはKuredux®のバイオマスプラとしての提供も期待されている。

表8　各種樹脂の燃焼時のCO_2発生量と燃焼熱

樹脂	含有炭素 (％)	含有酸素 (％)	CO_2発生量 (g/g)	燃焼熱 (kJ/g)
Kuredux®	41	55	1.52	12
PLA	50	44	1.83	19
PET	63	33	2.29	23
PE	86	0	3.14	46
POM	40	53	1.47	17
でんぷん	44	49	1.63	17

6　おわりに

当社では，既存樹脂中でトップクラスのガスバリア性と強度，そして優れた生分解性を併せ持つKuredux®について，工業的な製造技術を確立した上で，その特長を生かせる新しい用途を開拓してきた。機能性と環境適性を併せ持つKuredux®は，幅広い分野において，経済性や環境保全の両面で社会に貢献できると考えている。

謝辞

　ISO 19679 準拠の生分解性評価に際してご協力いただいた植松技術事務所の植松正吾博士，八幡物産㈱の糸賀公人氏に感謝の意を表する。

文　　　献

1)　W. H. Carothers *et al.*, *J. Am. Chem. Soc.*, **54**, 761（1932）
2)　C. E. Lowe, USP 2668162（1954）
3)　N. A. Higgins, USP 2676945（1954）
4)　E. E. Schmitt, USP 3297033（1967）
5)　K. Yamane *et al.*, *Polymer Journal*, **46**, 769（2014）
6)　Y. Chatani *et al.*, *Makromol. Chem.*, **113**, 215（1968）
7)　H. L. Frish *et al.*, *Macromolecules*, **4**, 237（1971）
8)　鈴木義紀，佐藤浩幸，日本包装学会誌，**25**（1), 3（2016）
9)　鈴木義紀，工業材料，**64**（10), 53（2016）
10)　小林史典，化学と工業，**66**（8), 627（2013）

第4章 ポリビニルアルコールの生分解

熊木洋介[*1], 鈴木理浩[*2]

1 はじめに

ポリビニルアルコール（以下，PVA）は，代表的なビニル系水溶性ポリマーである。水に溶解することに加え，直鎖上の結晶性ポリマーであることに起因した強靭な皮膜形成，ガスバリアー性，天然物や無機物に対して高い接着力，高い界面活性を有するなどの特徴から，ビニロン繊維原料，繊維加工（縦糸糊剤），紙加工剤，食品包装用ガスバリアーフィルム，水溶性フィルム原料，水系接着剤，無機物バインダー，乳化重合および懸濁重合の分散安定剤など多岐にわたる用途で古くから使用されている。さらに PVA は水中で微生物分解（生分解）することが知られており，昨今の地球環境対応技術（生分解，脱溶剤化，脱ハロゲン化，リサイクルなど）の開発と相まって，その使用はグローバルに拡大を続けている。PVA の生分解を活かした用途として，澱粉，セルロースやポリ乳酸に代表される他の生分解性素材と複合したコンポスト（堆肥化）対応の緩衝材，食品包装用紙，フィルム，コーヒーカプセルなどが盛んに開発され，多数実用化されている。本稿では従来から多数報告されている水中での生分解に加え，固体状 PVA の生分解に関する著者らの最近の検討を紹介する。

2 PVA の水中での生分解機構

PVA は水中での生分解試験各種（ISO 14851，OECD 301B など）で生分解することが確認されている。1973 年の鈴木ら[1]を初めとする多くの研究者らによって，*Pseudomonas* 属など数種の PVA 分解菌や PVA 分解酵素が発見され，その分解機構の研究も行われてきた。PVA の生分解には酸化酵素と分解酵素の 2 種類の酵素が関与していると考えられている。酒井ら[2~4]は，*Pseudomonas uesicularis* PD 株から 2 つの酵素を単離し，各種低分子モデル化合物との反応性から，PVA の水酸基の酸化とそれに続く酸化 PVA の加水分解により PVA の主鎖が切断されると推測している。図 1 にその機構をまとめた。

辻ら[5]は分解菌から単離精製した PVA デヒドロゲナーゼ（PVADH）を用い，PVA の分子構

*1 Yosuke Kumaki ㈱クラレ ポバール樹脂事業部 グローバルオペレーショングループ 主管
*2 Takahiro Suzuki ㈱クラレ 研究開発本部 くらしき研究センター 構造・物性研究所 研究員

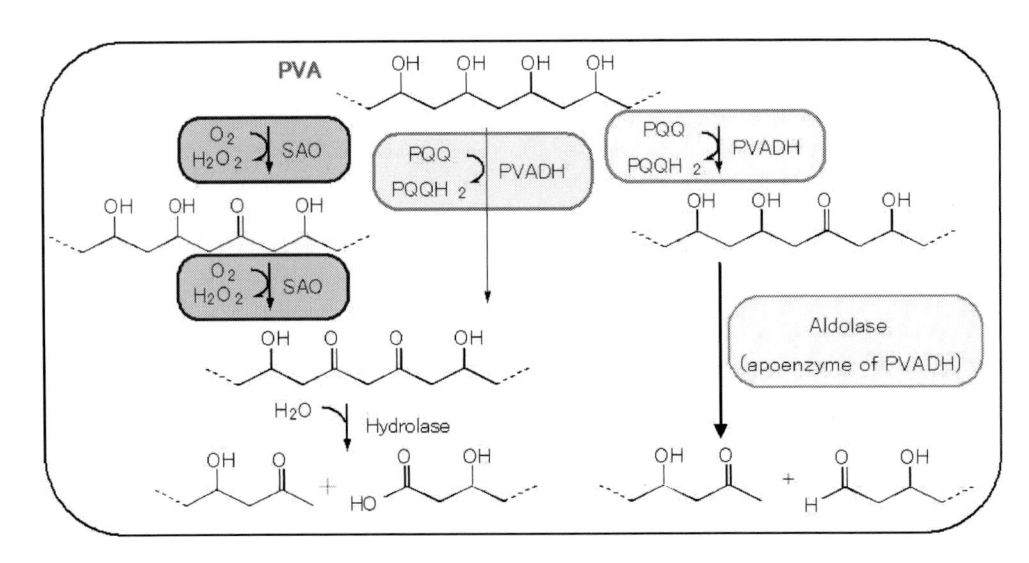

図1 報告されている PVA の生分解機構のまとめ

表1 重合度，けん化度が異なる PVA 各種の水中での生分解速度

PVA		K_m (mg/mL)	V_{max}	V_{max}/K_m
重合度	けん化度 mol%			
1,700	98.5	33.2	85.6	2.5
330	98.5	24.2	73.5	3.0
330	88.5	7.2	29.1	4.0
330	81.0	4.8	31.4	6.5
550	98.5	21.1	53.0	2.5
550	88.5	8.1	30.5	3.8
550	81.0	5.8	28.6	4.9

造と生分解性の関係を調査している。重合度，けん化度の異なる PVA を用いて，酵素反応速度論の代表的パラメータであるミカエリス定数 K_m（酵素反応速度が最大となる半分の基質濃度）と最大反応速度 V_{max} について表1にまとめた。ここで，V_{max}/K_m は低濃度領域の酵素活性を示す指標であり，PVA のけん化度依存性が認められる。これは，PVA 中の疎水基の含有量との相関を意味しており，水溶性を与える範囲で疎水性基が導入された PVA は，疎水構造と酵素との親和性により酵素活性（生分解性）が大きくなると考えられている。

　これらの発見により，実際に工業レベルにおいて分解菌を利用した活性汚泥による処理方法が，繊維加工や紙塗工後などに排出される PVA 含有排水に用いられている。また PVA 系の水溶性フィルムが洗濯洗剤などの各種包装材用途に使用されており，溶解後の易生分解性も特徴になっている。最近，3D 印刷（溶融積層方式）のサポート材として溶融成型可能な PVA が使用され，水によるサポート材の除去および排水の生分解性の観点で注目を集めており[6]，欧州にて

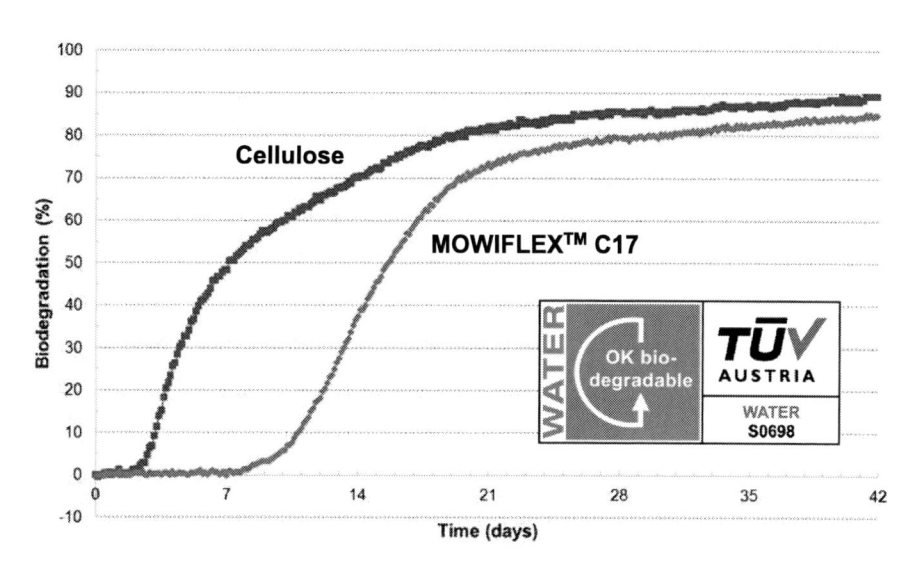

図2　3D印刷で使用される代表銘柄（MOWIFLEX™ C17）の水中での生分解試験結果（ISO 14851）

水中での生分解性認証（TÜV OK Biodegradable Water）を取得している銘柄もある。3D印刷代表銘柄の水中での生分解性試験結果を図2に示す。

3　固体状 PVA の生分解

　これまで繊維やフィルムといった固体状の PVA の生分解に関しては，澱粉，セルロースや生分解性ポリエステルなど，他の生分解性素材と複合した場合を除くと，その結晶性の高さゆえか，生分解速度が非常に遅いことが Chiellini ら[7] により報告されている。将来的に環境対応素材としての PVA の有効利用を促進するため，固体状の PVA を分解可能な分解菌の探索を著者らは実施してきた。例えば木材中のリグニンを分解する木材腐朽菌は，菌体外にペルオキシダーゼやラッカーゼといった酸化酵素を分泌し，難分解物質であるリグニンをラジカル反応で分解させることが知られており[8]，PVA への応用の可能性も十分考えられる。数百種におよぶライブラリーの中から，酸化酵素活性を指標に表2に示す木材白色腐朽菌7種と木材褐色腐朽菌2種を選出し，PVA フィルムを用いて重量減少率から分解挙動を観測した。その結果，白色腐朽菌7種については，14日間で最大10％程度の重量減少が見られ，リグニン分解系の酵素が固体状 PVA に作用していることが明らかとなった。さらに，褐色腐朽菌のキチリメンタケ（*Gloeophyllum trabeum*）では80％程度の重量減少が見られ，褐色腐朽菌の持つ固有の酵素が PVA の分解に有効に作用することが示唆された。

表2　木材腐朽菌による PVA の分解

No.	菌名	14日後の重量減少率
1	*Phanerochaete chrysosporium*	
2	*Trametes versicolor*	
3	*Trametes hirsuta*	
4	*Phlebia tremellosus*	< 10%
5	*Phebia*	
6	*Ceriporia lacerate*	
7	*Schizophyllum commune*	
8*	*Gloeophyllum trabeum*	約80%
9*	*Gloeophyllum striatum*	11%

＊：木材褐色腐朽菌

4　褐色腐朽菌・キチリメンタケによる PVA 生分解

　キチリメンタケ処理による PVA フィルムの重量減少が分解を伴うものであることを確認するために，菌処理における PVA の分子量の経時変化を測定した。処理前（0日）から13日目までの変化の様子を図3に示す。処理開始後 0～4 日目にかけて徐々にピークトップの位置が動き始め，それ以降は経時的に PVA の低分子化が進行することが確認された。13日目以降もさらに分解が進行し，分子量分布も広がっていくことが予想され，これらの結果からキチリメンタケによって PVA の主鎖の切断が起きていると考えられる。

　キチリメンタケは水溶性合成高分子のポリエチレングリコール（PEG）を分解することがすでに報告されており，そのメカニズムについても解析が行われている[9]。キチリメンタケはキノン体構造を有する代謝産物を菌体外に分泌し，その酸化還元サイクルから発生した Fe^{2+} と H_2O_2

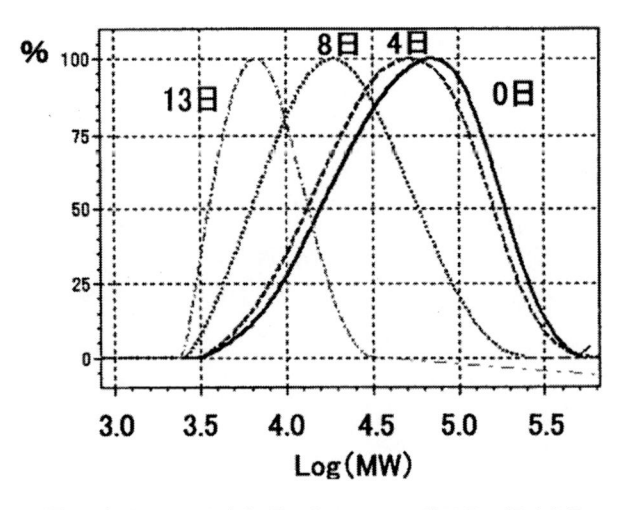

図3　キチリメンタケ処理による PVA の分子量の経時変化

により，菌体外でフェントン反応（$Fe^{2+} + H_2O_2 + H^+ \rightarrow Fe^{3+} + H_2O + \cdot OH$）を起こし，発生したヒドロキシラジカルが分解活性種となって PEG の主鎖切断を引き起こしている。PVA の分解にも同様の機構で進行しているかを確認するため，次にフェントン反応の必須要素である鉄イオンについて，PVA 分解メカニズムへの関与を調査した。具体的には Fe^{3+} を一定濃度（0.13 mM）含む培地と全く含まない培地を調整し，それぞれの培地での菌の生育速度と PVA フィルムの重量減少率を比較した。その結果を図4に示す。培地中の鉄イオン濃度が菌の生育速度に影響することが懸念されたが，菌糸の生育速度に違いは見られなかった。PVA フィルムの分解能力の違いについては，鉄イオンを一定濃度添加した場合には80%近い重量減少が見られたが，全く含まない培地では数%の重量減少に留まり，鉄イオン濃度による明確な差が現れる結果となった。

　さらにヒドロキシラジカルが分解の活性種となっているかどうかを確認するため，ラジカルトラップ剤の添加による分解速度への影響を調べた。ヒドロキシラジカルトラップ剤として生体への影響の少ない Nordihydroguaiaretic Acid（NDGA）を用いて（図5），PVA 分解のモニタリングとしてはヨウ素による呈色反応を利用し，吸光度による測定を行った結果を図6に示す。NDGA を添加しない場合は PVA の分解に伴う吸光度の低下が観測された。一方で，NDGA を添加した系では添加量に依存して吸光度の減少量が抑えられており，PVA の分解が阻害されていることが明らかとなった。これらの結果により，キチリメンタケによる PVA の分解にフェン

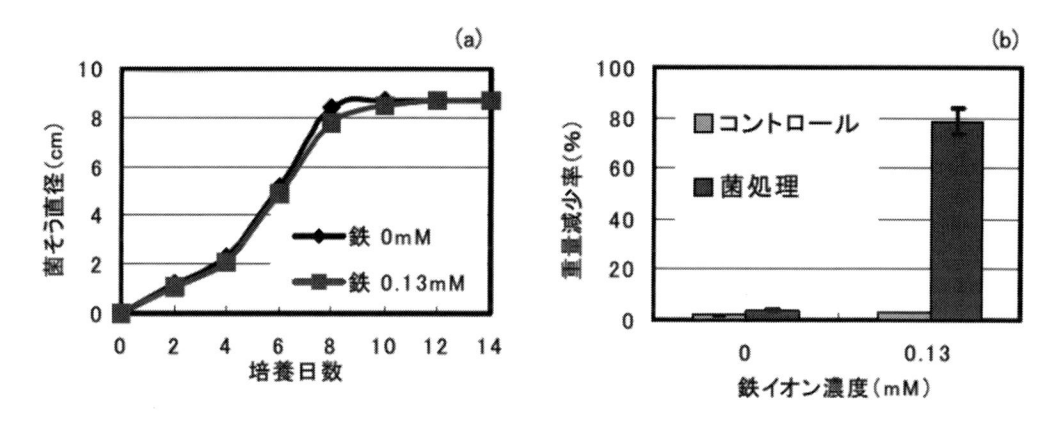

図4　培地中の鉄イオン濃度の影響評価
（a）菌糸の生育速度，（b）14日後の PVA フィルム重量減少率

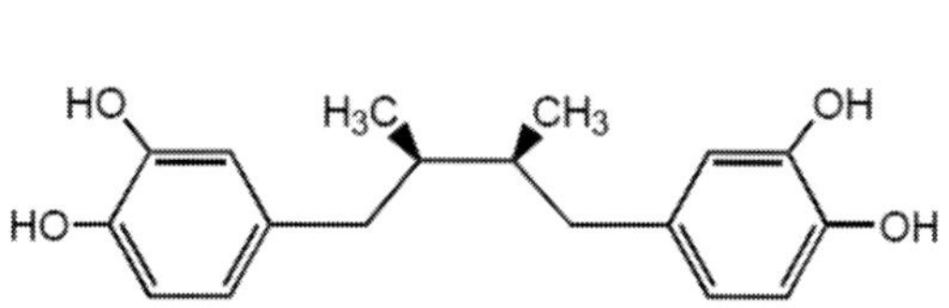

図5　Nordihydroguaiaretic Acid（NDGA）の構造式

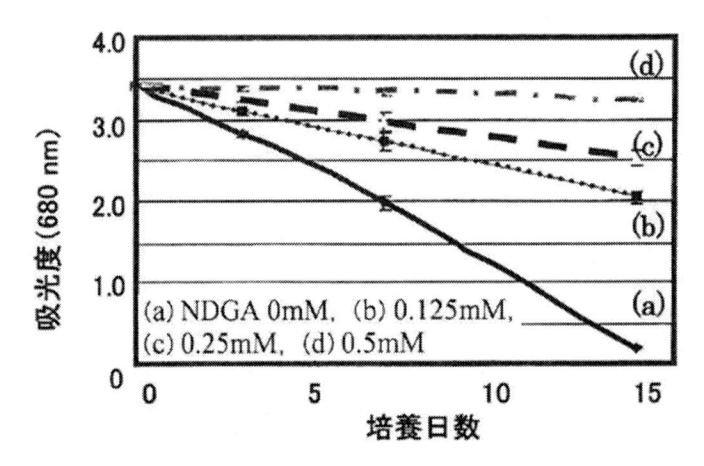

図6 NDGA 添加濃度と PVA 分解速度との関係

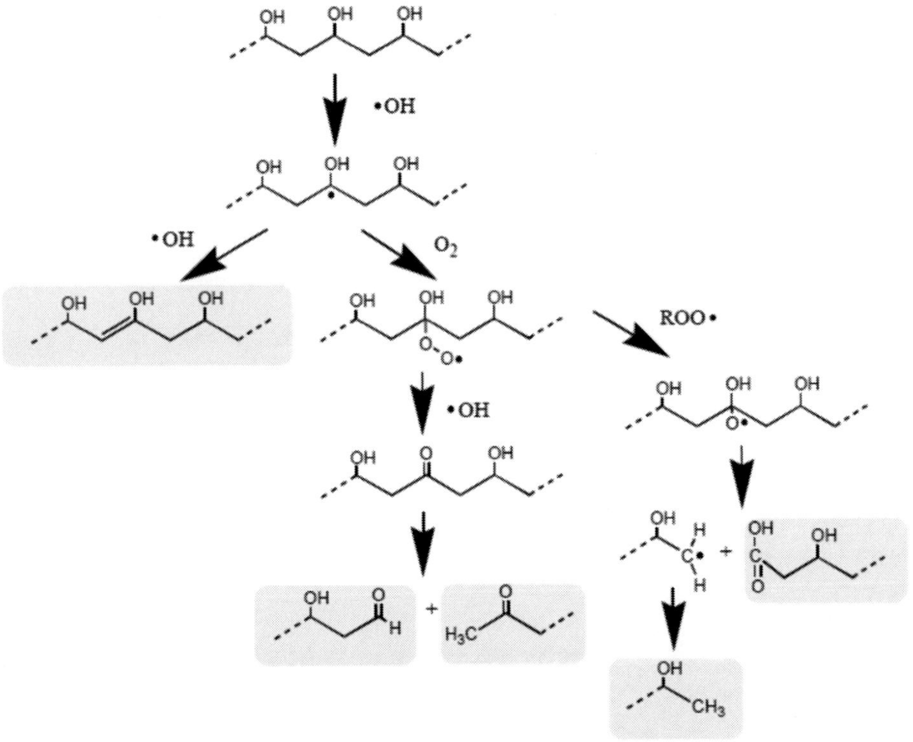

(a) NDGA 0mM, (b) 0.125mM,
(c) 0.25mM, (d) 0.5mM

図7 キチリメンタケによる PVA 分解反応の推定機構

トン反応が関与していることが示唆された。キチリメンタケによる PVA の分解反応機構を推定した結果を図7に示す。鉄イオン濃度やラジカルトラップ剤の添加による影響から，PEG 分解の報告と同様に，菌体外でのフェントン反応によって発生したラジカルにより主鎖切断が起き，

PVA が低分子化しているものと推察される。

5　まとめ

　多種多様な用途において様々な形態で使用される PVA は，自然環境下への暴露経路も多岐に
わたる。これまでは主に水溶液状態において構造を認識する菌や酵素が発見され，活性汚泥など
の条件下で生分解性が確認され，実用化されてきた。著者らは PVA に対して強力な分解活性を
有する菌糸類（キチリメンタケ）を発見し，固体状態のままの PVA についても生分解を受ける
ことを明らかとしており，使用後の堆肥化など，PVA 系ポリマーの新たな処理プロセスに繋が
ることを期待している。今後も想定される自然環境下での分解傾向を把握し，その機構を明らか
にしていきたい。

文　　　献

1）T. Suzuki *et al.*, *Agric. Biol. Chem.*, **37**, 747（1973）
2）M. Morita *et al.*, *Agric. Biol. Chem.*, **43**（6），1225（1979）
3）K. Sakai *et al.*, *Agric. Biol. Chem.*, **45**（1），63（1981）
4）酒井清文ほか，科学と工業，**61**，372（1987）
5）辻正男ほか，生分解性高分子の基礎と応用，p.323，アイピーシー（1999）
6）㈱クラレ，プレスリリース，2019.1.24
7）E. Chiellini *et al.*, *Prog. Polym. Sci.*, **28**, 963（2003）
8）穴戸和夫，キノコとカビの基礎科学とバイオ技術，141（2002）
9）K. A. Jansen *et al.*, *Appl. Environ. Microb.*, **67**（6），2705（2001）

第5章 多糖エステル誘導体の生分解性：セルロース誘導体が循環型社会の実現に貢献するには？

寺本好邦*

1 はじめに

　紙や衣料として大量に使われているセルロースは，地球上で最も多量に存在する有機高分子であり，再生産可能，カーボンニュートラル，生分解性といった生来の特質をもつ。これらにより，資源節約，温暖化抑制，廃棄物対策など，資源・環境問題の軽減に貢献できる。

　セルロースを化学的に修飾して得られるセルロース誘導体の中で，エステルである酢酸セルロース（セルロースアセテート：CA）は最大の生産量を誇る。2016年のCA製品の世界の生産量は92.5万トンであった[1]。最大の用途は紙巻タバコのフィルタートウで8割以上を占める。一方，メガネのフレームなどの熱可塑性プラスチック用途の需要も根強い。1990年代からは，CAの生分解性プラスチックとしての展開を念頭に置いた研究も行われている。グレード（後出の置換度（DS））にもよるが，環境中でゆっくりと生分解を受けるものと概して認識されている。

　本章では，CAを中心としたセルロース誘導体の概観と生分解研究を，セルロースと適宜対比させながらレビューする。CAを，バイオマスプラスチック（バイオプラ）や生分解性プラスチック（グリーンプラ）としてとらえるために必要な情報を取りまとめ，セルロース誘導体が循環型社会の実現に貢献するための方向性を考えたい。

2 セルロース産業のメインストリームである製紙産業：規模，価格，リサイクル

　セルロース系素材の中で，紙は生産量が巨大で安価，かつリサイクル性にも優れている。2015年の紙の世界の生産量は4億759万トン[2]であった。年々増大している世界のプラスチック生産量は同年に約4億700万トン[3]となっている。多様な品種がある紙は，基本的に安価な素材であり，2018年に中質紙で115円/kg，上質紙で145円/kgであった（いずれも代理店販売価格，東京地区）[2]。これらの価格は，汎用樹脂のポリプロピレン（PP）（180〜200円/kg（2018年）[4]）やポリエチレンテレフタレート（170〜200円/kg（2018年）[4]）よりも安価である。2017年の古紙回収率と古紙利用率は世界でそれぞれ58.5％および59.3％であり，日本ではそれぞれ78.8％および64.5％である[5]。このことは，最大の製紙原料は古紙であることを意味し，紙

＊　Yoshikuni Teramoto　京都大学　大学院農学研究科　森林科学専攻　准教授

はリサイクルの優等生であることが伺える。

　記録媒体としての紙は，電子媒体との厳しい競争にさらされており，需要の減少が続いている。実際に，日本の紙・板紙生産量は，2008年のリーマンショックで3,063万トンから2,628万トンに急減（435万トン減）し，その後も生産量は回復せず，2015年で2,623万トンとなっている[2]。発展途上国における今後の紙の需要の急速な伸びを考慮する必要はあるものの，先進国での紙の需要減の動きは，余剰の木材資源が発生していることを意味する。余剰の木材資源は，セルロースをはじめとする木材成分の総合利用（バイオリファイナリー）推進の原動力ともなり得る。

3　セルロース誘導体の概観

　植物が生成する天然セルロース繊維形態そのままでなく，化学的加工により半合成高分子として利用する端緒となったのが，1833年のBraconnot（仏）による硝酸（ニトロ）セルロース（NC）の発見である[6]。NCに樟脳を30％程度混ぜ合わせたのがセルロイドであり，これは史上初めて世に出た人造のプラスチック材料である。Staudingerの高分子説が学界に認められたのが1930年頃であるから，高分子の概念が成立する前にセルロイドはプラスチックとして実用化されていたわけである。

　セルロースはD-グルコピラノースがβ-1,4グリコシド結合で連なった多糖であり，無水グルコピラノース単位（AGU）当たり3つの水酸基を有する。この豊富な水酸基を端点とした反応により，様々な置換基を導入でき，天然のセルロースにはない溶解性や物性を付与できる。これまでに1,000種類以上のセルロース誘導体が提案されていて，産業として重要ないくつかのエステル類・エーテル類がある。セルロースに特有なのは，分子間に形成される強固な水素結合とそれによる結晶構造に起因して，一般的な溶剤に溶けにくいという点である。そのため，溶解・反応前には前処理が必要となる。

　セルロースの水酸基に対する誘導体化反応の進行度は，AGU 1残基当たりで元の水酸基が他基で置換された平均個数として定義される（図1）。これを置換度（DS）とよび，上限は3となる。反応により新たに水酸基が導入される場合（ヒドロキシプロピルセルロースやグラフト共重

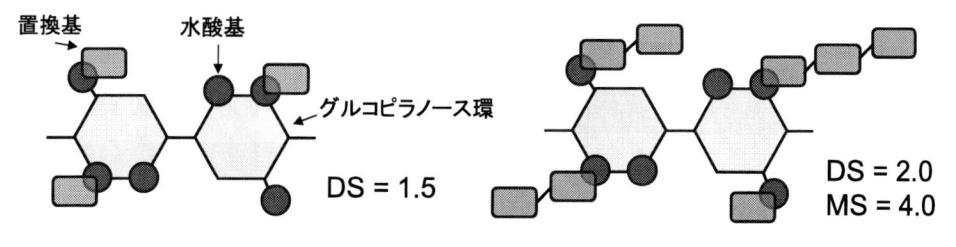

図1　DSとMSの定義

合体など），側鎖が連鎖的に伸長することとなり，AGU 1 残基当たりに導入された連鎖単位基の平均個数はモル置換度（MS）と定義される。MS には本質的に上限はない。

セルロースは，繊維あるいは粉末の形態を保ったままでも誘導体化反応を行うことができる。そのような系を不均一系とよんでいる。外観上はあまり変化がなくても，反応試薬に高度に膨潤している場合が多く，DS や MS の増大に伴って，反応系中で可溶化することもある。この可溶化過程を逐次溶解という。工業的な誘導体化反応は一般に不均一系で行われる。一方，セルロースを分子レベルで溶解する溶媒を使った系を均一系とよぶ。

不均一系では，セルロースの固体表面から反応が進行するととらえられ，これにより生成物には粒子や繊維のレベルで DS に不均一性（分布）が生じる。直鎖状のセルロース分子レベルでも分子内・分子間に DS 分布がある。均一系で得た誘導体でも，グルコピラノース環の 3 つの水酸基には置換基分布が生じる。置換基分布（構造の不均一性）の概念を図 2 に模式化した。

セルロース誘導体の特性は，置換基や導入される官能基の性質，ならびに DS・MS によって決まる。置換基が親水性なら水や親水性の有機溶媒に可溶となり，置換基が疎水的なら疎水性溶媒に可溶になる。置換基の親・疎水性を問わず，DS が 1 付近の誘導体は水溶性を示すことが多いのは興味深く，生分解性とも深く関わる。

大きな置換基でセルロース元来の強固な水素結合を断ち切れば，ガラス転移温度や熱流動温度は低下し，誘導体はプラスチックとして振る舞う。得られる材料は柔軟になるが，一般に強度は低下する[7]。

セルロース誘導体は，産業化されて 100 年以上を経た稀有な素材である。セルロイドをきっかけに「プラスチック素材の研究開発・成型加工・商品開発・流通」といった世界規模でのビジネスモデルが確立された。セルロース誘導体は，20 世紀後半から隆盛を極める合成樹脂産業の原型を作り出した素材と言える[6]。一方で，セルロース誘導体はその歴史が長い分，後発の他の材料への置き換えが為されてきた経緯をもつ。ただし，代替の効かないスペシャリティ用途で市場に残った企業の技術力は高く，新たな用途開拓研究開発の成果が陽の目を見る転換点を迎えている。

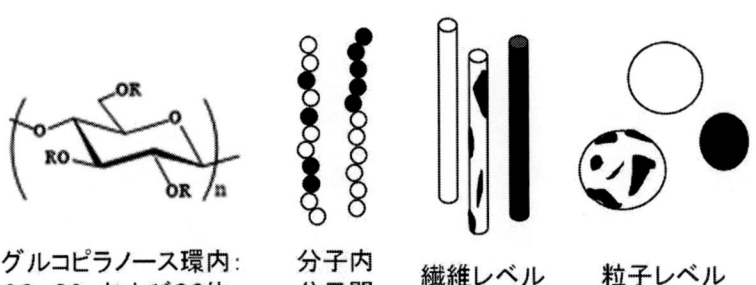

グルコピラノース環内：　分子内　　繊維レベル　　粒子レベル
C2, C3, および C6 位　　分子間

図 2　置換基分布（構造の不均一性）の概念

4　セルロース誘導体の工業生産

エーテル化では水酸化ナトリウムで前処理して膨潤状態のアルカリセルロースを得て，ハロゲン化カルボン酸，ハロゲン化アルキル，あるいはアルキルエポキシドを反応試薬とする。工業的に，それぞれカルボキシメチルセルロース（CMC），メチルセルロース（MC），あるいはヒドロキシエチルセルロース（HEC）などが作られている。

セルロースエステルは無機酸と有機酸のエステルに大別される。無機酸エステルとしては，硝酸エステルである NC がメインとなる。発煙硝酸／濃硫酸の混酸からニトロニウムイオン NO_2^+ が生成し，これがセルロースの水酸基と反応して NC を得る。

$$HNO_3 + H^+ \rightarrow NO_2^+ + H_2O \tag{1}$$

$$\text{Cellulose-OH} + NO_2^+ \rightarrow \text{Cellulose-}ONO_2 + H^+ \tag{2}$$

工業的に生産されている有機酸エステルには，CA や酢酸プロピオン酸セルロース（セルロースアセテートプロピオネート）がある。有機酸エステルは，酸触媒下でカルボン酸無水物によって調製するのが一般的である。工業的に最も重要なジアセテート（DS＝〜2.5）は，無水酢酸-酢酸-硫酸の不均一系で，いったん DS＝3 のトリアセテートを得て酢酸に溶解した均一系とした後に，水を添加して脱アセチル化（熟成）して製造される。ジアセテートはアセトン可溶で溶液を口金から押し出して繊維化できる。エステル化では，エーテル化と異なり不均一系でもトリ置換体（DS＝3）が比較的簡単に得られる。

$$(RCO)_2O + H^+ \rightarrow RC^+ + RCOOH \tag{3}$$
$$\overset{\|}{O}$$

$$\text{Cellulose-OH} + 3RC^+ \rightarrow \text{Cellulose-}(OCOR)_3 \text{（トリアセテート）} \tag{4}$$
$$\overset{\|}{O}$$

$$\text{Cellulose-}(OCOR)_3 + H_2O + H^+ \rightarrow \text{Cellulose-}(OCOR)_{2.5} \text{（ジアセテート）} \tag{5}$$

5　CA の工業利用

CA は燃えやすい NC プラスチックや写真・映画フィルムの代替として，まずトリアセテートが（1894 年に最初の特許[8]），後にアセトン可溶のジアセテートが，それぞれ工業生産されるようになった。ジアセテートは，1960 年代に安価なナイロンやポリエステルに代替されるまで，織物繊維としての重要な位置を占めた。

CA の 2016 年の生産量は 92.5 万トン[1]となっており，2017 年の世界の生分解性プラスチック（ポリ乳酸，ポリブチレンアジペートテレフタレート，ポリブチレンサクシネートなどのポリエステルなど）の生産能力の 88 万トン[9]よりもやや多かった。直近でも CA の市場はやや拡大し

ている[1]。ジアセテート繊維は，タバコのフィルターとしての性能が高く，CA 製品の 81.6 wt％を占める[1]。ジアセテートは，衣料用繊維や眼鏡のフレームなどのプラスチックとしても使われる（2016 年にそれぞれ CA 製品の 6.6 wt％および 5.2 wt％[1]）。トリアセテートは，1990 年代末まで透明性やフィルム形成能を活かした写真フィルムとして世界で大きな市場を形成していたが，2000 年代に入ってデジタルカメラの普及によりその出荷量が激減した。しかしながら，写真フィルム製造設備は，同年代に需要が急拡大した液晶ディスプレイ（LCD）部材に転用された；LCD に必ず搭載される液晶部材保護と視野角拡大を担うフィルムとして，安定した需要を確保し続けている（2016 年に CA 製品の 6.6 wt％[1]）。

6 CA の可塑化とブレンド設計

　プラスチック用途に使われるジアセテートでも，ガラス転移温度（T_g）が 180℃ 程度と高く（図 3）[7]，そのままでは熱成型が困難であり柔軟性に乏しい。そのため，伝統的にフタル酸エステル類が可塑剤として使われてきた。この可塑剤は低コストで耐久性があるが，ヒトへの有害性が懸念され，おもちゃ・育児用品への使用が規制されている。安全な可塑剤としてトリアセチン（グリセリン三酢酸）が知られている。

　低分子可塑剤の使用で懸念される可塑剤のブリードアウト（製品表面に可塑剤が浮き出ること）は，高分子を可塑剤として使えれば防げる。しかしながら，異種高分子どうしを分子レベルで相溶させようとしても，混合の自由エネルギー変化に対するエントロピーの寄与が低分子の場合より著しく小さいため，一般には困難である。通常，ポリマーブレンドの相溶化を達成するた

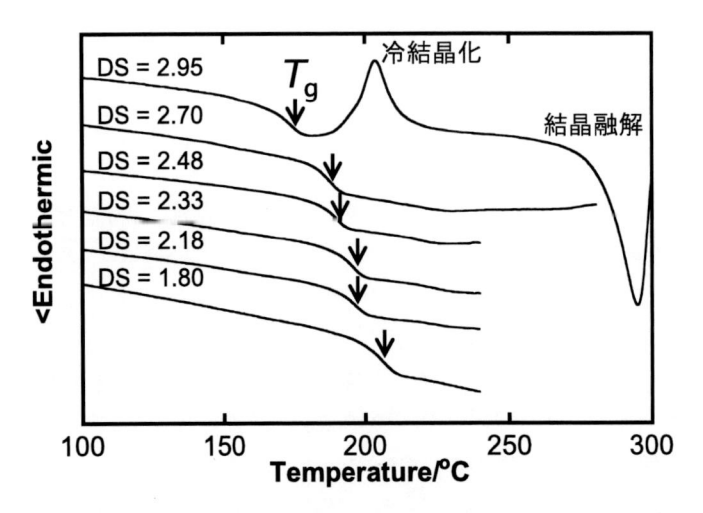

図3　DS の異なる CA の DSC サーモグラム（2nd heating scan）[7]
（寺本好邦 © 2015；文献 7）は Creative Commons Attribution ライセンスの
条件の下で配布されるオープンアクセスの記事である）

めには，異種高分子間に働く引力的相互作用の介在が必要となる。CA や他のセルロースエステルの合成高分子とのポリマーブレンドは，1990 年代以降に体系的に探究された[7, 10, 11]。(i) ピロリドン環含有ビニルポリマーならびに (ii) ポリカプロラクトンとの 2 シリーズのブレンド系が詳細に調べられている。(i) ではフィルムを光学部材として，(ii) では生分解性材料としての応用が念頭に置かれている。相溶化の駆動力は，①セルロースエステルの残存水酸基と合成ポリマー側のカルボニル基の水素結合，②成分間の双極子–双極子相互作用，③構造類似性，④合成ポリマー側が共重合体の場合に観られることがある共重合体構成モノマー間の斥力に由来するセルロースエステルとの間接的引力効果，として DS や置換基の影響が系統的に整理されている。

7　セルロース誘導体の製品価格

CA に可塑剤を加えて作られるアセテートプラスチックは，2018 年に国内生産 2,000 トン（推計）で，国内の価格は 600〜800 円/kg となっている[4]。セルロースエーテル類は，医薬の賦形化や化粧品用途，あるいは食品添加物として添加剤的に使用される。日本国内での 2018 年の価格[4]は，塗料や化粧品などの増粘剤としての HEC が 1,700〜2,500 円/kg，食品添加剤グレード（増粘剤）の CMC では 850〜1,100 円/kg となっている。

8　CA の生分解

8. 1　はじめに

CA の生物的分解を肯定的にとらえる報告は，1990 年代から，主に産業界に近いセクターによって継続的になされてきた。その少し前の時期からの世界的な環境意識の高まりと，生分解性プラスチック開発の活発化が要因であった。既述のように，CA の需要は紙巻タバコのフィルタートウがメインである；これは完全にワンウェイ用途であり，環境中に放出される恐れが強いので，CA 供給メーカーが懸念していたという側面もあった。

CA の生分解性の理解には，古くは混乱があった。端的には，アセチル化によって疎水化されると酵素のアクセシビリティが低下するというイメージが先行していたためである。1990 年代には高 DS の CA でも生物的な分解を受けることを示すエポックメイキングな報告[12]があり，その後 CA は，「ゆっくりとではあるが環境中で分解される」という認識が受け入れられている。

その一方で，植物中にセルロースに次いで多量に含まれるヘミセルロース（2 種類以上の単糖から構成されるヘテロ多糖）には，アセチルキシランなどのアセチル化多糖が含まれている。アセチル化多糖を含むヘミセルロースを物質循環に組み込むルートが自然界に存在するので，CA の代謝に必須と考えられる酵素を全て持つ生物があってもよいはず，という観点もある。

2017 年に，ISO を中心とした規格にのっとった様々な生分解条件での CA2.5 の分解挙動が取りまとめられている[13]。本節では，これを一つの到達点としてまず紹介する。次いで，CA の生

分解性を裏打ちする 1990 年代からの学術研究をレビューする。なお，CA の生分解に関するこれまでの書籍[14]や総説[15, 16]も参照されたい。

8. 2　規格に基づいた CA の生分解データ：2017 年の報告[13]

　タバコに関連する科学研究の国際協力を促進することを目的とした Cooperation Centre for Scientific Research Relative to Tobacco という組織がある。この組織が 2017 年 10 月にオーストリアの Kitzbühel で開催したミーティングで，タバコフィルタートウ製造大手の Rhodia Acetow（現 Cerdia）社の Hölter らにより，CA の生分解性を様々な規格にのっとって総合的に評価した結果が紹介された[13]。

　彼らはまず，タバコのフィルタートウとして使われる DS ＝〜2.5 のジアセテート（以下では CA2.5 のように DS を付記して表記）は，生分解性を持たないとの認識[17]が今もまだあると指摘した。これに対し，環境中で生分解を受けるセルロースよりは遅いが，CA2.5 の生分解性は一定の認識を得ているとし，図 4 のような分解挙動のイメージ図を提示した。セルロースは比較的迅速に生分解されるのに対して，CA では疎水的なアセチル基の脱離と，微生物が形成するバイオフィルムが試料を覆う段階が律速となり，生分解挙動にはタイムラグが発生する。

　彼らは，ベルギーの Organic Waste System に依頼して，CA2.5 の生分解試験を行った。この企業は，生分解試験に関して ISO 17025（試験所・校正機関が正確な測定／校正結果を得る能力があるかどうかを認定する規格）を取得している。具体的には以下のような様々な環境で生

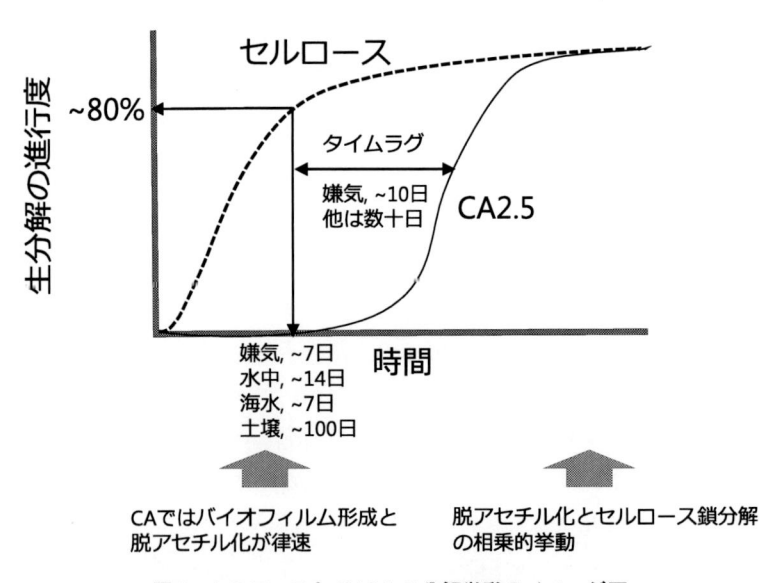

図 4　セルロースと CA2.5 の分解挙動のイメージ図
講演資料[13]を一部改変（Cerdia 社の Dirk Hölter 博士より
講演資料の転載許可をいただいた；Dirk Hölter © 2017）

分解試験を行った。

- ・　高固形物濃度嫌気的分解によるバイオガス生成量の定量（ISO 15985/ASTM D.5511-12）
- ・　植種源として活性汚泥もしくは活性土壌またはコンポストの懸濁液を添加した水系培養液中の好気性生分解度測定（酸素消費量）（ISO 14851/JIS K6950 と対応）
- ・　海水中での酸素消費量（ASTM D.6691）
- ・　土壌中の好気性生分解度測定（酸素消費量）（ISO 17556/JIS K6955 と対応）
- ・　産業的コンポストの利用

　これらのうち，嫌気性条件ではセルロースと CA2.5 の分解のタイムラグは 10 日以下と小さかったが，他の分解条件では CA2.5 の分解はセルロースよりも数十日以上遅かった。水中あるいは海水中での分解を促進するために，彼らはアルカリ金属酸化物を CA2.5 に少量添加して生分解を迅速化できる[18]ことを見出していて，これにより生分解性の外部認証の要件を満たすことができるようになる，とまとめている。

8. 3　CA の生分解を裏打ちする学術研究

　CA を生物的に分解するためには，アセチル側鎖を分解するエステラーゼと，セルロース主鎖を分解するセルラーゼの関与が必要である。これらの酵素を産生する微生物レベルの研究と，酵素レベルの研究が 1990 年代から行われてきた。

8. 4　人為的な微生物処理

　1993 年に，Eastman Chemical Company の Buchanan らは，活性汚泥による CA の好気的分解を調べた[12]。活性汚泥は，数千種以上で構成される複雑な微生物群であり，世界中で下水処理に 100 年以上使われている。彼らの立場は，セルロースエステルは汎用のポリオレフィンやポリエステルよりは高価だが，当時すでに活発な研究が為されていた脂肪族ポリエステルなどの生分解性プラスチックよりは安価なため，生分解性プラスチックとしてセルロースエステルは有望である，というものであった。彼らは，いずれも水不溶の CA1.7，CA2.5，および CA2.95 を対象に，バッチ式処理（5％の活性汚泥を含む培養液中）と排水処理施設中の排流水処理を行った。バッチ式処理では，CA1.7 は 5 日で 80％以上が分解，CA2.5 では 2〜3 週間でかなり分解する一方，CA2.95 は 28 日後でもほとんど分解しなかった。排流水処理では分解は遅く，CA1.7 は 27 日で 70％の分解，CA2.5 を相当程度分解するには 10 週間かかった。

　その後このグループでは，^{14}C でラベル化したアセチル基あるいはプロピオニル基を導入した CA あるいはセルロースプロピオネート（CP）を，活性汚泥由来の微生物で処理した[19]。エステルの加水分解は，CA1.85〜CA2.57 では 14〜31 日間で顕著に進み，CP1.84 では 25 日の処理で 70％進行した。この報告では，高 DS（2.11，2.44，2.64）の CP ではエステルの加水分解が 1％以下と低かった。セルロースエステル類はエステルの加水分解さえ起こればあとは自然界のセルラーゼによって分解されるため，ここでエステル加水分解が起こったセルロースエステルは

生分解性であると結論づけている。

このグループでは，同じ時期に，堆肥（コンポスト）化による CA の分解も報告している[20]。コンポスト化は世界の多くの地域で生ごみ処理に使われるプロセスである。DS＝2.20 を閾値として，フィルム状の CA の分解はポリヒドロキシブチレートバリレートと同等に速やかに進むことを示している。CA1.7 および CA2.5 に対するコンポスト分解が，Gu らによって示されている[21,22]。この例では，好気的なコンポストだけでなく嫌気的なコンポストでも分解が見られたことから，双方でエステラーゼとセルラーゼを含む酵素が生産されていると述べている。コンポストには，微生物・酵素以外にも水，pH，熱などの複合的要因で分解が促進されるというメリットがある。

8.5　CA 分解に関与する酵素の研究

セルラーゼ研究の進展と CA 分解との関わり

セルロースの生分解研究は 19 世紀に始まっている。酵素分解研究が初めに活発化したのは，1950 年の米陸軍研究所の Reese の報告[23]による。第二次世界大戦中，太平洋地域に展開していた米兵の綿繊維製の装備が，倉庫保管中にカビによってボロボロになってしまったため，綿繊維の保存の観点から研究が為された。その文脈で，様々なセルロース誘導体の生分解が検討され，1957 年に DS≥1 の CA はセルラーゼによる分解に耐えられると結論づけられている[24]。

1960 年代後半以降は，進展していた酵素精製技術により種々の微生物から数多くのセルラーゼが単離され，それぞれの酵素機能が解析された。その結果，結晶性セルロースを末端から加水分解してセロビオースを主生成物として与えるエキソ型グルカナーゼとしてのセロビオヒドロラーゼ（CBH）と，セルロースの非晶部をランダムに切断するエンドグルカナーゼ（EG）の組み合わせによってセルロース繊維が完全に分解されるというエンド-エキソ説が受け入れられるようになった[14]。

1980 年代後半からは，分子生物学の進歩に伴って，アミノ酸配列と疎水性クラスター解析により，セルラーゼがタンパク質の三次元構造の類似性から分類されるようになった（糖質加水分解酵素（GH）ファミリー）[25,26]。GH のほかにも，糖転移酵素，多糖リアーゼ，炭水化物エステラーゼ（CE），酸化還元酵素などを含む補助活性酵素，および酵素そのものではないが炭水化物結合モジュールの各クラスがあり，Carbohydrate-Active enZymes（CAZy）としてデータベースが管理・運営されている（http://www.cazy.org）。このような，基質特異性や反応様式とは異なる分類によって，エンド型とエキソ型の酵素でも，同一の GH ファミリーに属するものがあることが見出された。すなわち，CBH と EG というセルラーゼの機能的な特徴が，全体構造ではなく活性中心を取り囲む局所構造に大きく依存していることが示された。それによると，CBH はループを形成してトンネル状の構造（図 5 上）をとるのに対して，EG は活性中心付近が溝のような開いた状態である[27]（図 5 下）。図 6 に示すように，CBH 型の酵素は分解産物を遊離する際にもセルロース鎖から脱離することなく，セルロース鎖に沿ってそのまま進行しなが

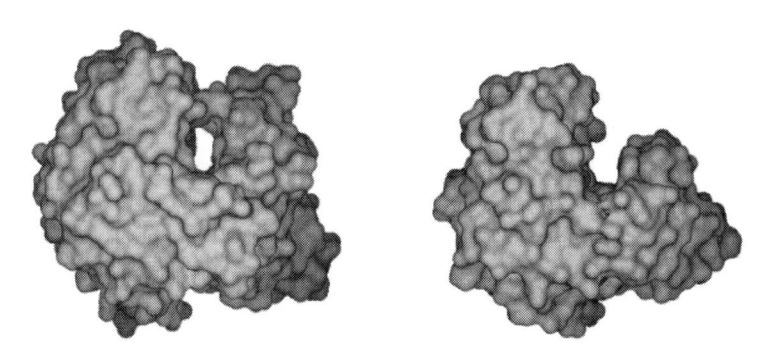

図5　CBH（左）とEG（右）のイメージ例
Humicola insolens 由来の CBH Cel6A（左）および *Trichoderma fusca* 由来の EG E2（右）のファンデルワールス表面による表現[28]（転載許可を受けた；The Biochemical Society, London © 1998）

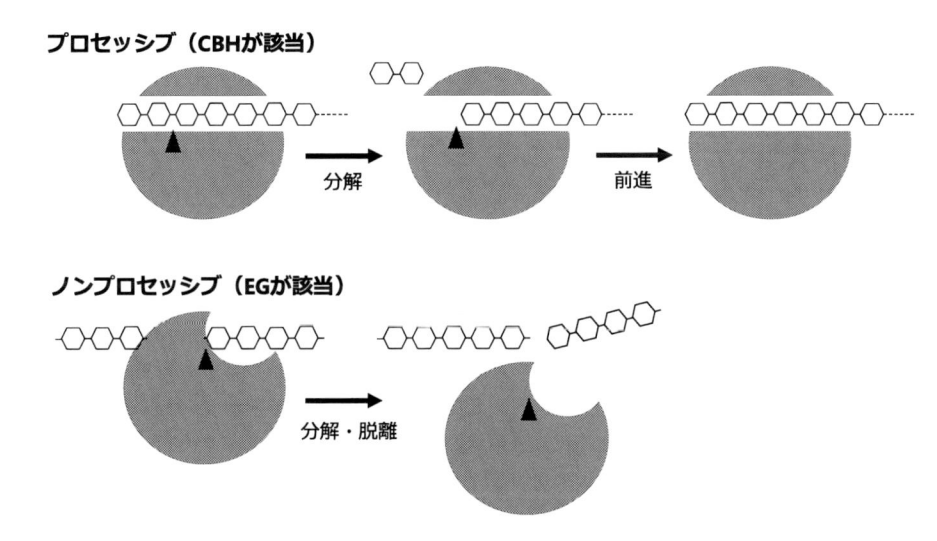

図6　セルラーゼの作用様式におけるプロセッシビティの概念

　ら，プロセッシブ（生産的）に加水分解を続けると考えられる[28]。EG 型の酵素はセルロースのグリコシド結合を加水分解した後にセルロース鎖から脱離するため，ノンプロセッシブ（非生産的）に作用する。このような酵素自身のプロセッシビティの概念は現在主流となっている。

　CBH 型の酵素の活性中心はトンネル内にあるため，CA を含む全てのセルロース誘導体の置換基に対してかなり敏感である。プロセッシブな分解は，活性中心とセルロースの置換基が出会った時点で停止してしまうと考えられる。これにより，セルロース誘導体は概して CBH 型酵素では分解されないと理解されている[16]。CBH 型とは対照的に，エンド型の EG の活性中心は開いた溝の部分に存在するので，セルロース誘導体の DS と，そのセルロース主鎖に沿った分布（図2）によっては加水分解能をもち得る[16]。EG は置換されていない無水グルコース残基を優先

表1　エンドグルカナーゼ Cel7B による CA 分解の DS 依存性[29]

DS	酵素処理後の重合度	
	出発の CA	Cel7B による処理後
0.9	31	4
1.2	85	5
1.6	138	27
1.9	189	100
2.5	316	306
2.9	387	394

（一部改変；転載許可を受けた；American Chemical Society © 1998）

的に分解できるものと考えられ，実際に EG での CA 分解挙動の DS 依存性が報告されている（表1）[29]。

8.6　エステラーゼの関与とセルロースアセテートエステラーゼの発見

CA の生分解では，セルラーゼによる分解に至る前の脱アセチル化のステップがカギとなる。1957 年に Reese は，セルロース分解菌 *Pestalotiopsis westerdijkii* QM 381 が水溶性の CA0.76 を分解することを報告し，分解にエステラーゼが関与することを示唆した[24]。その後，この菌はセルラーゼとアセチルエステラーゼを生産していることが示された[30]。高 DS の CA の生分解は 1969 年に報告されている[30]；CA 製の逆浸透膜に対する微生物（土壌表面および湖底の菌）の作用が調べられ，CA2.5 は劣化するが CA2.8 では高い分解抵抗性を示すことが見出された。

1990 年代から，大阪市立工業研究所（現（地独）大阪産業技術研究所）の酒井らのグループは，CA 製品の環境中での分解産物の資化性と安全性を理解するために，CA 分解微生物の単離から分解酵素の精製とその評価に至る，一連の検討を行った[31~34]。彼らは，CA を炭素源とする培地で土壌中の菌のスクリーニングを行い，CA 分解能力に優れた 2 種の菌（*Neisseria sicca* SB および SC）を単離・同定した[31]。これらの菌は，CA2.34 を含む培地中で，CA2.8 と CA2.0 の混合物であるメンブレンフィルターと CA2.34 のテキスタイルを分解した。しかしセロビオースオクタアセテートを含む培地中では分解しなかった。SB と SC による CA1.81 および CA2.34 の粉末の分解を生物化学的酸素要求量（BOD）測定で調べたところ，20 日間で SB では 51 および 40％，SC では 60 および 45％分解していると評価された。CA のアセチル基の脱離を，FT-IR と NMR で確認した。CA2.34 の SB と SC による 10 日間の分解によって，GPC で見積もられる数平均分子量はそれぞれ 9.31 および 4.97％減少した。菌の培養液を CA1.81 および CA2.34 の粉末を含む液体培地に添加して培養を続けると，酢酸と還元糖が遊離することが確認された。したがって，エステラーゼとセルラーゼが菌培養液中に存在していることが示された。

彼らは次に，SB の培養液上清から CA のアセチル基の加水分解を触媒する細胞外酵素を精製して得た[32]。その結果，比活性で 1,110 倍に精製され，収率は 2.07％であった。これを彼らはセルロースアセテートエステラーゼ（CAE）とよんだ。この検討でコントロールとして調べら

れた市販のエステラーゼは，CA に対してほとんどあるいはまったく活性を示さなかった。次に，CAE の基質特異性を調べている。CAE による CA0.88（水溶性）のアセチル基の加水分解活性を 100 として，20℃・30 min における種々の低分子あるいは多糖エステルのエステル加水分解活性を調べている（表2）。p-ニトロフェニルエステルのアセテートは CA0.88 と同等の分解活性だったが，アシル基の鎖長が長くなると顕著に活性が低下した。脂肪族アセテートの分解活性は非常に低かった。一方，表3に示すように，CAE は種々の糖アセテートの分解には高い活性を示した。CA の DS が大きくなると活性は低下したが，単糖や二糖のアセテートは，それらが水に不溶であっても非常に高い分解活性を示した。この検討では，CA 以外のアセチルキシランのようなアセチル化多糖を基質とした実験は行われていないが，SB 由来の CAE の N 末端アミノ酸配列が，*Aspergillus niger* 由来のアセチルキシランエステラーゼのものと 45％の相同

表2　セルロースアセテートエステラーゼ（CAE）の種々のエステル化
　　　合物に対する基質特異性[32]

化合物	比活性（%）
CA0.88	100
p-nitrophenyl acetate	105
p-nitrophenyl propionate	84.4
p-nitrophenyl butyrate	9.59
p-nitrophenyl pentanoate	5.01
p-nitrophenyl hexanoate	3.74
p-nitrophenyl octanoate	3.50
methyl acetate	0.1
ethyl acetate	0
1-propyl acetate	0.7
2-propyl acetate	0.1
1-butyl acetate	0.7
2-butyl acetate	0.6
isobutyl acetate	0.4
pentyl acetate	0.5
hexyl acetate	0.4
heptyl acetate	0.4
octyl acetate	0.2
vinyl acetate	10.8
phenyl acetate	29.8
1-naphthyl acetate	37.8
2-naphthyl acetate	33.9
poly(vinyl alcohol)（ケン化度 86.5〜89.0 mol%）	0

（一部改変；転載許可を受けた；Japan Society for Bioscience,
Biotechnology, and Agrochemistry © 1999）

表3　セルロースアセテートエステラーゼ（CAE）の糖
アセテートに対する基質特異性[32]

化合物	比活性（%）
CA0.88	100
CA1.77	12.2
CA2.45	3.2
glucose pentaacetate	252
xylose tetraacetate	249
cellobiose octaacetate	96.6
sucrose octaacetate	108
alginate	5.3
penta-*N*-acetylchitopentaose	0.9

（一部改変；転載許可を受けた；Japan Society for
Bioscience, Biotechnology, and Agrochemistry © 1999）

性を有することを確認している。

　その後，このグループでは，SB の培養液上清から，エンドグルカナーゼ（上述，EG）活性
をもつ酵素も精製して得た[33, 34]。CAE との相乗効果を調べたところ，水溶性の CA0.88 だけで
なく，水不溶の CA1.77 でも，酵素による脱アセチル化と糖鎖の分解に，両酵素の共存が効果的
であった。

8.7　ヘミセルロース分解酵素と位置選択的脱アセチル化

　天然にはアセチル化多糖（ヘミセルロースのアセチルキシランとアセチルグルコマンナンやキ
チンなど）が存在する。微生物によるこれらの分解には，アセチル側鎖の切断と他の糖質加水分
解酵素の相乗効果がはたらいている。

　炭水化物エステラーゼは，アセチル化多糖，特にヘミセルロースであるアセチルキシランの分
解に関与する。先述の分類にしたがってファミリーに分けられていて，ファミリーによって，位
置選択的な脱アセチル化能を持つことが報告されている。

　CA は，いくつかのアセチルキシランエステラーゼ（AXE）の基質となる。様々な炭水化物エ
ステラーゼ（CE）ファミリーの8つの AXE について，CA0.7 と CA1.4 の分解活性が評価され
た[35]。疎水性クラスター分析による AXE の CE ファミリーへの分類が，CA の分解活性，特に
脱アセチル化の位置選択性と相関していた。水溶性の CA0.7 については，CE 1 ファミリーに分
類される酵素は C2 および C3 位のアセチル基を脱離させたが，CE 5 ファミリーでは C2 位のみ
を脱アセチル化した。CE 4 ファミリーの酵素では C3 位のみが脱アセチル化されるようであっ
た。これらの位置選択性を，水不溶の CA1.7 でも一部確認している。

　森芳らは，CAE を CA モデルとしてのアセチル-β-D-グルコピラノシドに作用させて，脱ア

セチル化の位置選択性を調べた[36]。CAE は，2,3,4,6-テトラ-*O*-アセチル-*β*-D-グルコピラノシドの C3 位を迅速に脱アセチル化し，次いで C2 位が脱アセチル化された。一方，遅いながらも C4 および C6 位も脱アセチル化され，最終的には完全に脱アセチル化されることを確認した。

8. 8　まとめ

　セルラーゼ研究と比較して，CA の酵素分解メカニズムの研究例は多くないが，自然界には CA の分解に必要な酵素を持ち合わせている生物がいてもおかしくなく，DS = 2.5 程度までなら酵素によって分解されると結論づけられる。

9　セルロース誘導体が循環型社会の実現に貢献するには？

　日本バイオプラスチック協会が制定している 2 つの識別表示制度のうち，バイオマスプラスチックの製品「バイオマスプラ」のポジティブリスト（PL）[37]には CA がリストアップされているが，生分解性プラスチックの製品「グリーンプラ」の PL[37]には掲載されていない。同協会による環境省の委員会資料[38]や European Bioplastics のレポート[9]では，CA はバイオプラスチックとして扱われていない。このような状況の中で，CA が存在感を高めるには，技術的あるいはそれ以外の観点から，どのような方向性があり得るだろうか。

　技術的な課題としては下記のような事柄が挙げられる。

- ・　スペックや製品形態：　CA は汎用樹脂よりもかなり高価である。バルク材として，汎用樹脂と同等の用途を追究する以外の方向性も望まれる。繊維やプラスチックの主材としてだけでなく，紙や今後の成長が見込まれるパルプモールド用の添加剤・コーティング剤としての展開なども想定される。紙の添加剤・コート剤には非生分解性の合成高分子も多用されるので，その代替に価値を見出す国内外のセクターが存在すると考えられる。一方，溶融粘度などのハンドリングの向上を目指すなど，素材産業にとって使いやすいものと認知されるような技術開発も望まれる。
- ・　トリアセテートの活用：　ジアセテートよりも製造工程のステップが少ない DS = 3 のトリアセテートは，生分解されるという報告例に乏しい。生分解性とともに，アセトン可溶のジアセテートよりも使い勝手が悪い点を克服する技術開発が望まれる。
- ・　生分解の促進：　光増感剤や光触媒といった分解補助添加剤により，CA の分解速度を増大しようという取り組みがある[16]。トリアセテートの生分解研究と組み合わせることもできる。添加剤を加えた場合，使用時の系の安全性・安定性も同時に問われる。
- ・　制御分解機能の探究：　前項と関連して，使用時には安定で，必要に応じて段階で急速に分解する制御分解機能にも興味が持たれる。CA の生分解が総じて遅いという特徴は，この目的にはうまく応用できるかもしれない。6 節で触れた可塑剤やブレンド[11]の研究を，生分解挙動の観点から再構築することもできるだろう。近年世界的に懸念されている海洋分解の

必要性の観点からは，深海を想定した高圧水中での CA やセルロースの分解挙動を把握する
ことも興味深い。

技術以外の側面では下記のような課題があるだろう。

- ・ 素材産業の異業種連携： セルロース誘導体を製造する企業だけでなく，製紙，機械，コ
ンパウンドなどの業種が連携を深めていくと，新たな発想が生まれるものと期待される。法
制上・環境への影響の点からは紙と同様に扱えるプラスチック，などのコンセプトを提案す
ることができるかもしれない。
- ・ 素材産業以外のセクターとの連携： 直接的な技術的課題だけでなく，経済活動，ライフ
サイクルアセスメント（LCA），あるいは文化的観点などから，セルロース系素材を積極的
に活用することの意義を議論できる場を設定できないだろうか。関連する学協会がリードす
ることができる取り組みであろう。
- ・ 政策的支援の必要性： 他のバイオマスプラ・グリーンプラとともに，公共調達や税制な
どで優遇措置を得られるよう働きかけを続ける必要がある。
- ・ 規格策定への関与： スペシャリティ用途で安定した利益を確保しながら，長期的にはコ
モディティ用途で展開するために，様々な立場の方々から多様な見解を得て，世界的な規格
をセルロース誘導体にもマッチした形で主体的に構築していくことが求められる。

10　おわりに

セルロースは，植物体が作り出した精緻な構造体であり，分解には極力エネルギーを投入せ
ず，構造を活かしていくのが得策であると筆者は考える。近年注目されているセルロースナノ
ファイバーは，そのようなコンセプトにかなっているため魅力的，という側面がある。セルロー
スの分子骨格が残っているセルロース誘導体にも，セルロース特有の様々な分子特性（半剛直
性，キラリティなど）[39]があるので，素材の魅力としてより顕在化させていく必要がある。

国際的に広がるバイオエコノミーのムーブメント[40]にも積極的にフィットさせて，セルロース
誘導体にまつわるセクターが，値付けなどの面を含めて有力な存在になっていくことになればす
ばらしい。独自の存在感を有する素材として，技術開発と社会とのかかわりの両面から，セル
ロース誘導体の新たなブレイクスルーを期待したい。

謝辞

本章をまとめる上で有益なご示唆をいただいた，㈱ダイセル／金沢大学特任教授 島本 周 先生および京都
大学農学研究科教授 髙野 俊幸 先生に対して厚く感謝の意を表します。

文　　献

1) C. Bao, doctor thesis, Université Claude Bernard Lyon I (2015)

2) 図表：紙・パルプ統計，日本紙パルプ商事（2019）

3) OECD, Improving Markets for Recycled Plastics: Trends, Prospects and Policy Responses, OECD Publishing (2018)

4) 2019 年版 17019 の化学商品，化学工業日報社（2019）

5) 日本製紙連合会，製紙産業の現状，https://www.jpa.gr.jp/states/global-view/index.html（アクセス日：2019 年 9 月 12 日）

6) セルロース学会編，セルロースのおもしろ科学とびっくり活用，講談社（2012）

7) Y. Teramoto, *Molecules*, **20**, 5487 (2015)

8) P. Rustemeyer (ed.), "Cellulose Acetates: Properties and Applications", Wiley-VCH (2004)

9) European Bioplastics, "Bioplastics market data 2018: Global production capacities of bioplastics 2018-2023" (2018)

10) K. Sugimura *et al.*, "Encyclopedea of Polymeric Nanomaterials", p.339, Springer (2015)

11) Y. Nishio *et al.*, "Blends and Graft Copolymers of Cellulosics: Toward the Design and Development of Advanced Films and Fibers", Springer (2017)

12) C. M. Buchanan *et al.*, *J. Appl. Polym. Sci.*, **47**, 1709 (1993)

13) D. Hölter and P. Lapersonne, New aspects of cellulose acetate biodegradation, In: CORESTA Meet. Smoke Sci. Technol. Kitzbühel (Austria), ST 13 (2017)

14) セルロース学会編，セルロースの事典，朝倉書店（2000）

15) J. Puls *et al.*, *J. Polym. Environ.*, **19**, 152 (2011)

16) J. Puls *et al.*, *Macromol. Symp.*, **208**, 239 (2004)

17) WHO, Tobacco and its environmental impact: an overview (2017)

18) D. Hölter and P. Lapersonne, WO2016092024A1 (2019)

19) R. J. Komarek *et al.*, *J. Appl. Polym. Sci.*, **50**, 1739 (1993)

20) R. M. Gardner *et al.*, *J. Appl. Polym. Sci.*, **52**, 1477 (1994)

21) J. D. Gu *et al.*, *J. Environ. Polym. Degrad.*, **1**, 143 (1993)

22) J. D. Gu *et al.*, *J. Environ. Polym. Degrad.*, **1**, 281 (1993)

23) E. T. Reese *et al.*, *J. Bacteriol.*, **59**, 485 (1950)

24) E. T. Reese *et al.*, *Ind. Eng. Chem.*, **49**, 89 (1957)

25) 吉田誠，木材保存，**35**, 250 (2009)

26) 五十嵐圭日子，木材学会誌，**61**, 212 (2015)

27) G. Davies and B. Henrissat, *Structure*, **3**, 853 (1995)

28) A. Varrot *et al.*, *Biochem. J.*, **337**, 297 (1999)

29) B. Saake *et al.*, *ACS Symp. Ser.*, **688**, 201 (1998)

30) K. M. Downing *et al.*, *Biotechnol. Bioeng.*, **29**, 1086 (1987)

31) K. Sakai *et al.*, *Biosci. Biotechnol. Biochem.*, **60**, 1617 (1996)

32) K. Moriyoshi *et al.*, *Biosci. Biotechnol. Biochem.*, **63**, 1708 (1999)

33） K. Moriyoshi *et al.*, *Biosci. Biotechnol. Biochem.*, **66**, 508（2002）

34） K. Moriyoshi *et al.*, *Biosci. Biotechnol. Biochem.*, **67**, 250（2003）

35） C. Altaner *et al.*, *J. Biotechnol.*, **105**, 95（2003）

36） K. Moriyoshi *et al.*, *Biosci. Biotechnol. Biochem.*, **69**, 1292（2005）

37） 日本バイオプラスチック協会，グリーンプラポジティブリスト，http://www.jbpaweb.net/gp/gp_pl.htm（アクセス日：2019 年 9 月 12 日）

38） 日本バイオプラスチック協会，バイオプラスチック概況（環境省 中央環境審議会 循環型社会部会 プラスチック資源循環戦略小委員会 資料），http://www.env.go.jp/council/03recycle/y0312-02/y031202-5r.pdf（アクセス日：2019 年 9 月 12 日）

39） Y. Nishio *et al.*, *Adv. Polym. Sci.*, **271**, 241（2016）

40） 統合イノベーション戦略推進会議，バイオ戦略 2019〜国内外から共感されるバイオコミュニティの形成に向けて〜，https://www.kantei.go.jp/jp/singi/tougou-innovation/pdf/biosenryaku2019.pdf（アクセス日：2019 年 9 月 12 日）

第V編

プラスチックの分解酵素

第1章　プラスチック分解微生物の分布と分解機構

西田治男*

1　はじめに

　1gの土壌の中には1億匹にも達する微生物が生息している。これらの微生物の中には，成形加工されたプラスチックを分解する能力を持った微生物群が存在する。最近，ポリエチレンテレフタレートを分解する微生物が報告された[1]。これらの分解微生物群は人工的な成形物をどのように認識し，自然界には存在しないような結晶・非晶構造をどのようなプロセスで分解していくのか？　また，これら分解微生物群は，多様な環境中にどのように分布しているのか？　これらの課題は，生分解性プラスチックを有効に利用し，その分解処理に至るまでの責任を持つために重要であり，より正確な理解が必要である。

　本節では，プラスチック分解微生物の環境分布および分類学的分布状況を把握することで，プラスチックの環境中での生分解の可能性を推定するのみならず，分解微生物の安全性の側面をも推測することができ，さらに，結晶・非晶といった微生物が遭遇することのない構造体に対して微生物がどのような挙動でその分解を進めていくのかについて議論する。

2　分解微生物の環境分布

2. 1　クリアーゾーン法による評価

　環境中に存在する微生物の総数を計測する方法の一つとして，コロニー数を計測する方法がある。ただし，それは培地の組成や培養条件下でコロニーを形成しうる微生物に限定される。非選択的な標準培地として Nutrient Broth を 8,000 ppm 含有した富栄養培地（NB培地），もしくは Yeast Extract を 250 ppm と要求無機塩類を最小限含有した貧栄養培地（YE培地）を用いて行った場合，NB培地上では2週間ほどで環境サンプル中のカビの増殖が顕著となりコロニー計測が難しくなった。カビの影響を抑え，1か月間の計測継続のために，主に YE 培地を用いて行うこととした。この YE 培地中に基質となるプラスチックを微分散させるため，プラスチックを低沸点溶剤（例えば，塩化メチレン）に溶解し，これを YE 培地と混合しホモジナイザーで乳化処理した後，寒天を加えてオートクレーブ滅菌処理を行い，最終的にシャーレ中に分注してプラスチックが微分散した YE プレートを作成した。

　このようにして作成したプラスチック微分散 YE プレート上に新鮮な環境サンプルの希釈液を

＊　Haruo Nishida　九州工業大学大学院生命体工学研究科　客員教授

均一に塗布し，30℃恒温槽中で静置培養を行い，形成したコロニー数とコロニー周辺に微生物が分泌する分解酵素によってプラスチックが分解することにより生じる透明領域（クリアーゾーン）を毎日計測することによって，コロニーおよびクリアーゾーン形成曲線を作成した[2]。

2.2 クリアーゾーン法による好気および嫌気分解微生物の環境分布

　異なった10種類の環境から採取した土壌や湖沼底泥，河川水などの各種環境サンプルは，それぞれ水分量，有機および無機物量が異なる。したがって，それぞれの環境中には固有の微生物叢が形成されていることが推察される。

　生分解性を有するポリプロピオラクトン（PPL）をプラスチックサンプルとして微分散させたYEプレート上に形成したコロニーとクリアーゾーン例を図1に示す[3]。各クリアーゾーンの中心にコロニーを形成している微生物がプラスチック分解酵素を分泌する微生物である。図1にみられるように同一のYEプレート中に，コロニーの形状だけでなく，クリアーゾーンの拡がりや鮮明性も一様ではない。このことは，種類の異なる複数の分解微生物がその環境サンプル中に共存していることを示している。

　酸素の存在する好気環境に比べて，河川や湖沼の底泥，埋立地，および深海などは酸素が無いかあるいは極端に少ない嫌気環境である。このような環境中には好気環境とは異なる微生物叢が形成されており，その分解挙動も異なる。このような嫌気環境中の分解微生物の分布状況を把握するための方法として，プラスチック微分散ロールチューブを用いたコロニーおよびクリアーゾーン計測法があり，この方法を用いることによってポリ（3-ヒドロキシ酪酸）（PHB）[4]およびポリカプロラクトン（PCL）嫌気分解微生物[5]の環境分布が報告されている。PHBの嫌気分解微生物は関東圏の湖沼底泥中にほぼ100%分布していることが確認された。

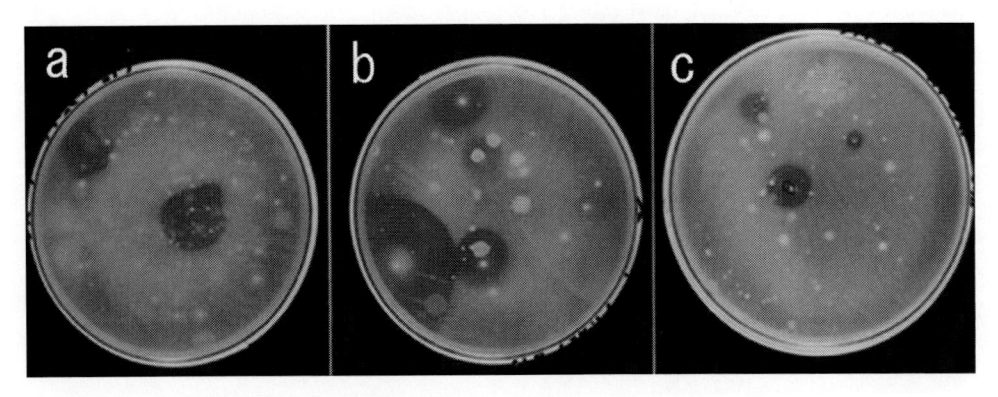

図1　ポリプロピオラクトン微分散YEプレート上でのコロニーおよびクリアーゾーンの形成
a：コンポスト，b：雑草地土壌，c：桜川河川水

2.3　コロニー／クリアーゾーン形成曲線に基づく分解微生物の多様性と分解誘導期間

　生分解性プラスチックとして PHB，PCL，ポリ（L-乳酸）（PLLA）およびポリパラジオキサノン（PPDO）を微分散した YE プレート上に形成したコロニーとクリアーゾーンを毎日計測し，その変化をコロニーおよびクリアーゾーン形成曲線としてプロットする（図2）。コロニー形成曲線は服部によって FOR モデルとして提唱されている[6]。例示した図から，埋立地浸出液を播種した PHB 微分散 YE プレート上でのコロニー／クリアーゾーン形成曲線はともに階段状に増加する挙動が認められた。この曲線から，少なくとも8グループの微生物がコロニーを形成し，さらに少なくとも4グループの分解微生物が浸出液中に存在していることを示唆している[7]。ここで興味深いのは，PHB 微分散 YE プレート上では，クリアーゾーンの形成がコロニー形成から2〜7日遅れて発現するのに対し，化学合成プラスチックの場合は，多種の分解微生物が存在するにもかかわらず，クリアーゾーンの形成は遅く，コロニー形成から10〜20日以上遅

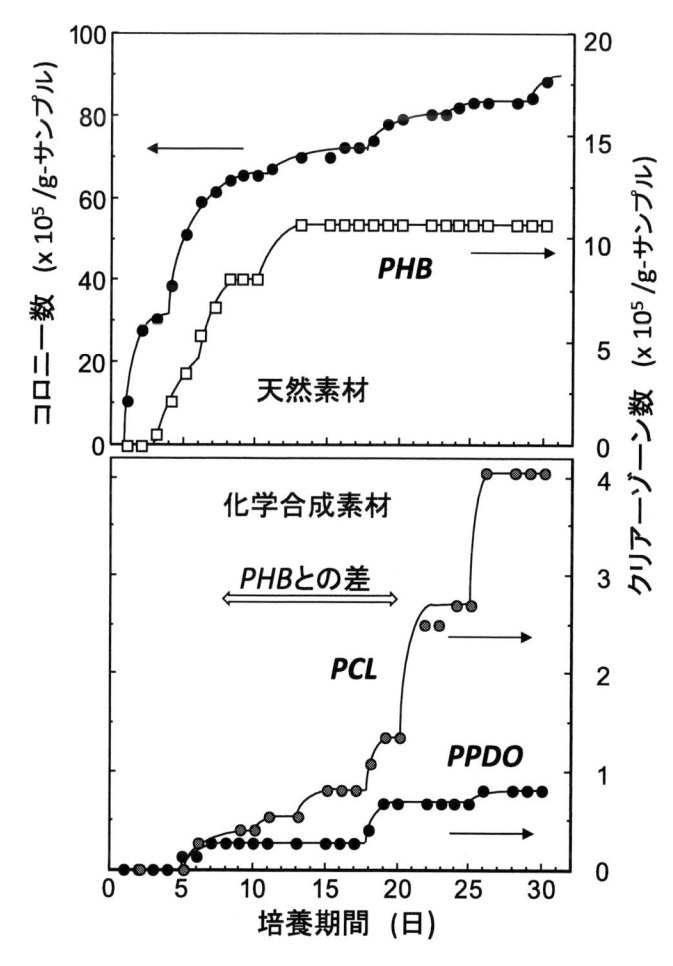

図2　コロニーおよびクリアーゾーン形成曲線

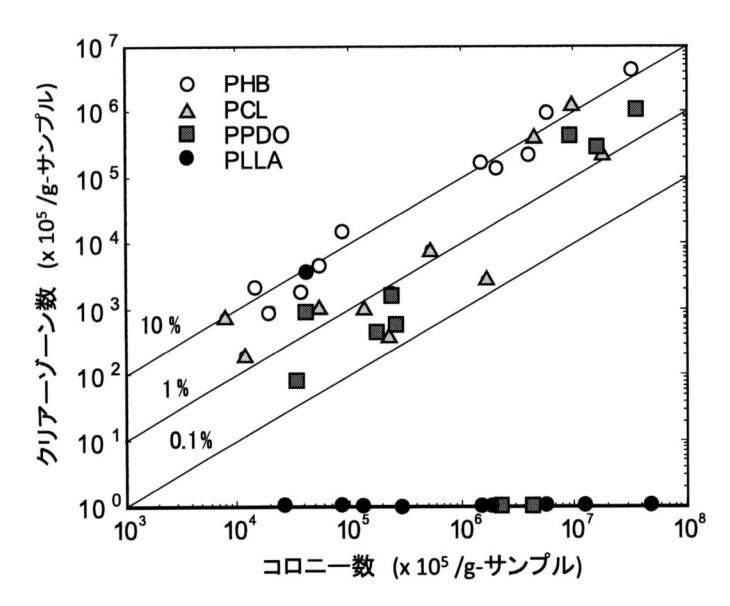

図3　各種プラスチック微分散 YE プレート上で計測されたコロニー数とクリアーゾーン数との関係

れて現れる点である。このことは，分解微生物が合成プラスチックを認識し，分解酵素が実際に分解を開始するまでにより長い時間を必要とすることを明確に示している。

　プラスチック微分散 YE プレート上で 30 日間計測された 10 種類の環境サンプルのコロニー数とクリアーゾーン数との関係を図 3 に示す[8]。PHB の場合，全環境サンプル中に分解微生物が確認され，その存在割合は 10%程度であった。一方，化学合成プラスチックである PCL は全ての環境中に分解微生物が存在するものの，その存在割合は，0.1〜10%の範囲に低下した。もう一つの化学合成プラスチックである PPDO は，存在割合は PCL と同程度であったものの，10 か所中 3 か所では分解微生物が確認されなかった。一方，代表的な生分解性プラスチックである PLLA は，分解微生物がわずか 1 か所だけから観測されるにとどまった。これは，最初に PLLA 分解微生物を環境中から単離した Pranamuda らの報告[9]：45 種類の環境サンプルの内 1 サンプルのみという結果と同様である。

2．4　分解微生物の系統樹解析による分類学的分布

　前項のコロニー数とクリアーゾーン数との関係は，分解微生物の分類学的分布状況にも反映される[10]。PLLA と PPDO の分解／資化微生物の 16S-rRNA 遺伝子解析に基づく系統樹の結果（図 4）から，PLLA 分解微生物の種類が非常に限定されていることが確認された。

　以上のような多様な環境中に多種の分解微生物が分布しているという結果は，通常，接する機会が多々あることを意味しており，それらの安全性を示唆するものである。

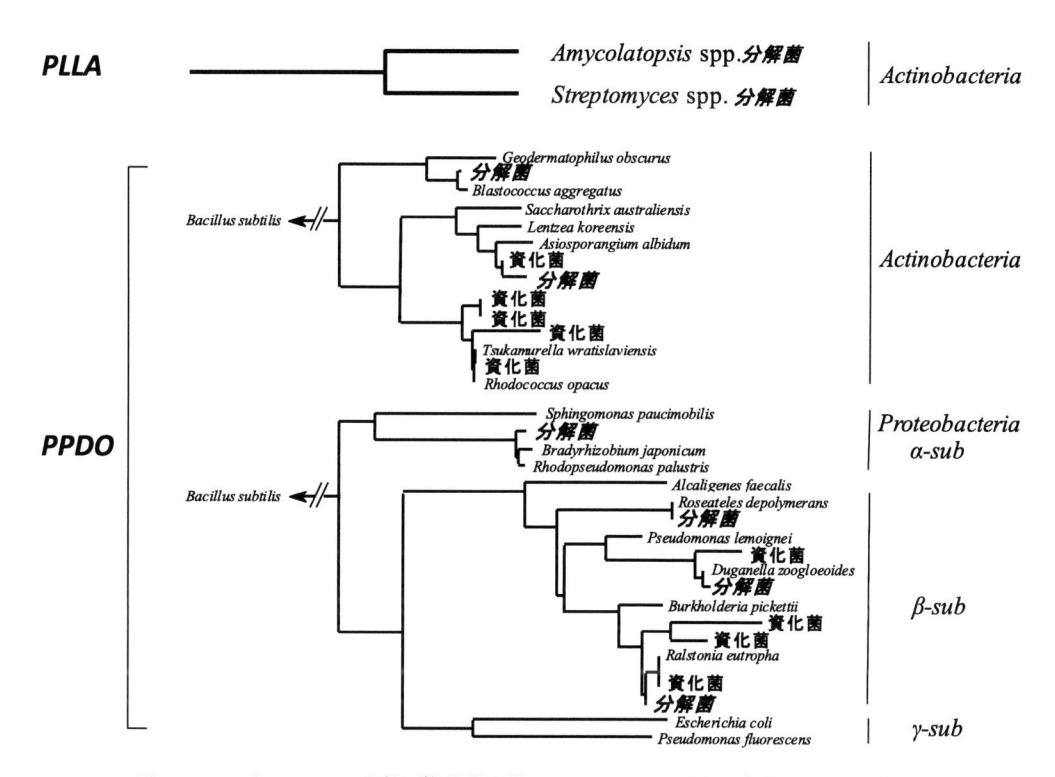

図4　PLLA と PPDO の分解／資化微生物の 16S-rRNA の遺伝子解析に基づく系統樹

3　分解微生物のプラスチック分解機構

　プラスチック成型体は分解微生物にとって本来の基質とはかけ離れた形状と分子特性を有している。分解微生物は，単純に分泌する酵素の反応特性に対応した分解挙動を示すのだろうか。その場合，酵素分解と微生物分解には同様の結果が期待されるのであるが，必ずしもそうとは言えず，微生物分解に特有の分解挙動が観測されている。ここでは，プラスチック成型体の物理特性である結晶化度や球晶・表面形状が影響する微生物分解特有の分解挙動を述べる。

3. 1　結晶化度の影響

　PHB フィルムを熱処理することによって，結晶化度と結晶（球晶）サイズを変化させ，3種類の異なる PHB 分解微生物：*Alcaligenes paradoxus*, *Pseudomonas testosteroni*, および *Pseudomonas* 属分解細菌 SC-17 株による分解挙動を観察した。ここで用いた分解微生物はその分解酵素の特性に違いがある。*A. paradoxus* は強力な PHB 分解微生物であるが，図5に示したように明確なクリアーゾーンを示さない。これは，分泌型酵素ではなくて，膜酵素によって PHB を分解するため，明確なクリアーゾーンが現れなかったと推測される。

　これらの3種類の分解微生物を用いて，結晶化度および球晶サイズの異なるPHBフィルムを分解した結果（図6），いずれの分解微生物も結晶化度の上昇に伴い，分解速度が低下する傾向を示した[11]。

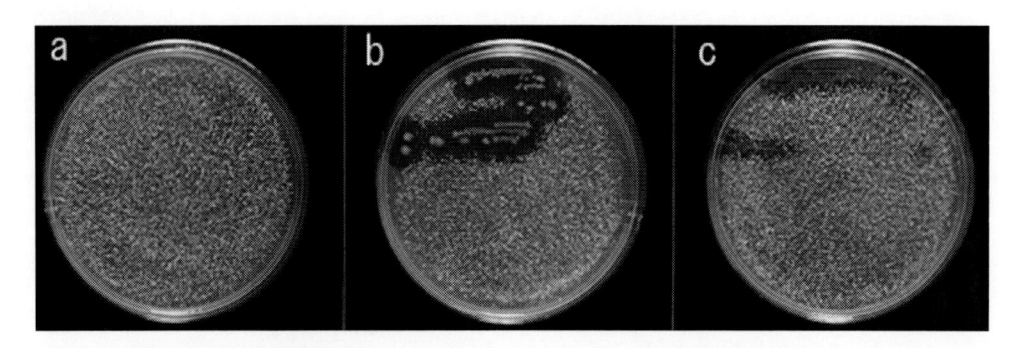

図5　3種類の異なる分解微生物：a：*Alcaligenes paradoxus*，b：*Pseudomonas testosteroni*，およびc：SC-17株の分解挙動の違い

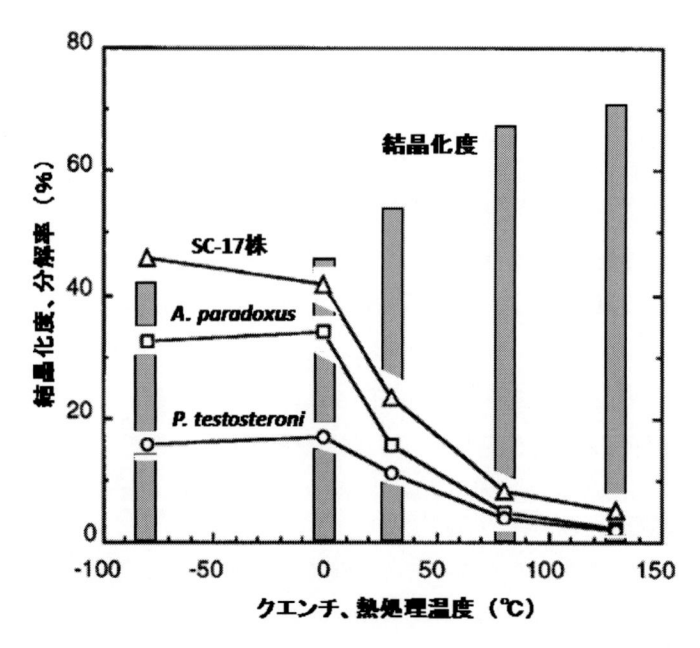

図6　結晶化度および結晶サイズの異なるPHBフィルムの微生物分解挙動

3.　2　コロニー形成の伴う分解機構

　PHB フィルムを SC-17 株が部分分解した後のフィルム表面には，丸い半球状の分解痕が多数形成していた（図 7）。この半球状分解痕の直径は培養時間とともに直線的に増大してゆき，やがて，これらの分解痕はフィルム表面を覆いつくした[12]。この半球状の穴の内表面を拡大して観察すると，その表面は SC-17 株細胞によって一面覆われていた。この現象は，SC-17 株がフィルム表面に定着した後，基板となる PHB フィルムを分解して炭素源として利用しながら増殖を繰り返すことによって，フィルム内部に向かって半球状のコロニーを形成していった結果と考えられる。

　このことを証明するために，半球状分解痕の直径と培養時間および重量減少との関係をプロットした結果，分解痕の形成は結晶化度によってその形成速度が変化するものの，直径は，重量減少，すなわち資化量（菌体増殖量）に一義的に依存するという関係が見出された[13]。この結果から，半球状分解痕は分解微生物 SC-17 株のコロニー形成の結果であることが動力学的に証明された（図 8）。

図 7　分解微生物 SC-17 株が分解した PHB フィルムの表面の断面図

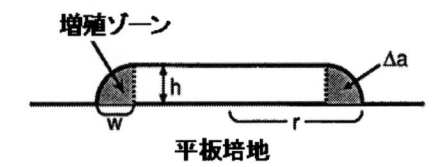

通常の平板培地上でのコロニー形成

増殖ゾーン

$$r = K_r t + r_0$$

$$K_r = \Delta a \mu / h = w\mu / 2$$

K_r: 放射状増殖速度定数
μ: 固有増殖速度定数

PHBフィルム上での分解微生物のコロニー形成

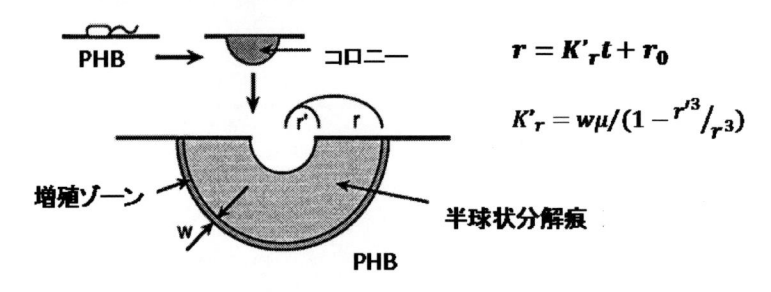

$$r = K'_r t + r_0$$

$$K'_r = w\mu / (1 - r'^3 / r^3)$$

増殖ゾーン

半球状分解痕

PHB

図8　生分解性プラスチック表面でのコロニー形成による半球状分解痕の形成動力学

3. 3　表面モルフォロジーの影響

　微生物がプラスチック表面でコロニー形成を行うには，プラスチック表面への着生が不可欠である。微生物の細胞表面は，中性条件ではカルボキシル基やリン酸基の解離によって負電荷を帯びており，正電荷を帯びた基質表面には付着しやすい。通常，ポリエステル表面が正電荷を帯びることはないため，分解微生物の着生は静電的な力ではなく，プラスチック表面の形状の影響が大きいと考えられる。

　同じような結晶化度を有するPHBをフィルム状と繊維状にした場合，繊維状サンプルの分解速度がはるかに大きいことが確認された[12]。このことは，プラスチックの表面積が重要なファクターであることを示している。

　分解挙動を微細に観察すると，PHBキャストフィルムを分解微生物に作用させた場合，キャスト上面と下面とでは，その分解挙動に大きな違いが生じることが確認された[13]。図9に示したように，キャスト上面にはコロニー形成に伴う半球状分解痕が多数形成されたのに対し，キャスト下面では分解痕はまばらであった。キャスト上面と下面のモルフォロジーの違いは，溶媒が気化する際に形成される直径 1～3 μm の多数の気孔の存在であった。したがって，分解微生物がフィルム表面でコロニーを形成しフィルムを分解するには，細胞が入り込むことのできる空間の存在が重要であることが示唆された。このことは，後述する球晶サイズの異なるPHBフィルム表面での分解微生物の分解挙動においても類似した現象が認められた。

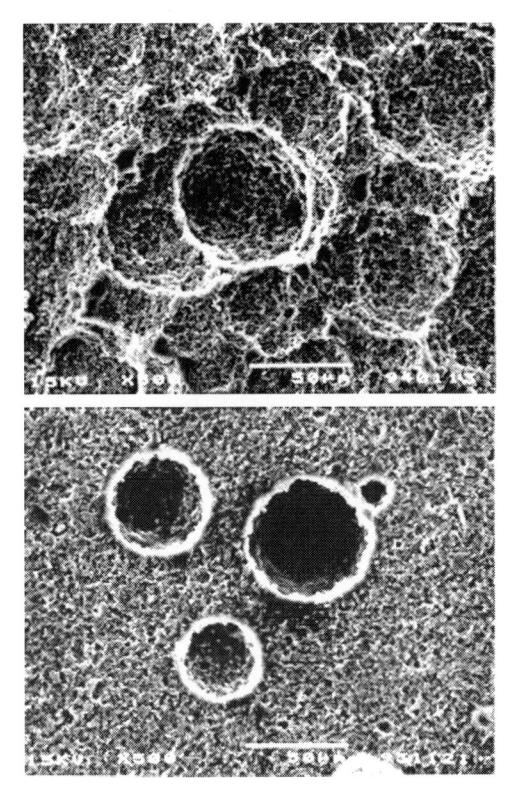

図 9　PHB キャストフィルム上面／下面での SC-17 株の分解挙動
上：上面，下：下面

3. 4　プラスチック表面の結晶サイズの影響

　PHB を -80℃でクエンチしたのち，0℃，80℃，130℃で熱処理を施すと，その温度とともにフィルム内の球晶サイズが増大する。さらに，80℃熱処理サンプルの表面には，球晶サイズの増大に伴って発生する球晶中央部のクラックが見て取れた（図 10 上）。この PHB フィルムの微生物分解後の表面状態を図 10 下に示す。いたるところに半球状分解痕が形成し，各分解痕の内部表面は SC-17 株の細胞が一面覆っている状況が確認された。したがって，この特異的な半球状分解痕は，PHB キャストフィルム表面で観測された半球状分解痕と同様に分解微生物のコロニー形成に伴い形成されたものと推測された[14]。

　また，微生物分解の特異性として，各半球状分解痕は，球晶の中心部もしくは，球晶間の粒界凹部に選択的に形成していることが観察された。したがって，SC-17 株は，球晶中央部のクラックや球晶同士の粒界凹部に着生し，周囲の PHB を分解しながらコロニーを形成していったものと推測される。

　また，球晶のラメラ間の非晶部に SC-17 株の細胞が集中し，ラメラが明確に浮き出ている状況が確認され，非晶部を優先的に分解している状況が認められた（図 11）。

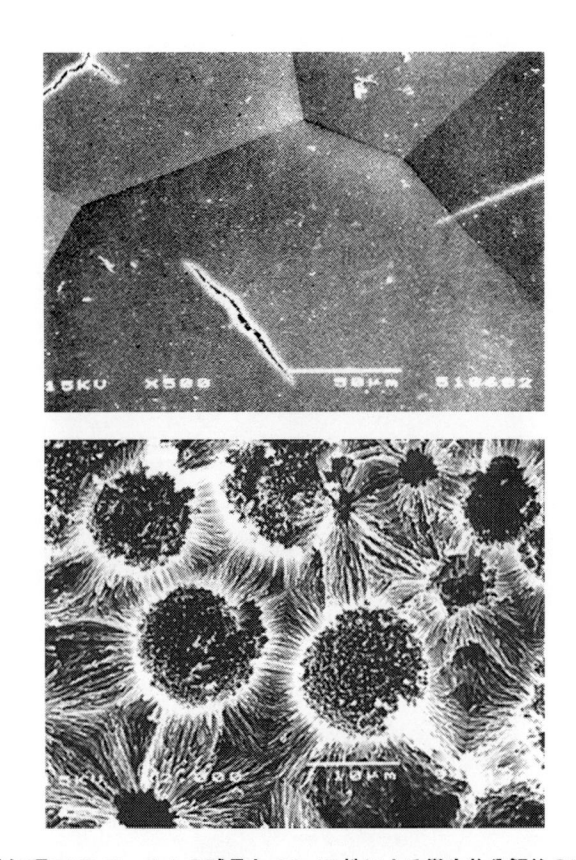

図 10　80℃熱処理 PHB フィルムの球晶と SC-17 株による微生物分解後の表面状態の変化
上：熱処理後，下：微生物分解後

図 11　SC-17 株による球晶ラメラ間非晶部の優先的分解

3. 5　完全微生物分解

　プラスチックの完全分解は，高分子物質としての特性が消滅し，安定な低分子量物質に全て変換されることを意味する。好気雰囲気であれば，最終的に H_2O と CO_2 に無機化されることが理想であるが，菌体増殖のために利用される分は無機化ではない。好気条件下での PHB フィルムの完全微生物分解の例を図 12 に示す[12]。分解に伴い PHB フィルムの残重量が減少し，培養液の pH も低下した。一方，総有機炭素量（TOC）は増加し，菌体の増殖も確認された。PHBフィルムの残重量がゼロになる時点で pH の値は弱酸性で一定となり，TOC の値も初期値に戻り，菌体の増殖量は安定化した。この結果は，PHB サンプルが，分解に伴い低分子量化して培養液中に溶解し TOC を増加させ，続いて，増大した TOC がさらに微生物によって分解・資化されることによって菌体増殖と CO_2 発生に伴う培地の弱酸性化が進行したとして説明される。

　ここで示した例は，単一微生物によるプラスチックの完全分解の一例である。しかしながら，PLLA や PPDO のようなポリエステルの場合，単一微生物では無機化が達成しがたく，2 種もしくはそれ以上の微生物の共同作用によって完全微生物分解が進行することが報告されている[10]。

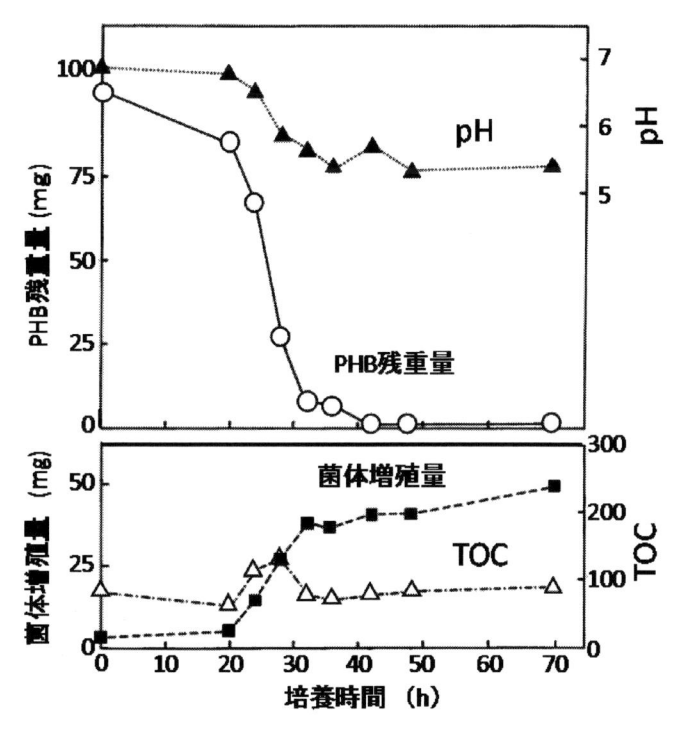

図 12　繊維状 PHB の SC-17 株による完全微生物分解

4 分解微生物は化学合成プラスチックを何と見做しているのか？

環境中の分解微生物は，プラスチックを分解するために酵素を分泌するが，酵素の基質特異性の厳密性を逸脱して作用する場合がある。代表的な例がPLLAの分解酵素がプロテアーゼであることである。これは，PLLAが微生物によってタンパク質であると認識されていることを示唆している。この仮説を検討するため，L-乳酸ユニットに最も近い構造を有するL-アラニンユニットを主構成単位とし，PLLAと同様に高結晶性の天然物質としてシルク（L-アラニンユニット含量約30 mol%）を基質として用い，シルク微分散YEプレートを作成した。このプレートを用いたクリアーゾーン法により，シルク分解菌を環境中から分離した。単離されたシルク分解菌をPLLA微分散YEプレート上に接種したところ，PLLAの分解が確認された。環境中に存在割合が極めて低いPLLA分解微生物が，このように高い確率で確認できたことは重要であり，分解微生物にとってPLLAは結晶性タンパク質として認識されているという仮説を支持する結果である[15]。

化学合成プラスチックの中で最も生分解性の高いPCLについても同様に，植物のクチン層との構造的な類似性が考えられる。クチン層は長鎖アルキル基を有するポリエステルであり，架橋構造を形成して果実の表層を構成している。クチン層を分解する微生物の代表的な例が植物病原菌であり，これら病原菌はクチン層を分解して果実内部に侵入する。PCLがクチン層として認識されているという仮説を調べるため，PCL分解微生物とは知られていない複数種の植物病原菌（クチン層分解菌）を使って，PCLの分解挙動を検討した結果，いずれの植物病原菌もPCLを分解することが確認された[16]。

PCL分解微生物に関して確認された仮説に類似した分解挙動として，PHB/Aの細胞内貯蔵がある。一般的に植物病原細菌のほとんどがエネルギー貯蔵物質としてPHB/Aのみを貯蔵することが知られている[17]。このことは，植物病原細菌が果実の表層を分解して果実内部に侵入する際に，クチン層の外層のワックス層を分解する必要があり，分解したワックスを β-酸化反応によってPHB/Aに変換し細胞内に蓄積していると考えられる。

5 まとめ

プラスチックを分解する微生物は，決して，私たちの排出するプラスチックゴミを処理する意図を持っているわけではなく，自然な生命活動の一つをプラスチックの分解作用として勝手に我々が認識しているだけである。したがって，プラスチック分解微生物およびそれらの分解挙動が果たして我々にとって益だけなのか，さらに踏みこめば，それら分解微生物は安全なのかということをしっかり理解する必要がある。

本章では，プラスチック分解微生物の環境分布の拡がりを通して，我々が日常接している安全な微生物であるか否か，プラスチック分解微生物は加工成形されたプラスチック表面をどのよう

な機作で分解処理するのか，そして，プラスチック分解微生物はプラスチックをどのような天然基質と見做しているのかということを述べてきた。

　今後，プラスチックの環境負荷はますます顕在化していく傾向にある。環境中での分解要因の一つとしての微生物の分解挙動がより深く明らかになっていくことを期待する。

文　　　献

1)　S. Yoshida *et al.*, *Science*, **351**, 1196（2016）
2)　H. Nishida *et al.*, *J. Environ. Polym. Degrad.*, **1**, 227（1993）
3)　H. Nishida *et al.*, *J. Environ. Polym. Degrad.*, **6**, 43（1998）
4)　西田治男ほか，高分子論文集，**50**, 739（1993）
5)　H. Nishida and Y. Tokiwa, *Chem. Lett.*, **23**, 1293（1994）
6)　服部勉，微生物学の基礎，p.75，学会出版センター（1986）
7)　H. Nishida *et al.*, *Polym. Degrad. Stab.*, **67**, 291（2000）
8)　H. Nishida, "Biopolymers 9", p.523, Wiley-VCH, Weinheim（2003）
9)　H. Pranamuda *et al.*, *Appl. Environ. Microbiol.*, **63**, 1637（1997）
10)　H. Nishida *et al.*, *Polym. Degrad. Stab.*, **68**, 271（2000）
11)　H. Nishida *et al.*, *J. Environ. Polym. Degrad.*, **1**, 65（1993）
12)　H. Nishida *et al.*, *J. Appl. Polym. Sci.*, **46**, 1467（1992）
13)　H. Nishida *et al.*, *J. Environ. Polym. Degrad.*, **3**, 187（1995）
14)　H. Nishida and Y. Tokiwa, *J. Environ. Polym. Degrad.*, **1**（1）, 65（1993）
15)　Y. Tokiwa *et al.*, *Chem. Lett.*, **28**, 355（1999）
16)　H. Nishida and Y. Tokiwa, *Chem. Lett.*, **23**, 1547（1994）
17)　後藤正夫，植物細菌病学概論，p.22，養賢堂（1990）

第2章　高分子の環境分解性発現

粕谷健一[*1]，鈴木美和[*2]，橘　熊野[*3]

1　はじめに

現代社会においてプラスチックは，木材や金属に代わる軽くて安定な材料として我々の生活に不可欠なものとなっている。プラスチックの中には生物に対して感受性を示すものがある。1968年にポリエステル連結型ポリウレタンの微生物暴露による物性低下が初めて報告されている[1]。1990年代以降，プラスチックの生物劣化は，「生分解性」として再注目されるようになった。プラスチックが生分解性を発現するかどうかは，まず初めに酵素により低分子量化されるかどうかに起因することが多い。本章では，プラスチックの環境分解性発現とそれを引き起こす要因の一つであるプラスチック分解酵素について概観する。

2　生分解性プラスチックの環境分解性

生分解性プラスチックの分解は，微生物が生産する酵素などの触媒作用物質による低分子量化（STEP 1）と微生物による代謝を経由した異化過程および同化過程（STEP 2）を経て起こる。つまり，生分解性プラスチックには，酵素によって切断されうる結合：A部分（例えば，エステル結合，O-グリコシド結合，アミド結合など）があり，かつ切断後に分解物が微生物により代謝されるための構造：B部分が必要である（AB則，図1）。一方で，たとえAB則を満たしていたとしても，当該高分子が環境中でかならず生分解するわけではない。

例えば脂肪族ポリエステルであるポリエチレンスクシナート（PESu）は，このAB則を満たしているものの，海水中での生分解性が極めて低いことが知られている[2,3]。ポリ（3-ヒドロキシブタン酸）（P(3HB)）とPESuは共にP(3HB)分解酵素に感受性を示すにも関わらず，幅広い環境条件で分解するP(3HB)に対してPESuの環境分解性は，より限定されている。この原因を解明するため，全国68地点の環境試料（土壌47，淡水11，海水10）からPESuとP(3HB)の分解微生物の分布を調べた。その結果，10地点すべての海水試料においてPESu分解微生物

＊1　Ken-ichi Kasuya　群馬大学大学院　理工学府　分子科学部門　教授／
　　　　　　　　　食健康科学教育研究センター　センター長／学長特別補佐
＊2　Miwa Suzuki　群馬大学　理工学部　理工学系技術部　機器分析部門　技術職員
＊3　Yuya Tachibana　群馬大学大学院　理工学府　分子科学部門　准教授／
　　　　　　　　　食健康科学教育研究センター

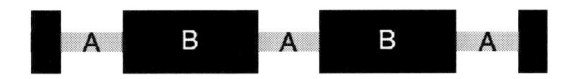

A部位：切断される結合部位

B部位：代謝される部位

図1　生分解性プラスチックの一次構造要件（AB則）

を見出すことができなかった。一方，P(3HB) 分解微生物は，68 地点すべての環境中に見出された。ここで，68 地点の環境から P(3HB) 分解細菌として単離されたすべての株が，PESu を分解しなかった。また P(3HB) 分解細菌は Proteobacteria, Actinobacteria, Firmicutes 門に属する幅広い菌種から構成されていた。一方で，PESu 分解細菌の大部分は，*Bacillus* 属であった。この *Bacillus* 属の PESu 分解細菌群は，P(3HB) を分解しなかった。これらのことから，PESu が P(3HB) と異なり海水中で生分解されない原因は，PESu が P(3HB) 分解細菌にとっての P(3HB) 分解酵素誘導物質として機能しないためであると推定される。また，この研究より PESu 分解細菌群は環境分布や菌種において偏りがあることがわかった[4]。

　PESu のように化学合成生分解性ポリエステルの環境分解性発現は，*in vitro* で酵素によりよく分解されるものでも，環境によって安定しないことがある。我々の研究グループでは，これらの原因をさぐるために，構造の異なる 10 種類の脂肪族ポリエステルを化学合成し（図2），その環境分解性と構造との関係を調べた（図3）。脂肪族ポリエステルの構成成分である，10 種類のジカルボン酸および 1,4-ブタンジオールのすべては，25℃ の好気環境下で高い生分解性を示し

Poly(butylene *n*-alkylene dicarboxylate) (PBAD)

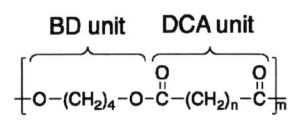

n	Dicarboxylic acid (DCA)	PBAD
2	Succinic acid (SuA)	Poly(butylene succinate) (PBSu)
3	Glutaric acid (GlA)	Poly(butylene glutarate) (PBGl)
4	Adipic acid (AdA)	Poly(butylene adipate) (PBAd)
5	Pimelic acid (PiA)	Poly(butylene pimelate) (PBPi)
6	Suberic acid (SbA)	Poly(butylene suberate) (PBSb)
7	Azelaic acid (AzA)	Poly(butylene azelate) (PBAz)
8	Sebacic acid (SeA)	Poly(butylene sebacate) (PBSe)
9	Undecanedioic acid (UdA)	Poly(butylene undecanediate) (PBUd)
10	Dodecanedioic acid (DdA)	Poly(butylene dodecanediate) (PBDd)

図2　化学合成脂肪族ポリエステル（PBAD）の構造とモノマーの種類[5]

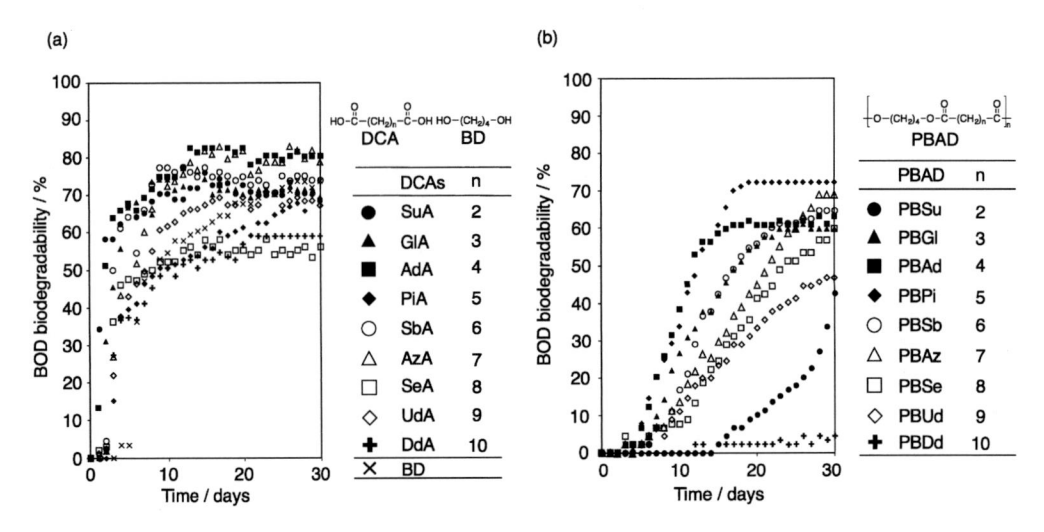

図3　BOD 生分解度曲線[5]，(a) モノマー成分，(b) PBAD

た（図 3a）。一方で，これらの重合体のうち，PBSu（ブタンジオール（BD）とコハク酸（SuA）の重合体）や PBDd（BD とドデカン酸（DdA）の重合体）の生分解性は，それ以外のポリエステルと比較して著しく低かった（図 3b）。さらに，それぞれのポリエステル分解酵素を生産する分解微生物を全国 19 地点の環境試料よりスクリーニングしたところ，環境分解性と分解菌の存在割合との間に一定の相関が見られた。つまり，ここで用いられた脂肪族ポリエステルは，用いられる環境中の分解微生物の存在割合が低い場合は，生分解しない可能性が高いと推定される[5]。実際，PBSu は海洋などの極端に微生物の密度が低い環境では，ほとんど分解しなかった[3]。これらのポリエステルは（酵素）加水分解が起これば，微生物代謝による速やかな生分解が生じる。一方で，これらは環境中で，材料近傍に分解微生物が存在しない限りは生分解性を発現しないため，生分解性プラスチックとしては振る舞わないと推定される。

　生分解性プラスチックのうち，微生物産生ポリエステルである P(3HB) などのポリヒドロキシアルカン酸（PHA）類は，広範な環境中で生分解する。この理由として，PHA 分解微生物が様々な環境中に生息していることと，PHA 分解酵素の多くが PHA やその分解物の存在下で誘導発現されることが挙げられる（第Ⅱ編第 5 章を参照）。

　ポリカプロラクトン（PCL）も，P(3HB) の場合と同様に広範な環境（コンポスト，土壌，淡水，海水など）での分解が報告されている[6]。PCL のモノマー構成単位である 6-ヒドロキシヘキサン酸やそのオリゴマーは，植物の表層に存在するポリエステル，クチンの構成成分と構造相関があることが知られている。農作物に病変を引き起こす病原菌として知られる真菌 *Fusarium solani* f. sp. *pisi* 株は，PCL 加水分解物存在下において，クチナーゼを誘導発現し，この酵素により PCL を分解する[7]。沿岸海洋環境より単離された海洋性細菌 *Pseudomonas* sp.

TKCM64 株は，海洋環境中で固体の PCL を分解できた。またこの株の PCL 分解活性は，PCL やそのモノマー，さらにクチン構成要素の 16-ヒドロキシドデカン酸の存在下において誘導発現することがわかった[8]。これらの微生物の PCL 分解活性発現に関して，この誘導発現メカニズムが，海洋環境を含めた様々な環境中で利用可能であることは，PCL の環境分解性が，他の化学合成脂肪族ポリエステルと比較してより高い理由の一つになっていると考えられる。

3　化学合成脂肪族ポリエステル分解酵素

　化学合成脂肪族ポリエステルは 1920 年代にはすでにカローザスにより一通り合成されていたものの，高分子量体が得られず材料として顧みられることはなかった[9]。脂肪族ポリエステルが材料として注目され始めたのは，前述の通りウレタン結合により高分子量体の脂肪族ポリエステルが得られるようになってからである[1]。ポリエステル連結型ポリウレタンの生物劣化の主要因は，微生物の生産する酵素によるエステル部分の酵素加水分解である。化学合成脂肪族ポリエステルは，本来は天然には存在しないものであり，環境中で何らかの酵素により加水分解を受ける際には，当該酵素の本来の基質のアナログとして認識されることとなる。

　真菌 *Rhizopus* 属由来のリパーゼ（EC 3.1.1.1）が脂肪族ポリエステルおよび脂環族ポリエステルを分解し，芳香族ポリエステルを分解しなかったことから，本来，脂肪（トリアシルグリセロール）を分解する酵素であるリパーゼは脂肪族ポリエステルの加水分解酵素でもあることが示された[10]。また，16 種の真菌および細菌由来のリパーゼを用いて，PHA に対する基質特異性を調べたところ，リパーゼは側鎖のない PHA に対して幅広い基質特異性を示したが，側鎖のある PHA である P(3HB) を全く分解できなかった[11]。このように，リパーゼは脂肪族ポリエステルの主鎖方向に対しては緩い基質認識を示した。多くのリパーゼは，本来の基質であるトリアシルグリセロールを認識する際，その疎水ポケット内で疎水性相互作用によりアルキル鎖を弱く固定することが知られており[12]，脂肪族ポリエステルに対しても同様の基質認識を示しているものと推測することができる。一方で P(3HB) 分解酵素は，種々の PHA および脂肪族ポリエステルを基質とした場合，リパーゼと比較してより厳密な基質特異性を示し，P(3HB) を除くと，ポリ(3-ヒドロキシプロピオン酸)（P(3HP)），ポリ(4-ヒドロキシブタン酸)（P(4HB)），PESu とポリエチレンアジペート（PEA）を加水分解した[13]。

　PEA を分解する真菌 *Penicillium* sp. 14-3 株[14]から PEA 分解酵素が精製され，その性質が調べられている[14]。PEA 分解酵素の分子量は約 25 kDa，至適温度は 45℃，至適 pH は 4.5 であった。また，本酵素の活性は Ca^{2+} および Cd^{2+} により賦活化した。PEA 分解酵素は PEA 以外の脂肪族ポリエステルでは，側鎖のない PHA である PCL を分解したが，側鎖のある P(3HB) を分解しなかった。また，PEA 以外のジオールとジカルボン酸からなる脂肪族ポリエステルに対しても分解活性を示した一方で，芳香族ポリエステルを分解しなかった。本酵素はリパーゼ活性を有しており，リパーゼの一種であると考えられている。

　ポリブチレンサクシネート-co-アジペート（PBSA）は，*Chromatium vinosum* 由来のリパーゼによって分解を受け，コハク酸，ブタンジオールから分子量 834 までのオリゴマーが水溶性分解物として溶出した[15]。また，PBSA は，これ以外の種々の細菌由来リパーゼによっても酵素分解されることが報告されている[16]。一方，自然環境中から PBSA 分解細菌 *Acidovorax delafieldii* BS-3 株が単離され，この株から PBSA 分解酵素（PbsA）が精製された[17]。本酵素は，乳化 PBSA と固体 PBSA に対して分解活性を有していた。固体基質へ 1％の界面活性剤 MEGA-9 を添加したところ，本酵素の分解活性は，著しく低下した。このことから，本酵素は固体基質を分解する際，基質に吸着してから加水分解する 2 段階反応により基質を分解していることが示唆された。PbsA 遺伝子（*pbsA*）をクローニングしたところ，本酵素は 304 アミノ酸残基からなり *Moraxella* sp. TA144 株を含む一部の放線菌が生産するリパーゼと比較的高い相同性を示したが，プロテオバクテリアが生産するリパーゼやその他のポリエステル分解酵素とは有意な相同性を示さなかった。また，PbsA には，一般的なリパーゼ活性が認められることから，リパーゼの一種であることが推定される[18]。

　Aspergillus oryzae のゲノム上から PBSA 分解酵素活性を有する酵素（CutL1）の遺伝子がクローニングされた[19]。CutL1 は，クチクラを加水分解する酵素であるクチナーゼ（EC 3.1.1.74）と高い相同性を示した。また，水晶振動子マイクロバランス（QCM）法による解析から CutL1 は，両親媒性タンパク質 HabA と複合体を形成し，PBSA 基質表面に結合しながら加水分解していることがわかった。この複合体形成は，不均一系における PBSA 酵素分解促進に関与している可能性がある[20]。

　PESu は，リパーゼによっても分解を受けるが，後述する *Penicillium funiculosum* 由来の P（3HB）分解酵素（PhaZ$_{Pfu}$）[21] など，細菌や真菌由来の P（3HB）分解酵素によって加水分解される[13, 22]。PhaZ$_{Pfu}$ は活性中心付近のサブサイト構造において 3 つの 3HB モノマーユニットを固定することがわかっているが[23]，PESu のエチレングリコール-コハク酸ユニットを 3HB モノマーユニットの連鎖のアナログとして捉えることにより，特異的に PESu も分解するものと推測されている。また，環境中から PESu 分解真菌を単離し PESu 分解酵素を精製したところ，高い P（3HB）分解活性を有していることがわかった[24]。この結果は，P（3HB）分解酵素が環境中で PESu を分解していることを示唆するものである。他方，PESu を分解する細菌の多くは P（3HB）を分解できないことから，環境中の細菌においては PESu を分解する際に別の酵素を利用していると考えられる[25]。

　ポリ（ブチレンテレフタレート-co-アジペート）（PBAT）は，好熱性放線菌 *Thermobifida fusca* 株が生産する分解酵素（BTA1 および BTA2）[26, 27] や中温性 *Bacillus pumilus* NKCM3201 株が生産する分解酵素（PBATH$_{Bp}$）[28] により加水分解される。PBATH$_{Bp}$ は，*B. subtilis* リパーゼ（LipA）[29, 30] に近縁であることから，本酵素が小さな分子量を有するリパーゼのグループであるリパーゼファミリー I .4 に属する酵素であり，また典型的なリパーゼに見られるようなリッドドメインを有していなかった。また，PBATH$_{Bp}$ は，短鎖や中鎖の *p*-ニトロフェノールエステ

ルに対して特異性が高かったことから，クチナーゼ（EC 3.1.1.74）に分類する方が妥当であると考えられる。また，酵素加水分解物の解析から，テレフタル酸-ブタンジオール（T-B）結合はアジピン酸-ブタンジオール（A-B）結合よりも $PBATH_{Bp}$ によって切断されにくいことがわかった[28]。類似した基質特異性は，他の芳香族脂肪族ポリエステル分解酵素（HiC[31]，Cbotu_EstA[32]）でも見られた。

4　ポリヒドロキシアルカン酸（PHA）分解酵素

脂肪族ポリエステルである PHA の中には，細菌によって貯蔵物質として生合成されるものがある。細菌の種類や加える炭素源により様々な側鎖の長さおよび化学構造の 3-ヒドロキシアルカン酸ユニットが確認されている[33]。モノマー単位の側鎖がメチル基で，炭素数が 4 の 3-ヒドロキシブタン酸ユニットからなる P(3HB) は，もっとも代表的な PHA であり，自然環境中で最も生分解しやすい生分解性ポリエステルの一つである[3,34,35]。様々な環境中で P(3HB) 分解酵素（EC 3.1.1.75）を生産する微生物が見つかっている[36]。ところで，酵素の定義としてP(3HB) 分解酵素とは，短鎖（C3-C5）のヒドロキシアルカン酸から構成される PHA，すなわち P(3HP)，P(3HB)，P(4HB)，ポリ（3-ヒドロキシペンタン酸）（P(5HV)）を基質として，これらを加水分解する一群の酵素を指す[37]。この EC 番号内には物理的状態の異なる基質，すなわち菌体内 PHA（未変性：非晶性）および菌体外 PHA（変性：結晶性）に対して分解活性を示す，構造的特徴の異なる酵素が一括りとなっている。前者は細菌体内における代謝に関与する酵素であり，一方後者はいわゆる生分解性ポリエステル分解酵素を指している。したがってここでは，後者である菌体外 P(3HB) 分解酵素について記述する。

現在までに，数多くの P(3HB) 分解微生物が単離されており，またこれらの微生物の P(3HB) 分解酵素が特徴付けられている[38~59]。P(3HB) 分解酵素は，活性残基を含む触媒ドメインと疎水性 P(3HB) 表面に結合するための基質結合ドメインから構成されている[13,49,60~64]。また，2 つのドメイン間には，リンカードメインが存在する。このマルチドメイン構造（触媒ドメイン＋基質結合ドメイン）は，セルラーゼやキチナーゼなどの不溶性高分子分解酵素においても一般に見られる[65~67]。この構造は，不溶性高分子分解酵素が，固-液界面という不均一反応系において，効率的に基質を加水分解するために有効であると考えられている[13]。触媒ドメインは，活性残基として Ser，His，および Asp の 3 残基を有しており，このうち Ser 残基は，リパーゼボックス様ペンタペプチド配列内に存在する。これらの構造的特徴より P(3HB) 分解酵素は，リパーゼやエステラーゼと同様にセリン加水分解酵素の一種であることがわかる。*Penicillium funiculosum* 由来 P(3HB) 分解酵素（PhaZ$_{Pfu}$）は，現在までに報告されているP(3HB) 分解酵素の中で最も小さい分子量（33254 Da）を有している[50]。PhaZ$_{Pfu}$ は，他のすべての P(3HB) 分解酵素に見られるリンカードメインおよび基質結合ドメインを欠損していた[21]（図 4）。このため PhaZ$_{Pfu}$ は，他のマルチドメイン型 P(3HB) 分解酵素と比較して著しく

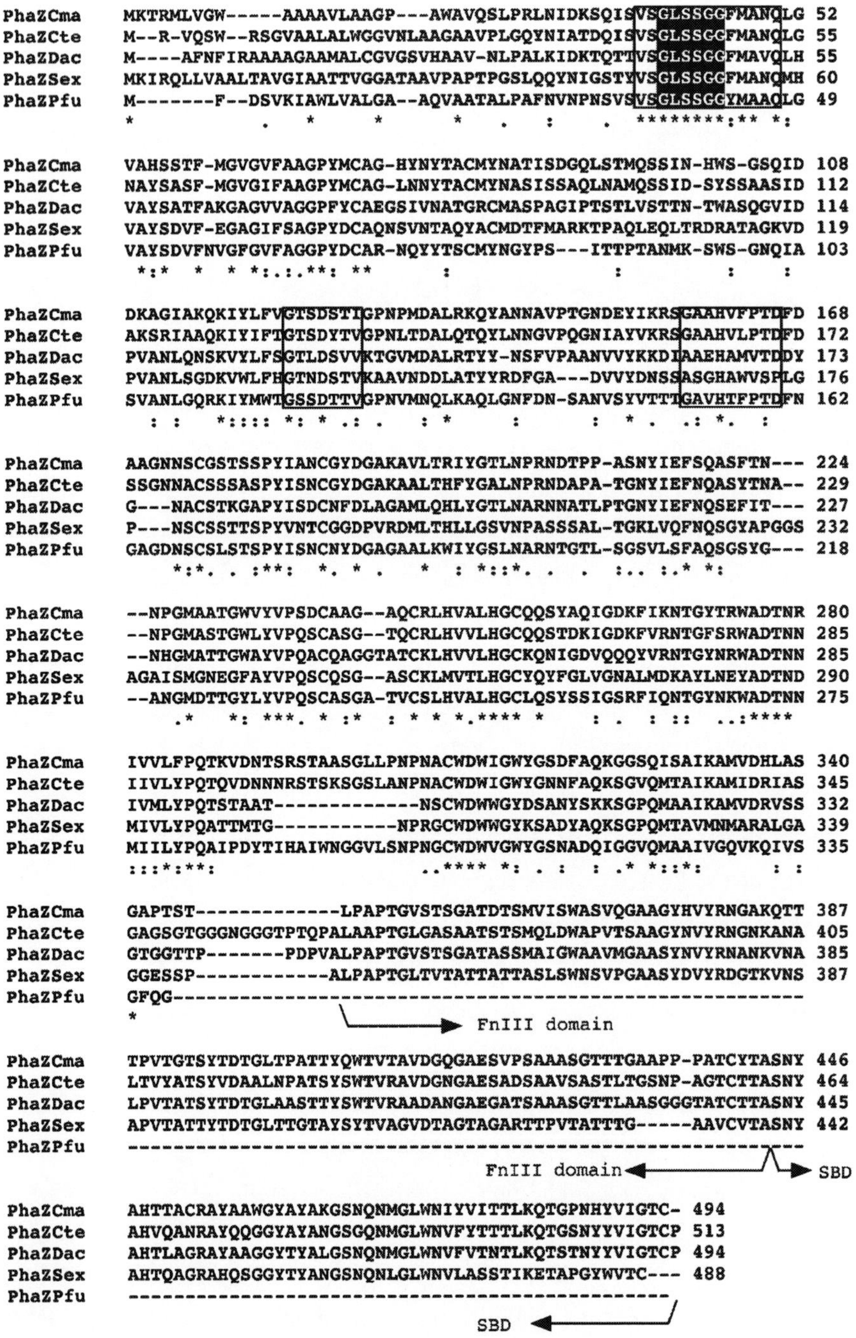

```
PhaZCma   MKTRMLVGW-----AAAAVLAAGP---AWAVQSLPRLNIDKSQISVSGLSSGGFMANQLG  52
PhaZCte   M--R-VQSW--RSGVAALALWGGVNLAAGAAVPLGQYNIATDQISVSGLSSGGFMANQLG  55
PhaZDac   M----AFNFIRAAAAGAAMALCGVGSVHAAV-NLPALKIDKTQTVSGLSSGGFMAVQLH  55
PhaZSex   MKIRQLLVAALTAVGIAATTVGGATAAVPAPTPGSLQQYNIGSTYVSGLSSGGFMANQMH  60
PhaZPfu   M-------F--DSVKIAWLVALGA--AQVAATALPAFNVNPNSVSVSGLSSGGYMAAQLG  49
                  *      .   *    *     .      :    ******* :** *:

PhaZCma   VAHSSTF-MGVGVFAAGPYMCAG-HYNYTACMYNATISDGQLSTMQSSIN-HWS-GSQID  108
PhaZCte   NAYSASF-MGVGIFAAGPYMCAG-LNNYTACMYNASISSAQLNAMQSSID-SYSSAASID  112
PhaZDac   VAYSATFAKGAGVVAGGPFYCAEGSIVNATGRCMASPAGIPTSTLVSTTN-TWASQGVID  114
PhaZSex   VAYSDVF-EGAGIFSAGPYDCAQNSVNTAQYACMDTFMARKTPAQLEQLTRDRATAGKVD  119
PhaZPfu   VAYSDVFNVGFGVFAAGPYDCAR-NQYYTSCMYNGYPS---ITTPTANMK-SWS-GNQIA  103
          *:*    *   * *:.:.**: **           :           :         :

PhaZCma   DKAGIAKQKIYLFVGTSDSTIGPNPMDALRKQYANNAVPTGNDEYIKRSGAAHVFPTDFD  168
PhaZCte   AKSRIAAQKIYIFTGTSDYTVGPNLTDALQTQYLNNGVPQGNIAYVKRSGAAHVLPTDFD  172
PhaZDac   PVANLQNSKVYLFSGTLDSVVKTGVMDALRTYY-NSFVPAANVVYKKDIAAEHAMVTDDY  173
PhaZSex   PVANLSGDKVVWLFHGTNDSTVKAAVNDDLATYYRDFGA---DVVYDNSSASGHAWVSPLG  176
PhaZPfu   SVANLGQRKIYMWTGSSDTTVGPNVMNQLKAQLGNFDN-SANVSYVTTTGAVHTFPTDFN  162
           :  :      *:::: *: * .:  .   : *       :     : *  . .: *. :

PhaZCma   AAGNNSCGSTSSPYIANCGYDGAKAVLTRIYGTLNPRNDTPP-ASNYIEFSQASFTN---  224
PhaZCte   SSGNNACSSSASPYISNCGYDGAKAALTHFYGALNPRNDAPA-TGNYIEFNQASYTNA--  229
PhaZDac   G---NACSTKGAPYISDCNFDLAGAMLQHLYGTLNARNNNATLPTGNYIEFNQSEFIT---  227
PhaZSex   P---NSCSSTTSPYVNTCGGDPVRDMLTHLLGSVNPASSSAL-TGKLVQFNQSGYAPGGS  232
PhaZPfu   GAGDNSCSLSTSPYISNCNYDGAGAALKWIYGSLNARNTGTL-SGSVLSFAQSGSYG---  218
              *:*.  .: **:. * .   *  *  :*::*.  .     *:  *:*

PhaZCma   --NPGMAATGWVYVPSDCAAG--AQCRLHVALHGCQQSYAQIGDKFIKNTGYTRWADTNR  280
PhaZCte   --NPGMASTGWLYVPQSCASG--TQCRLHVVLHGCQQSTDKIGDKFVRNTGFSRWADTNN  285
PhaZDac   --NHGMATTGWAYVPQACQAGGTATCKLHVVLHGCKQNIGDVQQQYVRNTGYNRWADTNN  285
PhaZSex   AGAISMGNEGFAYVPQSCQSG--ASCKLMVTLHGCYQYFGLVGNALMDKAYLNEYADTND  290
PhaZPfu   --ANGMDTTGYLYVPQSCASGA-TVCSLHVALHGCLQSYSSIGSRFIQNTGYNKWADTNN  275
            .*   *: ***. *:*       * *.*.*****  *      :  .   : .::****

PhaZCma   IVVLFPQTKVDNTSRSTAASGLLPNPNACWDWIGWYGSDFAQKGGSQISAIKAMVDHLAS  340
PhaZCte   IIVLYPQTQVDVNNNRSTSKSGSLANPNACWDWIGWYGNNFAQKSGVQMTAIKAMIDRIAS  345
PhaZDac   IVMLYPQTSTAAT-----------NSCWDWWGYDSANYSKKSGPQMAAIKAMVDRVSS  332
PhaZSex   MIVLYPQATTMTG-----------NPRGCWDWWGYKSADYAQKSGPQMTAVMNMARALGA  339
PhaZPfu   MIILYPQAIPDYTIHAIWNGGVLSNPNGCWDWVGWYGSNADQIGGVQMAAIVGQVKQIVS  335
          ::::*:**:.               ..**** *:  .  :  .* *::*:      : :

PhaZCma   GAPTST------------LPAPTGVSTSGATDTSMVISWASVQGAAGYHVYRNGAKQTT  387
PhaZCte   GAGSGTGGGNGGGTPTQPALAAPTGLGASAATSTSMQLDWAPVTSAAGYNVYRNGNKANA  405
PhaZDac   GTGGTTP-------PDPVALPAPTGVSTSGATASSMAIGWAAVMGAASYNVYRNANKVNA  385
PhaZSex   GGESSP------------ALPAPTGLTVTATTATTASLSWNSVPGAASYDVYRDGTKVNS  387
PhaZPfu   GFQG------------------------------------------------------  
          *
```

FnIII domain →

```
PhaZCma   TPVTGTSYTDTGLTPATTYQWTVTAVDGQGAESVPSAAASGTTTGAAPP-PATCYTASNY  446
PhaZCte   LTVYATSYVDAALNPATSYSWTVRAVDGNGAESADSAAVSASTLTGSNP-AGTCTTASNY  464
PhaZDac   LPVTATSYTDTGLAASTTYSWTVRAADANGAEGATSAAASGTTLAASGGGTATCTTASNY  445
PhaZSex   APVTATTYTDTGLTTGTAYSYTVAGVDTAGTAGARTTPVTATTTG-----AAVCVTASNY  442
PhaZPfu   -----------------------------------------------------------
```

FnIII domain ← → SBD

```
PhaZCma   AHTTACRAYAAWGYAYAKGSNQNMGLWNIYVITTLKQTGPNHYVIGTC-  494
PhaZCte   AHVQANRAYQQGGYAYANGSGQNMGLWNVFYTTTLKQTGSNYYVIGTCP  513
PhaZDac   AHTLAGRAYAAGGYTYALGSNQNMGLWNVFVTNTLKQTSTNYYVIGTCP  485
PhaZSex   AHTQAGRAHQSGGYTYANGSNQNLGLWNVLASSTIKETAPGYWVTC---  488
PhaZPfu   -------------------------------------------------
```

SBD ←

図4 P(3HB)分解酵素の一次構造[21]

Fn ⅢはフィブロネクチンタイプⅢ様ドメインを示す。SBDは基質結合ドメインを示す。□は，触媒三残基周辺の保存配列を示す。■は，リパーゼボックスを示している。

基質結合能が低く[21,50]，さらにマルチドメイン型酵素に特有な自己阻害効果も本酵素では観察されなかった。一方で，いくつもの研究グループによって，菌体外 P(3HB) 分解酵素の機能と高次構造との関係を明らかにするために酵素の結晶化が試みられてきたがうまくいかなかった。このことは P(3HB) 分解酵素のマルチドメイン構造と関係していると考えられている。そこで我々はシングルドメイン構造の PhaZ$_{Pfu}$ に着目し，P(3HB) 分解酵素としては，X 線結晶構造解析に初めて成功した[23]。本酵素は触媒ドメイン中の活性残基がクレバスの中心にあり，クレバスの周辺に芳香族系のアミノ酸残基が集中して存在していた[23]（図 5）。このことから酵素-基質間の弱い結合は，これらの芳香族系アミノ酸残基と P(3HB) 表面における疎水的相互作用によりもたらされている可能性が示唆された。

　3HB オリゴマーを基質とした分解実験から，*Ralstonia pickettii* T1 由来 P(3HB) 分解酵素（PhaZ$_{RpiT1}$）は 4 つのサブサイトを有していると推定されている[68]。P(3HB) 分解酵素のポリエステルに対する基質特異性はリパーゼのそれと比較するとはるかに厳密で，基質ポリエステルの側鎖はメチル基以下であり，かつ酸素原子間の主鎖の炭素数は 3 あるいは 4 である条件を満たす場合のみ分解できる[13]。このような厳しい基質特異性は，P(3HB) 分解酵素のサブサイトが，基質と強い相互作用で結ばれていることを示唆している。一方，リパーゼの幅広い基質特異性は，疎水ポケット内における基質認識において，疎水的相互作用などの弱い相互作用が原因であると考えられる[12]。前述の PhaZ$_{Pfu}$ の高次構造解析から，PhaZ$_{Pfu}$ は静電的相互作用によって 3HB モノマーユニットを固定している 3 つのサブサイト構造を有していることがわかった[23]。

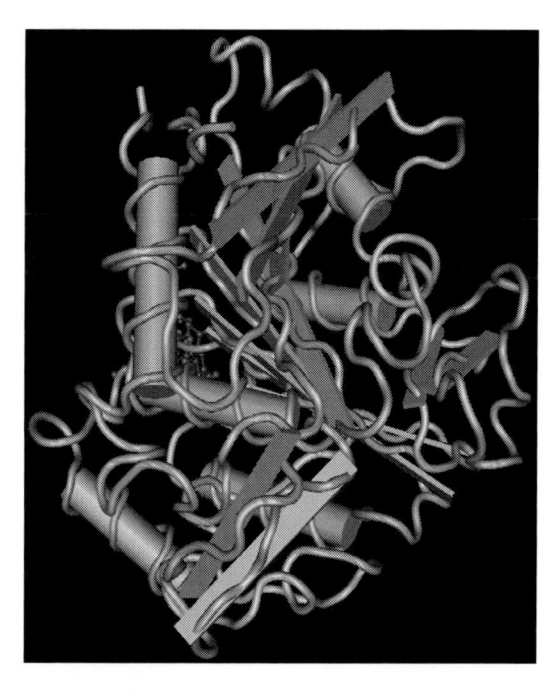

図 5　*Penicillium funiclosum* 由来の P(3HB) 分解酵素（PhaZ$_{Pfu}$）の立体構造（PDB，2D30）

P（3HB）分解酵素の高い基質特異性は，このような共通して見られる構造的特徴に起因していることを示唆している。

Delftia acidovorans YM1609 由来 P（3HB）分解酵素および PhaZ$_{RpiT1}$ の基質結合ドメインとグルタチオン S-トランスフェラーゼ（GST）との融合タンパク質が作製され，その性質が調べられた。その結果，基質結合ドメインは，P（3HB）に対してだけでなく，酵素が分解活性を示さない PLA あるいは，PCL などのポリエステルにも結合したが，セルロース，キチン，ポリプロピレンなどには結合しないことがわかった[13]。このことより，基質結合ドメインがポリエステルと何らかの特異的な相互作用により結合していることが示唆された。また，同時に，基質結合ドメインが触媒ドメインと独立して基質認識をしていることも示された。また，PhaZ$_{RpiT1}$ の基質結合ドメインと P（3HB）分子との間の引力を原子間力顕微鏡で測定したところ，約 100 pN であることがわかっている。PhaZ$_{RpiT1}$ の基質結合ドメインの 441 位のロイシン残基および 443 位のチロシン残基をそれぞれヒスチジンに置換させたところ，P（3HB）分解活性が野生型と比較して著しく低下し，これらの残基が P（3HB）表面との相互作用に直接関わっていることが示された[69]。

5　おわりに

プラスチックが環境中で生分解するためには，プラスチックを低分子量化できる酵素の存在が最低条件となる。エステル結合はポリエステル分解酵素の攻撃対象となるため，ポリエステルは潜在的な生分解性を有していると考えられる。しかしながら，一般的に芳香族系ポリエステルは，生分解性を示さないか，著しく低いことが知られている。ポリエステルが実際の酵素の基質になり得るかどうかは，一次構造的特徴のみならず融点やガラス転移点など材料の物理的性質にも大きく影響される[70]。つまりポリエステル分解酵素から得られる情報を生分解性材料の設計に活かすためには，材料自身の一次構造のみならず高次構造や熱的性質なども考慮する必要がある。さらに，当該材料が環境分解するかどうかは，材料周辺環境で分解酵素が発現している必要がある。

文　　　献

1)　R. Darby and A. Kaplan, *Appl. Microbiol.*, **16**, 900（1968）
2)　T. Fujimaki, *Polym. Degrad. Stabil.*, **59**, 209（1998）
3)　K. Kasuya *et al.*, *Polym. Degrad. Stabil.*, **59**, 327（1998）
4)　M. Suzuki *et al.*, *J. Polym. Res.*, **24**, 217（2017）

5) T. Baba *et al.*, *Polym. Degrad. Stabil.*, **138**, 18 (2017)

6) D. Goldberg, *J. Environ. Polym. Degr.*, **3**, 61 (1995)

7) C. A. Murphy *et al.*, *Appl. Environ. Microbiol.*, **62**, 456 (1996)

8) M. Suzuki *et al.*, *Polym. Degrad. Stabil.*, **149**, 1 (2018)

9) W. H. Carothers, Collected Papers of Wallace Hume Carothers, Interscience publishers (1940)

10) Y. Tokiwa and T. Suzuki, *Agric. Biol. Chem.*, **42**, 1071 (1978)

11) K. Mukai *et al.*, *Biotechnol. Lett.*, **15**, 601 (1993)

12) Z. S. Derewenda, *Adv. Pro. Chem.*, **45**, 1 (1994)

13) K. Kasuya *et al.*, *Int. J. Biological. Macromol.*, **24**, 329 (1999)

14) Y. Tokiwa and T. Suzuki, *J. Ferment. Technol.*, **52**, 393 (1974)

15) E. Kitakuni *et al.*, *Environ. Toxicol. Chem.*, **20**, 941 (2001)

16) Y. Ando *et al.*, *Polym. Degrad. Stabil.*, **61**, 129 (1998)

17) H. Uchida *et al.*, *FEMS Microbiol. Lett.*, **189**, 25 (2000)

18) H. Uchida *et al.*, *J. Biosci. Bioeng. Lett.*, **93**, 245 (2002)

19) H. Maeda *et al.*, *Appl. Microbiol. Biotechnol.*, **67**, 778 (2005)

20) S. Ohtaki *et al.*, *Appl. Envuron. Microbiol.*, **72**, 2407 (2006)

21) K. Kasuya *et al.*, *Macromol. Symp.*, **249-250**, 540 (2007)

22) N. Ishii *et al.*, *Polym. Degrad. Stabil.*, **92**, 44 (2007)

23) T. Hisano *et al.*, *J. Molecul. Biol.*, **356**, 993 (2006)

24) N. Ishii *et al.*, *Macromol. Symp.*, **249-250**, 545 (2007)

25) Y. Tezuka *et al.*, *Polym. Degrad. Stabil.*, **84**, 115 (2004)

26) I. Kleeberg *et al.*, *Biomacromolecules*, **6**, 262 (2005)

27) M. K. Gouda *et al.*, *Biotechnol. Prog.*, **18**, 927 (2002)

28) F. Muroi *et al.*, *Polym. Degrad. Stabil.*, **137**, 11 (2017)

29) Y. Akutsu-Shigeno *et al.*, *Appl. Environ. Microbiol.*, **69**, 2498 (2003)

30) G. V. Pouderoyen *et al.*, *J. Mol. Biol.*, **309**, 215 (2001)

31) V. Perz *et al.*, *New Biotechnol.*, **33**, 295 (2016)

32) V. Perz *et al.*, *Biotechnol. Bioeng.*, **113**, 1024 (2016)

33) X. Gao *et al.*, *Cur. Opin. Biotechnol.*, **22**, 768 (2011)

34) W. D. Luzier, *Proc. Natl. Acad. Sci. U.S.A.*, **89**, 839 (1992)

35) H. Nishida and Y. Tokiwa, *J. Environment. Polym. Degrad.*, **1**, 227 (1993)

36) D. Jendroseek *et al.*, *Appl. Microbiol. Biotechnol.*, **46**, 451 (1996)

37) https://www.brenda-enzymes.org/enzyme.php?ecno = 3.1.1.75#reactschemes

38) C. J. Lusty and M. Doudoroff, *Biochemistry*, **56**, 960 (1966)

39) T. Tanio *et al.*, *Eur. J. Biocem.*, **124**, 71 (1982)

40) K. Nakayama *et al.*, *Biochim. Biophy. Acta*, **827**, 63 (1985)

41) D. Jendrossek *et al.*, *J. Environ. Polym. Degrad.*, **1**, 53 (1993)

42) K. Mukai *et al.*, *Polym. Degrad. Stabil.*, **41**, 85 (1993)

43) C. L. Brucato and S. S. Wong, *Arch. Biochem. Biophys.*, **290**, 497 (1991)

44) K. Kasuya *et al.*, *Polym. Degrad. Stabil.*, **45**, 379 (1994)

45) K. Mukai *et al.*, *Polym. Degrad. Stabil.*, **43**, 319 (1994)

46) K. Kita *et al.*, *Appl. Environ. Microbiol.*, **61**, 1727 (1995)

47) Y. Oda *et al.*, *Curr. Microbiol.*, **34**, 230 (1997)

48) M. Uefuji *et al.*, *Polym. Degrad. Stabil.*, **58**, 275 (1997)

49) K. Kasuya *et al.*, *Biomacromoles*, **2**, 194 (2000)

50) S. Miyazaki *et al.*, *J. Polym. Environ. Polym.*, **8**, 175 (2000)

51) M. Takade *et al.*, *J. Biosc. Bioeng.*, **90**, 416 (2000)

52) D. Y. Kim *et al.*, *Appl. Microbiol. Biotechnol.*, **61**, 300 (2003)

53) F. Romen *et al.*, *Arch. Microbiol.*, **182**, 157 (2004)

54) B. Calabia and Y. Tokiwa, *Biotechnol. Lett.*, **28**, 383 (2006)

55) C. Papaneophytou *et al.*, *Appl. Microbiol. Biotechnol.*, **83**, 659 (2009)

56) R. Bhatt *et al.*, *J. Polym. Environ. Polym.*, **18**, 141 (2010)

57) J. García-Hidalgo *et al.*, *Appl. Microbiol. Biotechnol.*, **93**, 1975 (2012)

58) Z. Wang *et al.*, *World J. Microbiol. Biotechnol.*, **28**, 2395 (2012)

59) J. Gracía-Hidalgo *et al.*, *PLoS One*, **8**, e71699 (2013)

60) D. Jendrossek *et al.*, *Can. J. Microbiol.*, **41**, 160 (1995)

61) M. Shinomiya *et al.*, *FEMS Microbiol. Lett.*, **154**, 89 (1997)

62) K. Kasuya *et al.*, *Appl. Environ. Microbiol.*, **63**, 4844 (1997)

63) T. Ohura *et al.*, *Appl. Environ. Microbiol.*, **65**, 189 (1999)

64) K. Kasuya *et al.*, *Int. J. Biol. Macromol.*, **33**, 221 (2003)

65) N. R. Gilkes *et al.*, *Microbiol. Rev.*, **55**, 303 (1991)

66) H. K. Christian, *FEBS Lett.*, **305**, 91 (1992)

67) P. Bork and R. F. Doolittle, *Proc. Natl. Acad. Sci. U.S.A.*, **89**, 8990 (1992)

68) Y. Shirakura *et al.*, *Biochimi. Biophy. Acta*, **880**, 46 (1986)

69) N. Matsumoto *et al.*, *Biomacromoles*, **9**, 3201 (2008)

70) E. Marten *et al.*, *Polym. Degrad. Stabil.*, **88**, 371 (2005)

第3章 微生物産生ポリエステル分解酵素の 構造と機能

久野玉雄[*]

1 微生物産生ポリエステル分解酵素

　微生物産生ポリエステルであるポリヒドロキシアルカン酸（PHA）は R 体の 3-ヒドロキシアルカン酸（3HA）をモノマーユニットとする生分解性ポリエステルで，多くの微生物が作ることが知られている[1]。特に R-3-ヒドロキシ酪酸（3HB）のホモ重合体，ポリヒドロキシ酪酸（PHB）を作るものが多い。微生物は顆粒状の PHB を細胞内に合成・貯蓄し，必要な時に分解して炭素源として利用する。PHB は細胞内にあるときは非晶質（アモルファス）状態であり（native PHB：nPHB），顆粒表面には PHB 合成と分解に関与する様々なタンパク質が結合している。細胞死などによって PHB が細胞外に放出されたり，人為的に PHB を取り出して精製したりすると表層タンパク質が外れて PHB は結晶性を持つようになる（denatured PHB：dPHB）[2]。PHB はこのように細胞内にあるときと細胞外にあるときで物理的性状が異なるが，面白いことにそれぞれの PHB の分解には異なる微生物酵素が働く。すなわち，nPHB を特異的に分解する酵素（nPHB 分解酵素）と，dPHB を特異的に分解する酵素（dPHB 分解酵素）が存在する[3]。nPHB 分解酵素は dPHB を分解することはできず，また dPHB 分解酵素は nPHB を分解することができない。言うまでもなく nPHB 分解酵素は細胞内に分布し，dPHB 分解酵素は細胞外に分泌される。しかし，分泌される nPHB 酵素やペリプラズムに存在する nPHB 分解酵素といった例外もあることが最近報告されている[4,5]。

　微生物ゲノム解析によるゲノム情報の蓄積によって，多くの PHB 分解酵素のホモログ遺伝子が見つかり，データベースが作られている（The PHA Depolymerase Engineering Database：DED, http://www.ded.uni-stuttgart.de/ded.html）。一方で PHB 分解酵素の立体構造情報は限定的であり，これまでに dPHB 分解酵素および変わり種の細胞外 nPHB 分解酵素の結晶構造がそれぞれ 1 つずつ報告されているのみである。本章ではこれらの構造を紹介しつつ，dPHB 分解酵素と nPHB 分解酵素の基質認識様式について考察する。

＊　Tamao Hisano　国立研究開発法人理化学研究所　生命機能科学研究センター
　　　専任研究員

2 細胞外 dPHB 分解酵素

DED には現在 293 の dPHA 分解酵素が登録され，そのうちの 287 は dPHB 分解酵素である。dPHB 分解酵素は一般に広い温度領域で安定性を持つ。活性の至適温度は 40〜60℃である。これは分子内にシステイン残基による S-S 結合の形成が寄与していると考えられる（S-S 結合の存在は結晶構造解析[6]によって明らかとなった）。また，広い pH 領域で活性を持ち，至適 pH は 7.5〜9.0 である。セリンプロテアーゼ阻害剤で活性が阻害されることから，触媒反応にはセリン残基が関与している。炭素鎖長特異性および立体特異性を有し，R 体の 3HB 間のエステル結合を特異的に切断する（S 体の 3HB や長鎖 3HA によるエステル結合には作用しない）。生成物は 3HB の単量体〜3 量体である。dPHB 分解酵素の構成アミノ酸残基数はだいたい 390〜500 残基程度で，構造は一般的に 3 つのドメイン，すなわち，触媒ドメイン（CD），リンカードメイン（LD），基質（PHB）結合ドメイン（SBD）を持つ（本来，アミノ末端にシグナルペプチドを持つが，この部分は細胞外に輸送される過程で切断される）。これらの 3 つのドメインは dPHB の効率的な分解に必須であることが判っている。マルチドメイン酵素の PHB 分解様式として，まず SBD が dPHB 顆粒表面の結晶領域に強く結合し，そして CD が dPHB のランダム構造を持つ非晶相の PHB 鎖のエステル結合を切断していくというメカニズムが考えられている。次にそれぞれのドメインについて詳しく述べる。

2.1 触媒ドメイン（CD）

CD は 320〜400 残基から成る領域で，分解酵素の一次構造上のアミノ末端側にあり，PHB 鎖のエステル結合の加水分解を触媒する。触媒反応に重要なセリン残基を含む連続 5 残基のモチーフ（Gly-Xaa-Ser-Xaa-Gly）（リパーゼ・ボックスと呼ばれる）を持つ。一次構造上におけるリパーゼ・ボックスの位置が異なる 2 つのタイプがある。一次構造上の中央近くに位置するタイプ 1（CD1）とアミノ末端近傍に位置するタイプ 2（CD2）である（図 1）。この 2 つはアミノ酸配列の相同性が一見して見られないことから，これまでは進化的に異なるグループであると考えられてきた。しかし dPHB 分解酵素の構造が明らかになり，両者は進化的に関係があると考えられるようになっている（後述）。

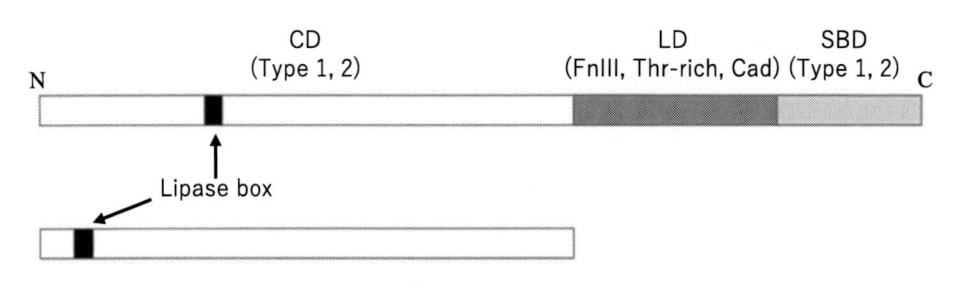

図 1　PHB 分解酵素のドメイン構造

　CDによるPHBのエステル結合の加水分解反応は，リパーゼなどセリン・エステラーゼと同様の反応機構[7]で進むと考えられる。保存された（リパーゼ・ボックスの）セリン残基，ヒスチジン残基，アスパラギン酸残基が水素結合ネットワークを作り，触媒3つ組残基として加水分解反応に重要な働きをする。セリン残基が求核種としてPHBのエステル結合のカルボニル炭素を攻撃し，四面体遷移状態を経て酵素-基質アシル中間体を形成する。次にヒスチジン残基によって活性化された水分子がアシル中間体を加水分解してPHB鎖の切断が完了する（図2）。

　CD1は，アミノ酸配列情報からの立体構造予測によると，α/β hydrolase fold[8]と呼ばれる，リパーゼを含む様々なセリン・エステラーゼに共通な構造を持つと考えられる。α/β hydrolase foldの典型的なものは，分子中央に8本のβ鎖（$\beta1$-$\beta8$）から成るβシートを持ち，その周囲に少なくとも6本のαヘリックス（$\alpha1$-$\alpha6$）が配置される（図3）。

　CD2タイプの触媒ドメインの構造については立体構造予測が困難であったが，筆者らはCD2を持つカビ（*Penicillium funiculosum*）由来のシングルドメインdPHB分解酵素の立体構造を分解能1.67 Åにおいて明らかにした[6]（図4，5）。意外なことにその立体構造はα/β hydrolase foldであった。しかし通常のα/β hydrolase foldと大きく異なる特徴がある。それはアミノ末端およびカルボキシ末端の位置である（図4）。CD1は典型的なα/β hydrolase foldを持つと考えられるから，CD1とCD2は非常によく似た二次構造トポロジー（あるいは立体構造）を持っているが，アミノ末端，カルボキシ末端の位置が異なるという関係である。これをcircular

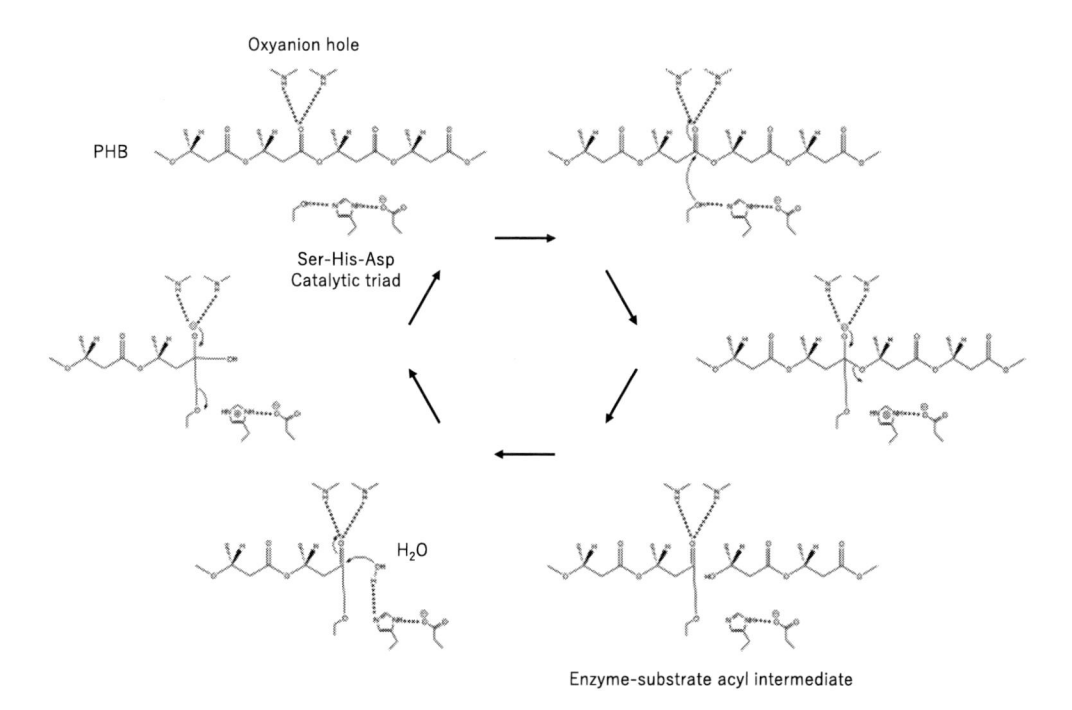

図2　dPHB分解酵素の反応機構

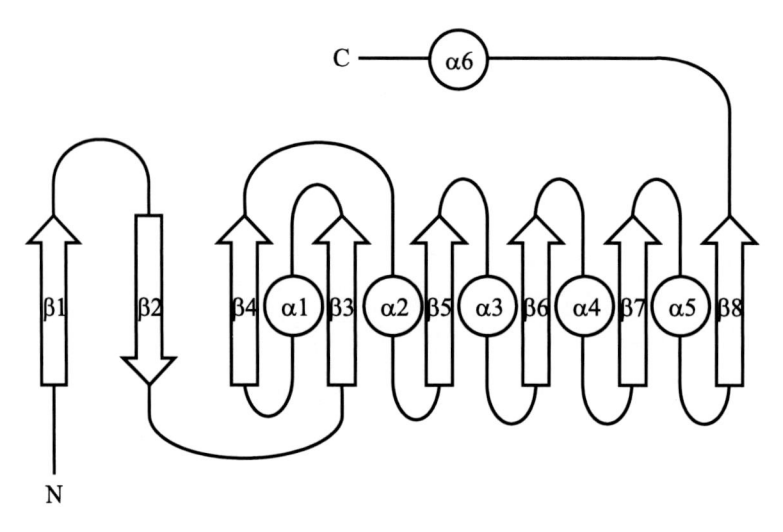

図3　典型的な α/β hydrolase fold の二次構造トポロジー

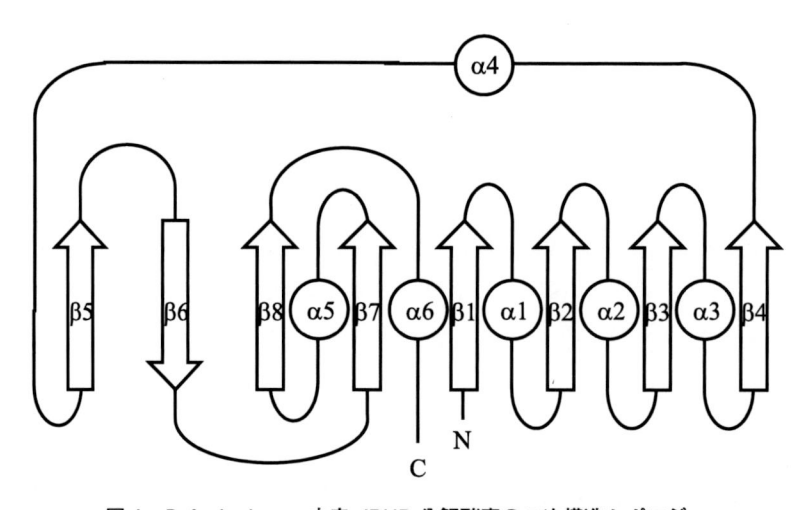

図4　*P. funiculosum* 由来 dPHB 分解酵素の二次構造トポロジー

permutation という。Circular permutation の関係にあるものは進化的な関係があると考えられる[9]。実際，CD1 のアミノ酸配列と CD2 の circular permutation を考慮したアミノ酸配列との相同性はおよそ 28% で，進化的な関係があることを示唆する。

　P. funiculosum 酵素と基質との複合体の結晶構造解析により，基質結合領域におけるサブサイトと基質との詳細な相互作用様式が明らかとなった[6]。3 量体基質は分子表面のクレバスに嵌るように結合する（図 6）。このクレバスの一端には触媒部位を構成する Ser39-His155-Asp121

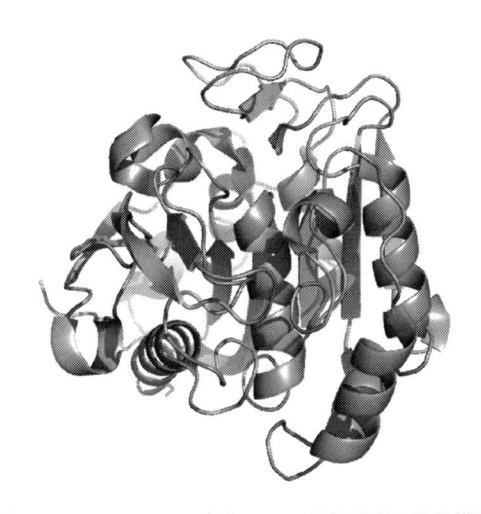

図 5　*P. funiculosum* 由来 dPHB 分解酵素の結晶構造

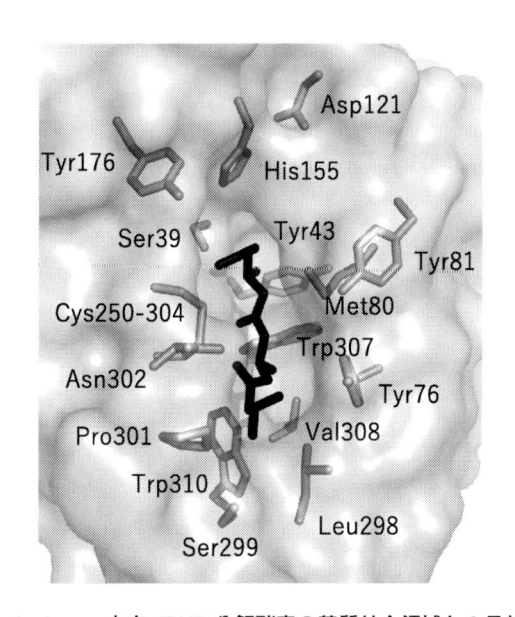

図 6　*P. funiculosum* 由来 dPHB 分解酵素の基質結合領域と 3 量体基質（黒）

の 3 つ組残基が位置する。クレバスの底面にはさらに小さなくぼみが 2 つ形成されている。こ
れらのくぼみは疎水性残基や芳香族残基の側鎖によってうまく作られており，*R* 体の 3HB のメ
チル基側鎖がちょうど収まるようになっている（メチル基よりも大きい側鎖を持つ 3HA ユニッ
トは結合できない。また *S* 体の 3HB は酵素と立体障害を起こしてしまうため，結合できない）。
基質のエステル結合のカルボニル酸素はトリプトファン残基（Trp307）やアスパラギン残基
（Asn302）と水素結合している。このように同酵素は 3 つのサブサイトにおいて 3 量体基質の

各ユニットと明確な相互作用をする。

Ralsotonia pichettii T1 の dPHB 分解酵素は反応生成物として 3HB の単量体〜3 量体が得られる。Seebach らは同酵素による 3HB オリゴマー基質の分解活性を調べ，同酵素には少なくとも 3 つのサブサイトがあるとしている。また 4 量体基質で最も高い活性があったことから触媒セリン残基の両側に 2 つずつのサブサイト（計 4 つのサブサイト）があるとしている[10]。

2. 2 PHB 結合ドメイン（SBD）

SBD は 40〜60 残基から成る領域で，分解酵素のカルボキシ末端側にあり，PHB 顆粒表面に結合する役割を担う。アミノ酸配列の違いにより 2 つのタイプ（SBD1，SBD2）がある（図 1）。さらに近年，これらとは別の新しいタイプの SBD が *Bacillus* 属由来の酵素で報告されている[11]。SBD1 および SBD2 に共通に保存されたアミノ酸残基があり，基質への結合に関わると考えられる。平石らは *R. pickettii* T1 由来酵素の SBD1 にランダム変異を導入して dPHB 顆粒表面への結合および dPHB の加水分解に影響を与えるアミノ酸残基を調べ，SBD と dPHB の結合には水素結合および疎水的相互作用の両方が重要であることを明らかにしている[12, 13]。また村瀬らにより，CD を不活性化した同酵素は PHB 単結晶のフラグメント化を起こすことが AFM を用いて観察され，SBD は dPHB への結合のみならず，dPHB の結晶相の破壊を促進する働きもあることが示唆された[14]。つまり PHB 結晶相を壊すことにより遊離 PHB 鎖が生じ，触媒ドメインによる加水分解が受けやすくなるのである。この作用はセルラーゼのセルロース結合ドメインの働きとよく似ている。結晶性セルロースの酵素分解においては，セルラーゼのセルロース結合ドメインはセルロースの結晶相に結合するだけでなく，結晶相の構造も壊すことで，セルラーゼの触媒ドメインによる分解作用を促進している[15, 16]。

P. funiculosum 酵素は SBD を持たないため，PHB への結合力は SBD のそれよりもかなり小さい[17]。それにも関わらず，*P. funiculosum* 酵素は PHB を効率よく分解することができる。同酵素の基質結合領域があるクレバスの周りは比較的フラットな分子表面であり，そこに芳香族アミノ酸残基が比較的多く配置されている。相同性のあるマルチドメイン酵素の CD2 ではこれらの芳香族残基は保存されていないことから，クレバス近傍の芳香族残基はシングルドメイン酵素にとって PHB 結合ドメインと同様な働きをするのではないかと考えられる。すなわち，これらの芳香族残基によって PHB に結合し，結晶相を壊すことで触媒ドメインの加水分解作用を促進していると考えられる。

2. 3 リンカードメイン（LD）

LD は 50〜100 残基から成る領域で，CD と SBD の間にある（図 1）。現在，フィブロネクチン・タイプ III 様（FnIII-like LD），Thr-リッチ（Thr-rich LD），カドヘリン様（Cad-like LD）の 3 つのタイプが知られている。また，これらとは異なるものが上述の *Bacillus* 属由来酵素で見つかっている[11]。リンカードメインの役割はまだあまりよく判っていない。遺伝子工学的

にLDを欠失させた変異体酵素（CDとSBDのみを持つ）はPHBへの結合活性はあるが分解活性がないことから，PHBの分解にはCDとSBDの間はある程度離れていることが必要だと考えられる[18]。すなわちLDは両者を適度な距離に保つスペーサーとしての役割を持つ。

　以上のように各ドメインにはそれぞれいくつかのタイプがある。ドメイン間のタイプの組み合わせには規則性がないランダムな組み合わせとなっていることから，dPHB分解酵素はモジュール的なマルチドメイン構造であると言える。マルチドメイン構造を持つ典型的な酵素として*R. pickettii* T1由来の酵素や *Paucimonas lemoignei* 由来の酵素がよく知られ，材料としてのPHBの分解実験によく使われる。*R. pickettii* T1酵素はCD1，FnIII-like LD，SBD1の組み合わせである。また *P. lemoignei* は組み合わせの異なる7つのdPHB分解酵素を持っている。

3　細胞内 nPHB 分解酵素

　DEDには現在274のnPHA分解酵素が登録され，そのうちの228はnPHB分解酵素である。nPHB分解酵素は触媒ドメインのみから成るシングルドメイン酵素である。細胞外dPHB分解酵素と異なり，リパーゼ・ボックスを持たないが，立体構造予測によると α/β hydrolase fold を持つようである。したがって，保存されたシステイン残基，アスパラギン酸残基，ヒスチジン残基が水素結合ネットワークを作り，dPHB分解酵素と同様の反応機構によってnPHBのエステル結合を加水分解すると考えられる。この保存されたシステイン残基を含む連続5残基の配列（G/A/S-V-C-Q-A/P）がリパーゼ・ボックスに相当する保存モチーフであろう。

　一方，変わり種であるnPHBを分解する細胞外酵素およびペリプラズム酵素はどちらもリパーゼ・ボックス（セリンが触媒残基）を持つCD1タイプのシングルドメイン酵素である[4]。Jendrossekのグループによって *Paucimonas lemoignei* 由来細胞外nPHB分解酵素PhaZ7の結晶構造解析が報告され，α/β hydrolase fold 構造を持っていることが判った[19]（図7）。アミノ酸配列はこれまで知られているどのPHB分解酵素とも相同性がなく，むしろリパーゼと相同性があり，構造が判っているリパーゼとしては *Bacillus subtilis* 由来リパーゼA（PDB ID：1I6W）が最も構造が似ている（Cαの重ね合わせのr.m.s.d.は1.55 Å，配列相同性は約22%）。それゆえ同酵素の構造は *P. funiculosum* 酵素とはあまり似ていない。基質結合領域周辺の構造は大きく異なっており，特にPhaZ7では基質結合部位を覆うペプチド領域（残基番号281-295の領域）があり，そのため触媒部位および基質結合領域は分子内部に隠れた状態となっている。近年，この領域が構造変化して触媒ドメインが露出した結晶構造（オープン構造）が報告された[20]（図7）。オープン構造では触媒部位を覆っていたペプチド領域が大きく構造変化し，触媒部位および基質結合部位が溶媒に露出した状態となる。このことから，このペプチド領域はフレキシビリティがあり，本酵素がPHBを分解する際にはこの領域が大きく構造変化を起こすことでPHB鎖が触媒部位に入っていけるようになると考えられる。

　PhaZ7 の基質結合領域に基質が結合した複合体の構造はまだ報告されていないため，基質との相互作用様式は不明である。そこで，*P. funiculosum* 酵素の基質複合体構造の情報を利用してドッキングモデルを作り，酵素と基質との相互作用を検討してみた（図8）。活性部位近傍に

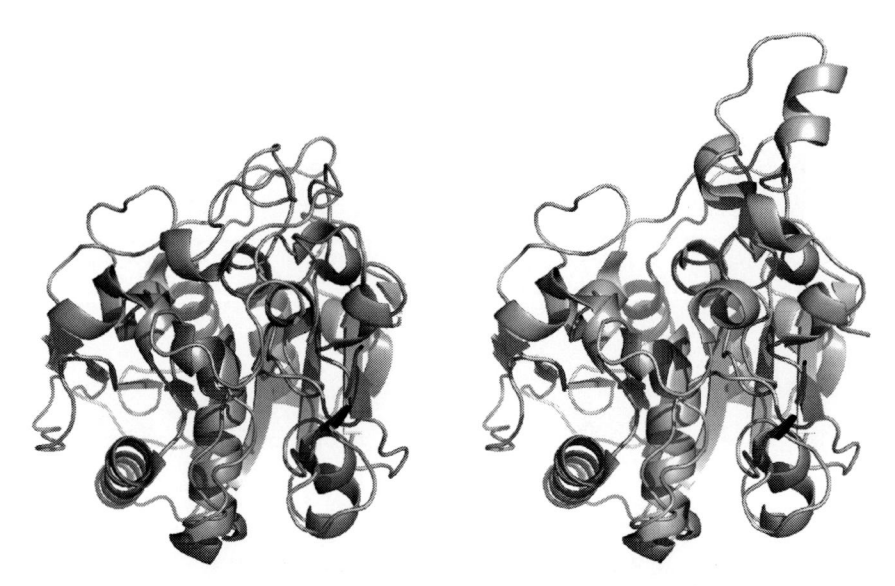

図7　*P. lemoignei* 由来 nPHB 分解酵素 PhaZ7 の結晶構造
（左：クローズド構造，右：オープン構造）

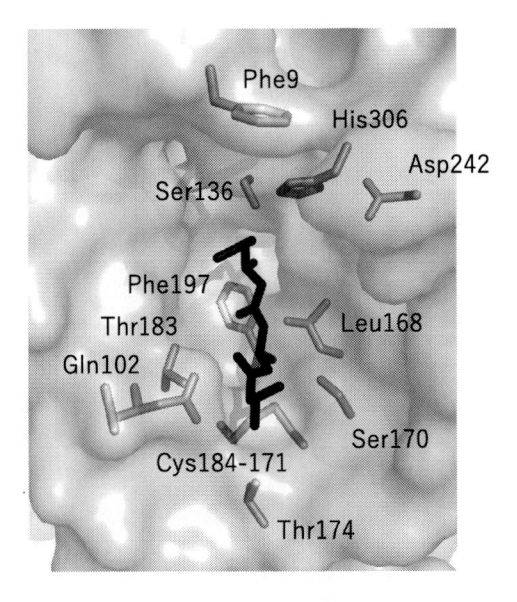

図8　PhaZ7（オープン構造）と3量体基質（黒）のドッキングモデル

は *P. funiculosum* 酵素と同様なクレバスがあり，3 量体基質がちょうど入ることができるようなサイズである。*P. funiculosum* 酵素に結合した 3 量体基質と同じコンフォメーションのモデルを使ってドッキング・モデルを作ってみると，基質の側鎖メチル基と相互作用すると思われる部位，エステル結合のカルボニル基と相互作用すると思われる部位が推定された。PhaZ7 は *P. funiculosum* 酵素と進化的な系統は異なると考えられるが，基質との相互作用様式は大きく違うということはないようである。収斂進化によって類似の炭素鎖長特異性や立体特異性が獲得されたのであろう。

　PhaZ7 には PHB 結合ドメインが存在しないが，どのようにして nPHB 顆粒に結合するのであろうか。*P. funiculosum* 酵素と異なり，PhaZ7 の基質結合領域近傍の分子表面には疎水性残基があまり集まっていない。しかし基質結合領域から少し離れたところに酵素分子表面から少し突き出た領域があり，ここにチロシン残基が集まっている。この領域に 3HB 3 量体基質が結合した複合体構造が報告され，4 つのチロシン残基が 3 量体基質の結合に関わっていることが判った[21]。これら結合に関わる残基の変異体の機能解析により，この突き出た領域は nPHB の分解に必須なものと考えられる。すなわち，PhaZ7 はチロシン残基が含まれる突き出た領域によって nPHB グラニュール表面にアンカーし，足場とすることで，nPHB の分解を効率的に行うと考えられる。

　以上，dPHB 分解酵素と nPHB 分解酵素の構造と機能について述べた。*P. funiculosum* 酵素の CD2 の構造情報は CD1 に関することも含め dPHB 分解酵素の機能に関する多くの知見を与えるが，CD1 はいくつかのサブタイプがあるので，これらの構造を明らかにし比較することで機能についてさらに理解が深めることができるであろう。またマルチドメイン酵素による dPHB の分解機構の理解にはやはり酵素の全長構造情報が不可欠であり，SBD および LD を含め全長の構造を明らかにする研究成果が待たれる。

文　　　献

1)　A. J. Anderson and E. A. Dawes, *Microbiol. Rev.*, **54**, 450（1991）
2)　G. J. M. de Koning and P. J. Lemstra, *Polymer*, **33**, 3304（1992）
3)　D. Jendrossek and R. Handrick, *Annu. Rev. Microbiol.*, **56**, 403（2002）
4)　R. Hendrick *et al.*, *J. Biol. Chem.*, **276**, 36215（2001）
5)　R. Hendrick *et al.*, *J. Bacteriol.*, **186**, 7243（2004）
6)　T. Hisano *et al.*, *J. Mol. Biol.*, **356**, 993（2006）
7)　Z. S. Derewenda, *Adv. Protein Chem.*, **45**, 1（1994）
8)　P. D. Carr and D. L. Ollis, *Protein Pept. Lett.*, **16**, 1137（2009）

9) A. Jeltsh, *J. Mol. Evol.*, **49**, 161 (1999)

10) B. M. Bachmann and D. Seebach, *Macromolecules*, **32**, 1777 (1999)

11) W. Ma *et al.*, *Appl. Environ. Microbiol.*, **77**, 7924 (2011)

12) T. Hiraishi *et al.*, *Appl. Environ. Microbiol.*, **72**, 7331 (2006)

13) T. Hiraishi *et al.*, *Biomacromolecules*, **11**, 113 (2010)

14) T. Murase *et al.*, *Biomacromolecules*, **3**, 312 (2002)

15) N. Din *et al.*, *Bio/Technology*, **9**, 1096 (1991)

16) G. Carrad *et al.*, *Proc. Natl. Acad. Sci. USA*, **97**, 10342 (2000)

17) S. Miyazaki *et al.*, *J. Polym. Environ.*, **8**, 175 (2002)

18) M. Nojiri and T. Saito, *J. Bacteriol.*, **179**, 6965 (1997)

19) A. C. Papageorgiou *et al.*, *J. Mol. Biol.*, **382**, 1184 (2008)

20) T. F. Kellici *et al.*, *Proteins*, **85**, 1351 (2017)

21) D. Jendrossek *et al.*, *Mol. Microbiol.*, **90**, 649 (2013)

第4章 脂肪族−芳香族ポリエステル分解酵素の構造と機能

中島敏明*

はじめに

　プラスチックは様々な産業で基本資材として広く使用されているが，その反面，廃棄物として深刻な環境問題も引き起こしている。そのため，微生物によって水と二酸化炭素に分解される生分解性プラスチックが注目されるようになった。これらの生分解性プラスチックの多くは脂肪族化合物とその共重合体からなるポリエステルであり，良好な生分解性を示すが，その材料特性（特に耐熱性や強度），コストは従来のプラスチックを置き換えるには不十分であり，マルチングフィルムなどに用途が限定されていた。このような事情もあり，近年は同じ環境問題対策でもカーボンニュートラルの側面から，いわゆるバイオ（マス）プラスチックが注目されるようになっている。バイオプラスチックはバイオマス，すなわち化石資源ではなく現在の生物の炭酸固定によって生産される原料から合成されるプラスチックの総称であり，必ずしも生分解性を持つとは限らない。しかしその後の研究で，特に海洋においてマイクロプラスチックによる汚染が大規模に起こっていることが報告され，またそれが我々の健康を脅かすものと認識されたのをきっかけに，にわかに生分解性プラスチックが再注目されるようになってきている。

1　脂肪族−芳香族系生分解性プラスチック

　前述のように脂肪族ポリエステル系の生分解性プラスチックは良好な生分解性を示すが，その材料特性は従来のプラスチックを置き換えるには不十分である。一方，ポリエチレンテレフタレート（PET）などの芳香族ポリエステルは優れた材料特性を示すが，生分解性は非常に弱い。そこで両者の欠点を補うものとして，脂肪族−芳香族コポリエステルからなる新規なポリエステル系生分解性プラスチックが注目を集めている。これらのプラスチックは，良好な生分解性と材料特性の双方を示すことが期待されている[1]。代表的な脂肪族−芳香族系生分解性プラスチックを表1に示す。基本的には C_4 以上の比較的鎖長の長いポリオールと芳香族，脂肪族ジカルボン酸とのコポリマーであり，一部にヒドロキシ脂肪酸を含むものも存在する。脂肪族−芳香族系生分解性プラスチックは，使い捨てのフードサービスパッケージをはじめ様々な資材として使用で

　＊　Toshiaki Nakajima-Kambe　筑波大学　生命環境系　微生物サステイナビリティ研究
　　　　センター（MiCS）　教授

表1　主な脂肪族－芳香族系生分解性プラスチック[3]

名称	略号	化学構造
Poly(butylene adipate-*co*-terephthalate)(Ecoflex™)	PBAT	
Poly(butylene succinate-*co*-terephthalate)	PBST	
Poly(butylene succinate/terephthalate/isophthalate-*co*-lactate)	PBSTIL	

き，かつ堆肥中で生分解する[2]ことから，海洋中においても分解されてマイクロプラスチックの発生防止に貢献できると考えられている。

2　脂肪族－芳香族ポリエステル系生分解性プラスチックの微生物分解

脂肪族ポリエステル系生分解性プラスチックの微生物分解については多くの報告があるが[3]，脂肪族－芳香族系生分解性プラスチックの分解に関する情報はまだ十分とはいえない。これまで一般的にプラスチック廃棄物は堆肥化や埋め立て処分されると考えられていたことから，陸生の微生物による分解に関する研究が大半を占めている。このため，海洋での分解に関する研究はさらに少ない。

脂肪族－芳香族ポリエステル系生分解性プラスチックの微生物分解については，主に高温条件（コンポスト化を想定）と常温（埋め立てなどを想定）の2つに分けられる。Witt ら[4]は高温条件下で脂肪族－芳香族コポリエステルである PBAT（Ecoflex™）を3〜4週間以内にモノマー化できる好熱性細菌 *Thermomonospora fusca* を報告している。また，Kleeberg ら[5]は PBAT 自身が *T. fusca*（TfH）由来の PBAT 分解酵素のインデューサーとして作用することを報告している。さらに Kijchavengkul ら[6]は堆肥環境での脂肪族－芳香族コポリエステルの微生物分解と分解産物について報告している。

中温条件下での分解プロセスに関しては，Tan ら[7]が常温環境で分離した土壌細菌が PBAT を分解する可能性があることを報告している。また，Nakajima-Kambe ら[8]は脂肪族ポリエステル系生分解性プラスチック分解菌として取得した細菌の中に脂肪族－芳香族ポリエステル系生分解性プラスチック分解能を持つものを見出した。特に *Roseateles depolymerans* TB-87 株[9]は，

ポリ乳酸と PHBV を除く脂肪族ポリエステル系だけでなく，PBAT，PBST，PBSTIL などの脂肪族−芳香族ポリエステル系生分解性プラスチックも分解する。また，この株によるポリエステルの生分解は，化学構造だけでなく表面の疎水性や結晶構造などの物理化学的特性にも依存する可能性があることを示している。真核微生物については，Kasuya ら[10]が土壌から 3 種の真菌株と 2 種の細菌を分離し，そのうち，*Isaria fumosorosea* に近縁な真菌，NKCM 1712 が比較的速い速度で PBAT を分解することを報告している。

3　脂肪族−芳香族ポリエステル系生分解性プラスチック分解酵素

ポリエステル系生分解性プラスチックの分解は，エステラーゼ，クチナーゼ，リパーゼなどのエステル分解酵素によって触媒される[11]。これらの酵素は一般的に基質となるアシルエステルの鎖長によって大別され，エステラーゼは短鎖（〜C_4），クチナーゼは中鎖（〜C_{10}），リパーゼは長鎖（C_{10}〜）とされている[11, 12]。クチナーゼは，本来は葉のクチクラ層のクチンや樹皮のスベリンを分解する酵素であり，葉面上の微生物や植物病原菌などに見られるが，それ以外の一般細菌や真菌類にも広く分布している。クチンやスベリンはその構造中に脂肪族−芳香族エステルをもち，クチナーゼはこのエステル結合を加水分解する。クチナーゼの立体構造はリパーゼに類似しているが，その構造中に「Lid」を持たず，これが水−油界面で機能するリパーゼとは異なっている。

クチナーゼはこれまでにも様々な合成ポリエステルの分解に関与することが知られていたが，近年，脂肪族−芳香族ポリエステル系生分解性プラスチック分解酵素の多くがクチナーゼに分類されることが明らかになっている[13]。Müller ら[14]は PBAT の加水分解能を持つ *T. fusca* の培養上清から酵素を精製し，BTA（PBAT）ヒドロラーゼ 1（BTA-1）のアミノ酸配列を決定した。また本酵素が非生分解性の PET にも作用する可能性を見出している。Hu ら[2]は堆肥から得られた好熱性細菌（主に放線菌や *Bacillus* 属細菌）に熱安定性ポリエステラーゼ（恐らくクチナーゼ）が存在することを示唆し，*Thermobifida alba* AHK119 株から新規なクチナーゼ（Est119）をクローニングした。

また，Kawai ら[15]は *T. alba* AHK119 株から 2 種のクチナーゼ（Est1 および Est119）遺伝子を取得し，大腸菌での発現に成功している。本酵素は脂肪族および脂肪族−芳香族ポリエステルに対して広い基質特異性を示し，さらにランダム変異による活性や熱安定性の向上も行っている。Acero ら[16]は，*Thermobifida cellulosilytica* DSM44535 由来の 2 種のクチナーゼ（Thc-Cut1 と Thc-Cut2）を取得し，これが芳香族ポリエステルであるポリエチレンテレフタレート（PET）に対する分解性を持つことを報告している。また，両酵素の活性の顕著な違いが，主にアクティブサイトの近隣の静電的および疎水性表面特性の相違によると報じている。興味深いことに，これまでに報告されたすべての *Thermobifida* 属菌由来クチナーゼ遺伝子はタンデムで存在することが明らかになっている[13]。また，*Thermobifida* 種間に保存されているクチナーゼ

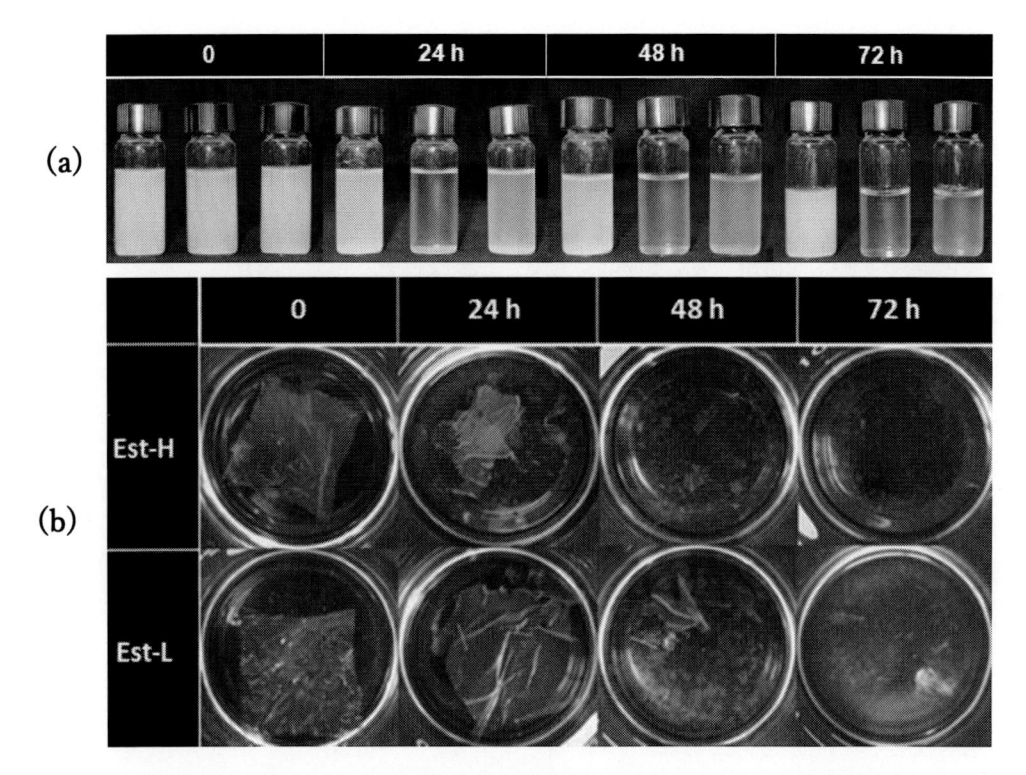

写真 1 *Roseateles depolymerans* TB-87 由来の脂肪族－芳香族ポリエステル系生分解性プラスチック分解酵素による PBSTIL の分解[9]
（a）エマルジョンの分解（左からコントロール，Est-H，Est-L），（b）フィルムの分解。

は，その活性レベルは異なるものの，遺伝子配列の相同性は比較的高いことが知られている。

　さらに，Shah ら[9]は *R. depolymerans* TB-87 の脂肪族－芳香族ポリエステル系生分解性プラスチック分解酵素を精製し，その性質を明らかにしている。精製された 2 種の酵素（Est-H，Est-L）は互いによく似た性質を示し，エマルジョンとフィルムの両方の脂肪族ポリエステル系，および脂肪族－芳香族ポリエステル系生分解性プラスチックを分解した（写真 1），しかし，芳香族成分を含むポリエステルの分解速度は脂肪族に比較して低下すると報告している。さらにAhmad ら[17]はこれらの遺伝子をクローニングし，Est-H，Est-L 遺伝子が，中間に未知のシャペロン様タンパクと思われる配列を挟んで，*Thermobifida* と同様にタンデムに存在することを明らかにしている。これらのクチナーゼ型酵素遺伝子が種・属を超えて何故タンデムに存在するかについては明らかになっていない。

4　脂肪族および脂肪族－芳香族コポリエステルの酵素分解メカニズム

　酵素によるポリエステルの加水分解は，一般的にはエンド型であることが知られている。しか

し，脂肪族－芳香族ポリエステル系生分解性プラスチックのようなコポリエステルの分解においての詳細な分解メカニズムはあまり知られていなかった。Honda ら[18]は *Pseudomonas* 由来の市販リパーゼ（LipasePS®）を用いて，PBST の分解産物の経時変化を 10 日間にわたって LC-MS で解析している。PBST はコハク酸とブタンジオール間で優先的に加水分解され，テレフタル酸を含むヘキサマーと，ブタンジオールとコハク酸のみからなるペンタマーとなり，その後順次分解（一部は非酵素的に分解）されると報告している。

　実際の分解菌を用いた例としては，Kasuya ら[10]が PBAT を分解する真菌（*Isaria*

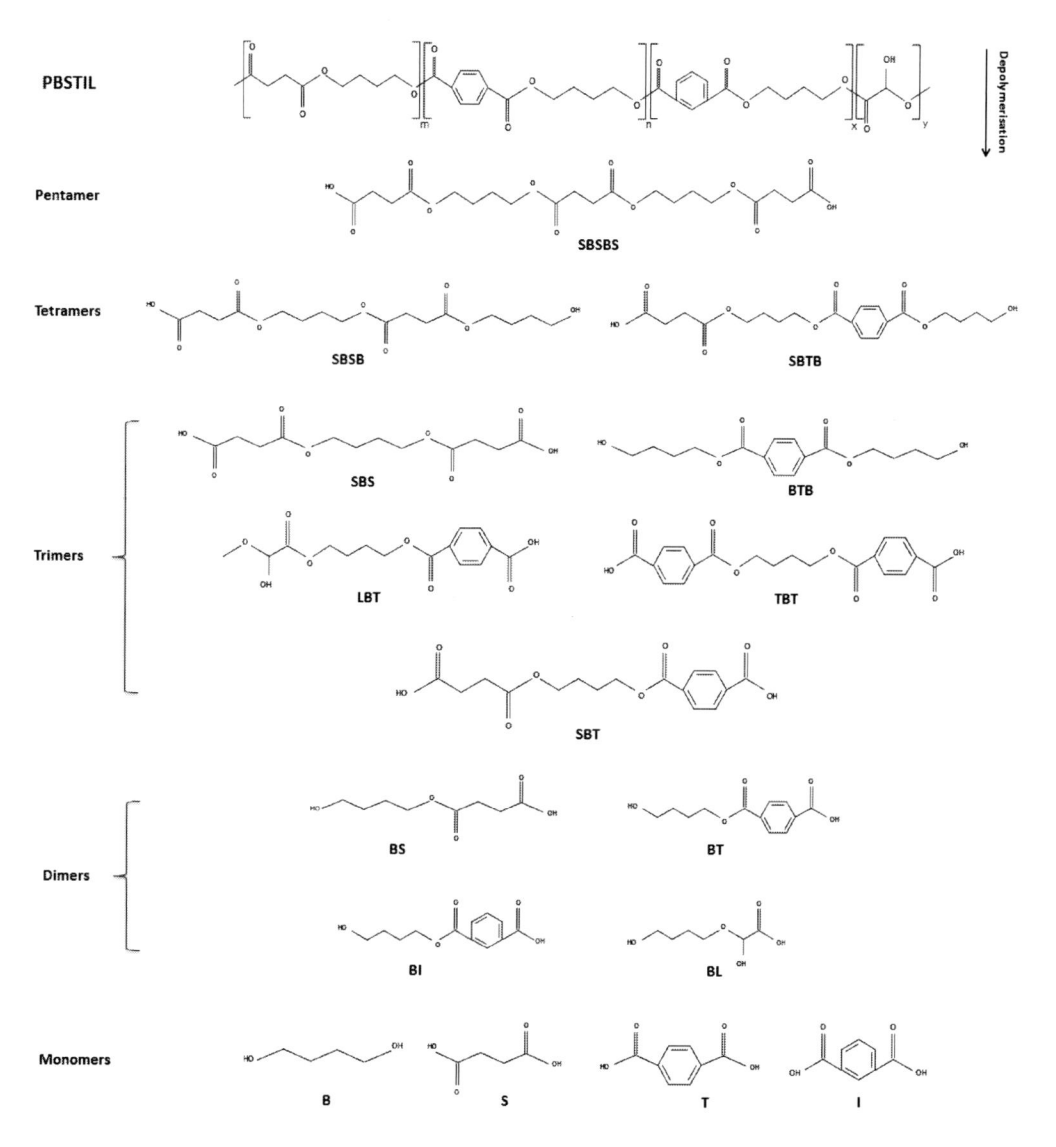

図 1　*Roseateles depolymerans* TB-87 由来酵素による PBSTIL の分解様式[3, 20]

fumosorosea NKCM1712 株）を PBAT フィルム存在下で培養し，分解生成物を LC-MS により解析しており，本菌が脂肪族セグメントを芳香族セグメントよりも優先的に分解したと報告している。Marten ら[19]は，一部のリパーゼや *T. fusca* 由来の PBAT 加水分解酵素（TfH）などの酵素は，脂肪族配列のみを含むポリエステルと比較して，PBAT のテレフタル酸近傍のエステルを切断することがより困難であると報告した。さらに Kijchavengkul ら[6]は，「ソフト」な脂肪族ダイマー（BA，BS）が，「ハード」な芳香族ダイマー（BT）よりも分解を受けやすいことを明らかにしている。

SHAH ら[20]は精製した *R. depolymerans* TB-87 由来の脂肪族−芳香族ポリエステル系生分解性プラスチック分解酵素 2 種（Est-H，Est-L）を用いて，PBSTIL フィルムの分解産物の経時変化（72 時間）を解析している（図 1）。その結果，脂肪族サブユニットを持つ 5 量体が検出され，その後に芳香族成分を持つ 4 量体が検出された。分解は脂肪族−脂肪族のセグメントのエステル結合から優先的に起こり，テレフタル酸部分の加水分解はテトラマー以降から観察された。

これらの知見を総合すると，脂肪族−芳香族ポリエステル系生分解性プラスチックの酵素分解は，最初に脂肪族セグメントの切断によるオリゴマー化が起こり，その後さらに低分子化した後に芳香族セグメントの加水分解が起こると考えられる。おそらくは芳香族セグメントがリジッドであるため酵素がアタックしにくく，低分子化することによってはじめて活性ポケットに取り込まれるのであろうと思われる。

おわりに

プラスチック廃棄物は，他の環境汚染物質と異なり，それ自体に毒性があるわけではないので，これまであまり着目されていなかった。しかし，マイクロプラスチックによる環境汚染・健康被害対策が喫緊の問題として顕在化した現在，生分解性プラスチック，特に脂肪族−芳香族ポリエステル系の生分解性プラスチックは，その物性と生分解性から既存のプラスチックに置き換わる新素材として期待されている。同時にその分解菌に関する研究も今後再注目されていくと考えられる。今後分解菌や分解酵素の特性に関する知見が新たなプラスチック開発の参考となることを期待している。一方で，生分解性プラスチックは環境中への放出を前提として使用されることが多いため，自然界での分解における生成物，特に芳香族モノマーの挙動解析が必要になってくると考えられる。最も良く使用されるテレフタル酸などの芳香族ジカルボン酸は，一般的には易分解性であるといわれているが，その使用規模を考慮すると新たな問題を引き起こす可能性もある。今後はその微生物分解に関する研究や，安全かつ効果的な処理方法（コンポスト化やモノマーリサイクル）の開発も必要であり，この分野で分解酵素に関する知見が役立つことを期待したい。

文　　献

1) R. J. Müller *et al.*, *J. Biotechnol.*, **86**, 87 (2001)

2) X. P. Hu *et al.*, *Appl. Microbiol. Biotechnol.*, **87**, 771 (2010)

3) A. A. Shah *et al.*, *Appl. Microbiol. Biotechnol.*, **98**, 3437 (2014)

4) U. Witt *et al.*, *Chemosphere*, **44**, 289 (2001)

5) I. Kleeberg *et al.*, *Biomacromolecules*, **6**, 262 (2005)

6) T. Kijchavengkul *et al.*, *Polym. Degrad. Stab.*, **95**, 2641 (2010)

7) F. T. Tan *et al.*, *Polym. Degrad. Stab.*, **93**, 1479 (2008)

8) T. Nakajima-Kambe *et al.*, *Polym. Degrad. Stab.*, **94**, 1901 (2009)

9) A. A. Shah *et al.*, *Polym. Degrad. Stab.*, **98**, 609 (2013)

10) K. Kasuya *et al.*, *Polym. Degrad. Stab.*, **94**, 1190 (2009)

11) U. T. Bornscheuer, *FEMS Microbiol. Rev.*, **26**, 73 (2002)

12) J. Rhee *et al.*, *Appl. Environ. Microbiol.*, **71**, 817 (2005)

13) F. Kawai *et al.*, *Appl. Microbiol. Biotechnol.*, **103**, 4253 (2019)

14) R. J. Müller *et al.*, *Macromol. Rapid Commun.*, **26**, 1400 (2005)

15) F. Kawai *et al.*, *Green Polym. Chem.*, **1144**, 111 (2013)

16) E. H. Acero *et al.*, *Biotechnol. Bioeng.*, **110**, 2581 (2013)

17) A. Ahmad *et al.*, *Polym. Degrad. Stab.*, **164**, 109 (2019)

18) N. Honda *et al.*, *Macromol. Biosci.*, **3**, 189 (2003)

19) E. Marten *et al.*, *Polym. Degrad. Stab.*, **88**, 371 (2005)

20) A. A. Shah *et al.*, *Polym. Degrad. Stab.*, **98**, 2722 (2013)

第5章 ポリアスパラギン酸分解酵素の構造と機能

平石知裕[*]

はじめに

　化石資源の大量生産・消費によって引き起こされる地球温暖化や大量廃棄による環境汚染などの地球環境問題は深刻な様相を呈しており，これまでの一方通行型社会から脱却した環境低負荷な循環型社会の形成が求められている。特に近年，海洋に流出した廃棄プラスチックによる海生生物や海鳥への被害に加え，断片化したプラスチック片（マイクロプラスチック）による有害物質の吸着・濃縮・摂取による健康被害への懸念など，海洋プラスチックごみによる環境汚染が世界全体で連携して取り組むべき喫緊の課題となっている。このような背景を基に，日本政府は「プラスチック資源循環戦略」の策定を盛り込んだ第四次循環型社会形成推進基本計画を2018年6月に閣議決定した。「プラスチック資源循環戦略」では，3R（リデュース，リユース，リサイクル）とRenewable（再生可能生物資源・バイオマス資源への代替）を基本原則として，資源・廃棄物制約，海洋プラスチックごみ問題，地球温暖化，アジア各国による廃棄物の輸入規制などの幅広い課題への対応を目指している。さらに2019年6月に大阪で開催されたG20サミットでは，首脳宣言において，新たな海洋プラスチック汚染を2050年までにゼロに削減することを目指す「大阪ブルー・オーシャン・ビジョン」の共有を発表した。このように，プラスチック製品の製造・利用などの経済活動の制約ではなく，適切な廃棄プラスチック管理である3Rの推進が第一であることを前提に，それでもなおプラスチックごみの環境流出リスクに対応するための新素材開発が重要になってきている。この新素材開発において，バイオマス資源を原料とし，かつ環境微生物により無機化される生分解性バイオベースポリマーが有力候補の一つとして注目されている。

　特に，水溶性ポリマーは水環境およびその周辺環境で使用されることも多い。したがって，水不溶性ポリマーと異なり，使用後の回収やリサイクルが一般的に困難であるため，自然環境中に拡散・蓄積し環境問題を引き起こすことが懸念される。現在使用されているポリアクリル酸などの水溶性合成ポリマーは，洗剤のビルダーや塗料，廃水処理などの様々な分野で利用されているが，生分解性は報告されていないため，この代替物質として生分解性を有する水溶性ポリマーの開発が望まれている。本稿では，バイオマス由来であるアスパラギン酸をユニット成分とするポリアスパラギン酸の生分解性に焦点を当て，筆者らが単離精製してきたポリアスパラギン酸分解

　＊　Tomohiro Hiraishi　理化学研究所　開拓研究本部　前田バイオ工学研究室　専任研究員

酵素の構造と機能，およびそこから推定されるポリアスパラギン酸の微生物分解機構について概説する。さらに，ポリアスパラギン酸分解酵素と類似の機能を有する酵素について紹介したい。

1　ポリアスパラギン酸（PAA）およびその誘導体

　ポリアスパラギン酸（PAA）は，機能性側鎖としてカルボキシル基を，主鎖に加水分解性を有するペプチド結合を持つ生分解性に優れた水溶性ポリカルボン酸であり，ポリアクリル酸の代替化合物としての実用化が期待されている[1, 2]。PAA 合成法の最も一般的な方法としてリン酸触媒を用いた熱重合法が挙げられる[3~9]。本稿では熱重合法で得られた PAA を tPAA と称する。tPAA は L-アスパラギン酸の熱重縮合を経て化学合成されるため，他の微生物合成や NCA 法によって得られるポリアミノ酸に比べ安価でかつ大量に合成することができる。一方，tPAA を化学合成する際には高温下にて重縮合させるため，ラセミ化が進行して D 体／L 体の混合（D 体：L 体＝50：50）となる。また，ポリスクシンイミド（PSI）の開環様式が 2 通りあることから，30％の天然型 α-ペプチド構造の他に 70％の非天然型 β-ペプチド構造が生じる[7~12]。さらに，tPAA 分子鎖中には末端イレギュラー構造および主鎖の分岐構造が存在するなど，様々な非天然

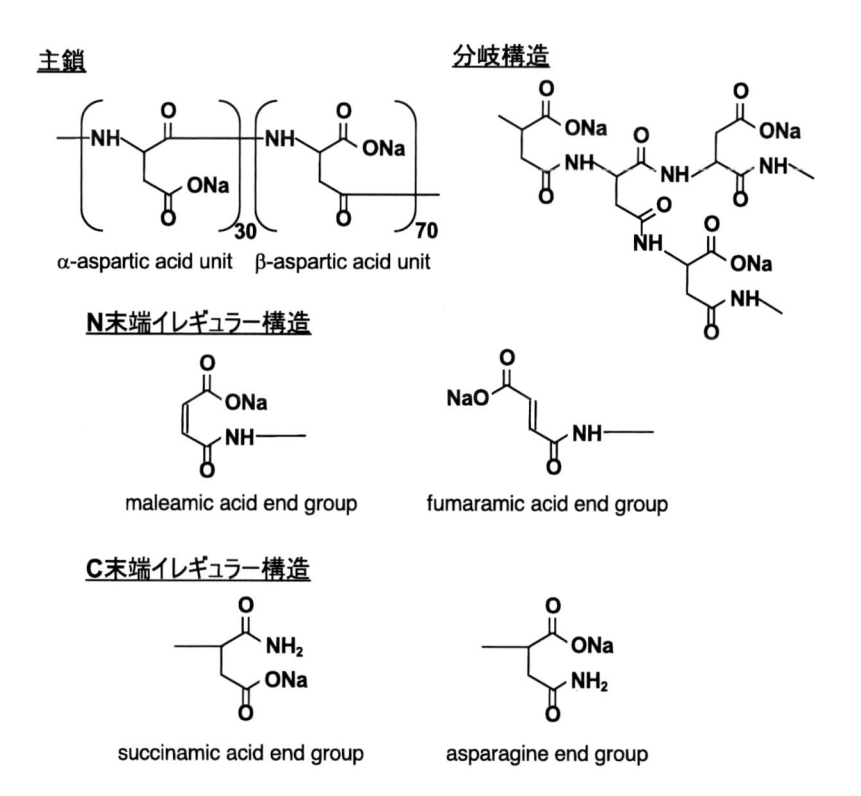

図1　熱重合ポリアスパラギン酸 ［α, β-poly（D,L-Asp），（tPAA）］の構造

構造が含まれているという特徴を有する（図1）。

　tPAA は，ユニット成分がアスパラギン酸であることから優れた生体適合性を有しており，化粧品や衛生材料分野での利用が期待されている。また，tPAA は極めて高い抗プロテアーゼ・抗代謝活性を発揮する β-ペプチド成分を多く含むため，医療分野，特に組織工学，再生医学およびDDS（ドラッグ・デリバリー・システム），などへの応用が期待される[1, 2]。これらの用途には，他のポリマーや tPAA 自身を分子内架橋した tPAA 誘導体が使用されることが多い。例えば，tPAA 合成過程の中間体である PSI は高い反応性を有するため，容易に塩基性物質と反応し tPAA 誘導体を得ることができる。また，ポリアスパラギン酸部分には，反応性に富む側鎖カルボキシル基を利用して，直接的あるいは間接的に生理活性物質や薬物を導入することができる。さらに，その側鎖を修飾することで，親水性～疎水性，中性～イオン性および直鎖状～ランダムコイル状のものまでといった様々な特徴を付加することも可能である。

　分子内架橋を施した tPAA 誘導体は，tPAA への γ 線照射[13]やジアミンによる PSI の架橋[14]などにより得られる。その構造は，生分解性を発現するポリマー主鎖，吸水性を発現する側鎖部分および水不溶化と保水力を発現する架橋部分からなる。このような特徴から，架橋 tPAA は紙おむつの吸収体をはじめ，水に関する種々の用途への使用が期待される。また，長鎖アルキル基を有するドデシルアミンなどと PSI とを重縮合することにより得られる[15]tPAA 誘導体は，疎水的会合が可能でかつ高分散能を有するため，分散剤としての利用が期待されている。上述のように，tPAA あるいは tPAA 誘導体のいずれのポリマーにおいても，合成過程で非天然型構造が分子鎖中に生じてしまう。したがって，これらを実際に機能性材料として使用した際，使用後の安定性，特に生分解性に関して考慮する必要があり，非天然型構造が生分解に与える影響は非常に興味深いものといえる。

2　tPAA 分解微生物

　これまでに，国内外の研究グループによって tPAA の構造と生分解性との相関が調べられてきた[7, 10~18]。tPAA 生分解試験の多くで活性汚泥が生物試料として使用され，生物学的酸素要求量（BOD）や全有機炭素量（TOC）により評価されてきた。これらの生分解試験の結果では，tPAA 分子鎖中に含まれる分岐構造，末端イレギュラー構造や β-ペプチド構造などの非天然型の構造が tPAA の生分解性に大きく関与していることが示唆されている。一方，tPAA 誘導体に関しても生分解性が調べられており，架橋 tPAA は 60 日間で 90％以上（コンポスト中）[14]あるいは 28 日間で 50％（活性汚泥中）の分解性を示した[13]。また，疎水性を付加した tPAA は，未修飾の tPAA とほぼ同様の生分解性を有していることが報告されている[15]。

　tPAA の生分解挙動を詳細に調べるには，自然環境中から tPAA 分解菌を単離し，単一菌体による分解産物を解析することが重要である。これまで，いくつかの研究グループによって tPAA 分解菌の単離が試みられてきたものの，その報告例は筆者らの研究グループを含め数例だけであ

る[19~21]。筆者らの研究グループでは，tPAA 分解菌として *Sphingomonas* sp. KT-1（JCM 10459）および *Pedobacter* sp. KP-2（JCM 10638）の異なる性質を有する 2 種類の細菌を荒川の河川水から単離している[19, 20]。*Sphingomonas* sp. KT-1 は，分子量 5,000 以下の低分子量 tPAA のみを菌体内に取り込み分解・資化した。一方，*Pedobacter* sp. KP-2 は分子量 20,000 の高分子量 tPAA を菌体外で分解・低分子量化した後，吸収・資化していた。さらに，これらの共培養によって分子量 20,000 の tPAA をほぼ完全に分解できることが明らかとなっている。また，Matsumura らは，活性汚泥から単離した *Brevibacillus reuszeri* KS018 の細胞破砕液が，酵素重合で得られた PAA を単量体まで分解することを明らかにしている[21]。このように，自然環境中における tPAA の生分解は，複数の微生物による相乗的な効果により達成されるといえる。しかしながら，微生物分解の解析だけでは tPAA 分子鎖中に含まれるどの構造がどのように生分解挙動へ影響を与えているのかは依然として不明であり，精製酵素による生分解産物の解析に基づく考察が必要不可欠といえる。

3　*Sphingomonas* sp. KT-1 の生産する PAA 分解酵素群

　tPAA 生分解機構を考察する際，ポリマー分子鎖の切断に直接関与している分解酵素を精製し，酵素の構造とその tPAA 分解との相関を調べることは極めて有意義である。一般的に，*Sphingomonas* 属細菌は，ダイオキシンなどの環境汚染物質やポリエチレングリコールなどの人工高分子の分解菌として知られており，環境浄化への応用に関して多くの研究がなされている[22]。そこで筆者らは，まず，*Sphingomonas* sp. KT-1 を対象に tPAA 生分解機構について調べることとした。ここで，KT-1 株の細胞破砕液が tPAA を単量体にまで分解していたことから，その可溶性画分から PAA 分解酵素の精製を行い，2 種類の PAA 分解酵素（PahZ1$_{KT-1}$ および PahZ2$_{KT-1}$）の分離精製に世界で初めて成功した[23, 24]。これらの酵素の特徴を表 1 に示す。一つ目の酵素（PahZ1$_{KT-1}$）は，β-アスパラギン酸ユニット連鎖のみを特異的に認識・分解する酵素であり，tPAA を分子量数千程度のオリゴマー（OAA）にまで低分子量化する。本酵素遺伝子の解析によって，本酵素前駆体は 35 アミノ酸残基からなるシグナルペプチドを有しており，PahZ1$_{KT-1}$ はペリプラズム画分に存在していることが示唆された[25]。

　もう一つの酵素（PahZ2$_{KT-1}$）は，末端イレギュラー構造を有する tPAA は分解できないが，末端にイレギュラー構造を有していない α-poly（L-Asp）および OAA を容易にモノマーにまで分解していた[24]。さらに合成オリゴマーを用いた分解実験の結果は，PahZ2$_{KT-1}$ は OAA の C 末端を認識して加水分解していることを示唆していた[26]。また，PahZ2$_{KT-1}$ の遺伝子解析の結果，本酵素前駆体は 21 アミノ酸残基で構成されるシグナルペプチドを有しており，*Caulobacter crescentus* CB15 および *Pseudomonas* sp. RS-16 由来のエキソ型金属ペプチダーゼと高い相同性を有していた。

　以上の結果から，筆者らは *Sphingomonas* sp. KT-1 における tPAA 酵素分解は少なくとも 2

表1　tPPA 分解菌および *β*-ペプチド分解菌とそれらが生産する分解酵素

ポリアミノ酸,分解菌および酵素	構成アミノ酸(aa)	シグナル配列(aa)	活性型	サブユニット(aa)	温度(℃) 至適	温度(℃) 安定性	至適pH	阻害剤	分解様式	拳考文献
tPAA										
Sphingomonas sp. KT-1(PahZ1$_{KT-1}$)	314	35	n.d.[a]	36-314	40	40	10	DFP[b], PMSF[c]	endo type (*β*-amide linkage hydrolysis)	K. Tabata *et al.* 2001 T. Hiraishi *et al.* 2003 T. Hlraishi *et al.* 2004
Sphingomonas sp. KT-1(PahZ2$_{KT-1}$)	425	21	n.d.[a]	22-425	55	50	7	EDTA[d], DFP[b], PMSF[c]	exo type	T. Hiraishi *et al.* 2003 T. Hiraishi *et al.* 2004
Pedobacter sp. KP-2(PahZ1$_{KP-2}$)	306	41	monomer	42-306	40	40	7.5	DFP[b], PMSF[c]	endo type [*β*-amide linkage hydrolysis between (L-Asp)-(D-Asp)]	T. Hiraishi *et al.* 2009 T. Hiraishi *et al.* 2015
***β*-peptides**										
Ochrobactrum anthropi LMG7991(DmpA)	375	none	$(\alpha\beta)_4$	α:1-249 β:250-375	n.d.[a]	55	7.5-8.5	n.i[e]	exo type(removal of L-α- and L-β- amino acid at N-terminus)	T. Heck *et al.* 2006
Pseudomonas sp. MCI3434 (Pe BapA)	366	none	$(\alpha\beta)_4$	α:1-238 β:239-366	60	55	9-10	*p*-chloromercuribenzoate, *N*-eltylmaleimide, dithiothreitol, HgCl$_2$,ZnSO$_4$, ZnCl$_2$, AgNO$_3$,CdCl$_2$	exo type(removal of L-*β*-amino acid at N-terminus)	H. Komeda and Y. Asano 2005
Sphingosinicella xenopeptidilytica 3-2W4 (3-2W4 BapA)	402	29	$(\alpha\beta)_4$	α:30-278 β:279-402	n.d.[a]	70	8-9	Pefabloc SC	exo type(removal of L-*β*-amino acid at N-terminus)	B. Geueke *et al.* 2005 B. Geueke *et al.* 2006
Sphingosinicella microcystinivorans Y2 (Y2 BapA)	399	26	$(\alpha\beta)_4$	α:27-275 β:276-399	n.d.[a]	60	10	Pefabloc SC	exo type(removal of L-*β*-amlno acid at N-terminus)	B. Geuete *et al.* 2006
Pseudomonas aeruginosa PAO1 (BapF)	366	none	n.d.[a]	α:1-236 β:237-366	37	55	5.5	n.d.[a]	exo type(removal of L-*β*-amino acid at N-terminus)	V. Fuchs *et al.* 2011

[a] n.d., not determined. [b] DFP, diisopropyl fluorophosphate. [c] PMSF, phenylmethylsulfonyl fluoride. [d] EDTA, ethylenediaminetetraacetic acid. [e] n.i., not inhibited by antipain, aprotinin, bestatin, chymostatin, *trans*-epoxysuccinyl-L-leucylamido-(4-guanidino)butane(E-64), EDTA, leupeptin, pefabloc SC and 1,10-phenanthroline.

生分解性プラスチックの環境配慮設計指針

段階以上の反応を介して進行すると考えている。まず，tPAA は菌体内に取り込まれた後，ペリプラズム空間において PahZ1$_{KT-1}$ により分子鎖中の β-アスパラギン酸ユニット間が加水分解され OAA となる。次いで，OAA の新たに生じた末端を PahZ2$_{KT-1}$ が認識し，エキソ型の反応により単量体にまで分解する。このように，tPAA 中には様々な非天然型構造が含まれるため，特異的な分子鎖認識能を有する複数の酵素が関与して初めて効率的な tPAA 生分解が可能になっていると考えられる。

4 *Pedobacter* sp. KP-2 由来 PAA 分解酵素 （PahZ1$_{KP-2}$）

　筆者らは高分子量 tPAA に対して分解資化能を有する *Pedobacter* sp. KP-2 についても，PAA 分解酵素の精製，遺伝子クローニングおよびそのキャラクタリゼーションを行った（表1）[27]。まず，KP-2 株の可溶性画分を対象にして酵素精製を試みたところ，分子量約 30 kDa の PAA 分解酵素（PahZ1$_{KP-2}$）を得た。tPAA 分解実験結果から，PahZ1$_{KP-2}$ は PahZ1$_{KT-1}$ と同様に tPAA に含まれる β-β ペプチド結合を特異的に認識し切断するエンド型酵素であることが示唆された。前述したように，tPAA はその分子内に等量の DL 体を含有していることから，β-ユニットにおける DL 体の連鎖 [(L-Asp)-(L-Asp)，(L-Asp)-(D-Asp)，(D-Asp)-(L-Asp)，(D-Asp)-(D-Asp)] が tPAA 分解に与える影響は大きいと考えられる。そこで，D 体／L 体ユニットの全ての組み合わせを網羅する β-Asp 3 量体を設計して PahZ1$_{KP-2}$ による酵素分解反応を行った[28]。その結果，3 量体中の（D-Asp)-(D-Asp）および（D-Asp)-(L-Asp）間のペプチド結合は認識・分解されないが，（L-Asp)-(L-Asp）および（L-Asp)-(D-Asp）間の結合は分解されるなど，D 体／L 体の連鎖様式の違いによって分解挙動が大きく異なることが明らかとなった。また，（β-L-Asp)-(D-Asp）および（β-L-Asp)(L-Asp）の分解を試みたが，PahZ1$_{KP-2}$ によって分解されなかった。これら 3 量体および 2 量体の分解挙動を解析した結果，本酵素の活性中心について以下のことがわかった[29]（図2）：① PahZ1$_{KP-2}$ の活性中心は少なくとも 4 つのサブサイト（2，1，-1，-2）からなり，3 量体以上のユニットを認識する，②サブサイ

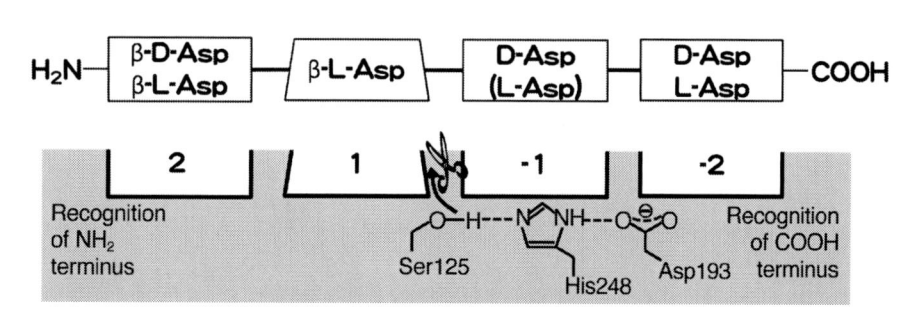

図2　PahZ1$_{KP-2}$ の基質認識サイトモデル

ト1はL体ユニットのみを認識し，他のサブサイトはDL体いずれも認識できる，③サブサイト1は，β-L-Asp に対して極めて高い基質親和性を示す，④サブサイト-1は β-D-Asp に対して極めて高い基質親和性を示すとともに，β-L-Asp も認識できる。さらに本酵素遺伝子の解析から，本酵素は41アミノ酸残基からなるシグナルペプチドを有していること，Sphingomonas sp. KT-1 由来 PahZ1$_{KT-1}$ と非常に高い相同性を示すことがわかった。これらの知見から，PahZ1$_{KP-2}$ と PahZ1$_{KT-1}$ は同一の祖先型タンパク質から進化してきたと思われる。このように，異なる分解菌から同種の分解酵素が獲得された事実は，β-ユニット間のペプチド結合を特異的に切断する酵素（PahZ1）が，tPAA 生分解に普遍的に関与している可能性を示している。

5 tPAA の微生物分解機構

以上これまでの知見を基に，筆者らは Sphingomonas sp. KT-1 および Pedobacter sp. KP-2 による tPAA 微生物分解機構を提案した[30]（図3）。Sphingomonas sp. KT-1 では，菌体外膜上に分解酵素が存在しないことから，高分子量 tPAA の低分子量化ができないため，もともと存在

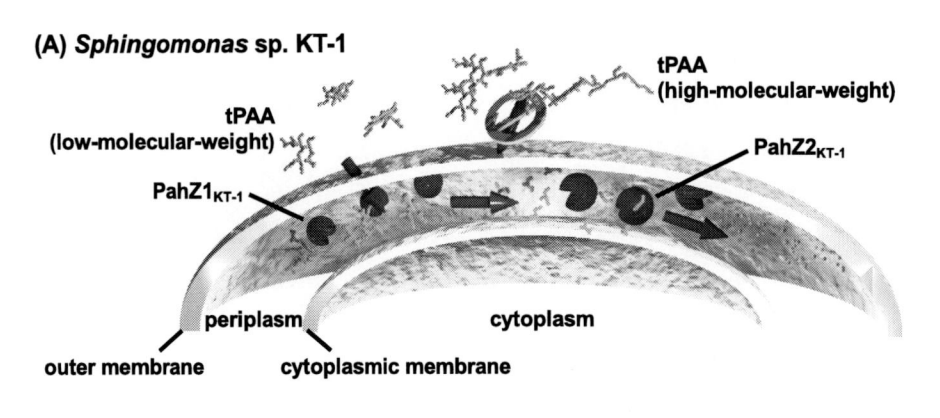

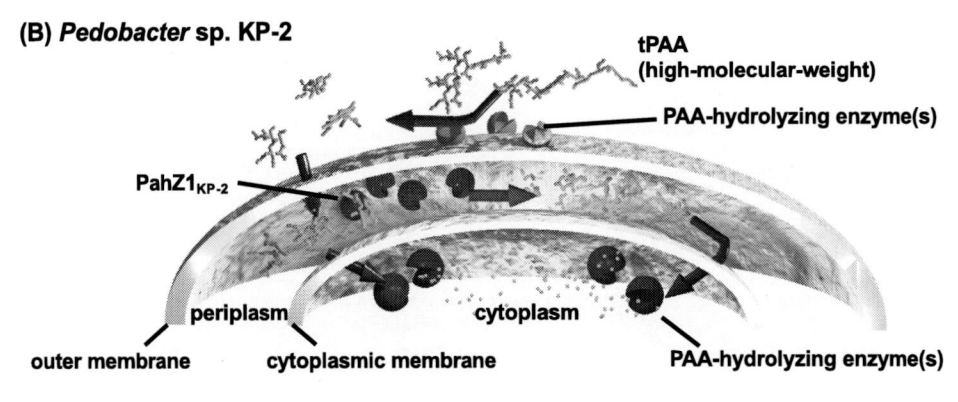

図3 （A）Sphingomonas sp. KT-1 および（B）Pedobacter sp. KP-2 による tPAA 微生物分解機構

する低分子量 tPAA のみを菌体内に取り込む（図3（A））。一方，*Pedobacter* sp. KP-2 では，まず，外膜上に存在する分解酵素の作用によって高分子量 tPAA が分解され，培養液中に生じた低分子量化 tPAA を菌体が取り込む（図3（B））。次いで，菌体内に取り込まれたこれらの低分子量あるいは低分子量化 tPAA は，ペリプラズム画分に存在する分解酵素群による反応によってアスパラギン酸モノマーにまで分解され，最終的にアスパラギン酸の代謝経路により資化される。このように，これら2種類の分解細菌間における tPAA 分解挙動の違いは，菌体内に存在する分解酵素の違いによるものではなく，菌体外膜上で tPAA を低分子量化させる分解酵素の有無に大きく起因していると考えられる。

6　PAA 分解酵素に類似した機能や構造を有する酵素

これまで紹介してきた PAA 分解酵素（PahZ1 および PahZ2）に加え，β-アミノ酸含有ペプチドを分解する酵素（β-ペプチド分解酵素）として5種の β-アミノペプチダーゼ（3種の BapA，1種の BapF，1種の DmpA）が知られており[31~38]，その特徴を表1に示した[29]。これらの酵素の一般的な反応特性として，オリゴペプチドなどから N 末端の β-アミノ酸ユニットをエキソ型で切り出していくことが挙げられる。BapA は β-アミノ酸3量体だけでなく β-アミノ酸2量体も分解し，ペプチドの N 末端が L 体であることが分解には好ましい。また，DmpA は α-ペプチドおよび β-ペプチドのいずれも分解可能であるが，β-ペプチドの方をより効率的に分解するなど，筆者らが発見した酵素とは異なる性質を示した。自然界には β-ペプチドのみからなるポリアミノ酸は存在しないが，代謝産物の一部分や経時劣化したペプチド（タンパク質）中に β-ペプチドがみられることから，これらが β-ペプチド分解酵素の本来の基質となっているのではないかと推察される。

また，PahZ1 の推定アミノ酸配列に対して相同性検索を行ったところ，比較的相同性を示すものとしてポリヒドロキシブタン酸（PHB）分解酵素がみられた[25]。PHB 分解酵素は，PHB 分子鎖中に含まれる β 位のエステル結合を加水分解する酵素である。また，PahZ1 と PHB 分解酵素の一次構造を比較すると，PahZ1 は PHB 分解酵素の触媒ドメインだけで構成されているような構造であった。そこで，PahZ1，PHB 分解酵素および β-アミノペプチダーゼ（BapA，BapF，DmpA）の配列を用いて系統解析を行い[29]，図4にその系統樹を示した。図左下のスケールバーはアミノ酸残基が5%異なる距離を示す。系統樹に示される距離から大きく2つの Branch X と Y に分けられ，Branch X は PahZ1 および PHB 分解酵素から構成され，一方，Branch Y は BapA，BapF，DmpA から構成されていた。Branch X に属する酵素は β 結合をエンド型で切断する酵素，Branch Y に属する酵素は β 結合をエキソ型で切断する酵素といえる。また，PahZ1 の基質である tPAA 分子鎖中の β-β ペプチド結合の連鎖構造と，PHB 分解酵素の基質である PHB 分子鎖中の連鎖構造を比較すると類似していることがわかる（図5）。したがって，PahZ1 と PHB 分解酵素は類似した基質認識機構を有していると考えられ，酵素の構造

PahZ1KT-1
PahZ1KP-2
PhaZ2Ple
PhaZAfaAE122
Branch X
Y2 BapA
DmpA
Ps BapA
BapF
3-2W4 BapA
Branch Y
0.05

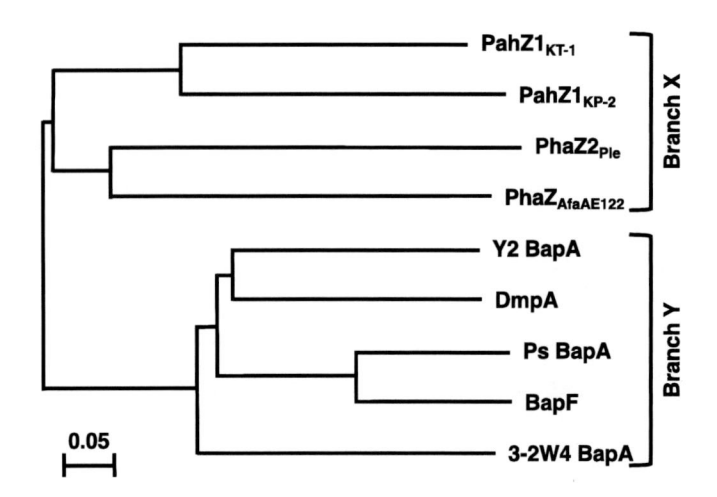

図4　PAA 分解酵素，PHB 分解酵素および *β*-アミノペプチダーゼ配列から作成した系統樹
PAA 分解酵素：*Sphingomonas* sp. KT-1（$PahZ1_{KT-1}$），*Pedobacter* sp. KP-2（$PahZ1_{KP-2}$）
PHB 分解酵素：*Alcaligenes faecalis* AE122（$PhaZ_{AfaAE122}$），*Pseudomonas lemoignei*（$PhaZ2_{Ple}$）
β-アミノペプチダーゼ：*Sphingosinicella microcystinivorans* Y2（Y2 BapA），*Pseudomonas* sp. MCI3434（Ps BapA），*Sphingosinicella xenopeptidilytica* 3-2W4（3-2W4 BapA），*Pseudomonas aeruginosa* PAO1（BapF），*Ochrobactrum anthropi* LMG7991（DmpA）

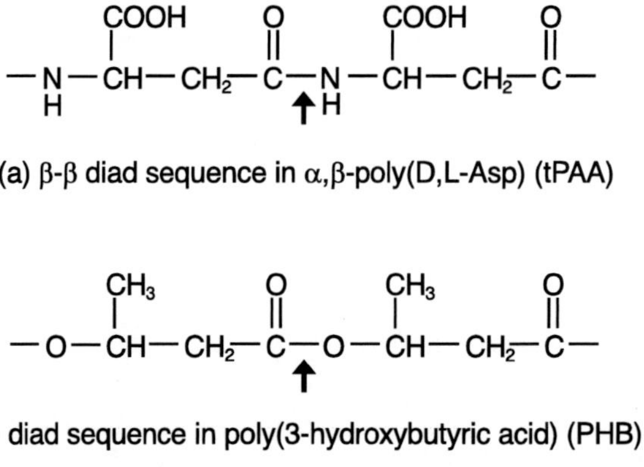

(a) β-β diad sequence in α,β-poly(D,L-Asp) (tPAA)
(b) diad sequence in poly(3-hydroxybutyric acid) (PHB)

図5　(A) *β*-*β* アスパラギン酸ユニット配列および (B) PHB ユニット配列
矢印が切断部位。

的な類似性も考慮すると，これらの酵素は同一の祖先型タンパク質から分散進化したものかもしれない。

おわりに

一般に，tPAA のような化学合成高分子では，その分子中に様々な非天然型の構造を有しているため，酵素が基質高分子を認識できなくなり生分解が抑制される。今回，筆者らが自然環境中から単離してきた 2 種類の tPAA 分解菌は，これらを共培養することにより tPAA を完全に分解・資化する能力を有していた。さらに，これらの分解菌が生産する新規 PAA 分解酵素群は，tPAA 生分解において適切な場所に配置され役割分担することで，分解反応を効率的に触媒していることを明らかにしてきた。特に，PahZ1 は β-ペプチドユニットのみを選択的に分解することから，その本来の生理的役割も非常に興味深い対象であるといえる。

一方，従来より有機合成分野では，酵素の立体選択性や位置選択性などの特性を活かした合成プロセスが開発されてきており，反応系の無毒性や酵素自身が天然由来である点などで環境保護の観点からも注目されている。高分子合成では，リパーゼやプロテアーゼなどの加水分解酵素を利用したプロセスが提案されるようになって久しく，生分解性ポリエステルやポリアミノ酸合成などが代表例といえる。本稿でも取り上げた β-ペプチドは固相合成によりつくることができるが，β-ペプチド分解酵素の基質特異性を利用した合成も可能である。例えば筆者らは，触媒として PahZ1$_{KP-2}$ を，モノマーとしてアスパラギン酸ジエステルを用いることで，β-ポリアスパラギン酸合成に成功している[39]。また，Kohler および Seebach らは，BapA を触媒として使用し，β 位のみをアミド化したモノマーから低分子量 β-ペプチドを合成している[35]。

β-ペプチドの利点である高いプロテアーゼ耐性や代謝耐性は，ともすると難分解性という欠点にもなりうる。しかしながら，本稿で紹介したように β-ペプチドを分解する多種多様な酵素群が自然界に存在することから，β-ペプチドは生分解性を有する高機能化材料としてますますの発展が期待できるだろう。また近年，モノマー基質が濃縮された物質として使用済みポリマーを原料とするケミカルリサイクルが注目されている。前述の通り，β-ペプチドを分解する酵素は，β-ペプチドの合成に利用することも可能である。したがって，ケミカルリサイクルの点からも β-ペプチドとその分解酵素は有望なカップルといえる。今後，酵素自身の高機能化や高性能化による高付加価値な新奇 β-ペプチド材料の創製を通じ，材料分野や医療分野を始めとする異分野との融合が期待される。

文　　献

1)　W. Joentgen *et al.*, "Polyaspartic Acids" In: Biopolymers 7 Polyamides and Complex Proteinaceous Materials I, p.175, Wiley-VCH（2003）
2)　S. M. Thombre, and B. D. Sarwade, *J. Macromol. Sci. Part A Pure Appl. Chem.*, **42**,

1299 (2005)

3) G. Swift, *Polym. Degrad. Stab.*, **59**, 19 (1998)

4) M. Tomida *et al.*, *Polymer*, **37**, 4435 (1996)

5) M. Schwamborn, *Polym. Degrad. Stab.*, **59**, 39 (1998)

6) V. S. Rao *et al.*, *Makromol. Chem.*, **194**, 1095 (1993)

7) S. Roweton *et al.*, *J. Environ. Polym. Degrad.*, **5**, 175 (1997)

8) S. K. Wolk *et al.*, *Macromolecules*, **27**, 7613 (1994)

9) K. Matsubara *et al.*, *Macromolecules*, **31**, 1466 (1998)

10) T. Nakato *et al.*, *Macromolecules*, **131**, 2107 (1998)

11) T. Nakato *et al.*, *Pure Appl. Chem.*, **A36**, 949 (1999)

12) T. Nakato *et al.*, *J. Polym. Sci. Part A Polym. Chem.*, **38**, 117 (2000)

13) M. Tomida *et al.*, *Polymer*, **38**, 2791 (1997)

14) 入里義弘, 石徳　武, 生分解ケミカルスとプラスチックの開発, p.229, シーエムシー出版 (2000)

15) T. Nakato *et al.*, *Polym. Bull.*, **44**, 385 (2000)

16) M. B. Freeman *et al.*, *ACS Symp. Ser.*, **627**, 118 (1996)

17) G. Swift *et al.*, *Macromol. Symp.*, **123**, 195 (1997)

18) D. D. Alford *et al.*, *J. Environ. Polym. Degrad.*, **2**, 225 (1994)

19) K. Tabata *et al.*, *Appl. Environ. Microbiol.*, **65**, 4268 (1999)

20) K. Tabata *et al.*, *Biomacromolecules*, **1**, 157 (2000)

21) Y. Soeda *et al.*, *Biomacromolecules*, **4**, 196 (2003)

22) F. Kawai, *J. Ind. Microbiol. Biotechnol.*, **23**, 400 (1999)

23) K. Tabata *et al.*, *Biomacromolecules*, **2**, 1155 (2001)

24) T. Hiraishi *et al.*, *Biomacromolecules*, **4**, 1285 (2003)

25) T. Hiraishi *et al.*, *Biomacromolecules*, **4**, 80 (2003)

26) T. Hiraishi *et al.*, *Macromol. Biosci.*, **4**, 330 (2004)

27) T. Hiraishi *et al.*, *Macromol. Biosci.*, **9**, 10 (2009)

28) T. Hiraishi *et al.*, *AMB Express*, **5**, 31 (2015)

29) T. Hiraishi, *Appl. Microbiol. Biotechnol.*, **100**, 1623 (2016)

30) T. Hiraishi and M. Maeda, *Appl. Microbiol. Biotechnol.*, **91**, 895 (2011)

31) B. Geueke *et al.*, *J. Bacteriol.*, **187**, 5910 (2005)

32) B. Geueke *et al.*, *FEBS J.*, **273**, 5261 (2006)

33) B. Geueke and H. P. E. Kohler, *Appl. Microbiol. Biotechnol.*, **74**, 1197 (2007)

34) T. Heck *et al.*, *Chem. Biodiv.*, **3**, 1325 (2006)

35) T. Heck *et al.*, *Chem. Biodiv.*, **4**, 2016 (2007)

36) T. Heck *et al.*, *Chem. Biodiv.*, **9**, 2388 (2012)

37) V. Fuchs *et al.*, *World J. Microbiol. Biotechnol.*, **27**, 713 (2011)

38) H. Komeda and Y. Asano, *FEBS J.*, **272**, 3075 (2005)

39) T. Hiraishi *et al.*, *Macromol. Biosci.*, **11**, 187 (2011)

第6章 ポリエチレンテレフタレート（PET）分解酵素の発見と構造解析

吉田昭介*

はじめに

プラスチックの世界生産は右肩上がりに増え続け，50年前と比較して約20倍，20年後にはさらに倍増すると試算されている。しかし，現在のプラスチック経済は化石資源を原資とした非循環型であり，持続可能性に乏しい。プラスチック市場で最大の割合を占める（容積比にして26％）プラスチック容器包装材は消費が速い。これらは廃棄後リサイクルされるわずかなものを除き，焼却，埋め立て，環境への流出の経路を辿っている。環境に流出したプラスチックは微生物による分解を受けずに蓄積する[1]。

石油から製造される主要なプラスチックとして，ポリオレフィン系のポリエチレン（PE），ポリプロピレン（PP），ポリ塩化ビニル（PVC），ポリスチレン（PS），ポリエステル系のポリエチレンテレフタレート（PET）などを挙げることができる。これらのプラスチックの生分解性の低さは，①主鎖の結合の反応性，②分子量，③主鎖の剛直性，④結晶性，⑤バルク表面の疎水性，などに起因する[2~5]。ポリオレフィン系プラスチックの主鎖 C-C 間の共有結合は非常に安定であり，環境中での分解は，紫外線や熱などによるラジカル生成と酸化で低分子化されたり，高反応性のカルボニル基が形成されたりすることで，ようやく微生物による攻撃を受ける[5]。一方，ポリエステル系の主鎖エステル結合は反応性が比較的高い。生分解性プラスチックとして利用されるポリ乳酸（PLA），ポリカプロラクトン（PCL），ポリブチレンサクシネート（PBS），ポリヒドロキシブチレート（PHB）などは脂肪族ポリエステルであり，微生物がもつ多様なエステル加水分解酵素によって分解される。脂肪族ポリエステルは，融点が175℃（PLA），57℃（PCL），114℃（PBS），178℃（PHB）と比較的低く，分子間凝集力や分子鎖の剛直性がそれほど大きくない。そのため，酵素が高分子上の作用点へアクセスしやすいと考えられる[2]。実際，Marten らは脂肪族ポリエステルの融点が高いほど，酵素による分解を受けにくいことを実験的に確かめた[6]。一方，分子鎖に芳香族ジカルボン酸ユニットを含む PET（融点＝260℃）のような芳香族ポリエステルは，脂肪族ポリエステルと比べ，分子鎖の剛直性が高く，酵素分解されにくい。また，多くのプラスチックは高分子鎖が規則正しく整列した結晶状態の部分と，無定形な非結晶状態の部分の両方を含む。結晶部分においては高分子鎖が密にパッキングされてお

* Shosuke Yoshida 奈良先端科学技術大学院大学 研究推進機構 研究推進部門／先端科学技術研究科 バイオサイエンス領域 特任准教授

り，酵素による攻撃を受けにくいことが知られている[5]。

近年，微生物によるプラスチックの分解に関する報告が増加している。Zettler らは海洋で採取した PE や PP のプラスチック片を調べ，プラスチック片に陥入する微生物の存在を認めた。また独特な微生物叢がプラスチック上に形成されていることを発見した[7]。Yang らによる蛾の幼虫からの PE[8]および PS[9, 10]分解腸内細菌の分離，Bombelli らによるハチノスツリガ幼虫ペースト中の顕著な PE 分解活性の発見[11]などが続いている。しかし現在までのところ，上記の分解に関わる酵素の同定には至っておらず，今後の研究の発展が期待される。本稿著者らは，PET を分解・代謝する細菌を見出し，さらに PET の構成モノマーへの分解に関わるユニークな 2 酵素を同定した[12, 13]。最近，これら新規酵素の結晶構造解析の成果が発表され，PET 分解のより深い議論が可能となってきた。本稿では，これら一連の流れについて触れながら，本細菌の PET 代謝メカニズムを中心に紹介したい。

1　PET 資化細菌 *Ideonella sakaiensis*

ペットボトルや食品用トレー，衣類などに汎用されている PET は，テレフタル酸とエチレングリコールが縮重合した芳香族ポリエステルである。PET の生分解性は極めて低いとされる[14, 15]。微生物による PET 分解については報告例が極めて少なく，*Fusarium* 属の真菌が PET を炭素源として分解，生育するという記述が認められるのみであった[16, 17]。京都工芸繊維大学の小田らは，PET 分解微生物の分離を考え，ペットボトルリサイクル工場から PET の破片が混在した堆積物や処理水などのサンプルを採取した。酵素がアクセスしやすいよう PET 樹脂を溶融，急冷して低結晶性の PET フィルム（以下，PET フィルム）を調整し，これを主炭素源とする液体培地に環境サンプルを投入し，集積培養を試みた。その結果，PET フィルム上に細菌，

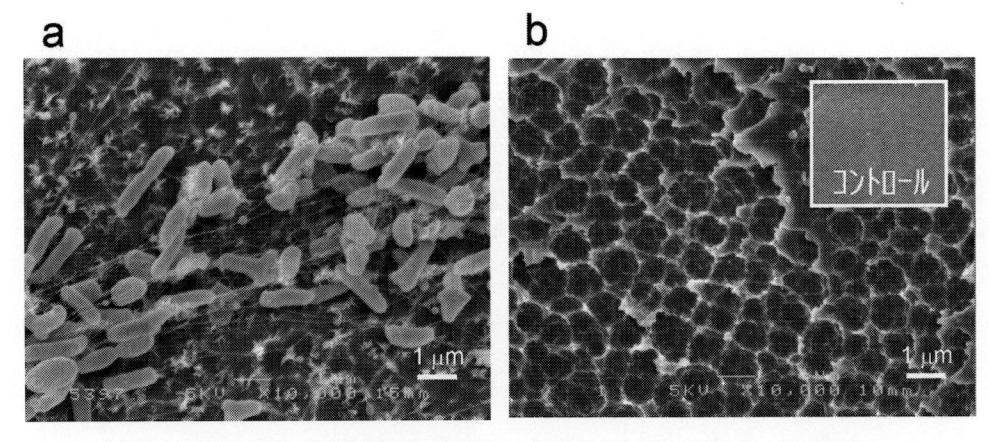

図1　PET フィルムを主炭素源とする培地で生育した *I. sakaiensis* の SEM 画像
（a）PET フィルム上に付着した菌体，（b）菌体除去後の PET フィルム。

酵母様細胞，原生動物など多種の微生物から構成される微生物群を見出し，その中で顕著な PET フィルムの分解の進行を確認した。分解はフィルム表面より進行するため，分解速度は 0.13 mg cm^{-2} day^{-1} と表面積あたりで算出した。次に，PET 分解微生物群に対し，限界希釈と，PET フィルムを主炭素源とする培養を行うことで，PET 資化菌の純粋分離に成功した（図 1）[12]。本菌は 16S rRNA 解析などから *Ideonella* 属に分類される新種細菌と判明し，*Ideonella sakaiensis* 201-F6 株と命名された[18]。

2　*I. sakaiensis* の PET 分解酵素

2. 1　PET 加水分解酵素

PET 微生物分解に関する報告が極めて限定的である一方で，近年，カルボン酸エステル加水分解酵素の一部（現在までにアミノ酸配列が判明しているものでおよそ 20 種）において，PET 加水分解活性が検出されている[19]。我々はこのような酵素を PET 加水分解性酵素（PET hydrolytic enzyme：PHE）と定義した[19]。その多くは植物クチクラ層などに含まれる天然のポリエステル，クチンに加水分解活性を示すクチナーゼ，あるいはそのホモログである。クチナーゼは，リパーゼが作用する長鎖のトリグリセリドから，エステラーゼが作用する短鎖の脂肪酸エステルまで幅広く作用することが知られている。

I. sakaiensis のゲノム解析を実施し，既知 PHE のアミノ酸配列を手掛かりとして用いて ORF を探索したところ，*Thermobifida fusca* 由来の加水分解酵素 TfH[20]と 51% の相同性を有する配列をコードする ORF を見出した。次に本 ORF を大腸菌に発現させて組換えタンパク質を調製し，PET フィルムと共に 30℃，pH 7 の条件下でインキュベートした。その結果，PET フィルム表面に無数のクレーター状分解痕が認められた（図 2（a））。さらにその反応溶液を逆相 HPLC で分析したところ，分解産物と考えられるテレフタル酸，モノヒドロキシエチルテレフタレート（MHET），ビスヒドロキシエチルテレフタレート（BHET）に対応するピークが認められた（図 2（a））。これらの結果から，上記 ORF が PHE 遺伝子であることが判明した。次に，本酵素と，PHE として好熱性放線菌由来酵素 TfH，枝葉コンポストのメタゲノム由来酵素 LCC[21]，真菌由来酵素 FsC[22]の 3 種との機能比較を試みた。これらの組換えタンパク質を調製し，PET フィルムに対する活性を測定した。一方，従来のカルボン酸エステル加水分解酵素であるリパーゼ，エステラーゼ，クチナーゼの脂肪酸エステル加水分解活性を測定するために，炭素鎖長の異なる直鎖脂肪族カルボン酸と発色団 *para*-nitrophenol を脱水縮合させた人工基質を用いて活性測定を行った。その結果，*I. sakaiensis* 由来酵素は，PET フィルムに対して TfH の 120 倍，LCC の 5.5 倍，FsC の 88 倍の活性を示す一方，脂肪酸エステル基質に対しては総じて低活性であった（図 2（b））。*I. sakaiensis* 由来 PHE は PET に対して高い加水分解活性を持ち，また従来 PHE よりもはるかに高い基質特異性を持つことから，PET hydrolase（PETase）と命名した。のちに，国際生化学・分子生物学連合（IUBMB）により，新しいカルボン酸エス

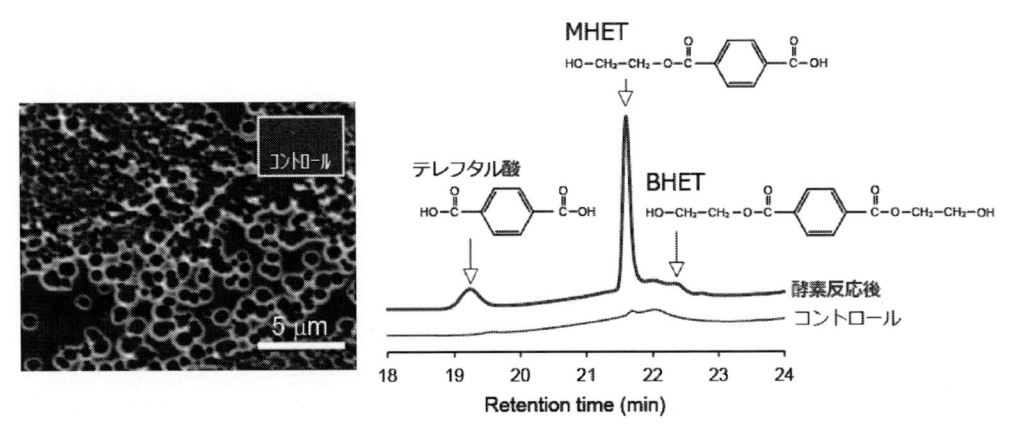

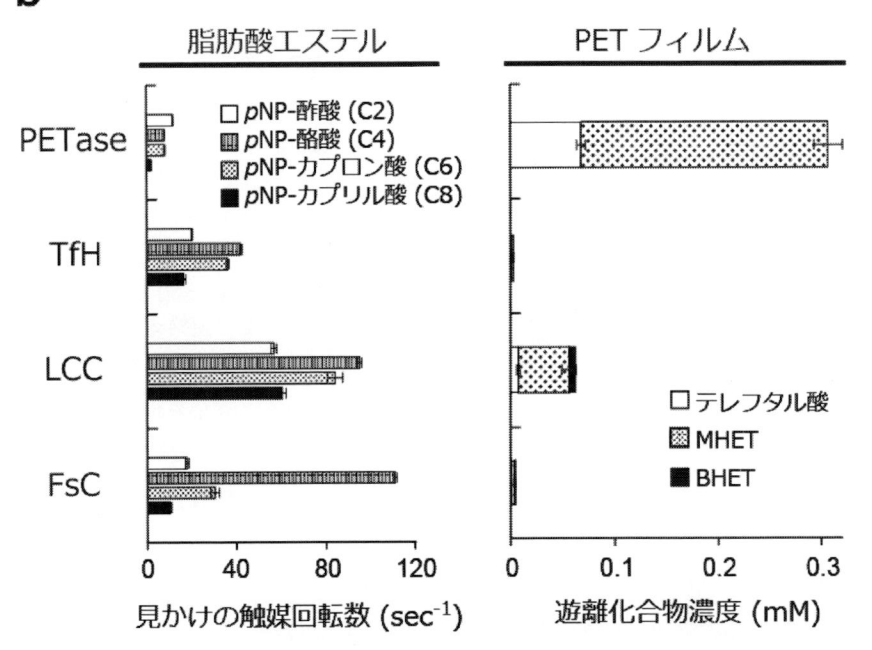

図2　PETase の機能解析（pH 7.0，30℃条件）
（a）PETase により分解された PET フィルム表面の SEM 画像と逆相 HPLC による反応溶液
の分析，（b）PETase を含む 4 酵素の脂肪酸エステル，および PET フィルムの分解活性。

テル加水分解酵素として酵素番号 EC 3.1.1.101 が PETase に割り当てられている。PETase の
上記特性は *I. sakaiensis* が環境中で PET を炭素源として生存するために有利に働くと考えられ
る。

　活性が確認された PHE は生物界において Eukarya と Bacteria の両生物ドメインに分布して

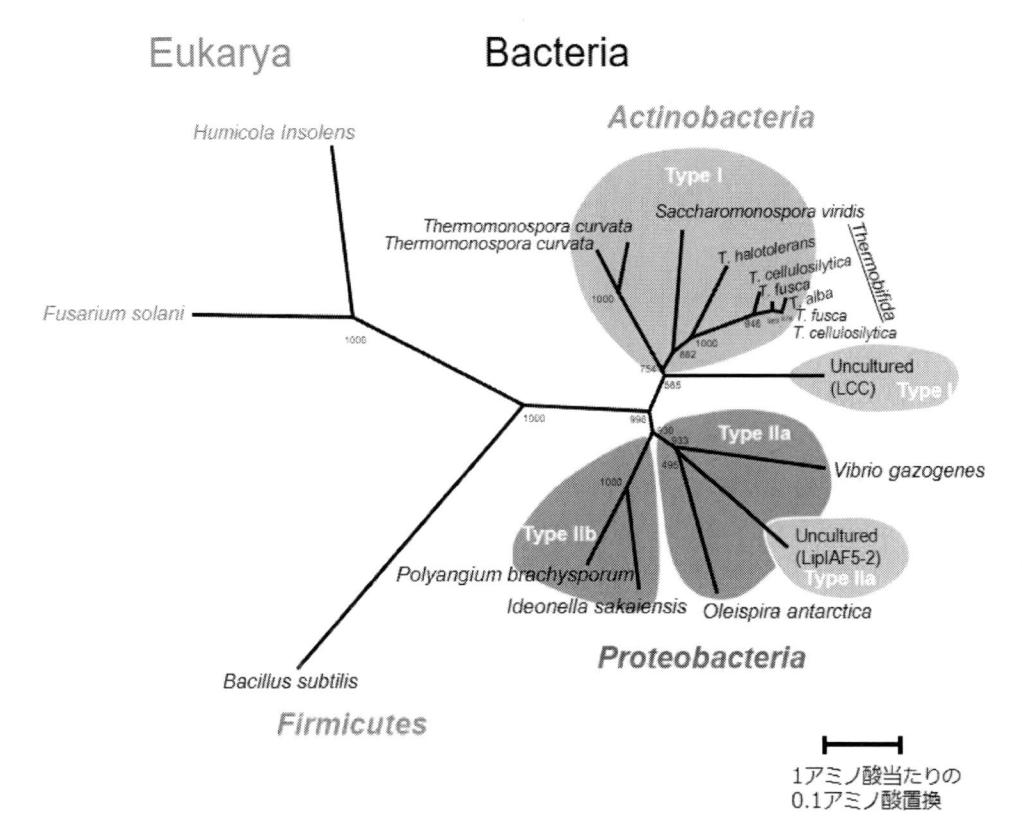

図3　PET 加水分解活性をもつ酵素（PHE）の無根系統樹
葉部分に該当酵素の由来生物を示した。

いる（図 3）。Bacteria ドメインで本酵素群を有しているのはほとんどが Actinobacteria 門と Proteobacteria 門の細菌である[19]。2005 年に好熱性放線菌由来 PHE が報告されて以来[20]，Actinobacteria 門由来 PHE の同定が続いた。Proteobacteria 門由来酵素は 2016 年の PETase の発見以降，解析がなされるようになってきている[23]。Joo らは PSI-BLAST によって選抜した 69 の PHE 候補アミノ酸配列の進化系統樹解析を行い，それらが Type I と Type II，さらに Type II サブグループとして Type IIa と PETase を含む Type IIb に分類することを提唱している[24]。Type I のグループには Actinobacteria 門由来酵素が，Type II のグループには Proteobacteria 門由来酵素が含まれる。

　PETase の立体構造については 2019 年 9 月現在，6 つの異なる研究グループから論文が発表されている[24~29]。Type IIb 酵素である PETase は Type I 酵素と同様，加水分解酵素によくみられる α/β ヒドロラーゼフォールドを基本骨格とし，Ser-His-Asp からなる触媒 3 残基の配置も両者で保存されている。一方で，PET の高分子鎖が結合すると考えられる活性中心付近のクレフトの幅は PETase が Type I 酵素よりも 3 倍近くも広く，基質 PET を収容するのに十分なス

ペースが確保されている。また，PETase には Type I 酵素にはない活性中心近傍でジスルフィド結合を形成する 2 つのシステイン残基が存在する。Fecker らは，分子動力学シミュレーション解析により，PETase の活性部位の flexibility が高いことを示した。このジスルフィドの結合は Type I 酵素に比べて熱安定性の低い PETase[12] の活性部位の構造を，剛性の高い基質に対応できるよう flexibility を維持しつつ，安定化させると考えられる[26]。Type IIb 酵素のこれら構造的特性は，効率的な PET 加水分解に寄与している可能性があり，その生化学的な検証が必要である。また，これら構造解析に基づき，より高い PET 加水分解活性を持つ変異体酵素の創製が期待される。

2. 2 MHET 加水分解酵素

PETase の主たる PET 加水分解反応産物は MHET である（図 2（a））。そして PETase は MHET 加水分解活性を示さない。また，*I. sakaiensis* の PET フィルム分解後の培養上清には極めて低濃度の MHET しか認められない。以上の事実から，*I. sakaiensis* は菌体内に MHET を取り込み，代謝していると推察した。先行研究において PHE の一部に MHET 加水分解活性が報告されている[30~32]が，*I. sakaiensis* ゲノム上でそのホモログをコードするのは PETase 遺伝子のみである。したがって，これらの既知酵素とは全く配列の異なるタンパク質が MHET の加水分解を担っていると考え，*I. sakaiensis* の網羅的な遺伝子発現解析による MHET 加水分解酵素遺伝子情報の獲得を試みた。*I. sakaiensis* をマルトース，テレフタル酸ナトリウム，BHET，PET フィルムをそれぞれ主炭素源とする液体培地で培養した。テレフタル酸，BHET は *I. sakaiensis* の PET 中間代謝物，マルトースは PET 代謝の陰性対照として用いた。対数増殖期にある菌体から mRNA を抽出し，RNA-Seq 解析を行ったところ，各培地における発現が PETase 遺伝子と類似した ORF を見出した。つまり，本 ORF は PETase 遺伝子と類似の発現制御を受け，代謝経路を共有している可能性が示唆された。その転写翻訳産物のアミノ酸配列は没食子酸エステルやフェルラ酸エステル，クロロゲン酸などの芳香族化合物のエステル結合を加水分解する酵素の一群 tannase ファミリーに属している。そこで本 ORF を MHET 加水分解酵素候補遺伝子として組換えタンパク質を調製し，MHET に対する活性を測定したところ明瞭な MHET 加水分解活性を認めた。さらに本酵素は MHET に対して Michaelis–Menten 型の反応速度論的挙動を示した（$k_{cat} = 31 \ s^{-1}$, $K_m = 7.3 \ \mu M$）。その一方で，tannase ファミリーに属する酵素が基質とする典型的な化合物や，PET，脂肪酸エステル人工基質には活性を示さなかった。また，MHET とエチレングリコールが脱水縮合した BHET に対しては MHET 加水分解と比して 1/300 程度の活性しか検出されなかった。以上のように，本酵素が MHET に対する高い加水分解活性と基質特異性を示したことから，MHET hydrolase（MHETase）と命名した。PETase 同様，本酵素にも新たな酵素番号 EC 3.1.1.102 が付与されている。

ごく最近，発表された MHETase の結晶構造解析[29]によると，その全体構造は，構造が決定されたホモログの中で最も近縁（相同性 27.5％）の *Aspergillus oryzae* 由来フェルロイルエス

テラーゼ AoFaeB（PDB-ID：3WMT）[33]と類似しており，触媒 3 残基など反応に直接関わる残基を含む α/β ヒドロラーゼドメインと，基質特異性に関わる残基を含む lid ドメインから構成される。アライメントによる相同性は前者が 32.5％，後者が 18.9％であり，特に lid ドメインの相同性が低い。*Lactobacillus plantarum* 由来タンニンアシル α/β ヒドロラーゼ LptE（PDB-ID：4J0K）[34]は α/β ヒドロラーゼドメインのみ MHETase と低い相同性（13.8％）を示すが，lid ドメインはかなり異なったフォールドをとっている。LptE と没食子酸エチルの共結晶構造では，lid ドメイン由来の 2 つのアミノ酸（K343，E357）側鎖が基質と水素結合している。一方，MHETase と MHET 非加水分解性アナログ（モノヒドロキシエチルテレフタルアミド：MHETA）の共結晶構造では，酵素-基質間により多くの相互作用が認められる。MHETase は MHETA のフェニル基の周りを 3 つのアミノ酸（F415，L254，W397）側鎖で取り囲み，MHETA のカルボン酸の酸素と R411 側鎖が水素結合している。また，LptE の触媒ポケットは溶媒へ露出している一方で，MHETase は MHETA の触媒ポケットへの導入がトリガーとなって，ポケット入り口部位にあるフェニルアラニンの側鎖ベンジル基がおよそ 180°回転し，触媒部位を閉じるよう動く。これら MHETase の構造的特徴が MHET に対する高いアフィニティと基質認識に関与していると考えられる。

3　*I. sakaiensis* による PET 代謝

PETase と MHETase は基質特異性が明確であり，前者は MHET に，後者は PET に活性を示さない。また，ポリペプチドのアミノ末端に存在するシグナル配列，および PET の不溶性から予想される PETase の局在は細胞外である。一方，シグナル配列から予想される MHETase は外膜の内側にアンカーするリポタンパクである。*I. sakaiensis* は MHET 加水分解産物であるテレフタル酸とエチレングリコールを共に資化可能なことも確認された。このように，*I. sakaiensis* は PET 資化に必要な因子をすべて備え，かつ適材適所に酵素を配置していることがわかってきた（図 4）。

　I. sakaiensis が自然界には元来存在しない PET を資化することから PET 分解経路の進化的な成立について考察した[12]。自然界における PET 分解経路の存在を調べるために，ゲノムが明らかになっていた微生物のみを対象として，PET 代謝に必須と考えられる PETase，MHETase，テレフタル酸ジオキシゲナーゼ，プロトカテク酸ジオキシゲナーゼのホモログ遺伝子を検索した。その結果，これらの遺伝子セットを完全に有する微生物は *I. sakaiensis* 以外に見出されなかった。一方で MHETase ホモログを持つ微生物のうち約 36％はテレフタル酸ジオキシゲナーゼ，プロトカテク酸ジオキシゲナーゼを共に有することがわかった。このことから，MHET アナログに対する代謝系が先に成立し，のちに PETase ホモログが追加されることで，代謝系が拡張されたと考えている。また，これまでに報告されている *Ideonella* 属の type strain，*I. dechloratans* CCUG 30898[T]と *I. azotifigens* JCM 15503[T]の 2 株は *I. sakaiensis* と

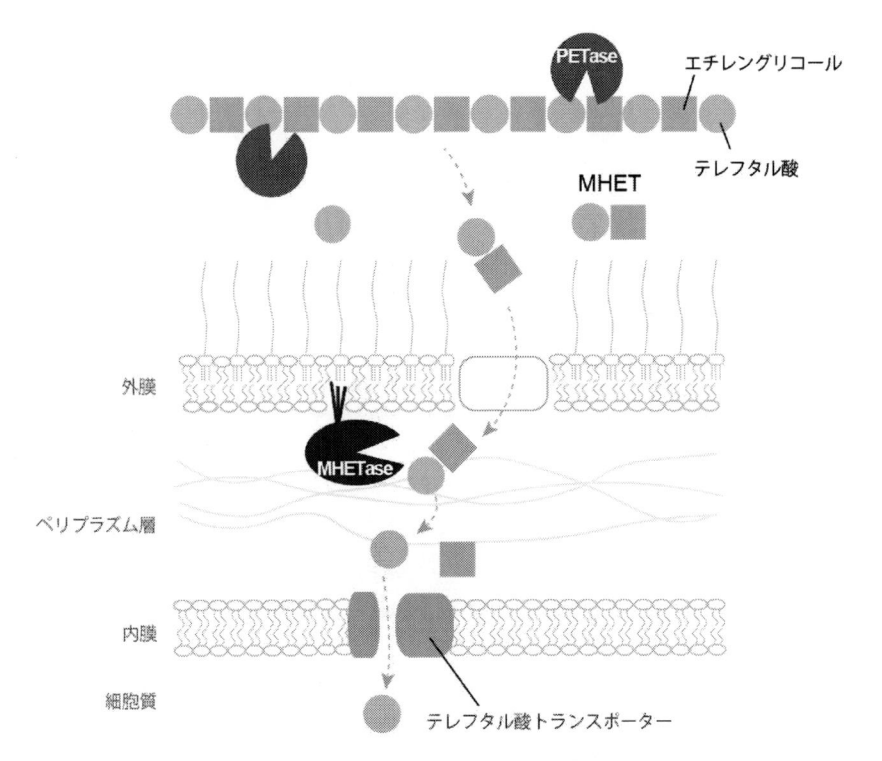

図4 *I. sakaiensis* の推定 PET 代謝機構

細胞外に分泌された PETase により PET は加水分解され，主として MHET が PET より遊離する。MHET は外膜タンパク質を通ってペリプラズム層に入り，外膜にアンカーされたリポタンパク質である MHETase によって速やかに加水分解される。また，*I. sakaiensis* はゲノム上にテレフタル酸分解遺伝子クラスター（テレフタル酸の細胞質への取り込みとプロトカテク酸への分解を担うタンパク質群をコードする）やプロトカテク酸の環開裂を担うプロトカテク酸 3,4-ジオキシゲナーゼ遺伝子を有している。

同様の条件において PET フィルムを分解しなかった[18]。このことからも PETase ホモログの追加は他生物からの水平伝播ではないかと考えている。一方で，酵素の分子進化による基質特異性の向上も本経路の成立に必須である。PETase，MHETase の結晶構造解析により，いくつかのユニークなアミノ酸が基質認識に関わっていることが示された。PET が豊富かつ他の炭素源が乏しい環境が，これら代謝遺伝子セットの自然選択，酵素の分子進化を促進したのではないだろうか。

文　　　献

1) Ellen MacArthur Foundation and World Economic Forum, The New Plastics Economy Rethinking the future of plastics, http://www3.weforum.org/docs/WEF_The_New_Plastics_Economy.pdf
2) Y. Tokiwa *et al.*, *Int. J. Mol. Sci.*, **10**, 3722（2009）
3) H. K. Webb *et al.*, *Polymers*, **5**, 1（2013）
4) A. A. Shah *et al.*, *Biotechnol. Adv.*, **26**, 246（2008）
5) R. Wei and W. Zimmermann, *Microb. Biotechnol.*, **10**, 1308（2017）
6) E. Marten *et al.*, *Polym. Degrad. Stab.*, **80**, 485（2003）
7) E. R. Zettler *et al.*, *Environ. Sci. Technol.*, **47**, 7137（2013）
8) J. Yang *et al.*, *Environ. Sci. Technol.*, **48**, 13776（2014）
9) Y. Yang *et al.*, *Environ. Sci. Technol.*, **49**, 12080（2015）
10) Y. Yang *et al.*, *Environ. Sci. Technol.*, **49**, 12087（2015）
11) P. Bombelli *et al.*, *Curr. Biol.*, **27**, R292（2017）
12) S. Yoshida *et al.*, *Science*, **351**, 1196（2016）
13) S. Yoshida *et al.*, *Science*, **353**, 759（2016）
14) D. Kint and S. Munoz-Guerra, *Polym. Int.*, **48**, 346（1999）
15) R. J. Müller *et al.*, *J. Biotechnol.*, **86**, 87（2001）
16) T. Nimchua *et al.*, *Biotechnol. J.*, **2**, 361（2007）
17) T. Nimchua *et al.*, *J. Ind. Microbiol. Biotechnol.*, **35**, 843（2008）
18) S. Tanasupawat *et al.*, *Int. J. Syst. Evol. Microbiol.*, **66**, 2813（2016）
19) I. Taniguchi *et al.*, *ACS Catalysis*, **9**, 4089（2019）
20) R. J. Müller *et al.*, *Macromol. Rapid Commun.*, **26**, 1400（2005）
21) S. Sulaiman *et al.*, *Appl. Environ. Microbiol.*, **78**, 1556（2012）
22) C. M. Silva *et al.*, *J. Polym. Sci. Part A Polym. Chem.*, **43**, 2448（2005）
23) D. Danso *et al.*, *Appl. Environ. Microbiol.*, **84**, e02773（2018）
24) S. Joo *et al.*, *Nat. Commun.*, **9**, 382（2018）
25) X. Han *et al.*, *Nat. Commun.*, **8**, 2106（2017）
26) T. Fecker *et al.*, *Biophys. J.*, **114**, 1302（2018）
27) B. Liu *et al.*, *Chembiochem*, **19**, 1471（2018）
28) H. P. Austin *et al.*, *Proc. Natl. Acad. Sci. U.S.A.*, **115**, E4350（2018）
29) G. J. Palm *et al.*, *Nat. Commun.*, **10**, 1717（2019）
30) E. H. Acero *et al.*, *Macromolecules*, **44**, 4632（2011）
31) D. Ribitsch *et al.*, *Biotechnol. Prog.*, **27**, 951（2011）
32) A. Eberl *et al.*, *J. Biotechnol.*, **143**, 207（2009）
33) K. Suzuki *et al.*, *Proteins*, **82**, 2857（2014）
34) B. Ren *et al.*, *J. Mol. Biol.*, **425**, 2737（2013）

第7章　ナイロン分解微生物とその酵素の性質

阿部英喜*

1　はじめに

　合成ポリアミドが 1938 年に「ナイロン」という商標名で Du Pont 社によって市場に導入されて以来,「ナイロン」という名前は脂肪族ポリアミドの総称として用いられるようになり,同時にエンジニアリングプラスチックの代表的存在として発展してきた。脂肪族ポリアミドはその原料から, ω-アミノ酸から得られる「ナイロン n」と,脂肪族のジアミンとジカルボン酸から得られる「ナイロン m,n」に大別できる。最初に商業化されたナイロンは,ヘキサメチレンジアミンとアジピン酸から合成される「ナイロン 6,6」であり,これは 1935 年に Carothers によって開発された。Carothers はポリエステルに関しても研究しているが,ポリアミドは分子鎖間水素結合による安定な結晶構造の形成によりポリエステルと比較して高融点を有する素材であることが特徴である。

　ナイロンは,天然に存在するアミノ酸のポリマーであるポリペプチドと同様に,アミド結合を有する高分子であるが,その主鎖分子構造が天然のアミノ酸のポリマーと異にすること,また,分子鎖間の水素結合に起因する強固な分子配列のため,微生物による酵素的分解を受けないと考えられてきた。しかしながら,ナイロンの分解に関わる微生物およびその酵素についていくつかの研究報告がなされている。本稿では,ナイロンの生分解に関わる微生物およびその酵素についての研究内容を概論したい。

2　ナイロン分解微生物

　ナイロンの分解微生物に関する最初の報告は,1975 年の Kinoshita ら[1]による,ナイロン工場排水などを分離源として,ナイロン 6 の構成単位である 6-アミノカプロン酸のオリゴマーを唯一の炭素源・窒素源とした培地で増殖する微生物 *Arthrobacter* sp. KI72 の発見であろう。その後,Kanagawa ら[2]によって,同じく 6-アミノカプロン酸オリゴマーを分解・資化する *Pseudomonas* sp. NK87 が単離された。さらに,好アルカリ性細菌である *Agromyces* sp., *Kocuria* sp. など,約 10 種類の微生物が 6-アミノカプロン酸オリゴマーの分解微生物として見出されている[3~6]。これら微生物のナイロンオリゴマー分解酵素は天然物のアミド結合に対して

　＊　Hideki Abe　理化学研究所　環境資源科学研究センター
　　　　バイオプラスチック研究チーム　チームリーダー

非活性であることから，微生物が排水中で長い時間を経てナイロンを分解する新しい機能を獲得したと推測されている[7]。また後述するが，これらナイロンオリゴマー分解に関わる酵素には分解様式の異なる 3 種類の酵素が見出されているが，いずれも微生物細胞内に存在する酵素であり，そのため，水溶性ナイロンに対しては活性を示すものの，水不溶性の高分子量ナイロンを直接分解することはできない。

水不溶性のナイロンを分解する微生物に関しては，Deguchi ら[8, 9]によって，リグニン分解菌である白色腐朽菌 IZU-15 がナイロン 6 およびナイロン 6,6 を分解すると報告したものが最初である。しかしながら，その分解に関わる酵素はマンガンペルオキシダーゼであり，分解様式としてはラジカル反応によるメチレン鎖切断であることから，ナイロン分子に特異的に作用するものではない。

その後，Tomita ら[10]は，土壌より *Geobacillus thermocatenulatus* に類縁の好熱細菌を単離し，この微生物が高分子量のナイロン 12，ナイロン 6,6 を分解することを報告している。ナイロン 12 あるいはナイロン 6,6 を添加した培養液中において，60℃でこの微生物を培養すると，いずれのナイロン試料も培養時間とともにその分子量が顕著に減少する。しかしながら，ナイロン試料の重量はあまり減少しないこと，ならびに，ナイロン 12 を与えて培養した後の培養液の上清に分解生成物として 12-ヒドロキシドデカン酸が検出されることより，この微生物はナイロン 12 およびナイロン 6,6 の分子鎖中のアミド結合をランダムに加水分解していることが示唆された。また，この微生物はナイロン 6 に対しては，分解活性を示さないことも明らかとなっている。

上述のように，ナイロン分解微生物の存在が見出されているが，だからと言ってナイロン素材が生分解性を示す訳ではない。ナイロン材料の中で唯一生分解が認められているのは，γ-アミノ酪酸の環化によって得られる 5 員環ラクタム（2-ピロリドン）を開環重合して得られるナイロン 4 である。原料である 5 員環ラクタムは，糖発酵によって得られるグルタミン酸の脱炭酸反応とその環化反応によって合成できるため，ナイロン 4 はバイオマス由来のナイロン素材でもある。ナイロン 4 は土壌中や活性汚泥中，海水中などの自然環境中で完全に生分解することが知られている。

Hashimoto ら[11~13]により，ナイロン 4 フィルムが堆肥入り土壌中で特異的に分解され，完全に消滅することが初めて見出された。後にナイロン 4 の分解に関与する微生物として数種類の真菌や酵母などが発見されている。ナイロン 4 分解菌として土壌より *Stenotrophomonas* sp. KT-1 および *Fusarium* sp. KT-2 が単離され（図 1），これら微生物を用いた分解試験が実施された[14]。これら 2 種類の微生物はいずれもナイロン 4 を分解できるものの，ナイロン 6 やナイロン 46 を分解しないことより，ナイロン 4 を特異的に認識して分解していることが示された。分解試験開始 1 日後から分解反応が確認され，3 週間程度で約 60％の分解度に達する。分解後に残存したナイロン 4 試料の分子量を測定したところ，分解前の高分子量ナイロン 4 の分子量とほとんど変化しないことより，分解反応が材料の表面から進行していることが示唆された。ま

た，*Fusarium* sp. KT-2 を用いてナイロン 4 の分解前後における分子構造変化を追跡したところ，分解後のナイロン 4 分子にはいずれも重合開始末端に由来するベンゼン環置換基の残存が確認されており，分解反応が重合停止末端であるアシルラクタム近傍のアミド結合より順次切断することがわかった（図 2）。

また，Yamano ら[15]によって，標準活性汚泥中でもナイロン 4 が 4 週間で 60 ％以上分解され，無機化されることが報告された。活性汚泥からナイロン 4 分解菌として，*Pseudomonas* sp. ND-11 が単離されている。この *Pseudomonas* sp. ND-11 を用いたナイロン 4 の分解においても，ナイロン 4 分子鎖中のアミド結合を加水分解し，分解生成物として γ-アミノ酪酸が生成される。*Pseudomonas* sp. ND-11 の培養上清を用いた場合にもナイロン 4 の分解が確認されることより，この微生物は菌体外に分解酵素を分泌していることが示された。また，分解後におけるナイロン 4 残存試料の分子量が分解前とほとんど変化しないことより，この分解酵素による分解反応も試料表面で起こると同時に，分解生成物が速やかに反応液中に溶出していることがわかった。

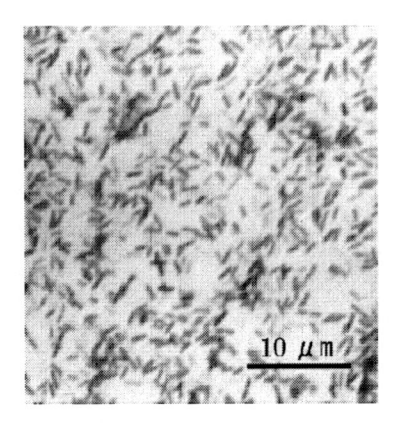 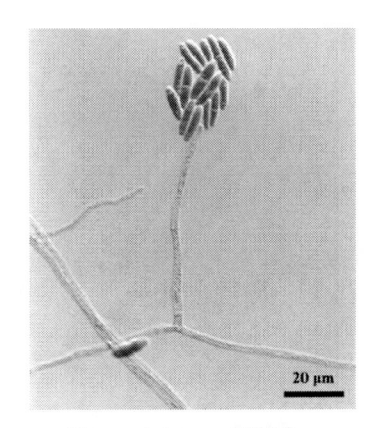

Stenotrophomonas sp. KT-1   *Fusarium* sp. KT-2

図1　ナイロン 4 分解微生物

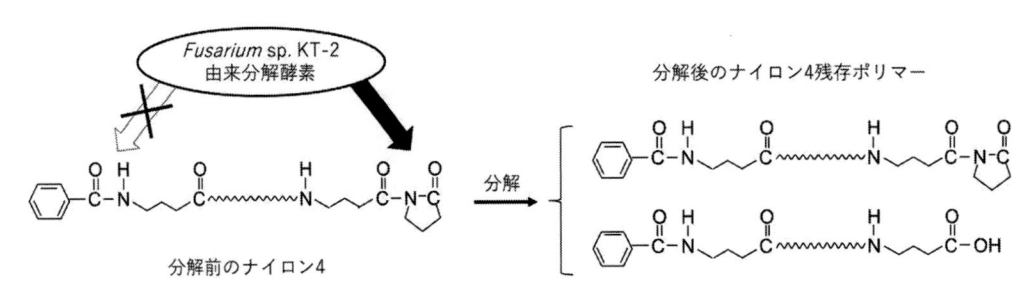

図2　*Fusarium* sp. KT-2 によるナイロン 4 分子の分解機構

表 1　代表的なナイロン分解微生物とその酵素の性質

微生物種

（酵素の種類）	酵素の性質		
	局在	切断様式	反応基質
［ナイロン 6 オリゴマー］			
Arthrobacter sp. KI72			
（NylA）	菌体内	環状二量体加水分解	6-アミノカプロン酸環状二量体
（NylB）	菌体内	アミノ末端エキソ型加水分解	二量体以上の 6-アミノカプロン酸直鎖状オリゴマー
（NylC）	菌体内	エンド型加水分解	三量体以上の 6-アミノカプロン酸環状および直鎖状オリゴマー
Pseudomonas sp. NK8			
（NylA）	菌体内	環状二量体加水分解	6-アミノカプロン酸環状二量体
（NylB）	菌体内	アミノ末端エキソ型加水分解	二量体以上の 6-アミノカプロン酸直鎖状オリゴマー
Agromyces sp. KY5R			
（NylB）	菌体内	アミノ末端エキソ型加水分解	二量体以上の 6-アミノカプロン酸直鎖状オリゴマー
（NylC）	菌体内	エンド型加水分解	三量体以上の 6-アミノカプロン酸環状および直鎖状オリゴマー
Kocuria sp. KY2			
（NylA）	菌体内	環状二量体加水分解	6-アミノカプロン酸環状二量体
（NylB）	菌体内	アミノ末端エキソ型加水分解	二量体以上の 6-アミノカプロン酸直鎖状オリゴマー
（NylC）	菌体内	エンド型加水分解	三量体以上の 6-アミノカプロン酸環状および直鎖状オリゴマー
［ナイロン 6 およびナイロン 6,6］			
白色腐朽菌 IZU-15	菌体外	エンド型酸化分解	
［ナイロン 12 およびナイロン 6,6］			
Geobacillus thermocatenulatus 類縁好熱細菌	菌体外	エンド型加水分解	ナイロン 12 およびナイロン 6,6
［ナイロン 4］			
Stenotrophomonas sp. KT-1	菌体外	加水分解	ナイロン 4
Fusarium sp. KT-2	菌体外	カルボン酸末端エキソ型加水分解	ナイロン 4
Pseudomonas sp. ND-11	菌体外	エンド型加水分解	ナイロン 4

　以上，ナイロン分解に関与する微生物およびその酵素の特徴を表 1 にまとめてある。

3　ナイロン分解酵素

　ナイロンを分解する微生物についての知見はいくつか得られているのに対し，その分解に関わる酵素についての情報はかなり少ないのが現状である。ナイロン分解酵素についての構造と機能については，6-アミノカプロン酸のオリゴマーに作用する酵素群に限られている。

　6-アミノカプロン酸のオリゴマーに作用する酵素はその同定により主に3種類存在していることがわかっている。環状二量体分解酵素（NylA）は，6-アミノカプロン酸の環状二量体には作用するが，環状の三量体以上のオリゴマーには作用しない。また，直鎖状のオリゴマーにも作用しない[16]。エキソ型オリゴマー分解酵素（NylB）は，直鎖状のオリゴマーに作用してモノマーである6-アミノカプロン酸を生成する。反応は遊離アミノ基を含む末端から順次モノマーを生成しながら進行する。反応には遊離のアミノ基が必須で，これを修飾すると加水分解できない。そのため環状オリゴマーにも作用しない[17]。エンド型オリゴマー分解酵素（NylC）は，三量体以上の環状オリゴマーに作用して開環反応を行うほか，直鎖状のオリゴマーにも作用して主として直鎖状二量体を生成する。直鎖状オリゴマーの遊離のアミノ基を修飾しても作用するが，環状二量体や直鎖状二量体には作用しない[18～20]。これら3種類の酵素がそれぞれ複合的に作用することによって，6-アミノカプロン酸オリゴマーがモノマーへと変換され（図3），代謝・資化されている。

　これら酵素はいずれも菌体内酵素であり，オリゴマー分解は細胞内反応であるが，酵素の単離・精製とその構造・分解特性の解析が進むにつれて，耐熱化変異を施したNylC分子が高分子量のナイロンに対しても加水分解活性を示すことが見出されてきた[21]。

　エンド型オリゴマー分解酵素として見出されたNylCは，*Arthrobacter* sp. の他に *Agromyces* sp. や *Kocuria* sp. からもその存在が確認されている（以下，それぞれをNylC$_{p2}$，NylC$_A$，NylC$_K$ と表記する）。アミノ酸配列の相同性からN-末端求核性ヒドロラーゼスーパーファミリータンパク質に分類されるポリペプチド鎖であり，いずれも不活性型の前駆体（分子量約36,000）として発現され，プロテオリティックなプロセシングによりAsn266/Thr267間で自己

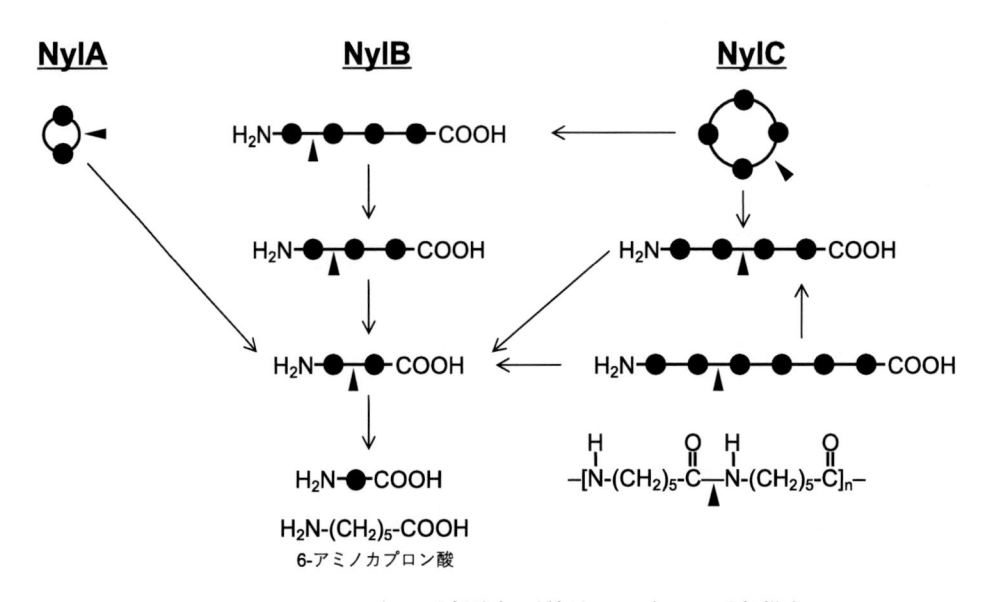

図3　ナイロンオリゴマー分解酵素の種類とオリゴマーの分解様式

分断されて α 鎖（分子量約 27,000）と β 鎖（分子量約 9,000）に分かれる。自己分断後は α 鎖と β 鎖がヘテロ二量体を形成し活性型酵素となる。野生型酵素では，4 分子のヘテロ二量体が会合してドーナツ型の分子構造を形成することも明らかにされている。

　Agromyces sp. 由来 NylC$_A$ ならびに *Kocuria* sp. 由来 NylC$_K$ の熱変性温度は，*Arthrobacter* sp. 由来の NylC$_{p2}$ の熱変性温度（52℃）に比べて 8〜15℃ ほど高温に現れる。NylC$_{p2}$ のアミノ酸配列は，NylC$_A$ の配列と 5 つのアミノ酸残基で異なり，NylC$_K$ とは共通する 5 つの残基に加えてさらに 10 アミノ酸残基が異なっていた[5]。3 種類の NylC のアミノ酸配列の相同性を基に，NylC$_{p2}$ に対して NylC$_A$ および NylC$_K$ で認められる残基に位置特異的アミノ酸置換を行ったところ，4 分子会合構造を形成する際のサブユニット界面に位置するアミノ酸残基を置換することで，熱変性温度が大きく変化することが確認された。NylC$_{p2}$ に 4 つのアミノ酸置換（D36A/

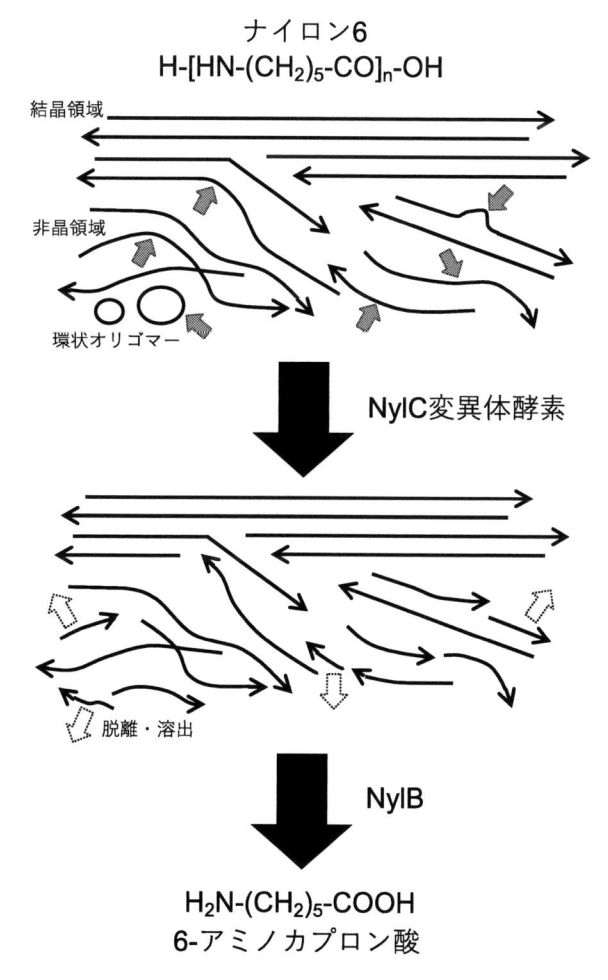

図 4　ナイロンオリゴマー分解酵素（NylC）変異体による高分子量ナイロン 6 の分解

D122G/H130Y/E263Q）を施すことによって耐熱性が大きく向上し，その熱変性温度は88℃まで達することが示された[21]。

　この耐熱性を付与した NylC 変異体を用いて，水不溶性の高分子量ナイロン 6 の酵素分解試験を 60℃で行ったところ，分解試験前後でナイロン 6 の分子量がわずかに低分子量化していることが確認されている。また，残存したナイロン 6 試料には，重合度が 13〜25 程度（分子量で 1,500〜3,000 程度）の低分子量フラグメントが含まれていることが見出されている。さらに，反応溶液中に溶出する水溶性分解物の確認により，6-アミノカプロン酸の二量体と単量体が検出されている。これらの結果より，この NylC 変異体が水不溶性の高分子量ナイロン 6 を加水分解できることが明らかとなった（図 4）[21]。

　この NylC 変異体についての研究はさらに進められ，ナイロン 6 のみでなくナイロン 6,6 やナイロン（6,6-co-6,4）に対しても加水分解反応を示すことがわかっている。また，60℃という高温条件下のみならず，30℃という反応温度においても高分子量ナイロンを分解できることが見出されている。ただし，30℃における反応速度は，60℃の場合に比べて，半分程度まで低下する[22]。

4　まとめと今後の展望

　本稿では，ナイロンオリゴマーの分解菌の発見に端を発し，その分解に関与する酵素群の同定と機能改変による高分子量ナイロンの加水分解特性の付与技術の開発について紹介した。その由来であるナイロンオリゴマー分解酵素は菌体内酵素であり，微生物を用いた高分子量ナイロンの生分解を達成できるには至っていないが，酵素を用いた生分解性ポリアミドの開発における迅速評価手法の一つとしての利用や酵素を利用した合成ナイロンの原料リサイクル技術の開発，ナイロン材料の表面加工技術としての利用などの新たな技術論の提案につながる成果であると考えられる。

　一方，ナイロン分解に関与する菌体外分泌酵素の存在そのものは見出されているものの，その単離・精製と構造・機能解析までには至っていないことも紹介した。生分解性を付与した新たなポリアミド材料の分子設計を進める上で，分解に関与する酵素の構造とその分解機構解明は極めて重要な知見であり，今後それら情報の獲得に向けた活発な研究が進められることを切に願っている。

文　　献

1) S. Kinoshita *et al.*, *Agric. Biol. Chem.*, **39**, 1219（1975）

2) K. Kanagawa *et al.*, *J. Bacteriol.*, **171**, 3183（1989）

3) K. Kato *et al.*, *Microbiol.*, **141**, 2585（1995）

4) S. Negoro, *Appl. Microbiol. Biotechnol.*, **54**, 461（2000）

5) K. Yasuhira *et al.*, *Appl. Environ. Microbiol.*, **73**, 7099（2007）

6) K. Yasuhira *et al.*, *J. Biosci. Bioeng.*, **104**, 521（2007）

7) H. Okada *et al.*, *Nature*, **306**, 203（1983）

8) T. Deguchi *et al.*, *Appl. Environ. Microbiol.*, **63**, 329（1997）

9) T. Deguchi *et al.*, *Appl. Environ. Microbiol.*, **64**, 1336（1998）

10) K. Tomita *et al.*, *Biotechnol. Let.*, **25**, 1743（2003）

11) K. Hashimoto *et al.*, *J. Appl. Polym. Sci.*, **54**, 1579（1994）

12) K. Hashimoto *et al.*, *J. Appl. Polym. Sci.*, **86**, 2307（2002）

13) K. Hashimoto *et al.*, *J. Appl. Polym. Sci.*, **92**, 3492（2004）

14) K. Tachibana *et al.*, *Polym. Degrad. Stab.*, **95**, 912（2010）

15) N. Yamano *et al.*, *J. Polym. Environ.*, **16**, 141（2008）

16) S. Kinoshita *et al.*, *Eur. J. Biochem.*, **80**, 489（1977）

17) S. Kinoshita *et al.*, *Eur. J. Biochem.*, **116**, 547（1981）

18) S. Negoro *et al.*, *J. Bacteriol.*, **174**, 7948（1992）

19) S. Kakudo *et al.*, *Appl. Environ. Microbiol.*, **59**, 3978（1993）

20) S. Kakudo *et al.*, *J. Ferment. Bioeng.*, **80**, 12（1995）

21) S. Negoro *et al.*, *J. Biol. Chem.*, **287**, 5079（2012）

22) K. Nagai *et al.*, *Appl. Microbiol. Biotechnol.*, **98**, 8751（2014）

生分解性プラスチックの環境配慮設計指針

2019 年 11 月 29 日　第 1 刷発行

監　　修	岩田忠久, 阿部英喜	(T1136)
発 行 者	辻　賢司	
発 行 所	株式会社シーエムシー出版	
	東京都千代田区神田錦町 1−17−1	
	電話 03(3293)7066	
	大阪市中央区内平野町 1−3−12	
	電話 06(4794)8234	
	https://www.cmcbooks.co.jp/	
編集担当	渡邊　翔／仲田祐子	

〔印刷　日本ハイコム株式会社〕　　　　　　　　　© T. Iwata, H. Abe, 2019

ISBN978-4-7813-1487-7　C3043　¥66000E